수학과 컴퓨터를 이용한

과학 이해하기

최승언 · 우홍균 / 지음

청범출판사

본 도서는 서울대학교 사범대학 교육연구재단의
2009년도 저술·번역 연구비 지원을 받아 간행되었음

서 문

본 도서는 지난 25년 이상을 서울대학교 사범대학 지구과학교육과에서 일반천문학을 강의하면서 학생들에게 천문학에서 보여주는 여러 수식들을 마음에 느끼게 하고, 체험할 수 있도록 하기 위해 강구된 방법을 소개한 것이다. 과학을 공부하는 학생들은 흔히 수학이라는 언어를 사용하여 자연에서 나타나는 여러 움직임을 수식으로 표현하게 된다. 그런데 학생들은 수식을 이용한 자연의 표현에 익숙하지 않을 뿐 아니라 그 표현 자체가 추상적이기에 과학 공부에 많은 부담을 느끼고 있음을 보았고, 이에 대해 무척 안타깝게 생각하였다. 운동방정식을 해석학적인 해를 구하여 표현하여도 그것이 무엇을 나타내는지 느껴지지 않는다면 과학 공부는 실패하고 만다.

그러기에 재미있는 과학은 수식대신 생활에서의 경험을 중요시하고, 실험을 중요시하게 되었다. 그래야 재미있는 과학이 된다고 생각하였다. 어느 정도는 바른 접근이기는 하나 정말 수학 없는 과학이 재미있을까? 수학 없이 과학을 해도 과학의 여러 중요한 개념들을 정말 잘 이해하고 응용이 가능할까? 이러한 질문에 대해 오랫동안 과학을 가르쳐온 교수로서 무엇인가 학생들에게 도움을 주어야겠다고 생각하다 이 방법을 강구하게 되었다.

과학에서 사용하는 모든 방정식을 그래프로 표현하면 그 방정식이 나타내는 의미를 쉽게 이해할 수 있다. 그리하여 그래프를 잘 그리며 방정식과 같은 수식을 쉽게 표현하고 계산하는 기능을 가진 컴퓨터 소프트웨어가 필요하였다. 더욱 중요한 것은 이러한 소프트웨어를 용이하게 구할 수 있고, 누구나 사용할 수 있어야 한다. 이러한 조건을 갖춘 것이 엑셀(Excel)이다. 그래서 본 도서의 모든 계산과 그래프 작성에는 이 소프트웨어가 사용되었다.

본 도서에서는 학생들이 중등교육에서 학습한 개념 뿐만 아니라 대학교 1, 2학년 정도에서 배우는 수학의 개념들을 모두 사용한다. 그러나 대부분이 아날로그 수학보다는 디지털 수학인 수치해석을 이용한다. 그 동안 수치해석은 Fortran이나 C 언어와 같은 컴퓨터 언어를 알아야 배우는 것으로 알았다. 그렇지 않으면 Matlab 등과 같은 소프트웨어로 간단한 프로그래밍을 해야 계산이 되었다. 그러나 엑셀에서는 굳이 Visual Basic이나 매크로를 사용하지 않더라도 워크시트에서 대부분의 수치 계산을 수행할 수 있을 뿐 아니라 아주 간단한 동영상도 수행할 수 있다.

본 도서에 있는 대부분의 계산은 교사 연수에서, 중·고등학교 영재 교육이나 과학반에서, 또는 대학원생들과 함께 수행하였던 것들이다. 수학과 과학이 컴퓨터의 계산과 그래픽 표현으로 구체화되기에 수학과 과학의 추상적인 개념이 구체적으로 느낄 수 있게 되었다. 그리고 수학이 과학에서 어떻게 쓰이는 지를, 혹은 과학에서는 수학의 표현이 무엇을 나타내는 지를 이해하게 되는 과학, 수학 융합의 시너지 효과가 나타남을 보았다.

공동 저자인 우홍균은 강의를 들으면서 본 도서의 Part 1을 아주 자세하게 정리해 주었다. Part 2는 응용 부분으로 Part 1을 잘 공부한 독자는 쉽게 Part 2의 모든 계산을 수행할 수 있을 것이다. 독자들의 편리를 위하여 본 도서에 소개된 대부분의 계산 파일을 CD에 담았다.

본 도서에 행성의 위치를 계산하는 방법이 있는데 이를 이용하여 성경 마태복음 2장 예수 탄생시의 베들레헴에 나타난 별의 정체와 관련하여 생각해 보았다. 또한 마가복음 15:33의 모습이 일식 때인가도 생각해 보았다. 장로회신학대학교 몇 몇 교수님들도 관심을 보여 주셨다. 이 모든 것들이 물론 개인적인 관심에 의한 것이기는 하나 본 도서에서 다루는 몇 가지 프로그램은 천문연대학에서도 사용할 수 있다.

그간 도움과 격려를 준 서울대학교 사범대학 과학교육과 교수님들과 지구과학교육과 대학원생들, 특별히 지구과학세미나 시간에 계산을 즐긴 대학원생들에게 감사한다. 집필하는 동안 컴퓨터에 쭈구려 앉아 있는 나의 모습을 물끄러미 바라보며 마음속으로 격려해준 사랑스런 나의 아내 노희방에게도 감사한다. 몸이 불편한 가운데 마지막 원고를 교정하였다. 출간하는 날에는 건강이 완전하게 회복될 것으로 믿는다. 혼쾌히 출판을 맡아준 청범출판사 연규산 사장님과 예쁘게 편집을 하여준 THE 기획께도 감사를 드린다. 무엇보다도 집필할 수 있는 아이디어를 제공해 주신 하나님께 감사드린다. 마지막으로 본 도서는 서울대학교 사범대학 교육연구재단의 2009년도 저술. 번역 연구비 지원을 받아 간행되었음을 밝히며 서울대학교 사범대학 교육연구재단에 감사드린다.

2009년 8월 30일

대표저자 최승언

차 례

PART 1 과학수치해석 기초

PART 2 과학수치해석 응용

PART 1

과학수치해석 기초

Chapter 1

중력장에서의 물체 운동
– 동력학적 접근

공간에서의 물체 운동은 언제나 $\vec{F} = m\vec{a}$ 의 운동 방정식을 풀어야 한다. 여기서 $\bar{a}$ 는 가속도 벡터이다. x, y좌표에서는 $\vec{a} = \left(\frac{d^2x}{dt^2}, \frac{d^2y}{dt^2}, \frac{d^2y}{dt^2}\right)$가 된다. 따라서 운동 방정식은 y 방향으로

$$\frac{d^2y}{dt^2} + a\frac{dy}{dt} + by + c = 0 \tag{1}$$

의 2차 미분방정식의 형태로 나타난다. 이를 2원 1차 연립 미분방정식의 형태인

$$\frac{dy}{dt} = v$$

$$\frac{dv}{dt} + av + by + c = 0 \tag{1'}$$

로 나타낼 수 있다. 이 두 식을 동시에 풀면 속도 v와 변위 y를 쉽게 구할 수 있어 $\bar{F}$에 의한 물체의 운동을 묘사하게 된다.

1. 행성의 중심을 지나는 터널에서의 물체 운동

다음 그림과 같이 반지름이 r이고 밀도가 ρ로 일정한 구형 행성이 있고, 중심부를 관통하는 직선 터널이 있다고 가정하자. 터널의 입구 한 편에 질량이 m인 물체가 초기 속도가 0일 때 어떠한 운동을 하는지 알아보도록 하자.

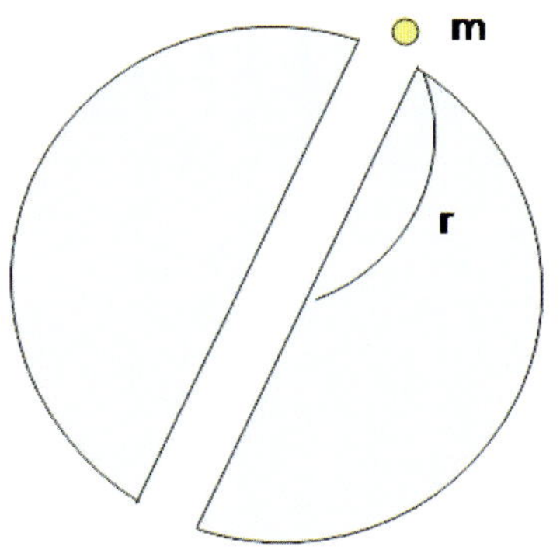

그림 1-1-1 직선 터널이 있는 행성

물체가 받는 힘은 중력이므로 아래와 같이 표현할 수 있다. 행성의 질량은 밀도와 부피의 곱으로 바꾸어 표현할 수 있다. 즉,

$$F = m\vec{a}$$
$$= -\frac{GMm}{r^2}\hat{r}$$
$$= -\frac{G\frac{4}{3}\pi^3\rho m}{r^2}\hat{r}$$

m 소거하고 이항하면,

$$\frac{d^2r}{dt^2} + \frac{4\pi G\rho}{3}r = 0 \qquad (2)$$

두 번째 항에서 r을 제외한 나머지는 모두 상수이기 때문에 편의상 $\frac{4\pi G\rho}{3} = \omega^2$으로 두면 (2) 식은 다음과 같은 2차 미분방정식의 형태로 나타낼 수 있다.

$$\frac{d^2r}{dt^2} + \omega^2 r = 0 \qquad (3)$$

위와 같은 형태의 2차 미분방정식은 다음과 같은 일반해(general solution)를 갖는다. 즉,

$$r = A\sin\omega t + B\cos\omega t$$

이 일반해가 타당한지 검토하기 위해 두 번 미분을 해주고 대입을 해줘서 확인해 보자.

여기서 A와 B는 경계 조건에 따라 바뀌는 상수(constant)이다. 이러한 방식으로 방정식의 해를 구하는 것이 해석학적 방법(analytic method)이다. 그렇다면 지금부터는 수치 해석학적인 방법(numerical method)으로 해를 구하고 이를 엑셀 프로그램을 이용해 그림으로도 표현해보도록 하자.

속도 v는 거리 r을 미분한 아래의 식 (4)와 같다는 사실과 가속도는 속도를 미분한 $\frac{dv}{dt}$라는 사실을 우리는 이미 알고 있다. 그런데 가속도의 값은 식 (5)로 표현할 수 있다. 즉,

$$\frac{dr}{dt} = v \tag{4}$$

$$\frac{dv}{dt} = \frac{d^2r}{dt^2} = -\omega^2 r \tag{5}$$

이다.

이제 엑셀의 첫 번째 셀에 ω^2을 입력해 넣자. ω는 '삽입 → 기호'의 '그리스어 및 콥트어'에서 찾을 수 있다(그림 1-1-2 참조). 거듭제곱의 형태로 입력해주기 위해서는

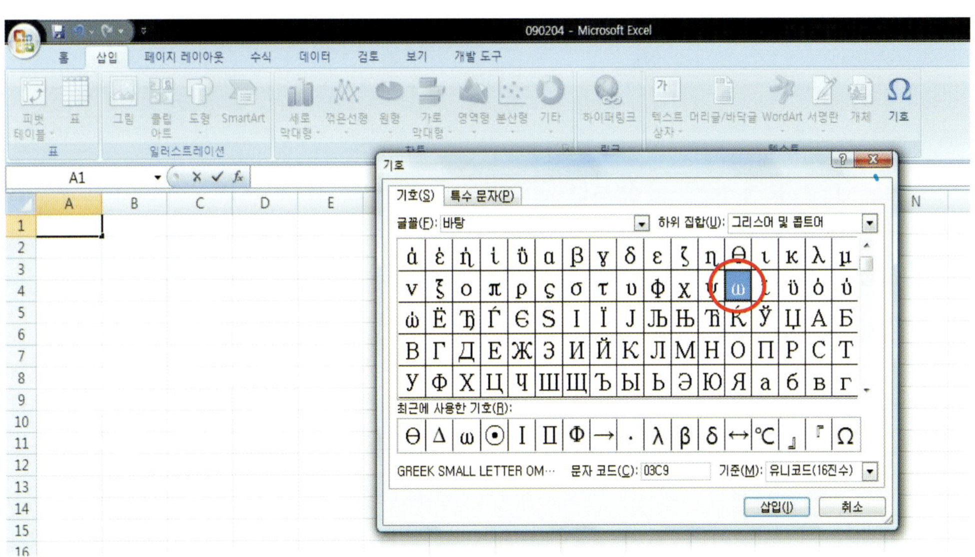

그림 1-1-2 ω 넣기

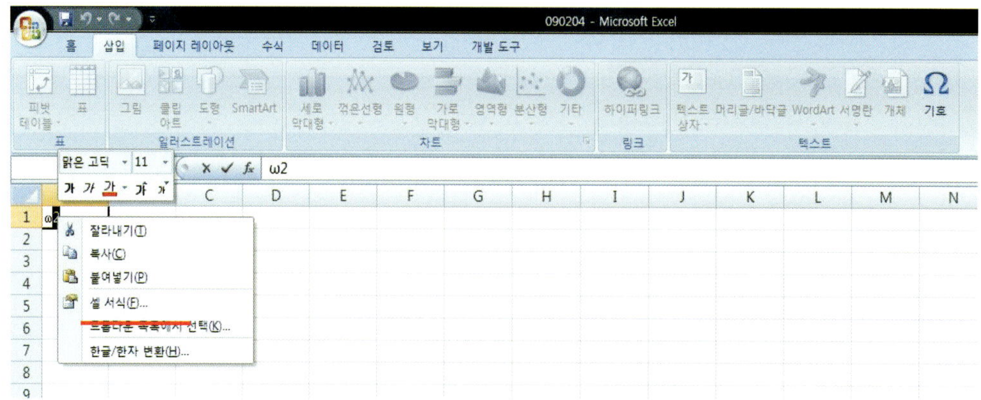

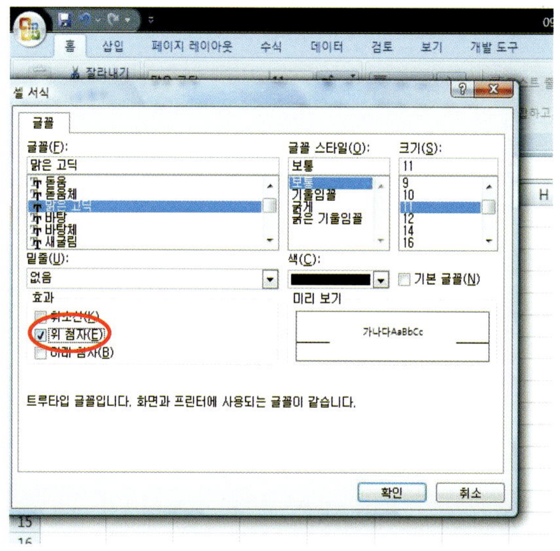

그림 1-1-3 위 첨자로 거듭제곱 형태 표현하기

일단 ω 옆에 숫자 '2'를 입력한 후에 그 숫자를 드래그하여 지정해준 후 마우스 오른쪽 버튼을 누르고 '셀서식'을 선택하여 준다. 셀서식을 지정해주는 창이 뜨면 왼쪽 아래편의 형식에 있는 위 첨자를 클릭하여 지정해준다. 그러면 ω^2의 형태를 표현해낼 수 있다(그림 1-1-3 참조).

여기서는 ω^2 값은 상수이므로 계산의 편의를 위해서 우선 임의로 1로 두자. ω^2의 아래 셀에는 시간 간격을 나타내는 Δt를 입력해 넣는다. Δ 기호 역시 '기호 → 삽입'의 '그리스어 및 콥트어'에서 입력해 넣을 수 있다(만약 Δ 기호를 찾을 수 없다면 글꼴을 바꾸고 다시 한 번 찾아본다. 그리스어 기호는 대개 영어 글꼴에서 찾을 수 있다). 시간 간격은 임의로 0.1로 입력한다.

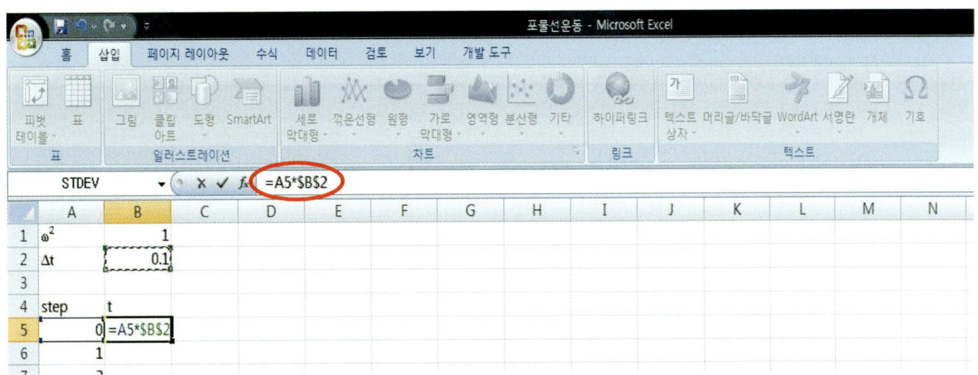

그림 1-1-4 t값 계산하기(시간 간격은 모든 step에서 고정된 같은 값을 갖는다.)

다음은 A4 셀에 step을 지정한다. step은 우리가 작업을 몇 차례 반복해 줄 것인지를 의미한다. step을 입력한 셀 아래에 0부터 100정도까지 세로로 입력해준다. 이때 0부터 100까지 모든 숫자를 일일이 다 입력해줄 필요가 없다. 0에서 2 내지 3 정도까지만 입력해준 후 해당하는 셀을 통째로 드래그하여 지정해주고 나서 지정된 상자의 오른쪽 변의 작은 정사각형을 마우스 왼쪽 버튼으로 누른 후 아래로 잡아당겨주면 쉽고 빠르게 원하는 숫자까지 숫자의 증가에 맞추어서 입력해줄 수 있다.

step의 오른쪽 B4 셀에 t를 입력한다. 각각의 step에 따라 흐른 시간을 의미한다. 따라서 step과 Δt의 곱의 형태로 나타낼 수 있다. t를 입력한 바로 아래의 셀에(step의 0값의 오른쪽 셀) '=A5*B2'[1]를 입력한다. 이때 시간 간격은 어느 step에서도 항상 같은 값을 유지해야 하므로 B2 셀을 고정시켜주어야 하기에 알파벳 B와 숫자 2 앞에 달러표시인 '$'을 붙여 '=A5*$B$2'으로 입력해준다(그림 1-1-4 참조). '$'는 해당하는 알파벳과 숫자를 지정해주는 셀을 고정하는 역할을 한다. B2 숫자위에 커서를 이동시킨 후에 'F4' 버튼을 누르면 자동으로 $표시가 알파벳과 숫자 앞에 추가되어 해당하는 셀을 고정해준다.

식을 모두 입력한 후 엔터키를 누르면 지정해준 계산을 수행한 값이 해당 셀에 입력된다(0번째 step에 시간간격 0.1을 곱했으므로 '0'이 입력될 것이다). 계산을 수행해준 셀을 선택한 후 오른쪽 아래 모서리의 작은 정사각형을 역시 마우스 왼쪽 버튼을 누른 상태로 step 100의 오른쪽 셀까지 드래그해주면 모든 스텝에서의 시간을 나타낼 수 있다. 이제 우리가 계산하여 알아보고자 하는 기본 바탕이 모두 완성되었다. 이제는 우리가 알고자하는 시간에 따른 물체의 속도와 위치 값을 계산하여 알아보도록 하자.

1) A5: step 0 값이 입력되어 있는 셀, B2: Δt 값이 입력되어 있는 셀(그림 1-1-4. 참조)

먼저 초기 조건(step 0, $t=0$)은 $v=0$, $r=R$(행성의 반지름)이다. 우리가 관심을 갖는 것은 물체의 운동 양상 즉, 그래프의 형태를 보고자 하는 것이므로 편의상 행성의 반지름은 1로 하자. 따라서 step 0에 해당하는 v의 값과 r의 값은 각각 0과 1이다. t의 오른쪽 셀에 나란히 v와 r을 입력하여 넣어주고 바로 아래 셀에 각각 0과 1을 직접 입력해준다. 다음으로 시간에 따른 물체의 속도 변화를 계산하여 보자. 식 (5)에서의 $\frac{dv}{dt}$는 시간의 변화에 따른 속도의 변화를 의미하므로 $\frac{v_2 - v_1}{\Delta t} = -\omega^2 r_1$으로 바꾸어 나타낼 수 있다. 따라서 시간에 따른 속도의 값은 v_2만 좌변에 남겨두고 모두 오른쪽으로 옮겨줌으로써 알 수 있다.

$$v_2 = v_1 - \omega^2 r_1 \Delta t \tag{6}$$

마찬가지로 식 (4)에서의 $\frac{dr}{dt}$는 시간의 변화에 따른 위치의 변화를 의미하므로 $\frac{r_2 - r_1}{\Delta t} = v_2$으로 바꾸어 나타낼 수 있고, 따라서 r_2에 대한 식으로 표현하면 아래와 같이

$$r_2 = r_1 + v_2 \Delta t \tag{7}$$

으로 표현할 수 있다. 이와 같은 2차 방정식의 해법은 Euler 방법이라 한다. 4차 Runge-Kutta 방법은 다른 곳에서 소개하기로 하겠다.

v와 r의 첫 번째 step에 식 (6)과 식 (7)을 활용하여 입력해 넣어준다. 첫 번째 step에서의 v값은 따라서 '=C5-$B$1*D5*$B$2'[2]가 되고 r 값은 '=D5+C6*$B$2'[3]가 된다. 이때 고정된 값인 ω^2(B1), Δt(B2)은 F4 버튼을 사용해 각각 알파벳과 숫자 앞에 '$'표시를 붙여줘야 함을 잊지 말자(그림 1-1-5 참조).

각각의 식을 정확히 입력해준 뒤에 엔터키를 누르면 계산된 값이 입력된다. v와 r 값이 계산되어 입력된 두 개의 셀을 동시에 지정하고 나서 오른쪽 아래의 정사각형 모양을 더블 클릭해주면 동일한 계산 과정을 수행한 결과 값이 자동으로 입력이 된다(그림 1-1-6 참조).

2) C5: v_1 값, B1: ω^2, D5: r_1, B2: Δt
3) C6: v_2 값

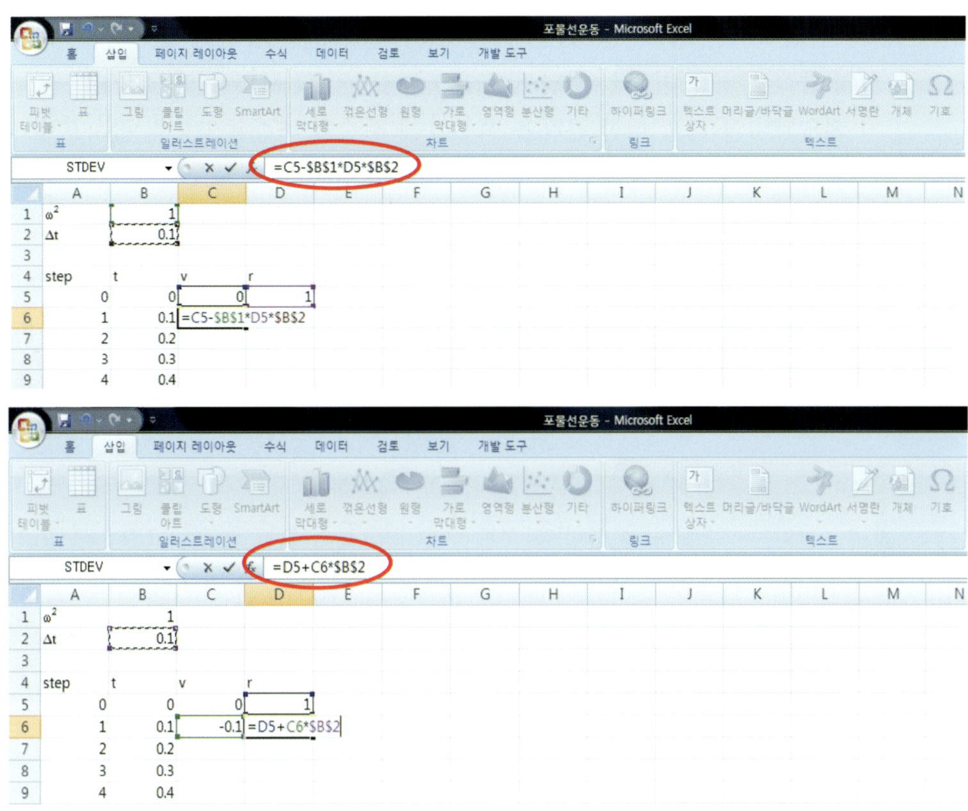

그림 1-1-5 식 (6)과 식 (7)을 활용하여 v값과 r값을 계산하여 구해준다.

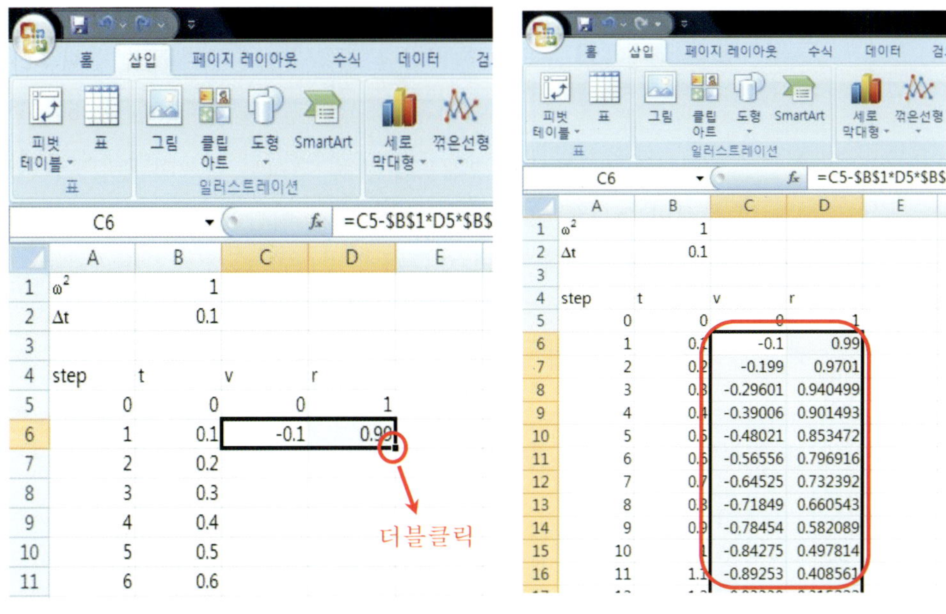

그림 1-1-6

지금까지 일련의 수치 접근(numerical approach)을 통해 반지름 r이 1인 구형 행성의 중심부가 뚫린 직선 터널이 있을 때 터널의 입구 한 편에 질량이 m인 물체가 초기 속도가 0일 때 어떠한 운동을 하는가를 시간에 따른 v와 r의 값으로 나타낼 수 있었다. 숫자만으로는 물체의 운동을 이해하는 데에 다소 어려움이 있으니 좀 더 쉽게 알아보기 위하여 계산된 값들을 이용하여 그래프를 그려보기로 하자.

다음은 엑셀에서 주어진 데이터를 이용하여 시간에 대한 속력과 거리의 그래프를 그리는 과정에 대한 단계별 설명이다. 그림 1-1-7을 참조하면서 한 쌍의 곡선 그래프를 그려보도록 하자.

1) t 값과 v 값의 모든 값들을 블럭으로 지정한다.
2) '삽입 → 차트 → 분산형'을 선택하면(그림 1-1-7(1) 참조), 그림 1-1-7(2)와 같은 그래프가 그려질 것이다.
3) 그래프 안에 마우스 포인터를 올려놓은 상태에서 마우스 오른쪽 버튼을 누르고 '데이터 선택'을 클릭하면(그림 1-1-7(3) 참조) '데이터 원본 선택' 상자가 뜬다(그림 1-1-7(4) 참조).
4) '데이터 원본 선택' 상자에서 '추가' 버튼을 누르면, '계열 편집' 상자가 뜬다(그림 1-1-7(5) 참조).
5) '계열 편집' 상자의 각각 '계열 이름'에 'r'을 입력하고, '계열 X값'에는 t의 모든 값들을 블럭 지정하여 주고, '계열 Y값'에는 r의 모든 값들을 블럭지정한 뒤 확인 버튼을 누르면 그래프에 그림 1-1-7(6)의 빨간색과 같은 새로운 곡선이 추가된다.

그림 1-1-7(6)과 같이 얻어진 그래프를 통해 우리는 행성의 중심을 꿰뚫은 터널의 입구에 놓인 물체의 운동을 상상할 수 있다. 먼저 시간에 따른 위치(r) 그래프를 보면 물체가 중심을 통과해 반대쪽 터널 입구까지 갔다가 다시 시작점까지 돌아오는 공명(oscillation) 운동을 하고 있음을 알 수 있다. 그리고 속력은 점점 증가하다가 중심을 지날 때 최대 속도가 되고 감속하다가 반대쪽 입구에서 멈추고 반대 방향으로 다시 속력이 증가하는 것이 반복됨을 이해할 수 있다. 이와 같은 운동은 단진자 운동[4], 마찰이 없는 지평면에 용수철을 수평으로 놓고 그 끝에 달린 물체의 운동[5]도 지금 우리

4) $\omega^2 = \frac{g}{l}$

5) $\omega^2 a = \frac{k}{m}$

가 엑셀로 해를 구한 운동과 동일하다. ω값을 변화사키면서 그래프의 모습의 변화를 관찰해보자. 그리고 해석학적인 해와 비교해보자. 얼마나 다른가? 아니면 거의 구별을 할 수 없는가?

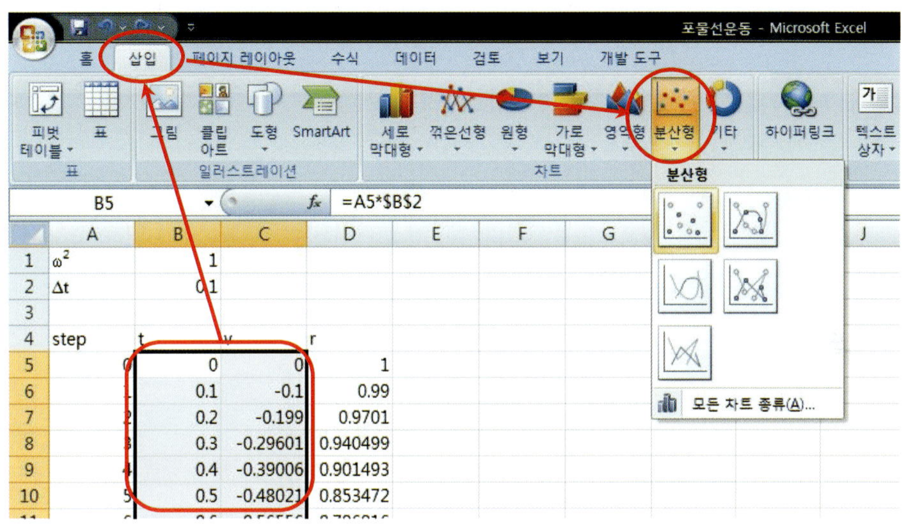

그림 1-1-7(1)

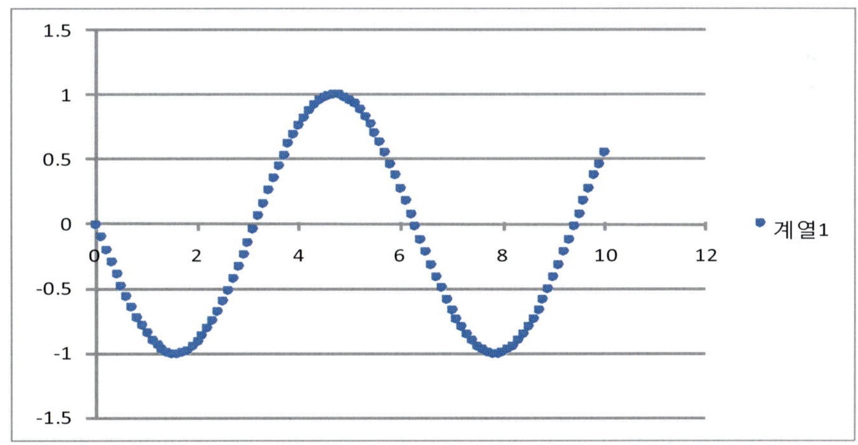

그림 1-1-7(2)

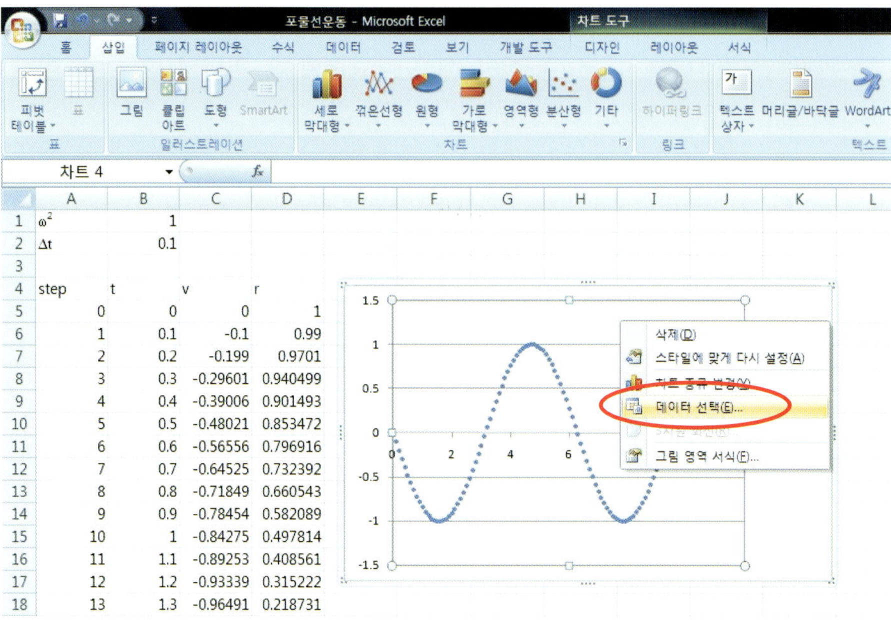

그림 1-1-7(3)

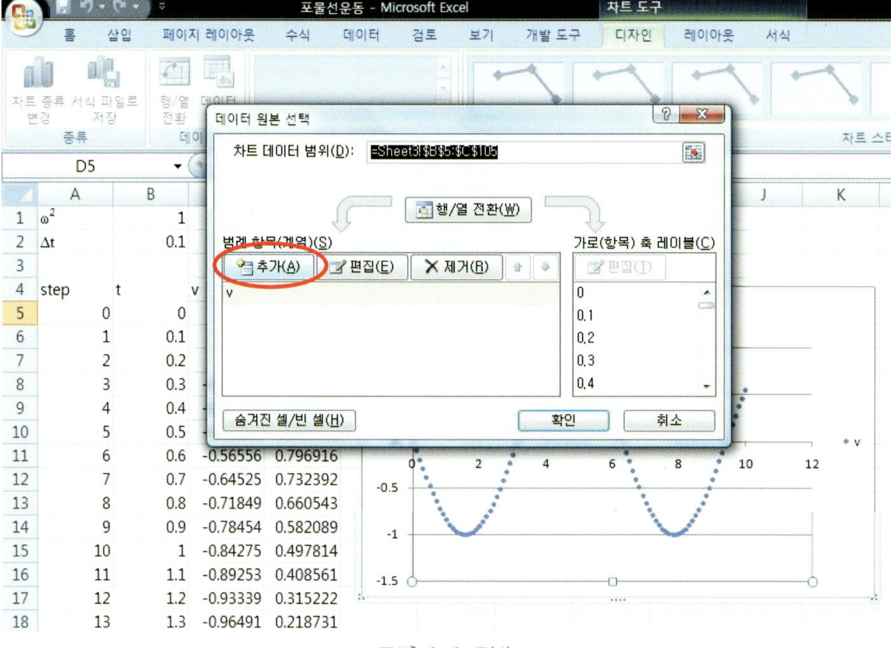

그림 1-1-7(4)

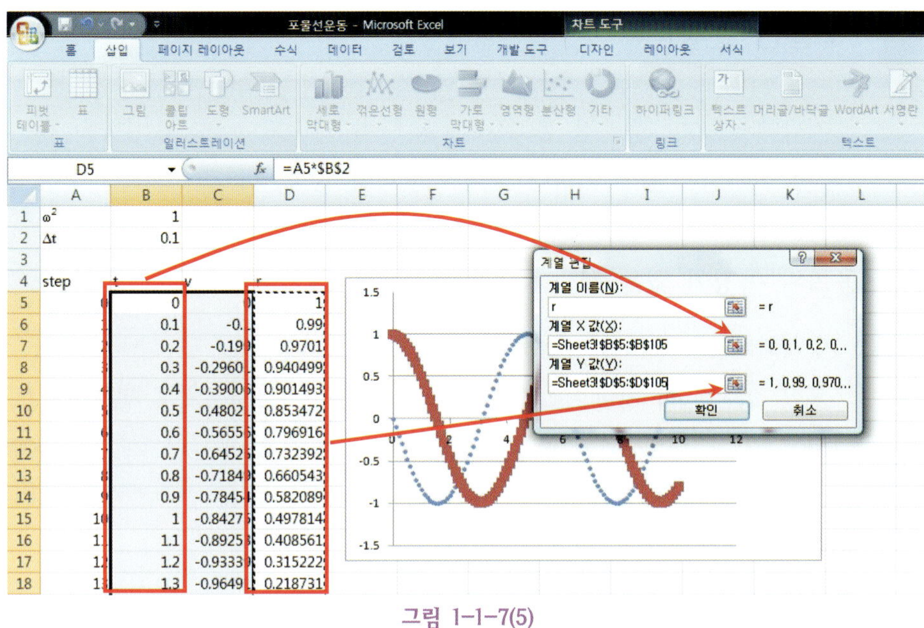

그림 1-1-7(5)

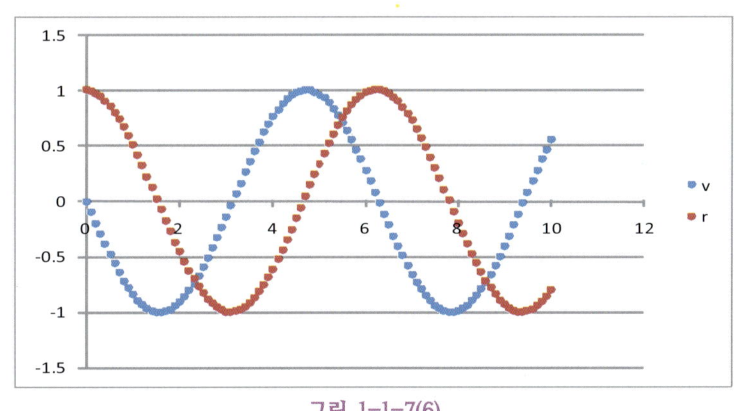

그림 1-1-7(6)

2. 포물선 운동

지상에서 쏘아 올려진 물체는 지구 중력 가속도 g 값의 영향을 받는다. 따라서 $\vec{F}=mg\hat{z}$에 의한 힘에 의하여 물체의 운동이 결정된다.

2.1 공기의 저항이 없을 때

2.1.1 수치해석학적 해(numerical solution)

초기 속도 v_0와 지면으로부터의 각도 θ로 운동하는 물체를 생각해보자. 먼저 속도 벡터를 직교좌표계에서의 x성분과 y성분으로 분해하면 각각 x방향의 속도는 $v_0 \cos\theta$, y 방향의 속도는 $v_0 \sin\theta$이다. 그런데 여기서 y방향 성분은 연직 아래 방향으로 중력의 작용을 받으므로 y방향의 속도 변화 즉, $\frac{dv_y}{dt}=-g$이다(g: 중력가속도, $\approx 9.8\text{m/s}$).

이는 $\frac{v_{y2}-v_{y1}}{\Delta t}=-g$를 의미하고, 따라서 시간에 따른 y성분의 속도는 아래와 같은 식으로 정리될 수 있다.

$$v_{y2}=v_{y1}-g\cdot\Delta t \tag{8}$$

반면 x 방향의 속도 성분은 공기 저항이 없다고 가정했을 때 아무런 힘의 작용을 받지 않기 때문에 $\frac{dv_x}{dt}=0$이고, 따라서 시간에 따라서 $v_x=v_0\cos\theta$로 항상 일정하다.

시간에 따른 속도를 알았으므로 시간에 따른 위치도 계산할 수 있다. x성분과 y성분의 위치 값은 각각 아래와 같이 계산하여 얻어낼 수 있다.

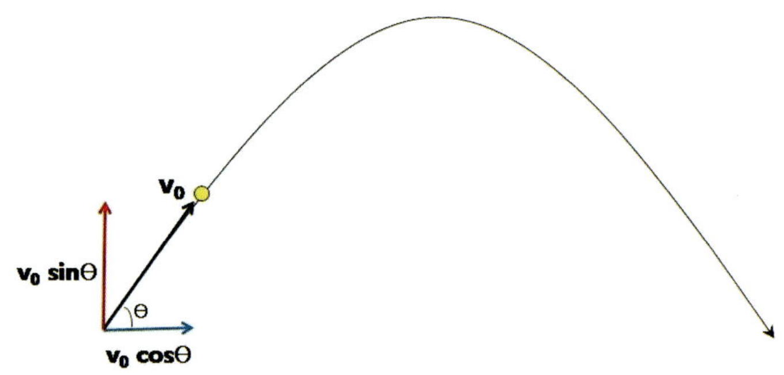

그림 1-1-8 지면으로부터 θ만큼 각도의 위 방향으로 초기 속도 v_0인 물체의 운동

$$x_2 = x_1 + v_{x1} \cdot \Delta t \tag{9}$$

$$y_2 = y_1 + v_{y1} \cdot \Delta t \tag{10}$$

지금까지 수치해석학적으로 얻어진 수식을 바탕으로 엑셀을 활용하여 그래프를 그려보자. 먼저 임의의 초기 속도 v_0와 각도 θ값을 각각 첫 번째 열과 두 번째 열에 지정하여 입력한다. 이때 v_0 기호는 그림 1-1-3에서의 '셀 서식' 상자의 '효과'에서 '아래 첨자'를 활용하여 입력해 넣을 수 있다. 중력 가속도의 크기를 고려하여 적당한 포물선의 모양이 그려지게 하기 위해서 초기 속도는 50, 각도는 45도로 지정해주도록 하자. 여기서 한 가지 주의할 점은 엑셀은 각도를 라디안 값으로 인식하기 때문에 '도, 분, 초'를 라디안으로 변환해주어야 한다. 따라서 각도의 값으로 지정한 45도의 바로 옆의 행에 라디안으로 변환해주는 $\pi/180$을 곱해준다.[6]

다음으로 시간 간격인 Δt는 앞의 행성 중심을 지나는 터널에서의 물체 운동 사례와 마찬가지로 0.1로 두자. 계산 중에 중력가속도 값이 필요하기 때문에 $g = 9.8$ 역시 바로 아래 열에 입력해 넣어둔다. step은 앞의 사례와 마찬가지로 100정도까지 입력해주고, 똑같은 과정으로 각 step에 해당하는 t 값을 계산하여 넣어 준다(자세한 과정은 3페이지를 참조한다).

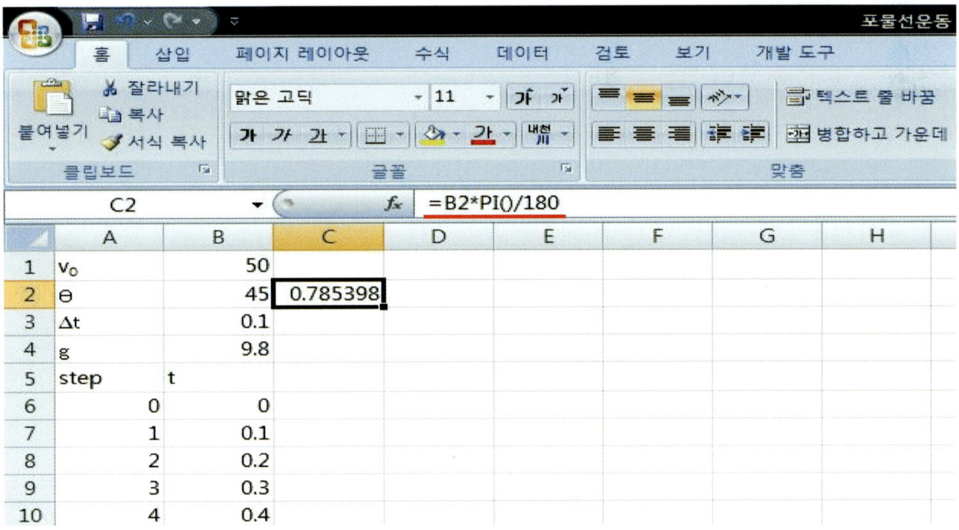

C2 =B2*PI()/180

	A	B	C	D	E	F	G	H
1	v_0	50						
2	θ	45	0.785398					
3	Δt	0.1						
4	g	9.8						
5	step	t						
6	0	0						
7	1	0.1						
8	2	0.2						
9	3	0.3						
10	4	0.4						

그림 1-1-9 엑셀에서 각도는 반드시 라디안으로 표현해주어야 한다. 라디안의 변환은 왼쪽의 밑줄처럼 해당하는 각도에 $\pi/180$을 곱해주면 된다.

6) π는 엑셀에서는 'PI()'로 입력해주면 된다. 즉, '=B2*PI()/180'을 입력한다. 그림 1-1-9를 참조하라.

이제 시간에 따른 x성분과 y성분의 속도와 위치를 계산해보자. 우선 초기 조건($t=0$)일 때 각각 $v_{x0}=50\cdot\cos 45$, $v_{y0}=50\cdot\sin 45$, $x_0=0$, $y_0=0$이므로, step 0의 행에 해당하는 값을 직접 입력해 넣어준다. 시간에 따른 x성분의 속도는 $v_0\cos\theta$로 항상 일정하고, y성분의 속도는 식 (8)과 같다. 또한 x, y의 위치는 각각 식 (9), (10)으로 계산된다. 이 식들을 이용하여 그림 1-1-10과 같이 각각의 계산식을 입력하여 넣어준다. 이때 변하지 않는 값들(v_0, θ, g, Δt)은 반드시 'F4' 버튼을 이용하여 고정시켜 줌을 잊지 말자. 더불어 θ는 라디안으로 변환하여 준 값을 계산에 사용해야 한다는 점도 다시 한번 강조한다.

네 개의 계산식을 입력해 준 셀들을 한꺼번에 블럭으로 지정하여 주고 그림 1-1-6과 같이 오른쪽 아래 사각형을 더블 클릭해 줌으로써 모든 시간에 따르는 각 성분에 대한 속도와 위치의 값을 얻어 낼 수 있다.

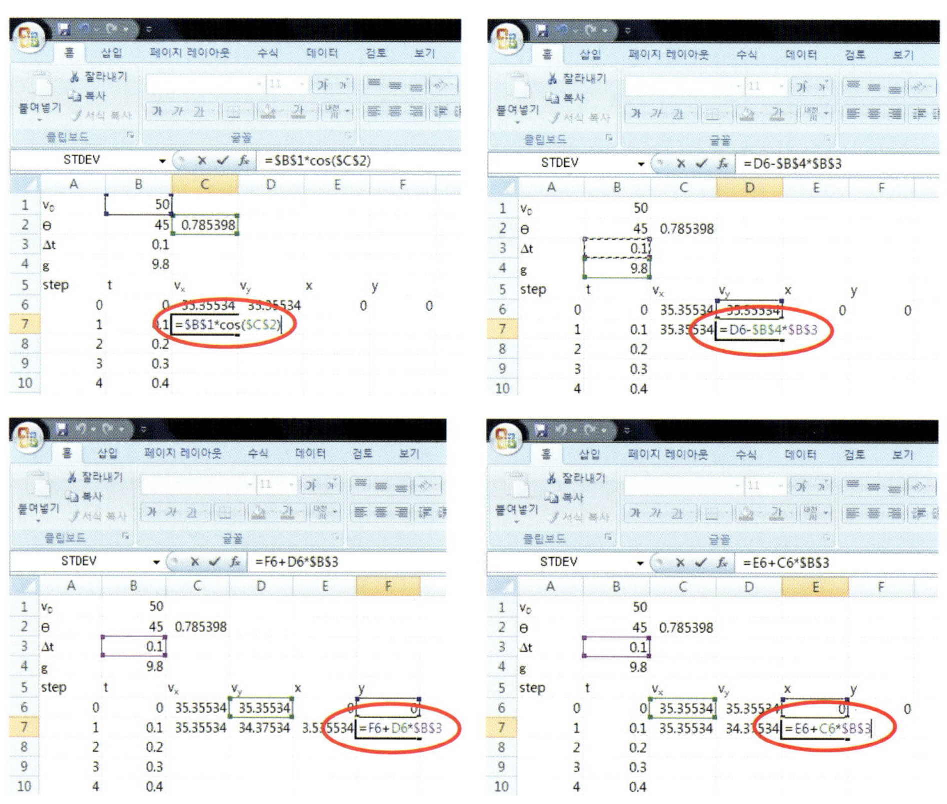

그림 1-1-10 왼쪽 위 그림부터 시계 방향으로 시간에 따른 x성분의 속도, y성분의 속도, x값, y값이다.

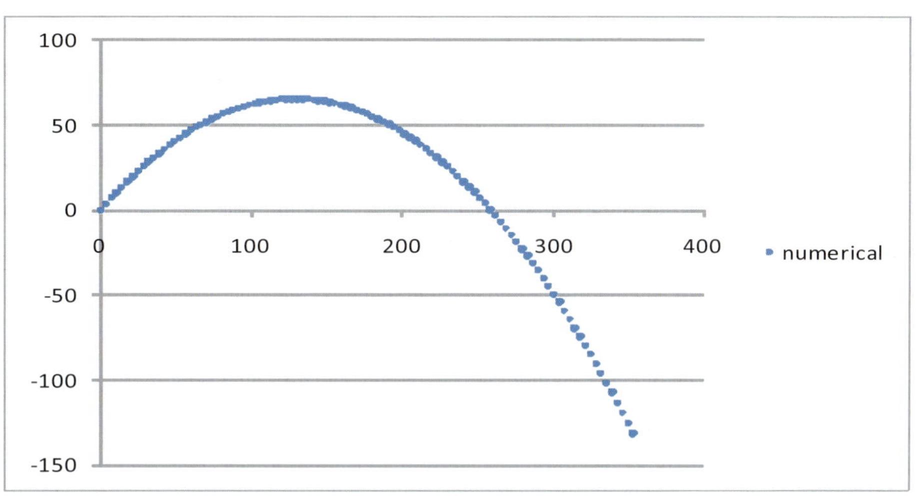

그림 1-1-11 $v_0 = 50$, $\theta = 45°$ 일 때의 물체 운동. 점은 수치해석학적인 해

주어진 값들을 이용하여 분산형 그래프를 그리면(분산형 그래프를 그리는 방법은 그림 1-1-7(1)을 참조하라), 그림 1-1-11의 곡선을 얻는다. 지평선의 45도 각도로 쏘아진 물체는 중력의 영향을 받아 포물선 운동을 한다는 사실을 확인할 수 있다.

2.1.2 해석학적 해(analytical solution)

지금까지 포물선 운동을 하는 물체의 수치해석학적인 해를 구해보았다. 그렇다면 이제는 해석학적인 해를 구해보도록 하자. x 방향 성분은 등속 운동을 하기 때문에 $x = v_0 \cos\theta \cdot t$ 이고, 시간에 대해 다시 정리해주면 아래와 같은 식이 된다.

$$t = \frac{x}{v_0 \cos\theta} \tag{11}$$

등가속 직선 운동을 하는 물체의 이동 거리는 $s = v_0 t + \frac{1}{2}at^2$ 이므로, 중력의 영향을 받는 연직 운동의 경우 가속도 a 대신 중력가속도 $-g$ 값을 대입해주면 식 (12)가 된다.

$$s = v_0 t - \frac{1}{2}gt^2 \tag{12}$$

식 (12)에 식 (11)을 대입해 주면, 식 (13)을 얻게 된다.

$$y_{exact} = v_0 \sin\theta \cdot \frac{x}{v_0 \cos\theta} - \frac{1}{2} g \left(\frac{x}{v_0 \cos\theta} \right)^2$$

$$= \tan\theta \cdot x - \frac{1}{2} g \left(\frac{x^2}{v_0^2 \cos^2\theta} \right)^2$$

$$\therefore \ y_{exact} = \tan\theta \cdot - \frac{g x^2}{2 v_0^2 \cos^2\theta} \tag{13}$$

그래프를 그리기 위해 y 옆 셀에 y_{exact}을 입력하고 바로 아래 식 (13)의 계산식을 다음과 같이 입력하여 준다. "=TAN($C$2)*E6−$B$4/(2*$B$1^2*COS($C$2)* COS($C$2)) *E6^2"(C2: θ값, E6: x_0, B4:g). y_{exact0}은 $x_0 = 0$이므로 0 값을 가질 것이다. 나머지 y_{exact}값을 계산하기 위해 그림 1-1-6처럼 더블 클릭해준다.

해석학적인 해의 그래프를 그려보자. 10쪽의 3) ~ 5) 과정으로 그림 1-1-11 그래프 위에 그래프 하나를 더 추가해준다. 그러면 그림 1-1-12와 같은 그래프를 얻게 될 것이다. 각각 파란색 점들이 정확한 해의 그래프이고, 붉은색 점들이 수치해석학적인 해의 그래프이다. 그런데 자세히 보면 두 해의 그래프가 정확히 일치하지 않고 수치해석학적인 해의 그래프가 조금 더 위로 올라가 있음을 확인할 수 있다. 엑셀 셀 안의 계산된 값을 직접 비교해도 그 값이 차이가 날 것이다. 식 (10)에서 v_{y1}의 값 대신 v_{y2}의 값으로 바꾸어 입력해보고 정확한 해의 그래프와 비교해보자. y 열 가장 위의 계산식에서 v_y에 해당하는 값의 열 숫자를 하나 증가시킨다(ex〉 =F6+*D6** $B$3 → =F6+*D7**$B$3). 새로운 계산 값으로 그려진 그래프는 그림 1-1-13과 같을 것이다. 애석하게도 이번에도 해석학적인 해와 수치해석학적인 해의 그래프가 일치하지 않는 것을 확인할 수 있다. 수치해석학적인 해의 그래프가 약간 아래쪽으로 내려가 있다.

이번에는 v_{y1}과 v_{y2}의 중간 값을 취하여 y의 수치해석학적인 해를 구해보자. 식 (10)에서 v_{y1} 값 대신 $(v_{y1} + v_{y2})/2$ 값으로 바꾸어 입력해보고 다시 한 번 정확한 해의 그래프와 비교해보자(ex〉 =F6+*D6**$B$3 → =F6+(*D6+D7*)/2*$B$3). 계산을 마치면 박스 오른쪽 하단을 더블 클릭하여 모든 y 값들을 동일한 계산과정으로 적용해줌을 잊지 말자. 그리고 나서 그래프를 그리면 그림 1-1-14와 같이 정확한 해와 수치해석학적인 해의 그래프가 일치하는 것을 볼 수 있다. 즉, 수치 해석학적인 방법으로 정확하게 해를 구하는 방법에 대한 연구가 필요하다.

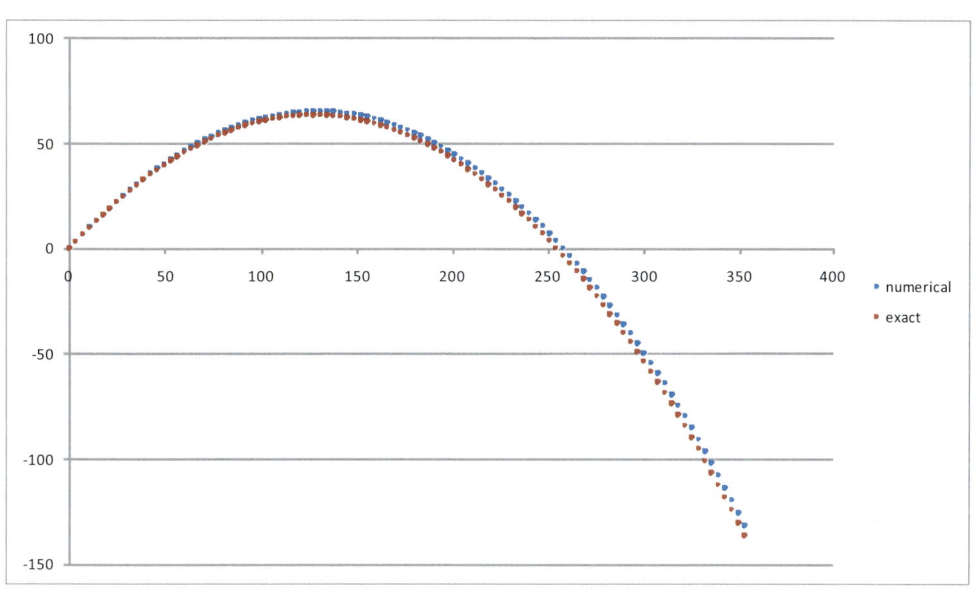

그림 1-1-12 $v_0 = 50$, $\theta = 45°$일 때의 물체 운동. 붉은색 점은 정확한 해, 파란색 점은 수치해석학적인 해

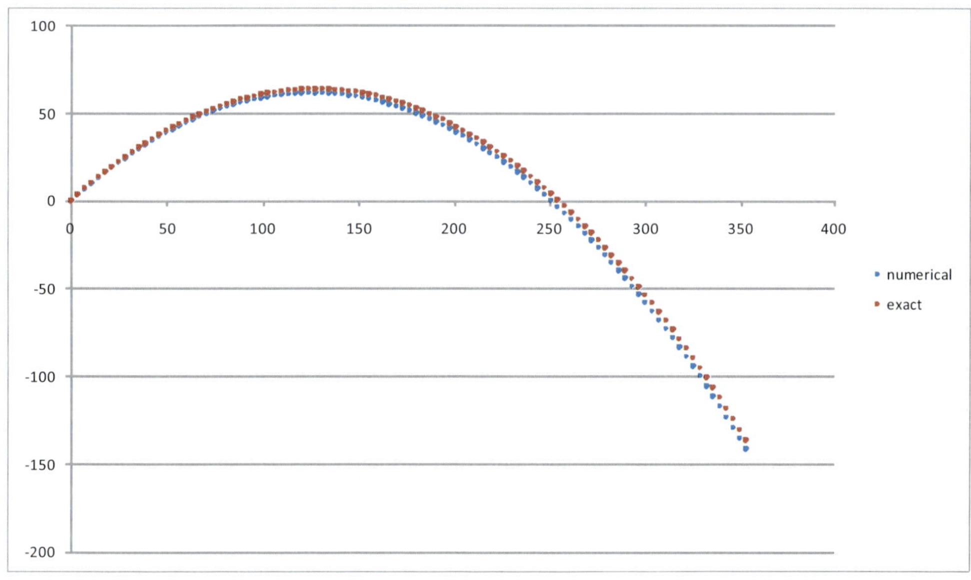

그림 1-1-13 $v_0 = 50$, $\theta = 45°$일 때의 물체 운동. 붉은색 점은 정확한 해, 파란색 점은 수치해석학적인 해

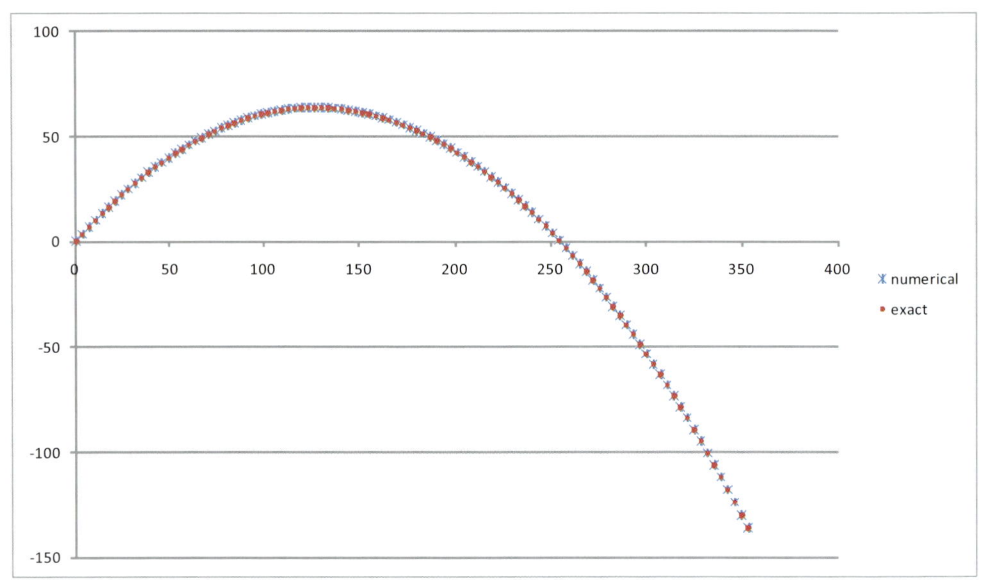

그림 1-1-14 $v_0 = 50$, $\theta = 45°$일 때의 물체 운동. 붉은색 점은 정확한 해, 파란색 점은 수치해석학적인 해

2.2 공기 저항이 있을 때

지금까지는 중력의 영향만 고려한 포물선 운동을 계산해보았다. 하지만 현실적으로는 공기 저항 등이 존재하기 때문에 실제로는 그림 1-1-14의 그래프와 같은 모습을 보이는 운동을 하지 않는다. 따라서 이제는 공기 저항이 있을 경우에 물체가 어떤 운동을 하는지 비슷한 과정을 통해서 알아보도록 하자.

유체는 일반적인 기체나 액체와 같이 흐를 수 있는 무엇이다. 만약 물체가 유체에 상대적인 속도를 가지고 있다면 물체는 상대적인 운동의 반대방향으로 항력(drag force)을 받는다. 여기서 우리는 물체가 둥그스름한 것이라고 가정하자. 이러한 경우에 항력 $\vec{D}$는 다음과 같은 관계를 갖는다.

$$D = \frac{1}{2} C \rho A v^2$$

여기서 C는 항력계수(drag coefficient)이고, ρ는 공기의 밀도(단위 부피당 질량)이며 A는 유효단면적(effective cross-sectional area)이다. 항력계수 C는 주어진 물체에 대하여 정밀하게 일정하지 않다. 왜냐하면 만약에 v가 크게 변하면 C 값도 역시 변하기 때문이다. 여기서 우리는 이와 같은 복잡한 것은 무시하기로 한다. 공기의 밀도와 유효단면적이 일정하다고 가정하고 물체의 속도에 영향을 미치는 것을 항력계수 C 로만 표현하고, 항력이 v^2에 비례하는 것이 아니라 $\bar{v}$에 비례하는 것으로 하자, 이제 각각 x성분과 y성분의 속력은 아래의 식 (14)와 식(15)와 같이 표현될 것이다.

$$\frac{dv_x}{dt} = -Cv_x \tag{14}$$

$$\frac{dv_y}{dt} = -g - Cv_y \tag{15}$$

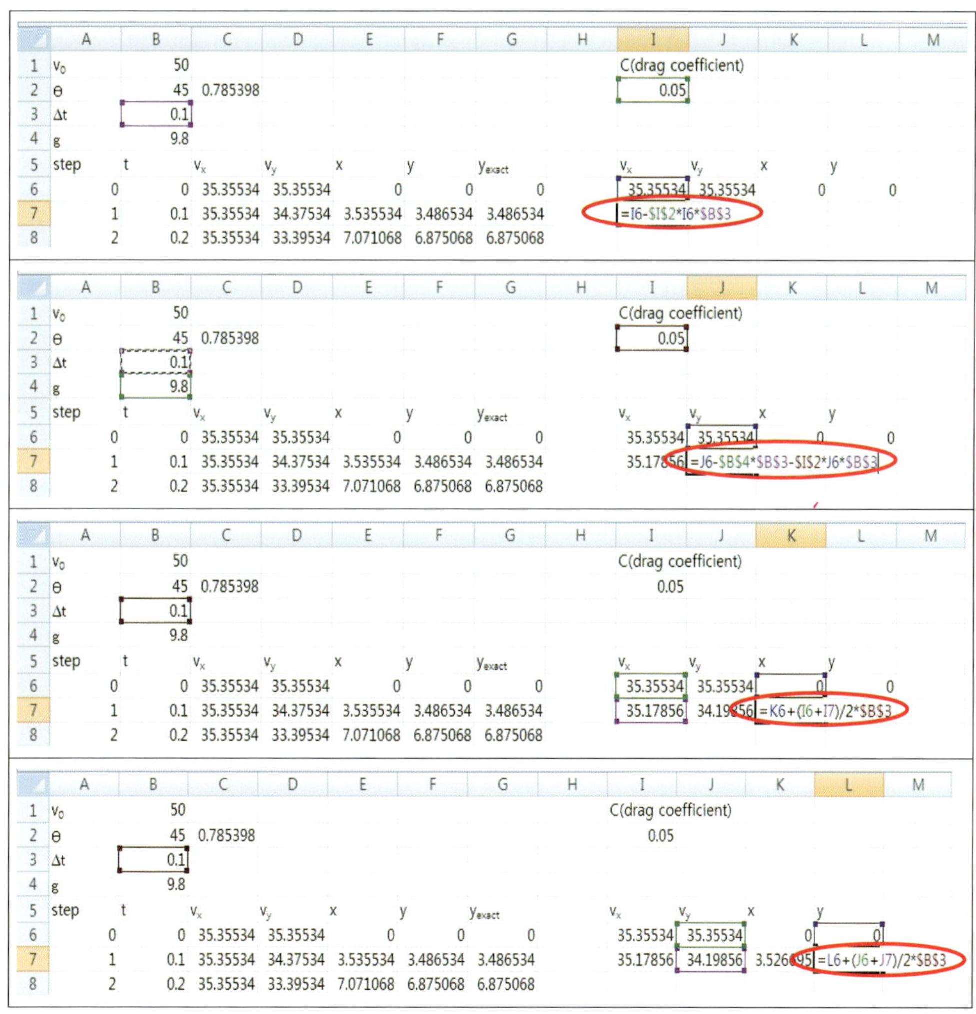

	A	B	C	D	E	F	G	H	I	J	K	L	M
1	v0	50							C(drag coefficient)				
2	θ	45	0.785398						0.05				
3	Δt	0.1											
4	g	9.8											
5	step	t	vx	vy	x	y	yexact		vx	vy	x	y	
6	0	0	35.35534	35.35534	0	0	0		35.35534	35.35534	0	0	
7	1	0.1	35.35534	34.37534	3.535534	3.486534	3.486534		=I6-$I$2*I6*$B$3				
8	2	0.2	35.35534	33.39534	7.071068	6.875068	6.875068						

	A	B	C	D	E	F	G	H	I	J	K	L	M
1	v0	50							C(drag coefficient)				
2	θ	45	0.785398						0.05				
3	Δt	0.1											
4	g	9.8											
5	step	t	vx	vy	x	y	yexact		vx	vy	x	y	
6	0	0	35.35534	35.35534	0	0	0		35.35534	35.35534	0	0	
7	1	0.1	35.35534	34.37534	3.535534	3.486534	3.486534		35.17[illegible]56	=J6-$B$4*$B$3-$I$2*J6*$B$3			
8	2	0.2	35.35534	33.39534	7.071068	6.875068	6.875068						

	A	B	C	D	E	F	G	H	I	J	K	L	M
1	v0	50							C(drag coefficient)				
2	θ	45	0.785398						0.05				
3	Δt	0.1											
4	g	9.8											
5	step	t	vx	vy	x	y	yexact		vx	vy	x	y	
6	0	0	35.35534	35.35534	0	0	0		35.35534	35.35534	0	0	
7	1	0.1	35.35534	34.37534	3.535534	3.486534	3.486534		35.17856	34.19[illegible]56	=K6+(I6+I7)/2*$B$3		
8	2	0.2	35.35534	33.39534	7.071068	6.875068	6.875068						

	A	B	C	D	E	F	G	H	I	J	K	L	M
1	v0	50							C(drag coefficient)				
2	θ	45	0.785398						0.05				
3	Δt	0.1											
4	g	9.8											
5	step	t	vx	vy	x	y	yexact		vx	vy	x	y	
6	0	0	35.35534	35.35534	0	0	0		35.35534	35.35534	0	0	
7	1	0.1	35.35534	34.37534	3.535534	3.486534	3.486534		35.17856	34.19856	3.526[illegible]95	=L6+(J6+J7)/2*$B$3	
8	2	0.2	35.35534	33.39534	7.071068	6.875068	6.875068						

그림 1-1-15 공기의 저항이 있을 때, 시간에 따른 x 성분의 속도, y 성분의 속도, x 위치 값, y 위치 값의 계산식을 대입한다.

식 (14)와 식 (15)는 각각 $\frac{v_{x2}-v_{x1}}{\Delta t}=-C \cdot v_{x1}$, $\frac{v_{y2}-v_{y1}}{\Delta t}=-g-C \cdot v_{y1}$을 의미하고 정리하면 식 (16)과 식 (17)로서 시간에 따른 속도 값을 나타낼 수 있다. 즉,

$$v_{x2}=v_{x1}-C \cdot v_{x1}\Delta t \tag{16}$$

$$v_{y2}=v_{y1}-g\Delta t-C \cdot v_{y1}\Delta t \tag{17}$$

이다.

이제 식 (16), (17)을 이용하여 공기 저항이 있을 때의 x, y 성분의 속도와 식 (9), (10)을 이용하여 같은 상황에서의 x, y 위치를 계산하여 결정할 수 있다. 그런데 우리는 수치해석학적인 해를 구하는 과정에서 x, y 위치를 계산할 때에 v값을 중간 값으로 취해주면 정확한 해와 일치한다는 사실을 알았다. 따라서 이번 과정에서는 처음부터 중간 값인 $\frac{v_1+v_2}{2}$을 계산에 넣어주도록 한다. 엑셀에 수식을 입력해 넣는 것은 그림 1-1-15를 참조한다. 수식을 입력해 넣어줄 때, 변하지 않는 값은 $를 붙여서 고정시켜 주는 것을 상기한다. 계산식을 모두 입력해 넣었으면 나머지 step의 값들을 자동 계산해준다.

이제 공기 저항이 있을 경우의 그래프를 원래의 그래프에 추가하여 그려 넣어본다(그림 1-1-7(3)~(5) 과정을 참조하라). 그러면 그림 1-1-16과 같은 그래프를 얻게 될

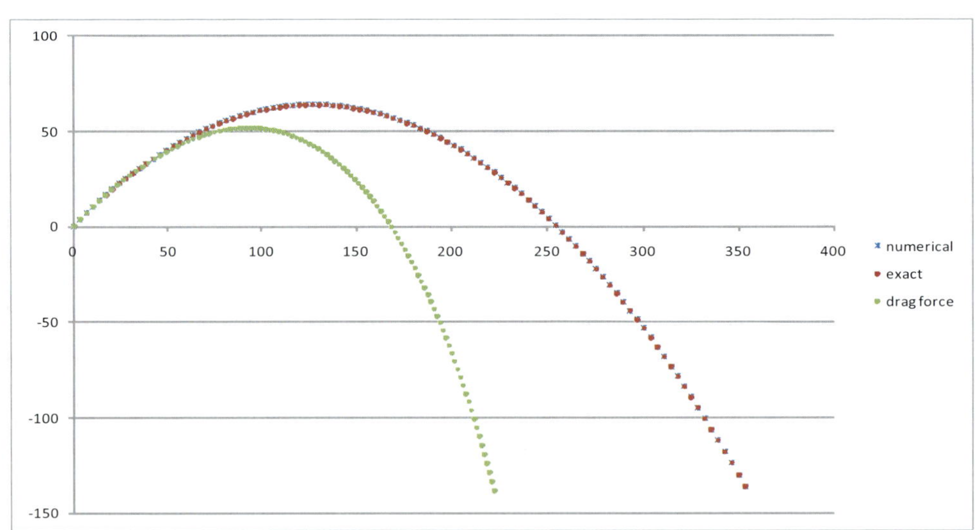

그림 1-1-16 $v_0=50$, $\theta=45°$일 때의 물체 운동. 붉은색 점은 정확한 해, 파란색 점은 수치해석학적인 해. 녹색 점은 공기저항이 있을 때의 수치해석학적인 해

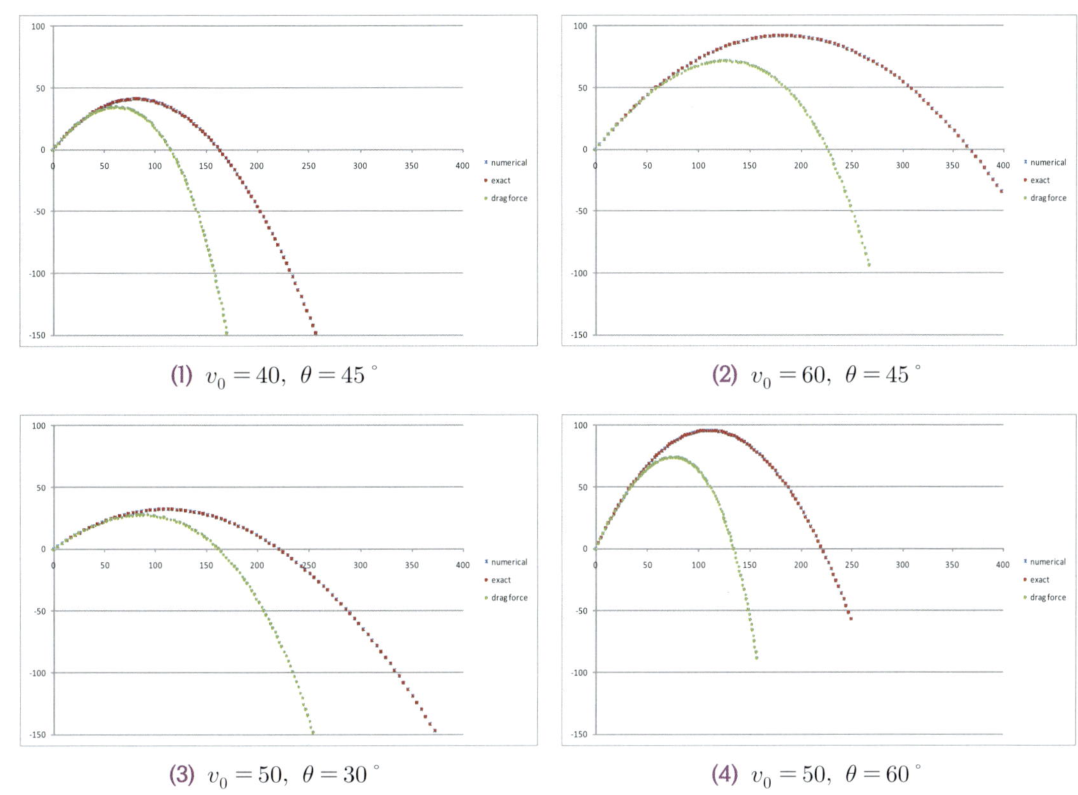

(1) $v_0 = 40,\ \theta = 45^\circ$　(2) $v_0 = 60,\ \theta = 45^\circ$

(3) $v_0 = 50,\ \theta = 30^\circ$　(4) $v_0 = 50,\ \theta = 60^\circ$

그림 1-1-17 붉은색 점은 정확한 해, 파란색 점은 수치해석학적인 해.
녹색 점은 공기저항이 있을 때의 수치해석학적인 해

것이다. 녹색 점들이 공기 저항이 있을 경우의 물체의 운동이다. 공기 저항이 없을 경우와 확연히 다른 모습(최고점도 더 낮고, 덜 날아감)을 확인할 수 있다.

엑셀 시트의 모든 계산식들과 그래프가 연동이 되어있기 때문에 초기 속도(v_0)나 발사 각도(θ)를 바꾸어가면서 물체가 어떠한 운동을 하는지도 확인할 수 있다. 그림 1-1-17은 각각 θ값 혹은 v_0값을 변화시켰을 때의 변화된 그래프의 모습이다.

3. 중력장에서의 물체 운동

운동을 기술하는 데에는 두 가지 접근 방법이 있다. 동력학(Dynamics)적인 방법과 운동학(Kinematics)인 방법이 그것이다. 우리나라 말로는 Dynamics나 Kinematics 두 개 다 역학이라고 불리는데, 일부는 동력학, 운동학으로 구분하기는 하지만 혼동해서 쓰거나 혼용하기 때문에 확실하게 해 둘 필요가 있다. 동력학적인 방법은 운동방정식을 풀어서 즉, 운동의 원인이 되는 것을 풀어서 운동을 기술하는 것이다. 이를 테면 운동의 원인이 무엇일지 알고 따라서 $F=ma$라는 공식을 푼다면 이는 동력학적인 풀이가 되는 것이다. 반면 운동학적인 방법은 소위 모델링으로써 물체가 어떻게 운동하는지, 즉 운동하는 형태를 가져다가 그대로 일정한 모델링을 해서 예측을 하는 것이다. 모델링은 과거의 관측이나 관찰 자료를 설명하거나 미래의 관측 혹은 관찰 자료를 예측하게 한다. 모델링은 나중에 마치 '법칙(law)'과 같은 구실을 하게 된다.

예를 들어 우리가 태양계 행성들의 운동을 기술하려 한다면 사실 두 접근 방법이 모두 유용하다. 앞에서 우리는 행성의 관통터널을 움직이는 물체의 운동을 기술하면서 동력학적인 해를 두 가지 방법으로 찾았다. 한 가지는 해석학적인 방법(analytic approach)이고, 또 한 가지는 수치해석학적 방법(numerical approach) 이었다. 해석학적인 해는 미분방정식을 그대로 풀어서 얻는 것이다. 그런데 미분 방정식을 푸는 것은 매우 복잡하고 어려운 과정을 필요로 하기 때문에 아주 특별한 경우를 제외하고는 해석학적인 방법으로 해를 구하기가 쉽지 않다. 따라서 과학에서는 대부분 수치해석학적인 방법으로 해를 구하고, 이를 통해 좀 더 쉽게 운동을 기술한다.

태양계 내에서의 물체의 운동을 동력학적인 방법으로 기술하여 보자. 이러한 운동의 대표적인 운동이 태양계 내에서의 행성들의 운동이다. 행성들은 태양계 내에서 태양의 중력장에 의하여 공전 운동한다. 태양의 질량은 태양계의 모든 질량의 99% 이상을 차지하고 있기에 행성에 작용하는 힘은 대부분이 태양의 중력이다. 따라서 행성의 운동은

$$\vec{F}=m\vec{a}=-\frac{GMm}{r^2}\hat{r} \tag{18}$$

이다.

여기서 $\vec{a}=\frac{d\vec{v}}{dt}=\frac{d^2\vec{r}}{dt^2}$이다. 양변에 공통으로 들어가 있는 질량 m을 소거해주면

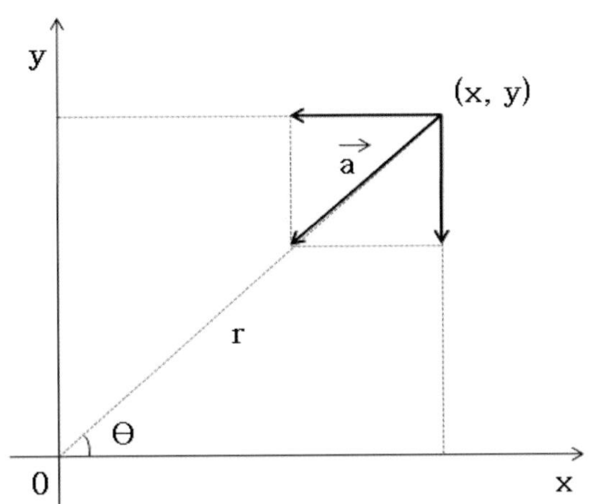

그림 1-1-18 가속도의 방향

$$\vec{a} = -\frac{GM}{r^2}\hat{r} \tag{19}$$

이 된다.

이제 평면상의 운동을 생각한다. 그리고 태양이 그림 1-1-18에서와 같이 좌표의 원점에 위치하여 움직이지 않는다고 가정한다. 행성이 $(x,\ y)$에 위치한다고 하면 $\vec{r} = (x,\ y)$이다. $\vec{a}$를 각각 x 성분과 y 성분으로 분해해 주면 $a_x = a\cos\theta$, $a_y = a\sin\theta$가 된다. 여기서 $\cos\theta$는 x/r으로, $\sin\theta$는 y/r으로 표현해줄 수 있다.

따라서

$$a_x = \frac{dv_x}{dt} = -\frac{GM}{r^2}\frac{x}{r}\hat{x}$$

$$a_y = \frac{dv_y}{dt} = -\frac{GM}{r^2}\frac{y}{r}\hat{y}$$

이 된다. 여기서 $r^2 = x^2 + y^2$이므로 위의 식을 다시 표현하면

$$a_x = \frac{dv_x}{dt} = -\frac{GMx}{(x^2+y^2)^{3/2}}\hat{x}$$

$$a_y = \frac{dv_y}{dt} = -\frac{GMy}{(x^2+y^2)^{3/2}}\hat{y}$$

이 된다. $\frac{dv}{dt}=\frac{v_2-v_1}{\Delta t}$ 으로 바꾸어 나타낼 수 있으므로 이제 속도는

$$v_{x_2}=v_{x_1}-\frac{GMx}{(x^2+y^2)^{3/2}}\cdot\Delta t \quad (20)$$

$$v_{y_2}=v_{y_1}-\frac{GMy}{(x^2+y^2)^{3/2}}\cdot\Delta t \quad (21)$$

가 되고, 행성의 위치는 $\frac{dx}{dt}=\frac{x_2-x_1}{\Delta t}=v_x$, $\frac{dy}{dt}=\frac{y_2-y_1}{\Delta t}=v_y$를 이용하여

$$x_2=x_1+v_{x_2}\cdot\Delta t \quad (22)$$

$$y_2=y_1+v_{y_2}\cdot\Delta t \quad (23)$$

이 된다.

그러면 지금까지의 계산 과정을 이용하여 행성의 운동을 추적해보도록 하자. 이를 수치해석학적으로 쉽게 접근하기 위해 상수인 G와 M의 곱인 $GM=1$로 놓고, 그림 1-1-19와 같이 행성의 초기 위치를 $(1,0)$으로, 초기 속도는 $(0,1)$으로 놓고 계산해 본다. 상세하게 궤도를 찾아보기 위해서 시간 간격은 $0.01(\Delta t=0.01)$로 둔다. step은 0부터 1000까지 입력해주고 step과 시간 간격을 곱해주어서 시간(t) 값까지 입력한다. step 0에서는 우리가 방금 정해 준 초기 값을 순서대로 v_x, v_y, x, y 에 입력해

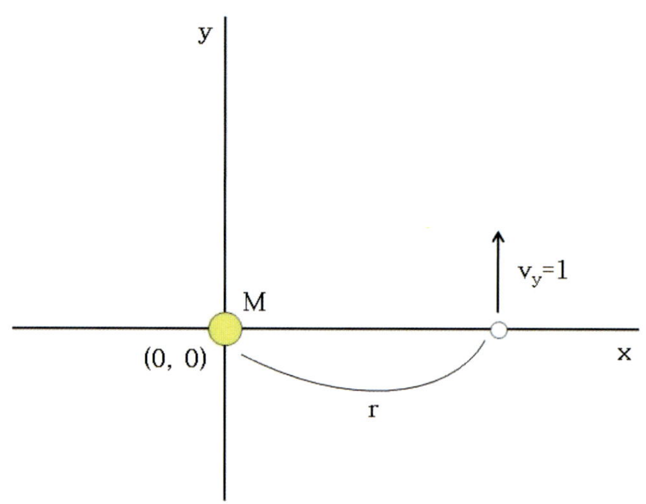

그림 1-1-19 계산의 편의를 위해 대부분의 초기 값은 일단 1로 지정한다.

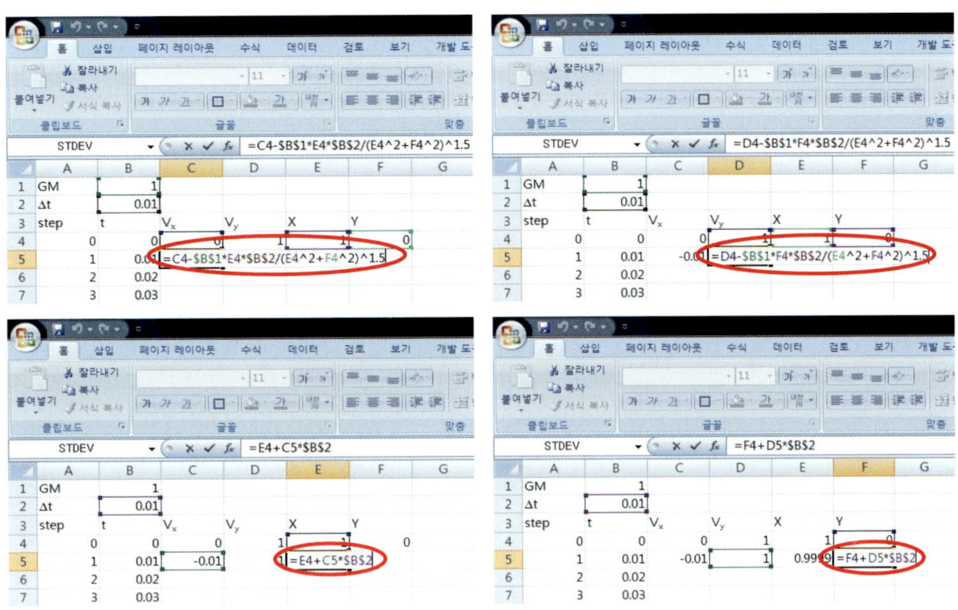

그림 1-1-20 왼쪽 위에서부터 시계 방향으로 행성이 궤도운동을 할 때 v_x, v_y, x, y의 계산 식 (식 20~23 참조)

준다. 즉, $v_{x_0} = 0$, $v_{y_0} = 1$, $x_0 = 1$, $y_0 = 0$이다. step 1인 $v_{x_1}, v_{y_1}, x_1, y_1$부터는 순서대로 식 (20), (21), (22), (23)을 사용하여 입력해 넣어준다. 구체적인 수식을 입력하는 것은 그림 1-1-20을 참조하도록 한다. 나머지 단계를 자동계산 해 줄 때 에러가 뜨는 것을 방지하기 위하여 GM이나 Δt와 같이 변하지 않는 값은 '$'표시를 사용해 고정해주는 것을 잊지 않도록 한다. 그리고 난 후 모든 단계에 적용해준다.

x와 y 값을 읽어서 그래프를 그려보자. 1000개의 행을 마우스로 드래그하여 지정해줄 수도 있지만 좀 더 간단히 전체를 지정해줄 수 있는 요령이 있다. 가장 위의 행만 블럭으로 지정해준 뒤에 'shift +ctrl+아래방향 키'를 누른다. – 엑셀의 쉘 상에서 컨트롤 버튼을 누른 상태에서 방향키를 누르면 데이터 안에 있을 경우에는 데이터의 가장 마지막 부분으로 커서가 이동되고 빈 셀 위에서 수행하면 데이터가 있는 셀 혹은 데이터가 없을 경우에는 가장 마지막 셀로 한 번에 이동한다. 그런데 시프트 버튼과 방향키를 같이 사용하면 다수의 셀을 블럭 지정할 수 있다. 따라서 시프트 버튼과 컨트롤 버튼을 동시에 누른 상태에서 방향키를 사용하면 다수의 데이터를 한 번에 블럭 지정해줄 수 있는 것이다. 셀 지정이 되었으면 궤도를 표현하기 위한 것이기 때문에 '차트'의 '분산형'에서 '곡선이 있는 분산형'을 선택한다. 그러면 그림 1-1-21과 같은 원 궤도 그래프를 확인할 수 있다. 원 궤도는 해석학적인 방법으로 구한 것이다.

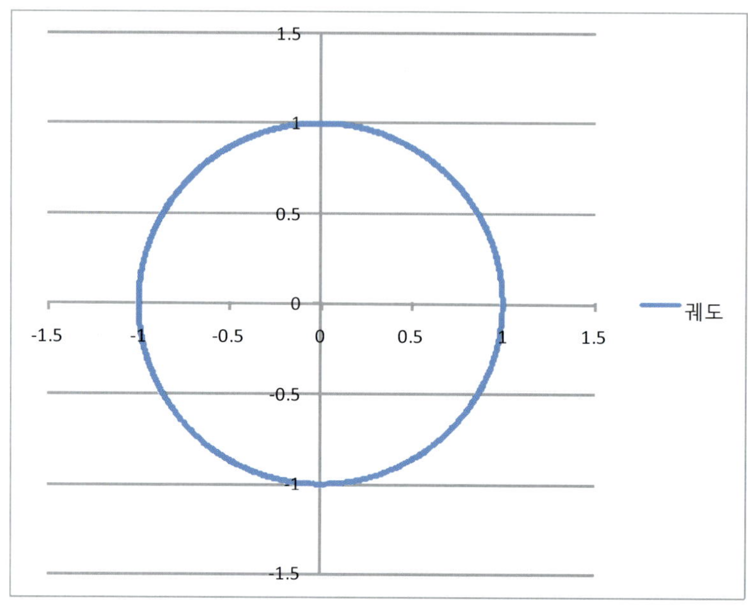

그림 1-1-21 $v_y = 1$일 때의 궤도(원궤도)

우리는 에너지의 형태가 바뀌거나 한 물체에서 다른 물체로 에너지가 옮겨갈 때, 항상 계 전체의 에너지 총량은 변하지 않는다는 에너지 보존(energy conservation) 법칙을 알고 있다. 특히 궤도 운동을 하는 행성의 경우에 역학적 에너지가 보존되는데, 이때 역학적 에너지는 운동에너지와 위치에너지를 고려하기 때문에 아래와 같이 에너지 보존 법칙을 표현할 수 있다. 즉,

$$\frac{1}{2}mv^2 + \left(-\frac{GMm}{r}\right) = E_k + E_p = E_{tot} \tag{24}$$

이다.

우리가 위에서 궤도를 그리기 위해 초기 조건으로 사용했던 값들을 식 (24)에 대입해주면, $E = \frac{1}{2}(v_x^2 + v_y^2) - \frac{GM}{r} = \frac{1}{2}(0^2 + 1^2) - \frac{1}{1} = -\frac{1}{2}$ 즉, $GM = 1$, $v_{initial} = 1$일 때 −0.5의 에너지 값을 갖게 된다. 그렇다면 실제로 궤도상의 모든 위치에서 물체의 에너지가 −0.5 값을 갖는지 그래프를 통해 확인해보자. 그림 1-1-22와 같이 에너지 보존법칙 식을 입력해 넣은 후에 모든 단계에 적용해주고 그래프를 그려본다(x의 값은 t를 넣어준다). 그림 1-1-23에서 확인할 수 있듯이 물체의 총에너지는 항상 −0.5 값을 갖게 됨을 확인할 수 있다.

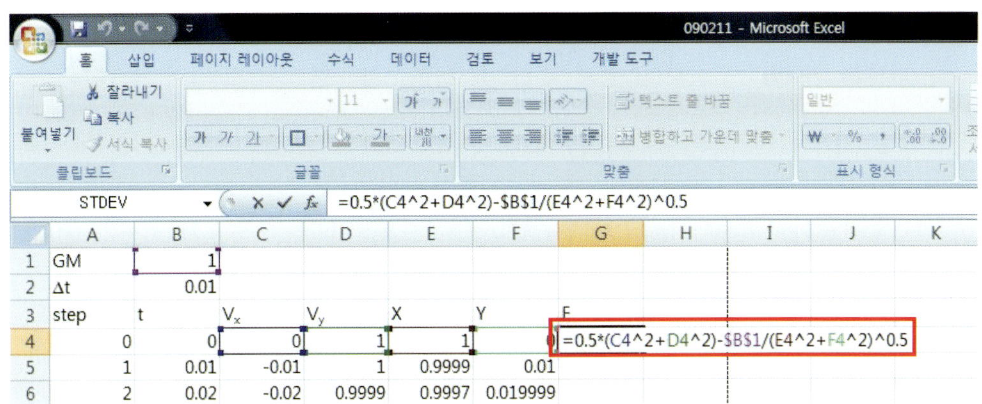

그림 1-1-22 에너지 보존 식

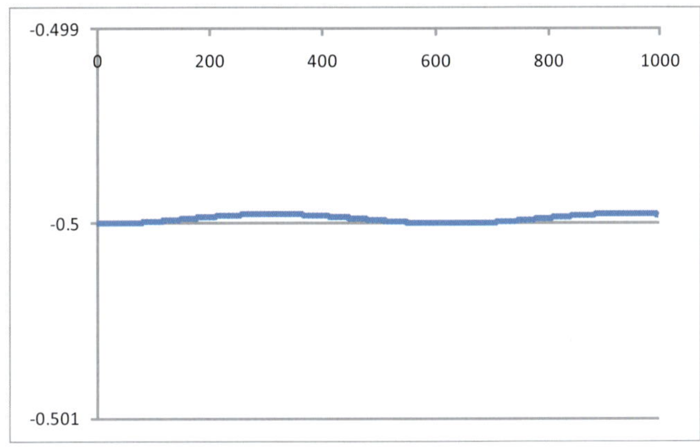

그림 1-1-23 $v_y = 1$일 때 총에너지의 변화

그런데 물체의 운동은 에너지 보존 법칙 식 (24)에서 총 에너지 값에 의해 결정된다. 즉, 총에너지가 양이면 운동의 궤도가 쌍곡선을, 총에너지가 0이면 운동의 궤도가 포물선을, 총에너지가 음이면 운동의 궤도가 타원을 이루게 된다. 이를 역학적 에너지 보존으로 다시 표현하면 아래와 같다. 즉,

원 : $$\frac{1}{2}mv^2 - \frac{GMm}{r} = -\frac{GMm}{2r}$$

타원 : $$\frac{1}{2}mv^2 - \frac{GMm}{r} = -\frac{GMm}{2a}$$

포물선 : $$\frac{1}{2}mv^2 - \frac{GMm}{r} = 0$$

쌍곡선 : $$\frac{1}{2}mv^2 - \frac{GMm}{r} = \frac{GMm}{(-2a)}$$ [7]

이다. 위의 식들을 v에 관해 정리해주면 아래와 같은 식들을 얻음으로써 각 궤도 운동을 만족하기 위한 속도를 구할 수 있다. 즉,

$$원: \quad v = \sqrt{\frac{GM}{r}} \tag{25}$$

$$타원: \quad v = \sqrt{GM\left(\frac{2}{r} - \frac{1}{a}\right)} \tag{26}$$

$$포물선: \quad v = \sqrt{\frac{2GM}{r}} \tag{27}$$

$$쌍곡선: \quad v = \sqrt{GM\left(\frac{2}{r} + \frac{1}{(-a)}\right)} \tag{28}$$

이다.

원 궤도가 실제로 그려지는지 알아보기 위해 식 (25)에서 초기에 지정해 준 값들을 대입해 주면 $v = \sqrt{\frac{1}{1}} = 1$로써 우리가 초기 속도를 1로 지정함으로써 원 궤도가 그려진 것이 증명된다. 그렇다면 다른 형태의 그래프도 마찬가지로 계산된 값을 넣어주었을 때 예상대로 그려보는지 확인해보도록 하자. 식 (27)에 상수 값들을 대입해주면 $v = \sqrt{\frac{2 \cdot 1}{1}} = \sqrt{2}$이 나오고, 이는 초기 속도가 $\sqrt{2}$일 경우 물체는 포물선 궤도 운동을 하게 된다는 사실을 의미한다. 따라서 0 단계의 v_y값에 1 대신에 $\sqrt{2}$ 값을 입력해보자. $\sqrt{2}$는 엑셀의 셀에 '=SQRT(2)' 혹은 '=2^0.5' 등으로 표현해줄 수 있다. 그래프를 확인해보면 실제로 그림 1-1-24와 같이 포물선 궤도가 그려짐을 확인할 수 있다. 물체가 포물선 궤도로 운동한다는 것은 그 물체에 영향을 주고 있는 중력장을 벗어날 수 있는 순간임을 의미한다. 역학적 에너지 보존 식에서 보아도 알 수 있듯이 물체의 운동에너지가 중력에너지와 같아지는 순간이기 때문에 (∵ 두 에너지의 합이 0이다. 그림 1-1-25 참조) 물체는 중력장에서 탈출할 수 있게 된다. 따라서 포물선 궤도 운동을 할 때의 속도인 $v = \sqrt{\frac{2GM}{r}}$은 '탈출속도(escape velocity)'를 의미한다.

7) 쌍곡선 공식의 장반경 앞에 음의 기호가 붙어 있는 이유는 쌍곡선의 장반경이 음수이기 때문이다.

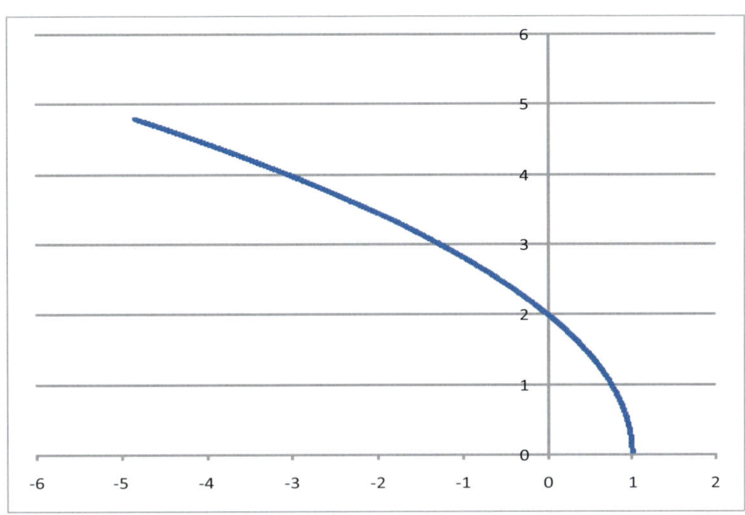

그림 1-1-24 $v_y = \sqrt{2}$ 일 때의 물체 운동 궤도(포물선 궤도)

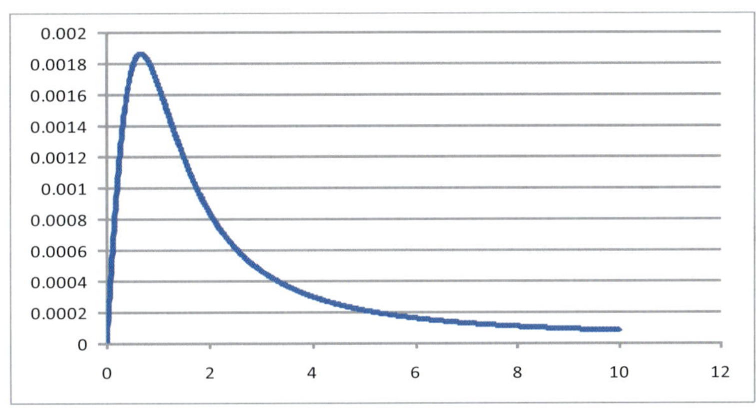

그림 1-1-25 $v_y = \sqrt{2}$ 일 때 총에너지의 변화

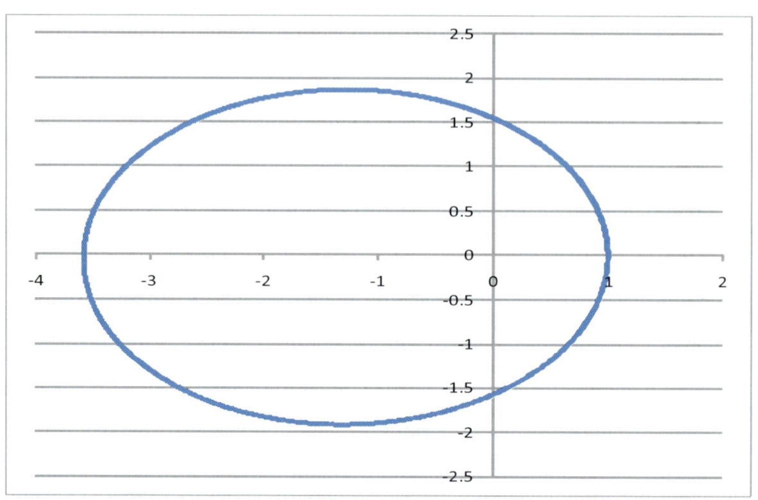

그림 1-1-26 $v_y = 1.25$일 때의 물체 운동 궤도(포물선 궤도)

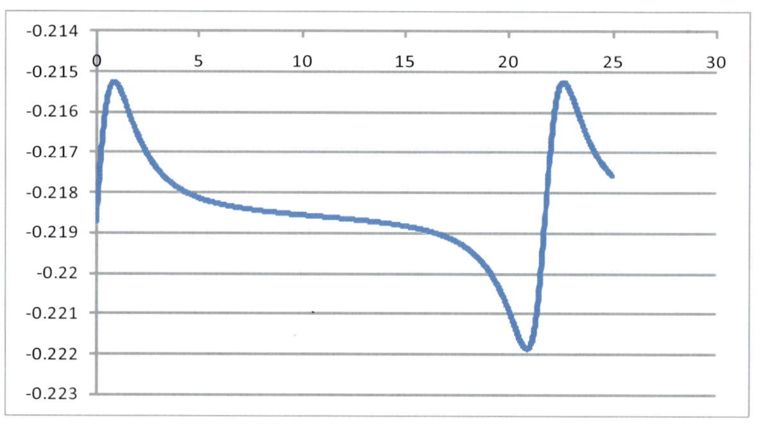

그림 1-1-27 $v_y = 1.25$일 때 총에너지의 변화

즉, $GM = 1, r = 1$일 경우 초기 속도가 1일 때 원 궤도 운동을, $\sqrt{2}$일 때 포물선 궤도 운동을 한다는 사실을 알았다. 그리고 더불어 초기 속도가 $1 < v_y < \sqrt{2}$일 때 물체는 타원 궤도 운동을, $v_y > \sqrt{2}$일 때 쌍곡선 궤도 운동을 한다. 마찬가지로 그래프를 확인해보면 초기 속도 v_y에 $1.25\,(1 < 1.25 < \sqrt{2})$값을 입력하면 그림 1-1-26과 같이 타원 궤도 그래프가 그려진다. 물체가 타원 궤도 운동을 할 때(단, $GM = 1$, $r = 1$일 때)의 에너지 값은 0과 −0.5 사이의 값을 갖게 될 것임을 추정할 수 있고, 실제로 그림 1-1-27처럼 약 −0.22 정도의 값을 가짐을 확인할 수 있다.

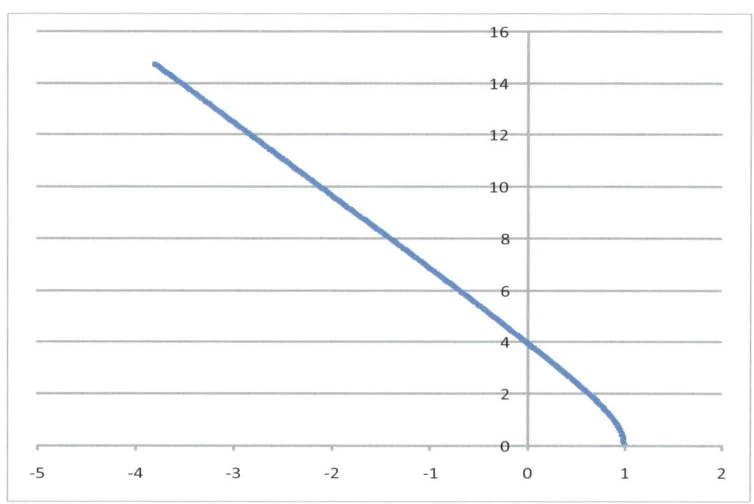

그림 1-1-28 $v_y = 2$일 때의 물체 운동 궤도(포물선 궤도)

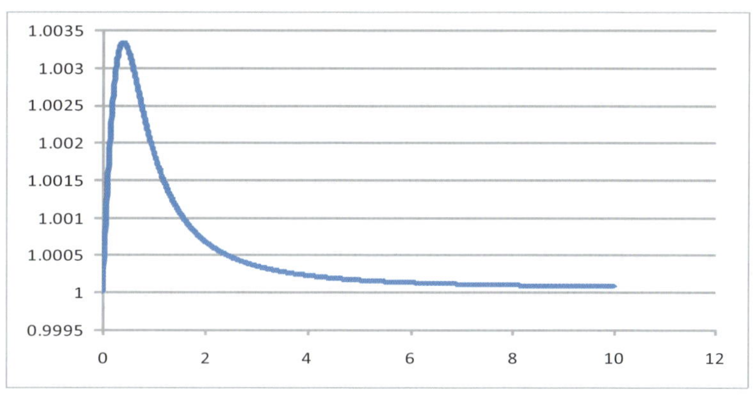

그림 1-1-29 $v_y = 2$일 때 총에너지의 변화

쌍곡선 궤도 운동도 확인할 수 있다. 초기 속도 v_y에 $\sqrt{2}$ 보다 큰 값인 2를 입력하면 그림 1-1-28과 같이 실제로 쌍곡선 궤도 그래프가 그려진다. 더불어 그림 1-1-29를 통해 총에너지가 양의 값을 갖게 됨을 확인할 수 있다($E_{tot,\text{쌍곡선}} \approx 1 > 0$). 초기 속도에 따른 물체의 운동을 좀 더 쉽게 비교하기 위해 그림 1-1-30과 같이 하나의 그래프로 그려보았다.

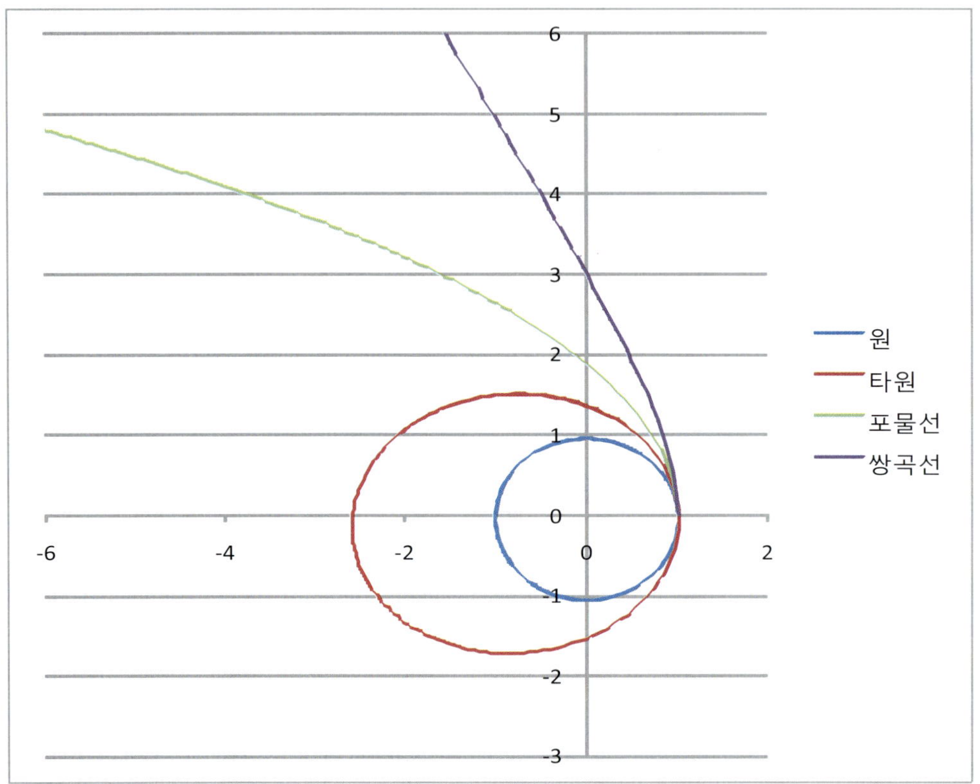

그림 1-1-30 초기 속도가 각각 $v_y = 1$(파란색 원 궤도), $v_y = 1.2$(붉은색 타원 궤도), $v_y = \sqrt{2}$(녹색 포물선 궤도), $v_y = 1.8$(보라색 쌍곡선 궤도) 일 때의 물체의 운동 궤도. 시작점은 $(1, 0)$에서 x축의 수직 방향 위로 출발한다.

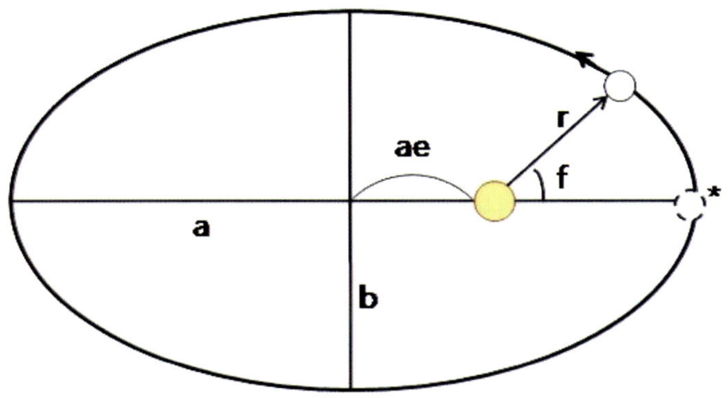

그림 1-1-31 타원 궤도(장반경 a, 단반경 b). 질량이 무거운 천체는 두 개의 초점 중의 한 곳에 위치한다.

우주 공간상에서 중력에 의해 궤도 운동을 하고 있는 천체는 대부분이 타원 궤도 운동을 하고 있다. 따라서 임의의 타원 궤도를 생각하고, 그 궤도의 이심률 및 장반경, 그리고 근일점(혹은 원지점 등)을 구해보자(그림 1-1-31 참조). 극 좌표계에서 타원의 궤도 방정식은

$$r = \frac{a(1-e^2)}{1+e\cos f} \tag{29}$$

이다. 여기서 a는 궤도의 장반경, e는 궤도의 이심률, f는 진근점각(time anomaly)이다. 근일점에서의 각운동량, 이심률을 구하는 식은 각각

$$h = pv_p \tag{30}$$

$$e = \sqrt{\frac{2Eh^2}{G^2M^2}+1} \tag{31}$$

이다.

먼저 역학적 총 에너지 값인 E를 계산을 통해 항상 알 수 있고, 나머지 값들은 상수이기 때문에 식 (31)을 통해 궤도의 이심률을 구할 수 있다. 또한 그림 1-1-31에서 *의 위치에 천체가 위치하고 있을 경우에는 식 (29)에서 $f=0$이기 때문에 분자를 분해하면 $r = \frac{a(1+e)(1-e)}{1+e}$이 되어 분모가 약분되어 소거되고, 이때의 r 값은 1이기 때문에 장반경을 구할 수 있다($a = 1/(1-e)$). 장반경과 이심률을 알면 그림 1-1-31에서 확인할 수 있듯이 근일점(혹은 근지점)과 원일점(혹은 원지점)을 알 수 있다. 중심에서 초점까지의 거리가 장반경과 이심률을 곱한 ae이기 때문에 근일점은 $a(1-e)$, 원일점은 $a(1+e)$이다. 이 식들을 활용하여 엑셀 상에 이심률, 장반경, 근일점, 원일점의 계산식을 입력해 넣는다(그림 1-1-32-1 참조).

여기서 만약 v_y의 값이 1보다 작으면 원일점이 1이 되는 타원궤도를 돌게 된다. 이때는 식 (29)에서 $f=180°$가 되기 때문에 $r = \frac{a(1+e)(1-e)}{1-e}$이 되고, 따라서 $v_y < 1$일 때에는 $a = 1/(1+e)$로써 구해지게 된다. 그런데 $v_y < 1$인 상황에서도 그림 1-1-32의 두 번째와 같이 입력해준 것을 그대로 적용하게 되면 틀린 장반경을 계산하게 되고 이로 말미암아 근일점과 원일점도 모두 잘못된 값을 얻게 된다. 그러므로 $v_y > 1$인 경우와 $v_y < 1$인 경우를 따로 분리해서 장반경을 계산해주고 근일점과 원일점도 각각 구해주도록 한다(표 1-1-1 참조).

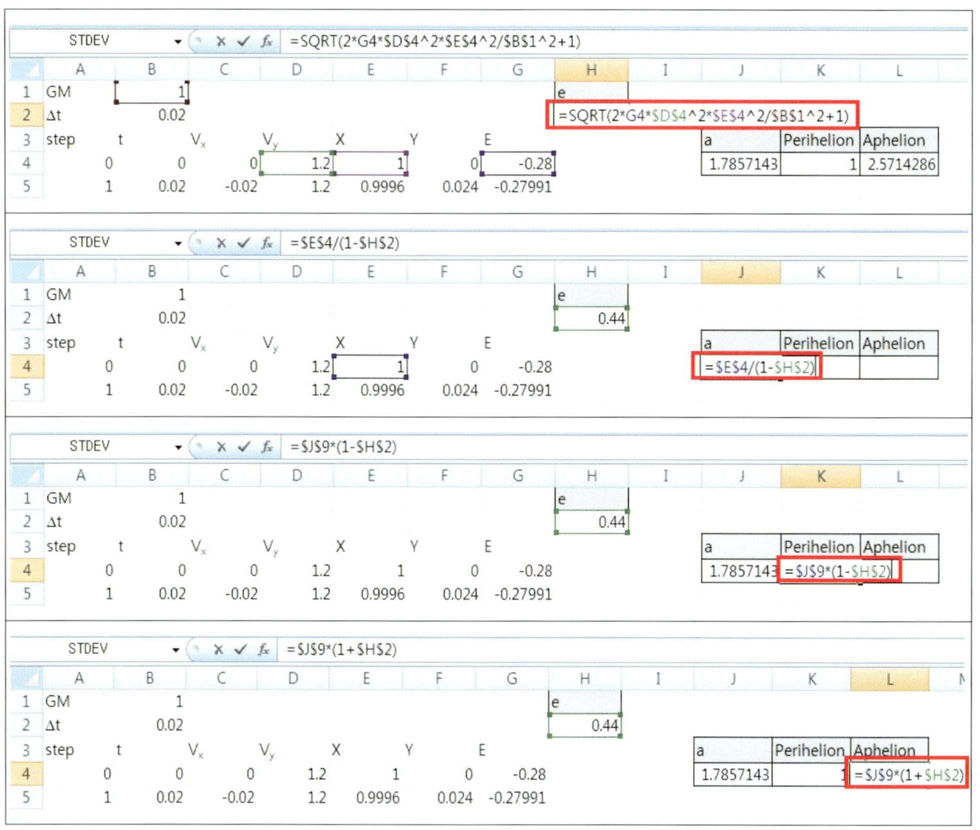

그림 1-1-32-1 이심률, 장반경, 근일점, 원일점 구하기

	a	Perihelion	Aphelion
$V_y > 1$	1.7857143	1	2.5714286
$V_y < 1$	0.6944444	0.3888889	1

표 1-1-1 $v_y = 1.2$일 때 궤도 요소 값들. $v_y < 1$일 때 장반경은 $a = 1/(1+e)$로 구해준다. 근일점과 원일점을 구하는 식은 초기 속도에 상관없이 같다.

이제 초기 속도에 따른 타원궤도의 장반경과 근일점, 원일점을 모두 구할 수 있게 되었다. 하지만 표 1-1-1과 같이 결과가 나오면 초기 속도 값이 눈에 띄지 않아 도무지 어느 값이 진짜 궤도의 값으로 선택되어져야 할지 알기 쉽지 않다. 따라서 초기 속도의 상황에 따라 대응되는 값만을 나타내 줄 필요가 있다. 이는 엑셀에서 IF문으로 쉽게 해결할 수 있다. IF문의 용법과 활용 및 그 의미는 다음과 같다. 즉,

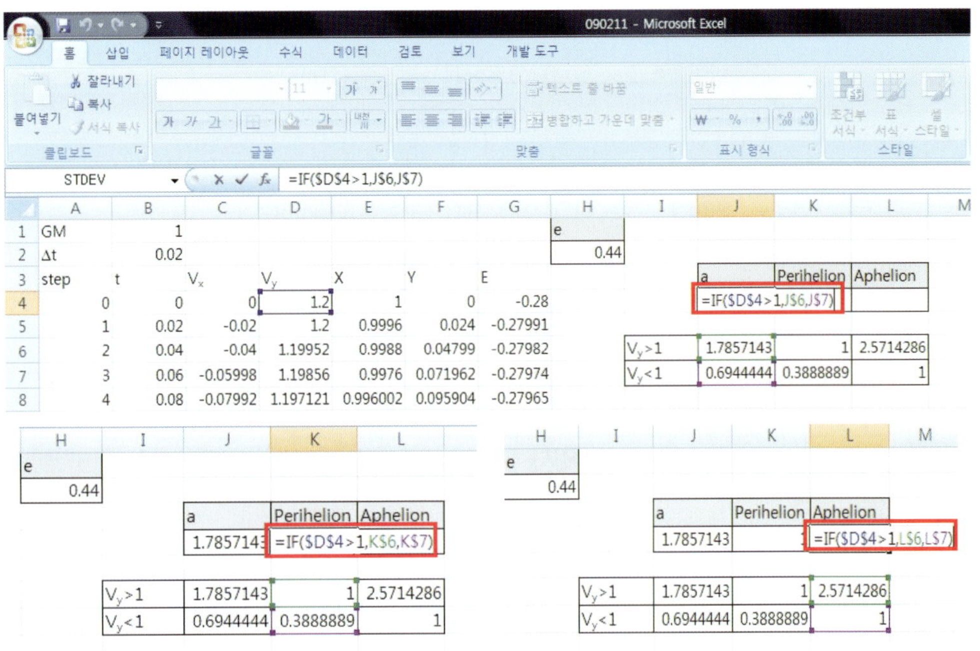

그림 1-1-32-2 IF문의 사용

$= IF$(조건, A, B)는 지정된 조건을 만족할 경우 A 값을 출력하고, 조건을 만족하지 않을 경우 B 값을 출력한다. 여기서는 초기 속도의 값에 따라 장반경, 근일점, 원일점의 선택이 달라지는 것이므로 조건을 $v_y > 1$ 혹은, $v_y < 1$으로 입력하면 될 것이다. 따라서 그림 1-1-32-2와 같이 $= IF(\$D\$4 > 1, J6, J7)$으로 입력해주면 $D4$의 값이 1보다 클 경우 $J6$의 값을 출력하고, 그렇지 않을 경우 $J7$ 값을 출력하게 된다. 이렇듯 IF문을 사용해 줌으로써 우리는 초기 속도 값의 범위를 정확히 모른다 하더라도 정확한 근일점의 값과 원일점의 값을 구해내 알 수 있게 되었다. 표 1-1-2와 표 1-1-3은 각각 초기 속도가 1보다 클 경우와 작을 경우이고, 그에 따른 장반경, 근일점, 원일점이 선택되어 출력된 사례이다.

e	a	Perihelion	Aphelion
0.44	1.7857143	1	2.5714286
$V_y > 1$	1.7857143	1	2.5714286
$V_y < 1$	0.6944444	0.3888889	1

표 1-1-2 $v_y = 1.2$

e	a	Perihelion	Aphelion
0.36	0.7352941	0.4705882	1
$V_y > 1$	1.5625	1	2.125
$V_y < 1$	0.7352941	0.4705882	1

표 1-1-3 $v_y = 0.8$

4. 중력장에 의하여 휘어진 공간에서의 물체 운동

지금까지 중력장에서의 물체 운동은 모두 중력장 공간이 편평한(flat) 경우이었다. 그러나 블랙홀 부근이나 태양 근처에서의 중력장은 휘어져 있다. 수성은 표 1-1-4에서 보여주듯이 여러 가지 원인에 의하여 근일점이 이동한다. 이론적으로 수성 자전축의 세차 운동, 다른 행성에 의한 중력 섭동, 태양의 모양이 편구인 점을 고려하지 않는다면 수성 부근의 공간이 휘어지면서 발생하는 인력에 의하여 근일점이 이동하게 된다. 이 값이 표 1-1-4에 의하면 42.98±0.04″/100년이다.

태양의 질량을 M 이라 하면 태양 주위의 공간을 Schwarzschild metric으로 다음과 같이 표시할 수 있다.

$$c^2 d\tau^2 = \left(1 - \frac{r_s}{r}\right) c^2 dt^2 - \frac{dr^2}{1 - \frac{r_s}{r}} r^{2d}\theta^2 - r^2 \sin^2\theta d\phi^2 \tag{1}$$

양(″/100년)	원인
5025.6	수성의 세차 운동
531.4	다른 행성들의 중력
0.0254	태양의 편구(oblateness)
42.98±0.04	일반상대론
5600.0	이론으로 계산된 총 양
5599.7	관측 값

표 1-1-4 수성의 근일점 이동

여기서 $r_s = \dfrac{2GM}{c^2}$(Schwarzschild radius)이다. 이 metric은 태양의 질량에 의한 중력장으로 이러한 공간에서 운동하는 입자의 일반 상대론적 효과를 이해하게 해 준다. 이 metric과 Geodesic 방정식을 이용하면, 이러한 공간에서의 질량이 m인 입자의 운동방정식은 $\theta = \dfrac{\pi}{2}$일 때,

$$\left(\frac{dr}{d\tau}\right)^2 = \frac{E^2}{m^2c^2} - \left(1 - \frac{r_s}{r}\right)\left(c^2 + \frac{L^2}{m^2r^2}\right) \tag{2}$$

$$r^2\frac{d\psi}{d\tau} = \frac{L}{m} = l \tag{3}$$

$$\left(1 - \frac{r_s}{r}\right)\frac{dt}{d\tau} = \frac{E}{mc^2} \tag{4}$$

이다. (2)식을 잘 살펴보면,

$$\frac{1}{2}m\left(\frac{dr}{d\tau}\right)^2 + \frac{1}{2}m\frac{l^2}{r^2} - \frac{GMm}{r} - \frac{GMml^2}{c^2r^3} = \frac{E^2}{2mc^2} - \frac{1}{2}mc^2 \tag{5}$$

으로 쓸 수 있는데, 좌변 두 항은 운동에너지, 세 번째 항은 중력 포텐샬, 네 번째 항은 공간의 휨에 따른 인력을 나타낸다. 비상대론적 운동에서는 네 번째 항이 0이다. 그리고 (5)식의 우변의 첫 번째 항은 총에너지 양의 1/2를 나타내고, 두 번째는 입자의 정지 질량에너지의 1./2를 나타낸다. 따라서 단위 질량에 대한 유효 포텐샬 $V(r)$은

$$V(r) = \frac{1}{2}\frac{l^2}{r^2} - \frac{GM}{r} - \frac{GMl^2}{c^2r^3} \tag{6}$$

이 된다. 이제 $a = \dfrac{l}{c}$로 놓고, $V(r)$을 $\dfrac{c^2}{2}$의 단위로 놓으면, (6)식은

$$V(r) = \frac{a^2}{r^2} - \frac{r_s}{r} - \frac{r_sa^2}{r^3} \tag{7}$$

이 된다. 다시 한번 $a' = \dfrac{a}{r_s}$, $r' = \dfrac{r}{r_s}$라 놓으면 (7)식은 간단하게

$$V(r') = \frac{a'^2}{r'^2} - \frac{1}{r'} - \frac{a'^2}{r'^3} \tag{8}$$

이 된다. 유효 힘 $F = -\dfrac{dV}{dr'}$ 이기에

$$F = -\frac{dV}{dr'} = -2\frac{a'^2}{r'^3} + \frac{1}{r'^2} + 3\frac{a'^2}{r'^4} = 0 \tag{9}$$

인 곳은

$$r' = a'^2 \pm \sqrt{a'^4 - 3a'^2} \tag{10}$$

이다.

이제 $V(r')$을 그래프로 그려보자. 엑셀의 워크시트를 이용하여 x축은 0에서 20까지 y축은 −2에서 2까지 정하고, $a' = 0$, $\sqrt{3}$, 3, 4일 때, $V(r')$을 그림 1-1-33-1과 같이 그린다.

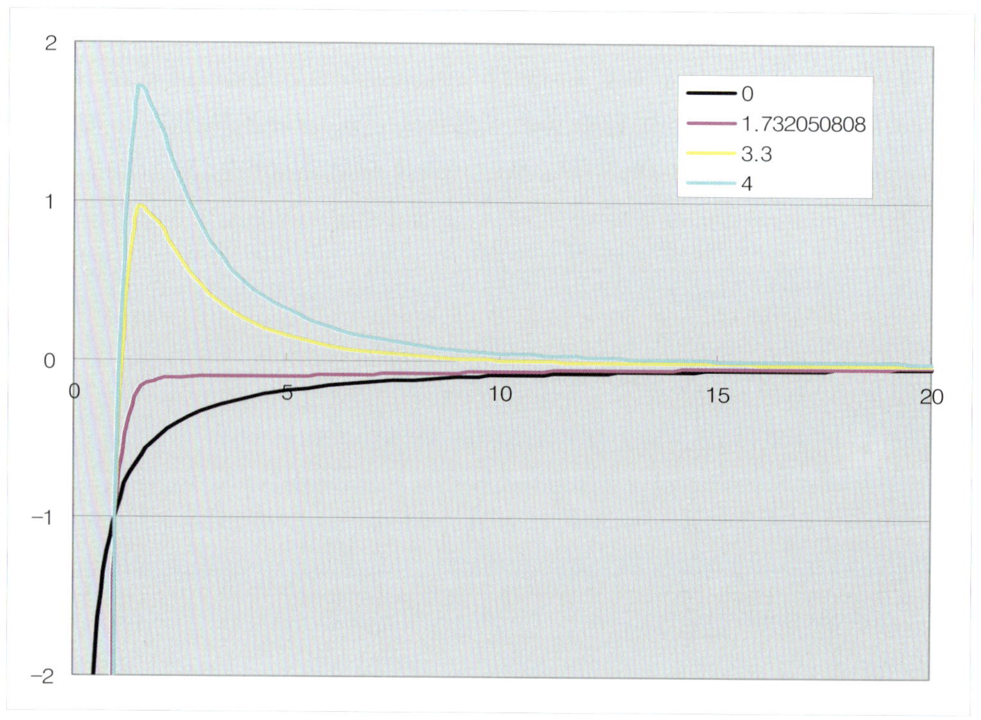

그림 1-1-33-1 $V(r')$ 그래프

그림 1-1-33-1에서 $F=-\dfrac{dV}{dr'}=0$이 되는 r'는 $a'=3$일 때, $r'=9\pm\sqrt{54}$이기에, 작은 값은 1.577795, 큰 값은 30.42221이다. $r'=1.577795\,r_s$에서는 원운동이 가능하나 매우 불안정하고, $r'=30.42221\,r_s$에서는 원운동이 가능하다. 다른 a'의 값에서는 어떻게 운동을 할 것인가 나중에 생각해 보자.

이제 $V(r')=\dfrac{a'^2}{r'^2}-\dfrac{1}{r'}-\dfrac{a'^2}{r'^3}$이기에 $2v_{r'}\dfrac{dv_{r'}}{dr'}=2\dfrac{dv_{r'}}{d\tau'}=-\dfrac{dV}{dr'}$이다. 따라서

$$\frac{dv_{r'}}{d\tau'}=-\frac{1}{2r'^2}+\frac{a'^2}{r'^3}-\frac{3a'^2}{r'^4} \tag{11}$$

이 된다. 여기서 $\tau'=\dfrac{\tau}{\left(\dfrac{r_s}{c}\right)}$이다. 따라서 (3)식은

$$r'^2\frac{d\psi}{d\tau'}=a' \tag{12}$$

이 된다. (11)와 (12) 두 식을 이용하면 태양 주위를 공전하는 수성의 운동 궤적을 그려 볼 수 있다.

그림 1-1-33-2와 같이 워크시트에 그리는데, $\Delta t=1$, $a'=3$을 놓는다. 그리고 계산 step을 0에서 1500까지 놓고, $t=(step$에 속한 항$)*\Delta t$을 계산한다. 이제 $v_{r'}$, r', ψ의 초기 항은 각각 0, 12, 0으로 놓고, (11)식을 이용하여 다음 항은

$$v_1=v_0+\left(-\frac{1}{2r_0^2}+\frac{a'^2}{r_0^3}-\frac{3a'^2}{2r_0^4}\right)\Delta t \tag{13}$$

$$r_1=r_0+v_1\Delta t \tag{14}$$

$$\psi_1=\psi_0+\frac{a'}{r_1^2}\Delta t \tag{15}$$

으로 구한다. (13)~(15)식을 워크시트에 이용할 때, a'과 Δt는 고정된 값이기에 F4키를 이용하여 그 값을 고정시켜야 한다.

Δt	1					
a'	3					
step	t	$v_{r'}$	r'	ψ	$x=r'\cos\psi$	$y=r'\sin\psi$
0	0	0	12	0	12	0
1	1	0.001085	12.00109	0.02083	11.99848	0.249959
2	2	0.002170	12.00325	0.041652	11.99284	0.499810
3	3	0.003253	12.00651	0.062462	11.98309	0.749467
4	4	0.004335	12.01084	0.083258	11.96924	0.998845
5	5	0.005414	12.01626	0.104035	11.95129	1.247859

운동의 궤적을 x, y 좌표 상에 그리기 위하여

$$x=r'\cos\psi \tag{16}$$

$$y=r'\sin\psi \tag{17}$$

을 이용한다. 이렇게 해서 그린 운동의 자취가 다음 그림이다. 이제 이를 엑셀에서 수행하여 보자. 여기서 근일점 이동은 한 바퀴 공전할 때마다 대략

$$\Delta\psi=\frac{3\pi}{2a'^2} \tag{18}$$

을 회전한다. $a'=3$인 경우, $\Delta\psi=\frac{\pi}{6}=30°$이다. 그렇게 보이는가?

식 (18)의 식을 우리가 알 수 있는 식으로 변형하면

$$\Delta\psi=\frac{6\pi GM}{c^2A(1-e^2)} \tag{19}$$

이다. 수성의 경우는 $A=57{,}909{,}100$ km, $e=0.20563$ 그리고 태양 질량 $M=1.9891\times10^{30}$ kg이다. 중력 상수 $G=6.67428\times10-11\ \mathrm{m^3\,kg^{-1}\,s^{-2}}$이다. 그리고 수성의 공전 주기는 0.240846 년이기에 100년간 415.2030758번을 공전한다. 이를 이용하여 구한 값을 앞의 표 1-1-4에 나타난 값과 비교하여 보자.

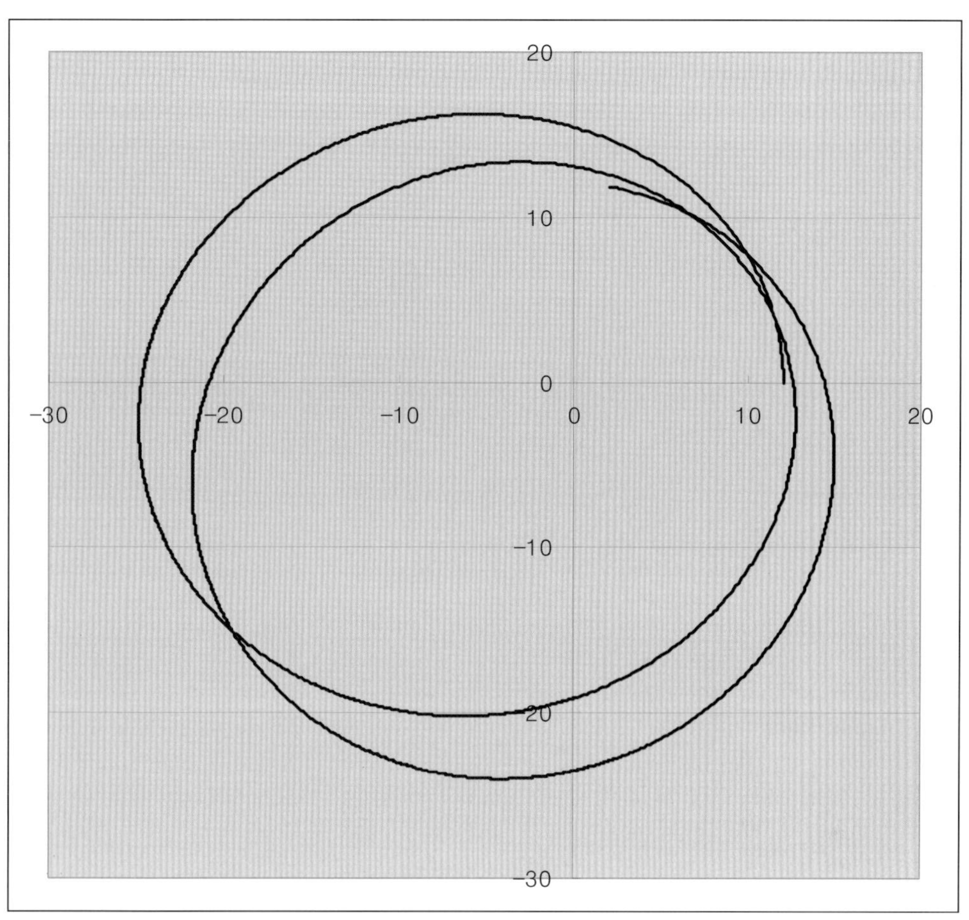

그림 1-1-33-2 근일점 이동

5. 원형 자석 실험

Magna Trix라 불리는 장난감은 그림 1-1-34와 같이 하노이의 막대에 구멍이 뚫린 원형 자석을 같은 극이 마주보게 설치하면 척력에 의해서 위쪽에 있는 자석이 공중에 떠있게 된다. 만약에 막대와 자석 사이의 마찰력이 존재하지 않는다고 가정하면 두 자석사이의 척력과 중력의 영향으로 인하여 위아래로 오르락내리락 하는 공명운동을 할 것이다. 위쪽 원형 자석의 운동을 엑셀을 이용하여 모델링 해보도록 하자.

그림 1-1-34 Magna Trix

5.1 원형 자석 실험

원형 자석은 오직 수직 방향(z축 방향)으로만 운동이 이루어지기 때문에 자석에 작용하는 힘은 식 (1)과 같이 표현될 수 있다. 첫 번째 항은 척력에 관련된 식이고 두 번째 항은 중력과 관련된 식이다. 막대 자석의 위치는 식 (2)를 통해서 알 수 있다.

$$\vec{F} = m\vec{a}$$

$$= m\frac{dv_z}{dt} = \frac{ma}{z^2} - mg \tag{1}$$

$$v_z = \frac{dz}{dt} \tag{2}$$

식 (1)에서 $\frac{dv_z}{dt}$는 시간에 따른 속도 변화를 나타내므로 $\frac{v_1 - v_0}{\Delta t} = \frac{a}{z^2} - g$로 다시 쓸 수 있고, 정리해주면 식 (3)과 같이 된다. 마찬가지로 식 (2)는 식 (4)으로 다시 정리하여 표현할 수 있다. 식 (3)은 시간에 따른 원형 자석의 속도 변화를, 식 (4)는 시간에 따른 위치 변화를 알 수 있다.

$$v_1 = v_0 + \left(\frac{a}{z^2} - g\right)\Delta t \tag{3}$$

$$z_1 = z_0 + v_1 \Delta t \tag{4}$$

a 값과 g 값은 계산의 편의상 일단 1로 한다. 시간의 변화 값 Δt는 0.1로 입력한다. 시간은 0부터 시작해서 0.1 단위로 100정도까지 입력하자. $t_0 + \Delta t$의 형식으로 입력하고 드래그해주면 손쉽게 100까지 입력을 완료할 수 있다. 그림 1-1-35를 참조한다.

초기 속도 값을 0으로 두고 초기 위치는 0.8로 입력한 후에 식 (3)과 식(4)를 이용하여 각각 그림 1-1-36(1)과 그림 1-1-36(2)와 같이 입력해주고 모든 시간에 대해 적용해준다. 계산된 속도와 위치 값들을 참조하여 차트의 분산형 곡선 그래프로 그림을 그려보면 각각 그림 1-1-37(1)과 그림 1-1-37(2)를 얻을 수 있다. 그래프를 보면 원형 자석이 무한히 위 아래로 공명한다는 것을 확인할 수 있다.

	A	B	C
1	Δt	0.1	
2	a	1	
3	g	1	
4			
5	t		
6	0		
7	=A6+$B$1		
8	0.2		
9	0.3		

그림 1-1-35

	A	B	C	D
1	Δt	0.1		
2	a	1		
3	g	1		
4				
5	t	V_z	Z	
6	0	0	0.8	
7	0.1	=B6+($B$2/C6^2-$B$3)*$B$1		
8	0.2			
9	0.3			
10	0.4			

그림 1-1-36(1)

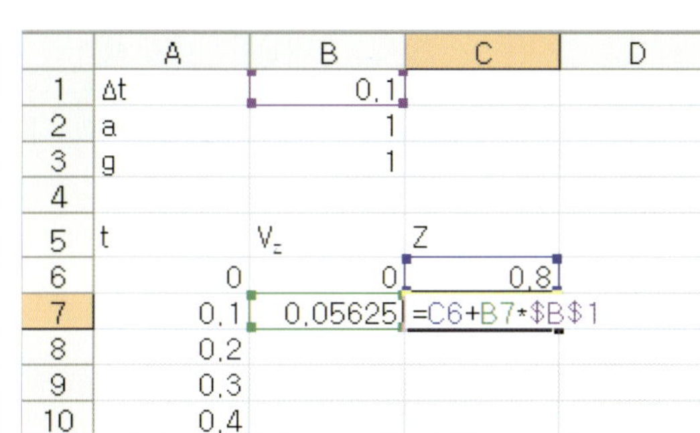

	A	B	C	D
1	Δt	0.1		
2	a	1		
3	g	1		
4				
5	t	V_z	Z	
6	0	0	0.8	
7	0.1	0.05625	=C6+B7*$B$1	
8	0.2			
9	0.3			
10	0.4			

그림 1-1-36(2)

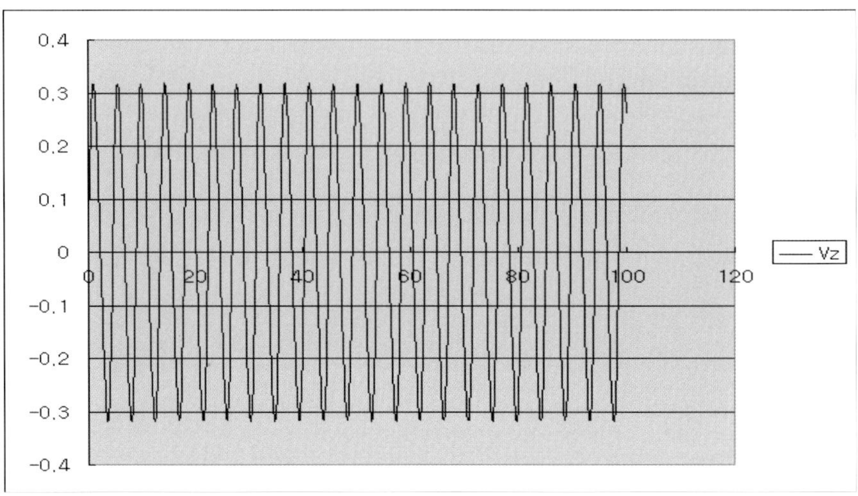

그림 1-1-37(1) 원형 자석의 속도 변화 곡선($v_0 = 0,\ z_0 = 0.8,\ a = 1,\ g = 1$)

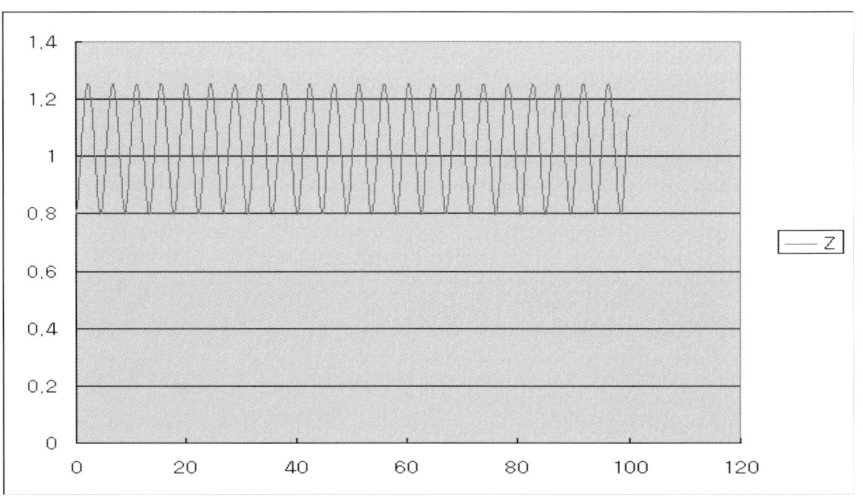

그림 1-1-37(2) 원형 자석의 위치 변화 곡선($v_0 = 0,\ z_0 = 0.8,\ a = 1,\ g = 1$)

5.2 마찰력이 있을 때

이번에는 막대와 자석 사이에 마찰력이 있을 경우를 생각해보자. 마찰력은 물체 운동의 반대방향으로 작용하기 때문에 식 (1)에다가 $-bv_z$ 항을 추가해주면 된다. 여기서 b는 마찰계수이다. 위치 관련 식은 식 (2)와 동일하다. 따라서 시간에 따른 원형 자석의 속도와 위치의 변화 식은 다음과 같이 정의될 수 있다.

$$v_1 = v_0 + \left(\frac{a}{z^2} - g - bv_{z,0}\right)\Delta t \qquad (5)$$

$$z_1 = z_0 + v_1 \Delta t \qquad (6)$$

역시 초기 속도 값은 0, 초기 위치는 0.8로 입력하고 식 (5)와 식 (6)을 사용하여 각각 그림 1-1-38(1)과 그림 1-1-38(2)처럼 입력하여 준다.

속도와 위치 값의 계산을 모든 단계에 적용하여 주고 그 값들을 이용해 위와 동일한 과정을 통해 그래프를 그려본다. 그림 1-1-39(1)과 그림 1-1-39(2)와 같은 그래프를 확인할 수 있을 것이다. 막대에 마찰력이 있을 경우 진동을 하면서 점점 그 속력이 줄어들게 되고 그에 따라 자석의 위치도 점점 $z = 1$의 값에 수렴해 간다는 것을 알 수 있다.

	A	B	C	D	E	F	G
1	Δt	0.1		b	0.1		
2	a	1					
3	g	1					
4				마찰력			
5	t	V_z	Z	$V_{z,fr}$	Z_{fr}		
6	0	0	0.8	0	0.8		
7	0.1	0.05625	0.805625	=D6+($B$2/E6^2-$B$3-$E$1*D6)*$B$1			
8	0.2	0.110326	0.816658				
9	0.3	0.160267	0.832684				
10	0.4	0.204491	0.853133				

그림 1-1-38(1)

	A	B	C	D	E	F
1	Δt	0.1		b	0.1	
2	a	1				
3	g	1				
4				마찰력		
5	t	V_z	Z	$V_{z,fr}$	Z_{fr}	
6	0	0	0.8	0	0.8	
7	0.1	0.05625	0.805625	0.05625	=E6+D7*$B$1	
8	0.2	0.110326	0.816658			
9	0.3	0.160267	0.832684			
10	0.4	0.204491	0.853133			

그림 1-1-38(2)

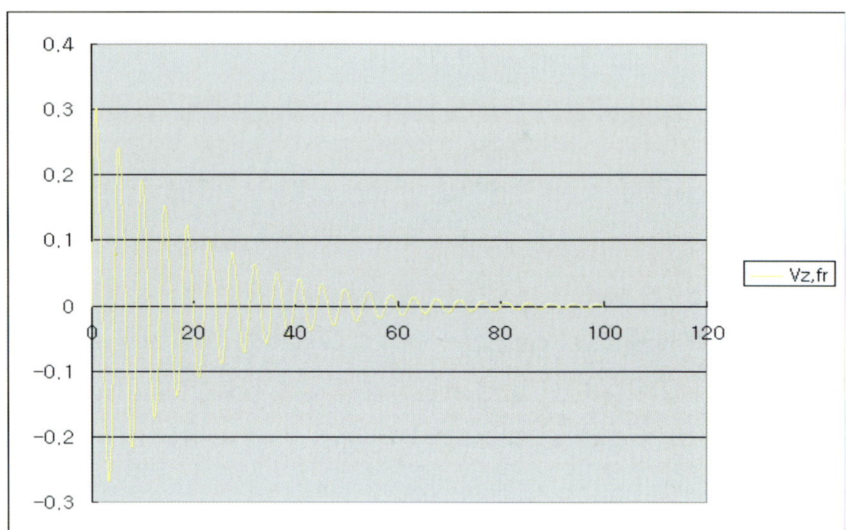

그림 1-1-39(1) 마찰력이 있을 때 원형 자석의 속도 변화 곡선($v_0 = 0,\ z_0 = 0.8,\ a = 1,\ g = 1,\ b = 0.1$)

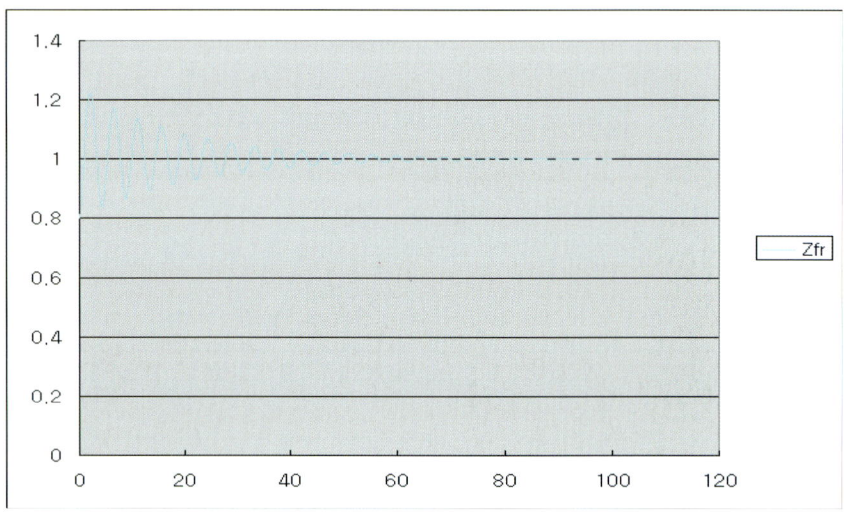

그림 1-1-39(2) 마찰력이 있을 때 원형 자석의 위치 변화 곡선($v_0 = 0,\ z_0 = 0.8,\ a = 1,\ g = 1,\ b = 0.1$)

5.3 힘을 작용할 때

이번에는 막대와 원형 자석 사이에 있는 마찰력과 더불어 f 만큼의 힘을 ω의 주기로 반복적으로 작용하였을 때 원형 자석의 운동은 어떠한 모습을 보이는지 알아보도록 하자. 동일한 간격으로 지속적으로 힘을 가할 경우 속도의 변화를 계산하는 식은 $f\cos(\omega t)$ 항을 더해주면 된다. 여기서 f는 가해주는 힘의 크기를 나타내고 ω는 가해주는 힘의 주기를 의미한다. 위치를 나타내는 식은 역시나 식 (2)와 동일하다. 따라서 정리하면 다음과 같은 식으로 정의할 수 있다.

$$v_1 = v_0 + \left(\frac{a}{z^2} - g - bv_{z,0} - f\cos(\omega t)\right)\Delta t \tag{7}$$

$$z_1 = z_0 + v_1 \Delta t \tag{8}$$

초기 속도와 초기 위치는 각각 0과 0.8로 동일하게 가정한 후에 식 (7)과 식 (8)을 이용하여 각각 그림 1-1-40(1)과 그림 1-1-40(2)처럼 입력하여 준다.

속도와 위치 값의 계산을 모든 단계에 적용하여 주고 그 값들을 이용해 앞에서와 동일한 과정을 통하여 그래프를 그려본다. 그러면 그림 1-1-41(1)과 그림 1-1-41(2)

	A	B	C	D	E	F	G	H	I	J	K
1	Δt	0.1		b	0.1	F	0.5				
2	a	1		n	1	ω	0.2				
3	g	1									
4				마찰력		힘작용					
5	t	V_z	Z	$V_{z,fr}$	Z_{fr}	$V_{z,fr,F}$	$Z_{fr,F}$				
6	0	0	0.8	0	0.8	0	0.8				
7	0.1	0.05625	0.805625	0.05625	0.805625	=F6+($B$2/G6^2-$B$3-$E$1*F6+$G$1*COS($G$2*A6))*$B$1					
8	0.2	0.110326	0.816658	0.109763	0.816601						
9	0.3	0.160267	0.832684	0.158627	0.832464						
10	0.4	0.204491	0.853133	0.201342	0.852598						

그림 1-1-40(1)

	A	B	C	D	E	F	G	H
1	Δt	0.1		b	0.1	F	0.5	
2	a	1		n	1	ω	0.2	
3	g	1						
4				마찰력		힘작용		
5	t	V_z	Z	$V_{z,fr}$	Z_{fr}	$V_{z,fr,F}$	$Z_{fr,F}$	
6	0	0	0.8	0	0.8	0	0.8	
7	0.1	0.05625	0.805625	0.05625	0.805625	0.10625	=G6+F7*$B$1	
8	0.2	0.110326	0.816658	0.109763	0.816601			
9	0.3	0.160267	0.832684	0.158627	0.832464			
10	0.4	0.204491	0.853133	0.201342	0.852598			

그림 1-1-40(2)

와 같은 그래프를 확인할 수 있을 것이다. 마찰력 때문에 원형 자석의 속도의 크기와 위치 값이 때때로 불규칙적으로 바뀌는 것을 알 수 있다.

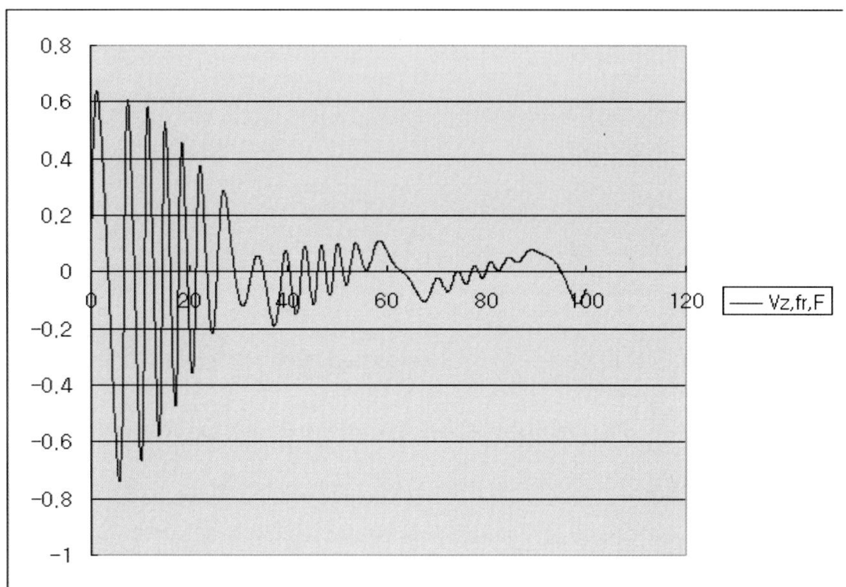

그림 1-1-41(1) 마찰력이 있고 힘을 작용할 때 원형 자석의 속도 변화 곡선
($v_0=0,\ z_0=0.8,\ a=1,\ a=1,\ g=1,\ b=0.1\ \ f=0.5,\ \omega=0.2$)

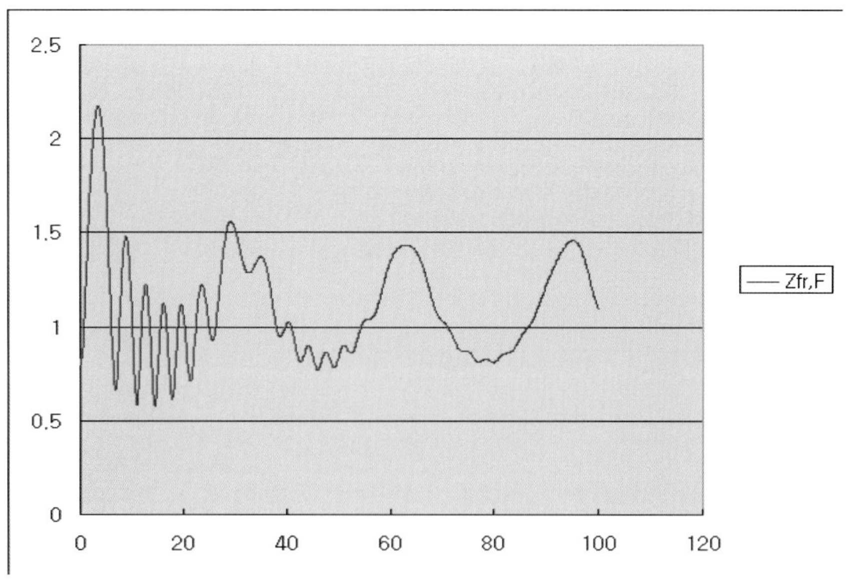

그림 1-1-41(2) 마찰력이 있고 힘을 작용할 때 원형 자석의 위치 변화 곡선
($v_0=0,\ z_0=0.8,\ a=1,\ a=1,\ g=1,\ b=0.1\ \ f=0.5,\ \omega=0.2$)

5.4 요약

같은 극이 서로 마주보는 원형 자석의 운동은 아주 간단한 식 두 개와 엑셀을 이용하여 모델링을 할 수 있다는 것을 배웠다. 또한 같은 조건에서 마찰력을 가정하거나 힘을 가하는 경우를 가정해도 관련된 항을 추가하는 것으로 간편하게 알아볼 수 있었다.

중요한 점은 이렇게 한 번 만들어 놓은 모델링은 각종 상수 값들이나 초기 조건을 변화시켜 주면서 다양한 상황에서 원형 자석의 운동을 확인할 수 있어 더더욱 활용도가 높다는 것이다. 아래 그림 1-1-42(1)과 그림 1-1-42(2)는 다른 상황에서 원형 자석의 속도 변화와 위치 변화를 그린 것이다.

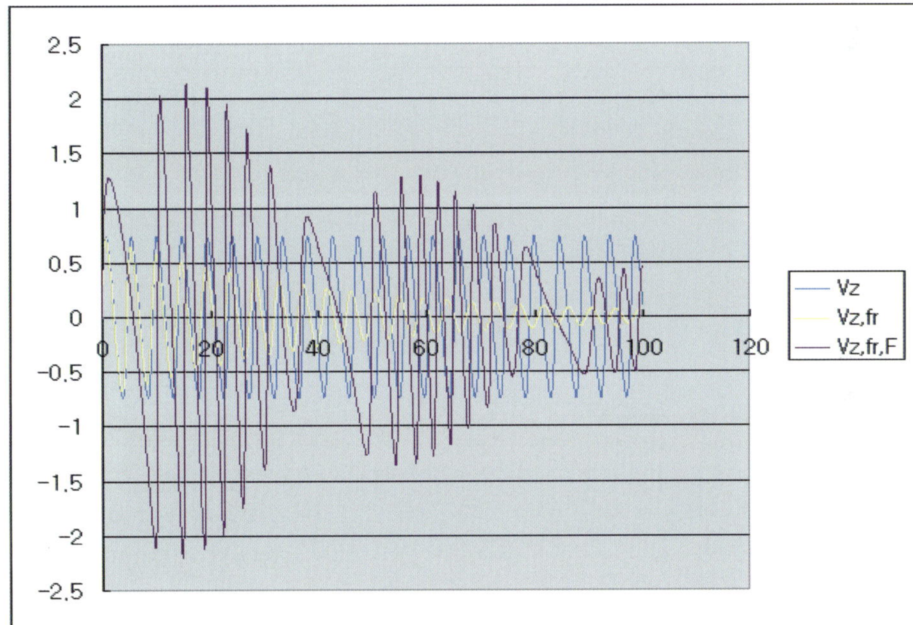

그림 1-1-42(1) 원형 자석의 속도 변화 곡선(Vz,fr: 마찰력 작용, Vz,fr,F: 마찰력과 힘 작용)
($v_0=0$, $z_0=0.6$, $a=1$, $a=1$, $g=1$, $b=0.05$, $f=0.8$, $\omega=0.15$)

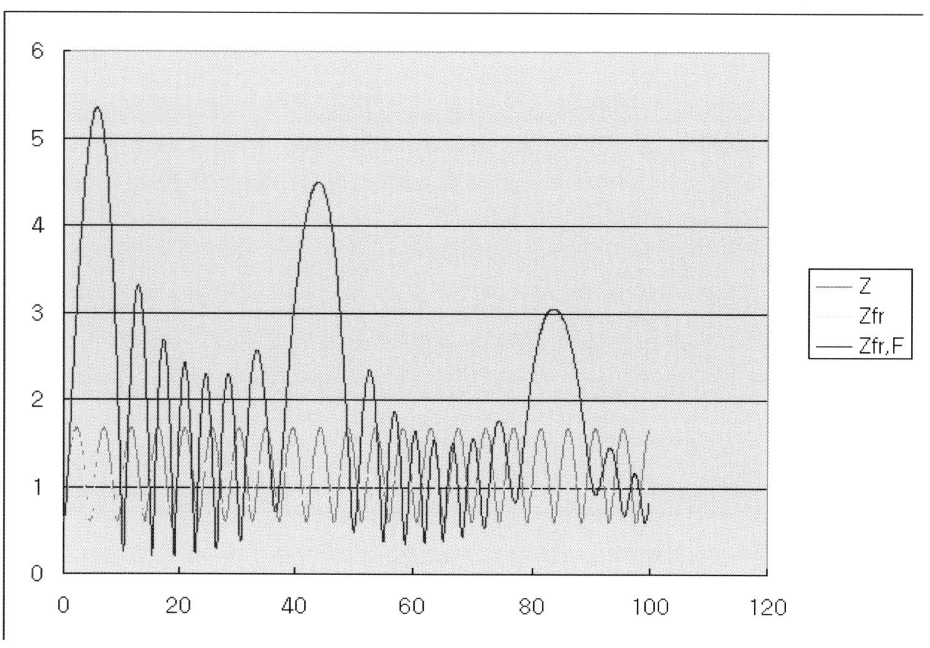

그림 1-1-42(2) 원형 자석의 속도 변화 곡선(Zfr: 마찰력 작용, Zfr,F: 마찰력과 힘 작용)
($v_0=0$, $z_0=0.6$, $a=1$, $a=1$, $g=1$, $b=0.05$, $f=0.8$, $\omega=0.15$)

6. Big Bang 우주론

위의 진동하는 한 쌍의 원형 자석의 운동을 표현하는 방식을 이해하는 것은 우주의 과거와 미래의 모습을 예측하는 식과 유사하다는 점에서 매우 중요하고 의미가 있다. 즉, 원형 자석이 위 아래로 진동하고 있는 모습은 마치 우주가 모습이 커졌다 작아졌다 진동하고 있는 상황을 묘사하는 것과 동일하다. 식 (3)에서 서로 밀어내는 힘으로 작용하는 전자기력 항은 우주 공간을 차지하고 있는 물질들이 서로 잡아당기는 중력으로 대신하게 되고, 두 번째 항인 중력 가속도의 항은 공간의 팽창을 가속시키는 암흑에너지(dark energy) 혹은 진공에너지(vacuum energy)와 관련된 항이 된다. 따라서 식 (3)에서 중력가속도 g 대신 암흑에너지의 가속도 값으로써 b로 바꾸어 주고, 중력은 끌어당기는 힘이며 암흑에너지는 중력에 반발하는 힘이므로 부호를 바꾸어주면 다음과 같은 식으로 다시 나타내어진다.

$$v_1 = v_0 + \left(-\frac{a}{z^2} + b\right)\Delta t \qquad (9)$$

6.1 가속 팽창하는 우주(accelerating universe)

현재의 우주는 임계밀도가 1인 편평한 우주로 여겨지고, 별 등의 천체와 성간물질 등의 바리온 물질(baryon matter)이 약 4%, 암흑 물질(dark matter)이 25% 내외, 그리고 암흑 에너지(dark energy)의 양이 나머지 70% 정도를 차지하고 있는 것으로 관측되고 있다. 따라서 a의 값은 바리온 물질과 암흑 물질을 합한 0.3으로 두고, b의 값은 0.7로 둔다. 두 값의 합은 1이다. 엑셀의 첫 셀에 a와 그 값인 0.3을 입력하고 바로 아래 셀에 b와 0.7을 차례로 입력하자. 시간 간격(Δt)은 0.01로 입력한다.

t는 0부터 시작해서 200번째 열까지 입력해준다. 첫 번째 열에 0을 입력하고 바로 아래 열에 0+Δt 수식을 입력한 후, 드래그를 통해 t가 2 값을 가질 때까지 내려준다. 이제 팽창 속도 v와 우주의 크기 z를 계산하여야 하는데 우선 초기 값을 정해주어야 한다. 현재 우주의 팽창 속도를 구하기 위해서 식 (9)를 미분의 형태로 다시 표현하면, $\frac{dv}{dt} = -\frac{a}{z^2} + b$가 되고, 이 식을 적분하면 $\frac{1}{2}v^2 = \frac{a}{z} + bz$[1]가 된다. 현재(초기값 $t=0$일 때)의 우주 크기를 편의상 1로 두면, $z=1$이 되므로 우주의 팽창 속도는 $v=\sqrt{2}$가 된다. 따라서 v와 t의 초기 값으로 각각 $\sqrt{2}$와 1을 입력해준다. 이 과정까지 수행하면 그림 (10)과 같이 된다.

	A	B	C	D
1	a	0.3		
2	b	0.7		
3	Δt	0.01		
4	t	v	z	
5	0	1.414214	1	
6	0.01			
7	0.02			
8	0.03			

그림 1-1-43 $a=0.3$, $b=0.7$인 우주

---

1) 실제 빅뱅우주를 나타내는 식은 bz 대신 bz^2이다. Part 2, Chapter 2의 8. 빅뱅우주의 진화를 참조하시오. Magna Trix의 운동을 기술하는 운동방정식을 부호를 바꾸어 생각해보면 빅뱅우주의 모습과 비슷하였다.

	A	B	C	D
1	a	0.3		
2	b	0.7		
3	Δt	0.01		
4	t	v	z	
5	0	1.414214	1	
6	0.01	=B5+(-B$1/C5^2+B$2)*B$3		
7	0.02			
8	0.03			

그림 1-1-44(1)

	A	B	C	D
1	a	0.3		
2	b	0.7		
3	Δt	0.01		
4	t	v	z	
5	0	1.414214	1	
6	0.01	1.418214	=C5+B6*B$3	
7	0.02			
8	0.03			

그림 1-1-44(2)

식 (9)를 이용해 그림 1-1-44(1)과 같이 v값에 입력해주고, 그림 1-1-44(2)와 같이 z값의 계산식도 입력해준다. 그리고 모든 시간에 적용해준다. 얻어진 값을 가지고 x축에 t값을, y축에 z값으로 그래프를 그려준다. 그러면 그림 1-1-45와 같은 그래프를 확인할 수 있을 것이다. 그래프 곡선의 형태가 점점 위로 휘어지는 형태이므로 우주에 물질이 0.3, 암흑 에너지가 0.7 정도의 비율로 분포하고 있을 경우 미래의 우주는 가속 팽창하게 될 것임을 예측할 수 있다.

지금까지 계산한 값과 그래프는 현재로부터 미래의 우주 모습만을 나타낸 것이다. 가속 팽창하는 우주의 과거에서부터 현재까지의 모습도 계산을 통하여 알아봄으로써 과거로부터 미래까지의 전체적인 우주의 모습을 알아볼 필요가 있다. 과거는 미래와 정반대로 거꾸로 거슬러 올라가야하기 때문에 시간인 t값을 0에서부터 Δt값을 차례차례 더하는 것이 아닌 빼주어야 한다. 즉, 그림 1-1-46(1)과 같이 빼주는 식으로 t값을 계산해주어야 과거의 모습을 표현해줄 수 있다.

나머지 속도와 우주의 크기 모습 역시 현재를 기준으로 거꾸로 거슬러 올라가면서 계산을 수행해주면 된다. 즉, 식 (9)에서 두 번째 항을 더해주는 대신 빼주면 된다. 그 식은 아래와 같다. 팽창 속도 변화에 따른 우주의 크기 변화도 초기 값을 기준으로 빼주면 된다.

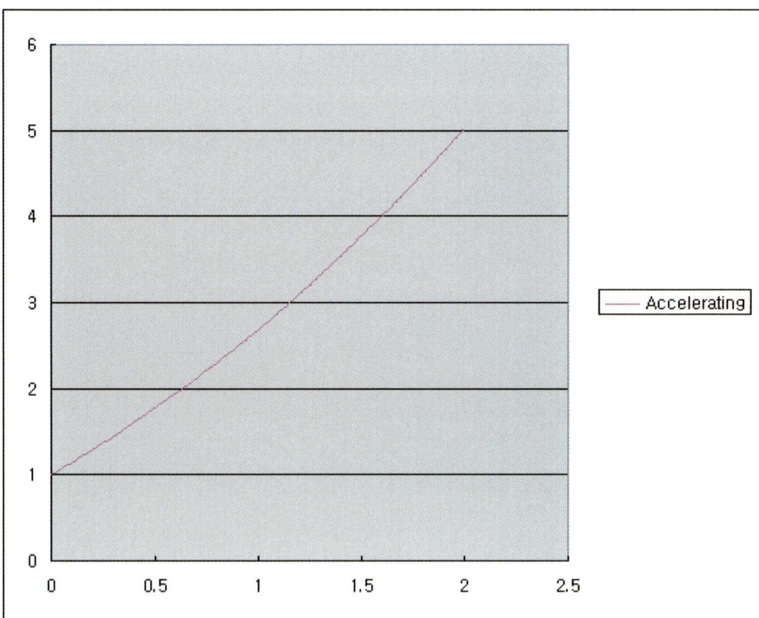

그림 1-1-45 가속 팽창하는 우주($a=0.3$, $b=0.7$)

	A	B	C	D	E
1	a	0.3	Accelerating		
2	b	0.7			
3	Δt	0.01			
4	t	v	z	t	
5	0	1.414214	1	0	
6	0.01	1.418214	1.014182	=D5-B$3	
7	0.02	1.422297	1.028405		
8	0.03	1.42646	1.04267		

그림 1-1-46(1)

	A	B	C	D	E	F	G
1	a	0.3	Accelerating				
2	b	0.7					
3	Δt	0.01					
4	t	v	z	t	v	z	
5	0	1.414214	1	0	1.414214	1	
6	0.01	1.418214	1.014182	-0.01	=E5-(-B$1/F5^2+B$2)*B$3		
7	0.02	1.422297	1.028405				
8	0.03	1.42646	1.04267				

그림 1-1-46(2)

	A	B	C	D	E	F	G
1	a	0.3	Accelerating				
2	b	0.7					
3	Δt	0.01					
4	t	v	z	t	v	z	
5	0	1.414214	1	0	1.414214	1	
6	0.01	1.418214	1.014182	-0.01	1.410214	=F5-E6*B$3	
7	0.02	1.422297	1.028405				
8	0.03	1.42646	1.04267				

그림 1-1-46(3)

$$v_1 = v_0 - \left(-\frac{a}{z^2} + b\right)\Delta t \tag{10}$$

$$z_1 = z_0 - v_1 \Delta t \tag{11}$$

그림 1-1-46(2)과 그림 1-1-46(3)와 같이 식 (10)과 식 (11)을 이용하여 계산식을 입력하여 준다. 미래의 우주를 계산해줄 때와 마찬가지로 현재 우주의 초기 값으로써 속력은 $\sqrt{2}$, 우주의 크기는 1로 지정해 준다. 계산된 값을 모든 시간 단계에 적용하여 자동 계산하여 준 다음 결과 값들을 이용해 그림 (12) 그래프에 추가하여 준다. 단, 여기서 주의할 점은 우주의 크기가 0보다 작은 음수의 값을 가질 수 없으므로 z 값이 0보다 큰 값을 갖는 열까지만 구간을 지정하여 그래프를 그려준다. 그러면 그림 1-1-47과 같은 그래프를 확인할 수 있을 것이다.

즉, 우주 공간에 암흑 에너지가 약 70% 정도 존재하고 있다고 가정한다면, 우주는 생성 되자마자 상대적으로 큰 암흑 에너지 값에 의해 가속 팽창을 하다가 초기에 물질이 지배적인 시기에 잠시 팽창의 가속이 줄어들고, 하지만 첫 번째 항이 크기의 제곱에 반비례하므로 시간이 많이 지나고 우주의 크기가 커지면서 다시 두 번째 항인 암흑 에너지가 지배적이 되면서 가속 팽창하는 모습을 보이게 된다. 현대 우주론에서는 우주가 생성되자마자 진행되는 급격한 팽창은 초팽창 이론(inflation)이라고도 한다. 이는 현재 관측과 계산에 의해 예측되는 우주의 모형과 매우 잘 부합하는 모습이다. 우리는 간편한 계산과 엑셀의 활용을 이용하여 주어진 조건에서 우주의 진화 모습을 예측할 수 있게 된 것이다.

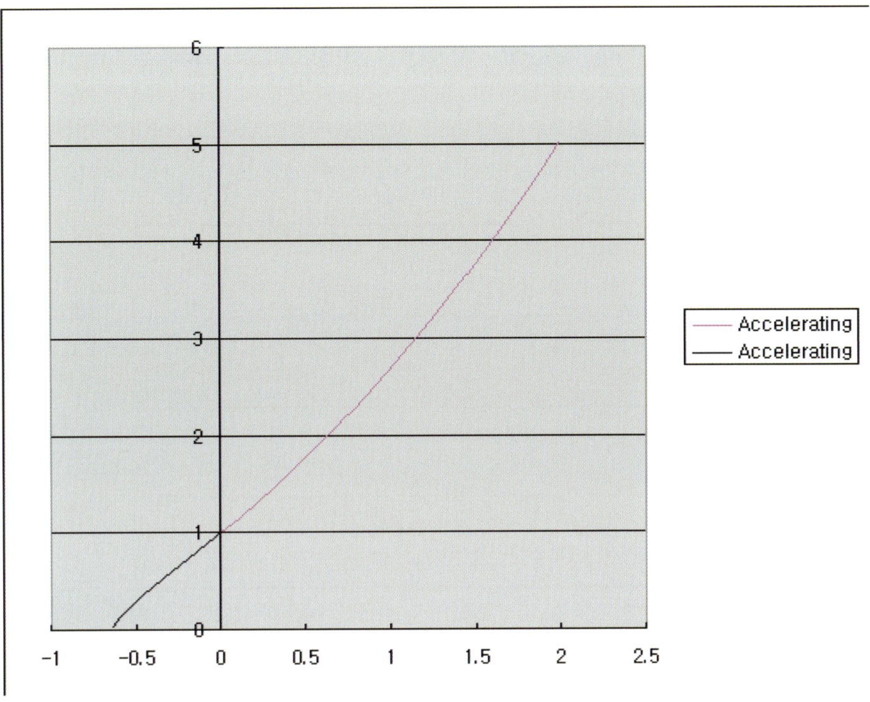

그림 1-1-47 가속 팽창하는 우주($a=0.3$, $b=0.7$)

6.2 편평한 우주(flat universe)

편평한 우주는 우주의 임계밀도가 1이지만, 우주가 가속 팽창을 시키는 암흑 에너지는 존재하지 않고 오직 물질(matter)로만 가득 차 있는 경우이다. 따라서 그림 1-1-48과 같이 a값은 1이 되고, b 값은 0을 갖게 된다. 나머지 계산 과정은 위와 동일하다. 식 (9)와 식 (4)를 이용해 편평한 우주의 현재부터 미래까지의 모습을 그리고, 식 (10)과 식 (11)을 이용해 현재부터 과거로 거슬러 올라가는 계산을 수행해주면 된다.

H	I	J	K	L	M
a	1	Flat			
b	0				
Δt	0.01				
t	v	z	t	v	z
0	1.414214	1	0	1.414214	1
0.01	1.404214	1.014042	-0.01	1.424214	0.985758

그림 1-1-48

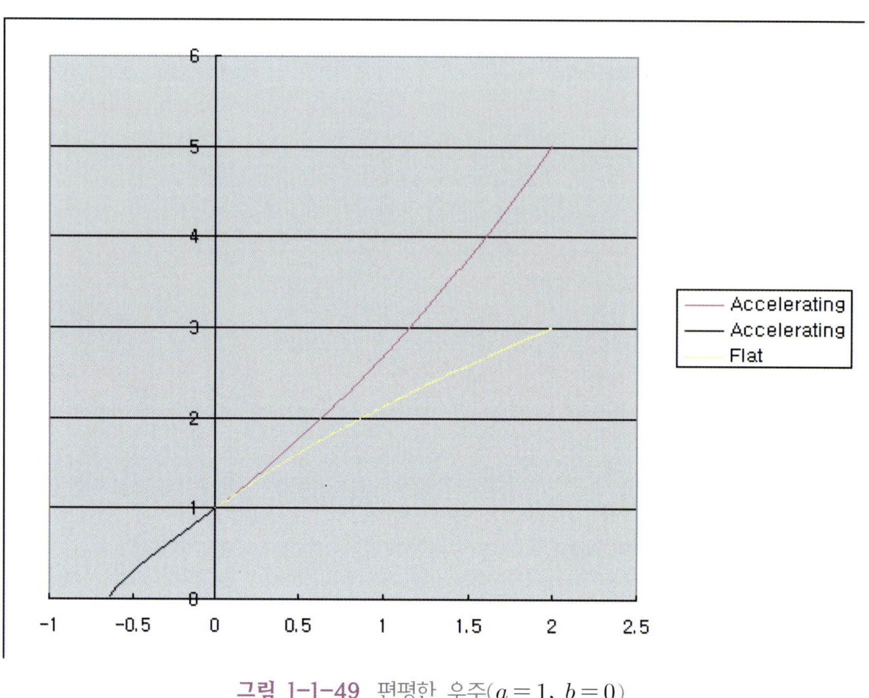

그림 1-1-49 편평한 우주($a=1,\ b=0$)

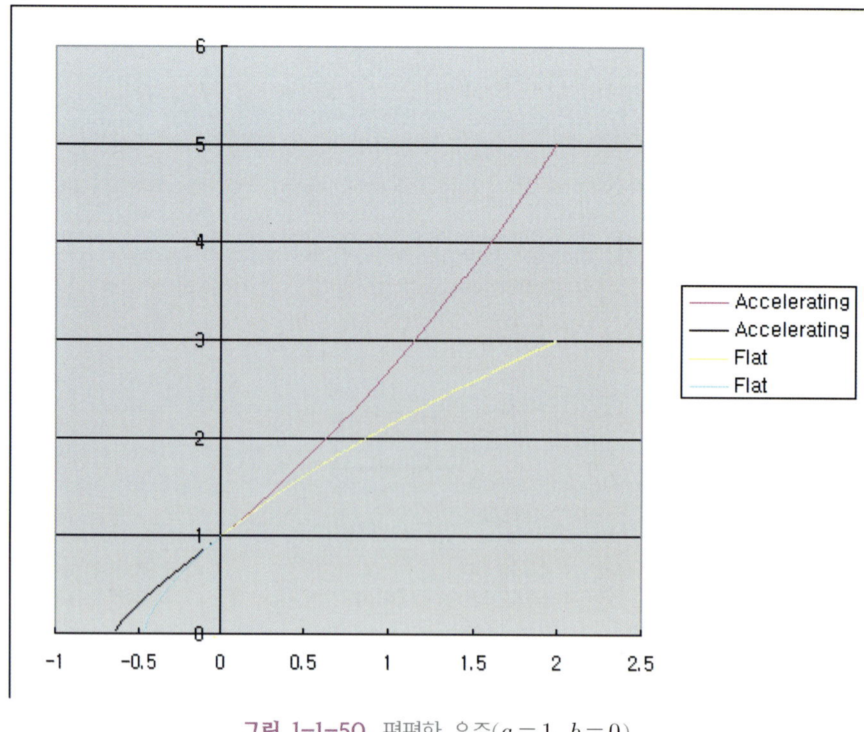

그림 1-1-50 편평한 우주($a=1,\ b=0$)

먼저 미래의 모습을 계산하고 그래프를 그려주면 그림 1-1-49와 같은 그래프를 확인할 수 있다. 우주가 영원히 팽창하기는 하지만 가속 팽창은 일어나지 않음을 알 수 있다. 과거를 계산하여 그래프에 덧붙여주면 그림 1-1-50과 같다. 우주의 진화가 포물선 형태의 모습을 보임을 알 수 있다.

6.3 닫힌 우주(closed universe)

가속 팽창하는 우주와 편평한 우주의 모습을 계산하여 예측하여 보았으니 이제는 재수축이 일어나서 대붕괴(Big Cruch)가 일어나는 소위 닫힌 우주를 모델링 해보자. 닫힌 우주가 되기 위해서는 우주 안에 있는 물질의 밀도가 임계 밀도인 1보다 더 커야한다. 따라서 a값은 대략 3을 사용하고 b 값은 역시 0을 입력하도록 하자. 그림 1-1-51을 참조한다. 마찬가지로 동일한 과정의 계산을 수행하여 주면 닫힌 우주의 미래 모습은 그림 1-1-52와 같이 어느 정도 팽창이 일어난 후 다시 재수축이 일어남을 확인할 수 있다. 닫힌 우주의 과거 모습 역시 그림 1-1-53으로 확인할 수 있다.

O	P	Q	R	S	T
a	3	Closed			
b	0				
Δt	0.01				
t	v	z	t	v	z
0	1.414214	1	0	1.414214	1
0.01	1.384214	1.013842	-0.01	1.444214	0.985558

그림 1-1-51

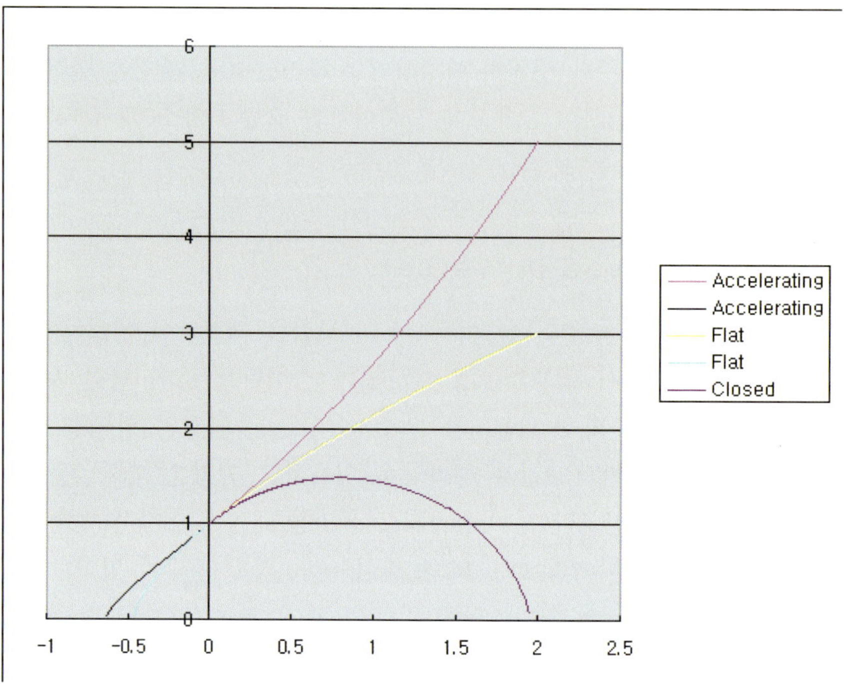

그림 1-1-52 닫힌 우주($a=3$, $b=0$, 미래)

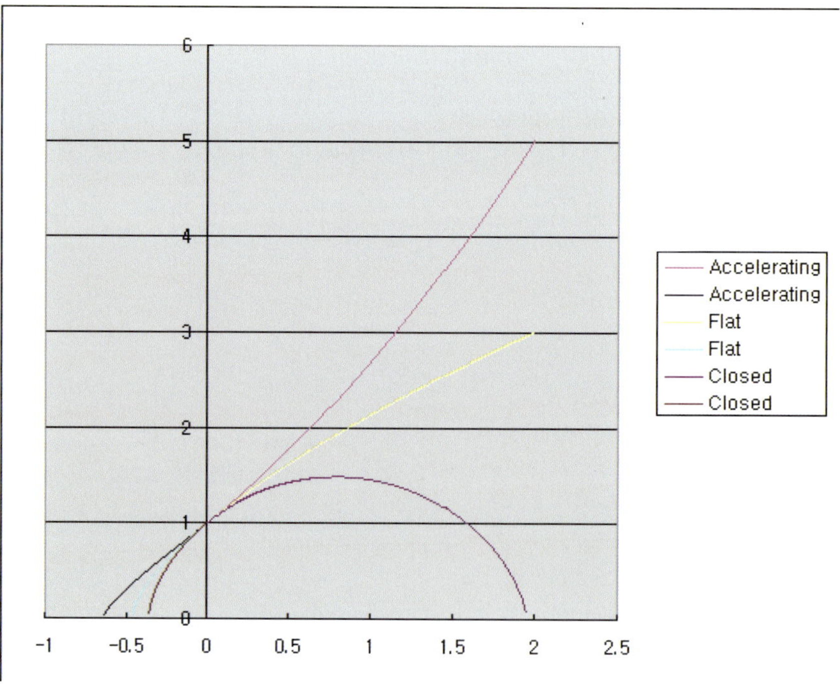

그림 1-1-53 닫힌 우주($a=3$, $b=0$, 과거+미래)

현재의 위치를 그래프 상에 표시하고, 각 우주 별로 곡선의 색깔을 맞추어 다시 정리하면 그림 1-1-54와 같은 완성된 그래프를 얻을 수 있다.

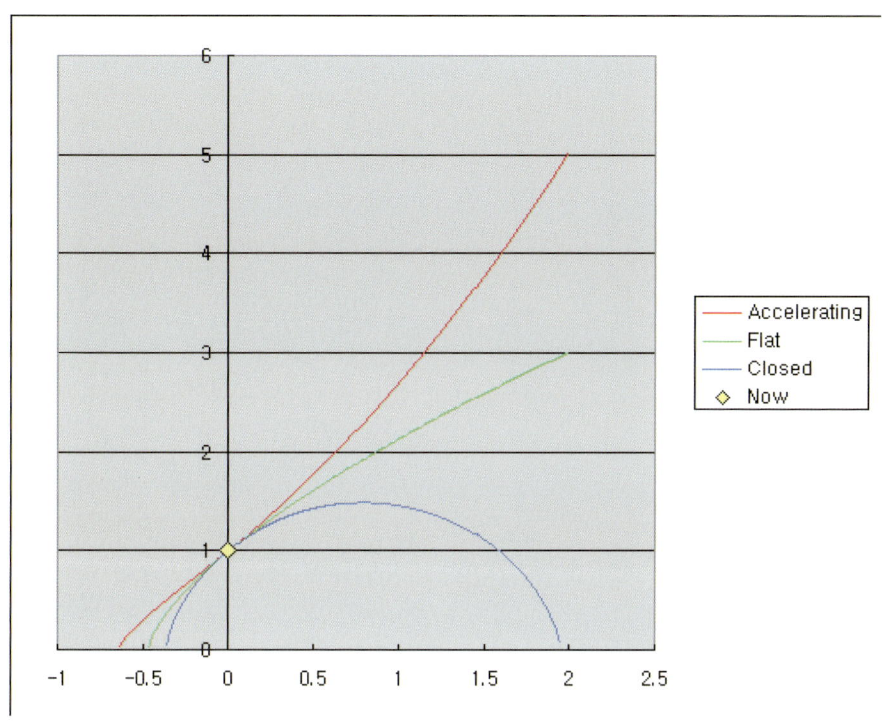

그림 1-1-54 가속 우주, 편평한 우주, 닫힌 우주

Chapter 2

태양계 원궤도 모델링 - 운동학적 접근

태양의 질량이 태양계 전체 질량의 대부분(99% 이상)을 차지할 만큼 무겁기 때문에 태양을 행성의 운동을 묘사하는 원점에 위치하게 한다. 행성들의 실제 궤도는 타원 궤도이다. 따라서 행성들의 궤도를 궤도 요소를 이용하여 묘사하여야 하지만 여기서는 계산의 편이를 위하여 행성들이 원 궤도 운동을 하고 있다고 가정한다. 물론 행성들의 궤도가 타원 궤도인 경우에도 계산은 의외로 쉽다.[1)] 이제 엑셀을 이용해 태양계 행성들의 궤도 모델링을 해보자.

1. 지구

1.1 지구의 궤도

먼저 지구의 궤도를 그려보자. 좀 더 간단하게 표현하기 위해 모든 행성들이 같은 평면 위에서 궤도 운동을 한다고 가정한다. 즉, 2차원 평면에 나타낼 것이다. 원은 한 점을 중심으로 같은 거리에 위치하는 모든 점들을 연결한 것이다. 그림 1-2-1과 같이 만약 천체의 궤도 상의 한 위치까지의 거리(반지름)가 r이고, x축과의 이루는 각이 θ이면, x, y 좌표 상에서 점 (x, y)는 $x = r\cos\theta$, $y = r\sin\theta$로 표현할 수 있다. 따라서 θ를 0~360°로 변화시키면 반지름이 1인 원궤도를 얻는다. 이 계산을 이제 엑셀 워크시트에서 수행해보기로 하자.

1) 실제로 행성들은 태양을 하나의 초점으로 두는 타원 궤도 운동을 하고 있지만, 타원 궤도로 나타내기에는 계산이 기술적으로 매우 복잡하고 어렵기 때문에 학교 수업에서 적용하기에는 한계가 있다. 어쨌든 행성들은 거의 원 궤도에 가까운 타원 궤도 운동을 하기 때문에 이러한 모형도 짧은 기간 동안에 행성의 운동을 설명하고 예측하기에 활용성이 높다.

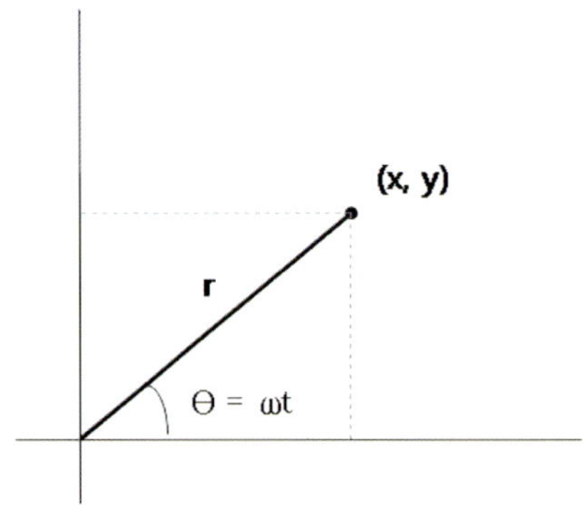

그림 1-2-1 행성의 위치 좌표

❐ 지구 궤도 그리기

1. 엑셀에서 세 개의 행 정도는 일단 공백으로 남겨두고(나중에 입력해야 할 것들이 있다.) 네 번째 행에 θ_{degree}를 적고, 0° 부터 10° 간격으로 360° 까지 입력한다.
2. 엑셀에서는 각도를 '도(degree)'가 아닌 '라디안(radian)'으로 인식하기 때문에 바로 옆 행에 θ_{rad}을 입력하고 도를 라디안으로 변형해주기 위해 각도 값에 $\pi/180°$를 곱해주고 모든 각도에 적용해준다(그림 1-2-2(1) 참조).
3. 이제 각도 별 궤도 지점의 x와 y 값을 계산해주면 된다. 그러기에 앞서 태양에서 지구까지의 거리 값을 입력해주어야 하는데($\because (x,y)=(r\cos\theta, r\sin\theta)$), $r_{earth}=1AU$ 이므로 x와 y를 입력해줄 열의 가장 위에 위치한 행에 r_{earth}와 그 값인 1을 입력한다(그림 1-2-2(2) 참조).
4. $x=r\cos\theta$ 식을 입력한다(그림 1-2-2(3) 참조).
5. $y=r\sin\theta$ 식을 입력한다(그림 1-2-2(4) 참조).
6. 모든 각도에 대하여 계산을 적용해준다(상자 지정 후 드래그).
7. 주어진 x, y 값을 이용하여 선과 점이 모두 있는 분산형 그래프[2)]를 그린다(그림 1-2-2(5) 참조).

2) 선으로만 그리면 나중에 행성 자체를 그래프에 나타낼 때 찾기 어려우므로 일단 점도 같이 찍는 것이 좋다.

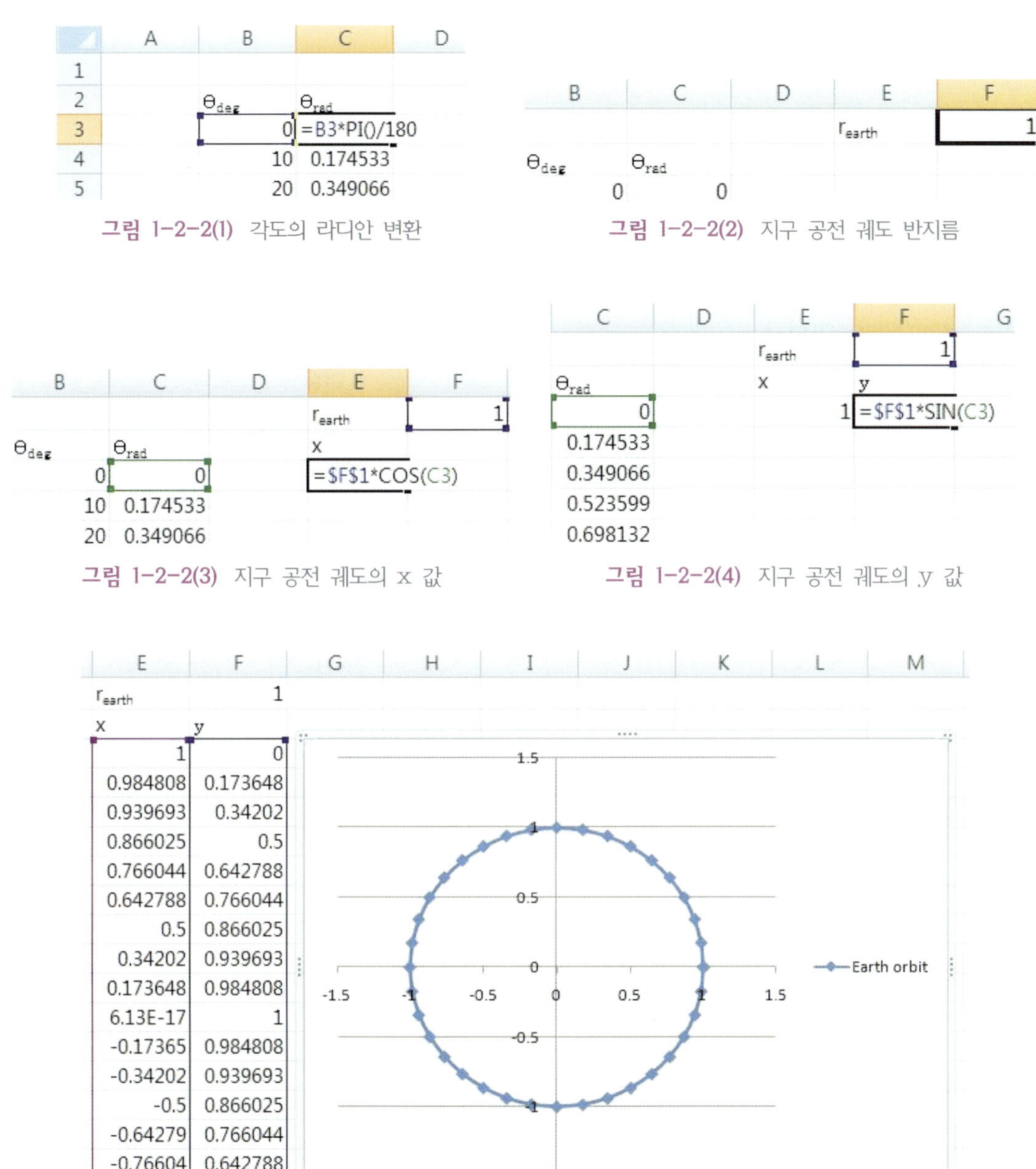

그림 1-2-2(1) 각도의 라디안 변환

그림 1-2-2(2) 지구 공전 궤도 반지름

그림 1-2-2(3) 지구 공전 궤도의 x 값

그림 1-2-2(4) 지구 공전 궤도의 y 값

그림 1-2-2(5) 지구 원 궤도(r = 1)

1.2 지구의 공전

지구 궤도를 그래프로 그려 보았다. 이제 지구를 지구 궤도 위에서 표현해보자. 그림 1-2-2(1)에서 지구 궤도는 각도 θ를 이용하여 나타냈는데, 지구 자체는 시간에 따라 지구의 각도가 계속하여 바뀌므로 시간에 관련된 함수(각속도)로 나타내어야 한다. 즉, 각도 θ는 각속도에 단위 시간을 곱한 것($\theta = \omega t$)으로 표현할 수 있다. 지구의 각속도(ω)는 360°(2π)를 공전하는데 정확히 365.256366일이 걸리므로, $\omega = 2\pi/365.256366$이다. 시간(t)은 날짜(day)를 기준으로 0부터 정수를 사용할 것이다. 다시 지구의 이 위치를 그림 1-2-2(5)에서 그린 지구 원궤도에 그려 넣는다. 지구의 위치는 x, y좌표로 나타내면 각각 $x = r_{earth}\cos(\omega t), y = r_{earth}\sin(\omega t)$이다. 그러면 이를 바탕으로 지구를 그래프에 넣어보자.

❐ 그래프에 지구 그려넣기

1. 지구의 각속도를 입력한다(그림 1-2-3(1) 참조). ($\omega_{earth} = 2\pi/365.256366$)
2. θ 값들 아래 행에 t와 값으로써 우선 0을 입력한다(그림 1-2-3(2) 참조).
3. 지구의 좌표 $x = r_{earth}\cos(\omega t)$식을 입력한다(그림 1-2-3(3) 참조).
4. 지구의 좌표 $y = r_{earth}\sin(\omega t)$식을 입력한다(그림 1-2-3(4) 참조).
5. 3~4과정에서 계산하여 얻은 값들을 그래프에 추가한다(그림 1-2-3(5) 참조).

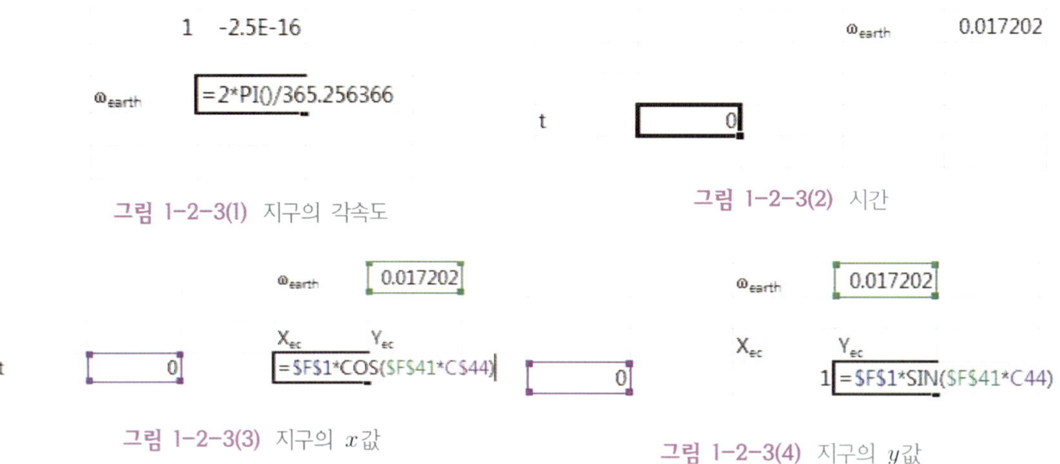

그림 1-2-3(1) 지구의 각속도

그림 1-2-3(2) 시간

그림 1-2-3(3) 지구의 x값

그림 1-2-3(4) 지구의 y값

1.2.1 '개발 도구' 탭 생성하기

지구를 그래프에 추가해 넣고, 시간 값인 t를 변화시켜줄 때마다 지구가 다른 위치로 이동함을 확인하여 보자. 만약 t 값을 일정한 간격으로 빠르게 바꾸어 준다면 애니메이션처럼 지구가 태양을 중심으로 공전하는 모습을 볼 수 있을 것이다. 이와 같은 애니메이션을 엑셀의 기능 중 '개발 도구'에 있는 '스크롤 막대(scroll bar)'를 이용하여 구현해낼 수 있다.[3] '스크롤 막대'는 엑셀 프로그램 상단의 여러 명령 탭들 중에 '개발 도구'라는 탭에 포함된 기능이다. 하지만 보편적으로 사용되는 기능이 아니기 때문에 기본적으로는 개발 도구 탭이 보이지 않을 것이다. 따라서 사용자 설정을 통해 개발 도구 탭을 만들어야 한다. 다음은 Excel 2007에서 개발 도구 탭을 만드는 과정이다. 그림을 참조하면서 개발 도구 탭을 만들어 보자.

❒ '개발 도구' 탭 만들기(Excel 2007에서)

1. 상단 메뉴 옆의 '빠른 실행 도구 모음 사용자 지정' 버튼을 누른다(그림 1-2-4(1) 참조).
2. '기타 명령'을 선택한다(그림 1-2-4(2) 참조).
3. 'Excel 옵션' 창이 뜨면 상단 왼쪽 부분에 있는 '기본 설정'을 선택한다(그림 1-2-4(3) 참조).
4. '리본 메뉴에 개발 도구 탭 표시'를 선택하고 '닫기'를 누른다(그림 1-2-4(3) 참조).
5. '개발 도구' 탭이 생긴다(그림 1-2-4(4) 참조).

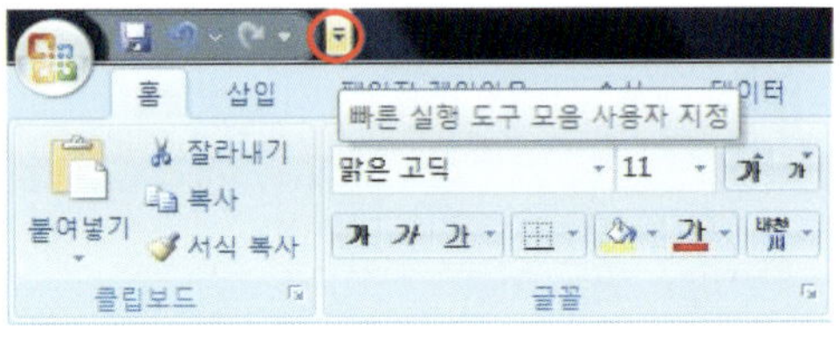

그림 1-2-4(1) 빠른 실행 도구 모음 사용자 지정

3) 이 기능은 다음과 같이 활용할 수 있다. 스크롤 막대를 생성한 후에 하나의 셀을 스크롤 막대와 연동시켜 놓으면 스크롤 막대를 누름으로 인해서 해당하는 셀의 값이 연속적으로 변화한다. 따라서 t 값을 스크롤 막대와 연동시켜서 빠르게 변화시킨다면 지구의 공전을 애니메이션의 효과처럼 움직이게 볼 수 있다.

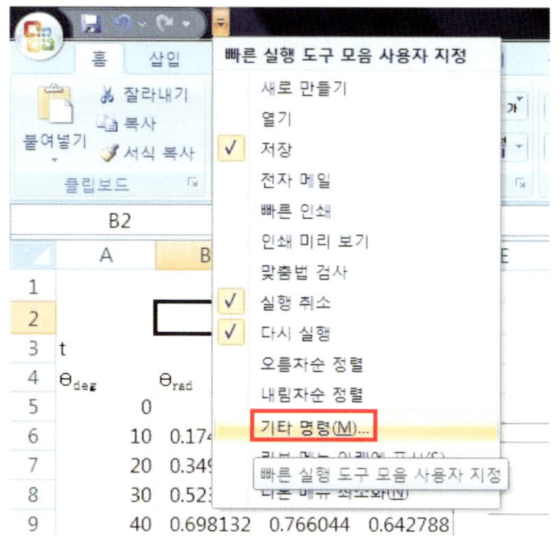

그림 1-2-4(2) 빠른 실행 도구 모음 사용자 지정 → 기타 명령(M)

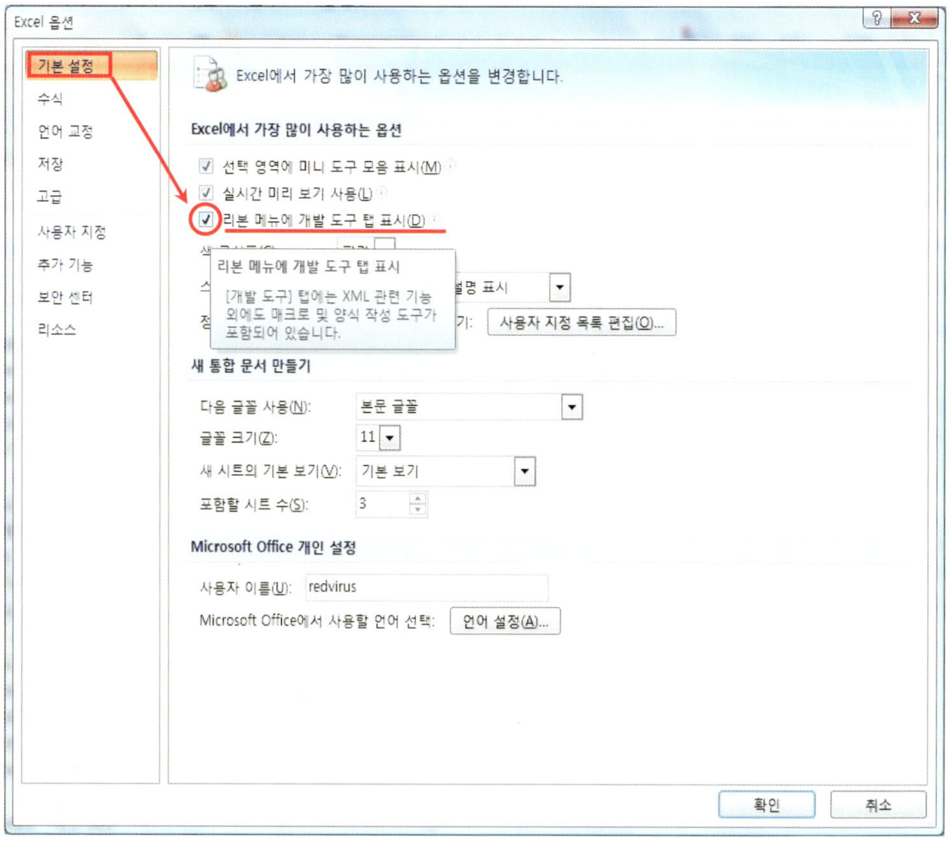

그림 1-2-4(3) Excel 옵션 → 기본 설정 → 리본 메뉴에 개발 도구 탭 표시

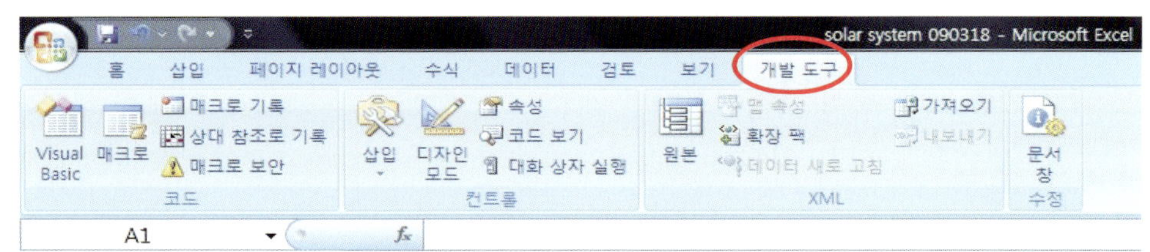

그림 1-2-4(4) 개발 도구 탭 생성하기

Excel 2003에서는 그림 1-2-4(5)와 같이 '보기'→'도구 모음'→'컨트롤 도구상자'로 차례로 들어가면 '컨트롤 도구상자'가 바로 만들어진다.

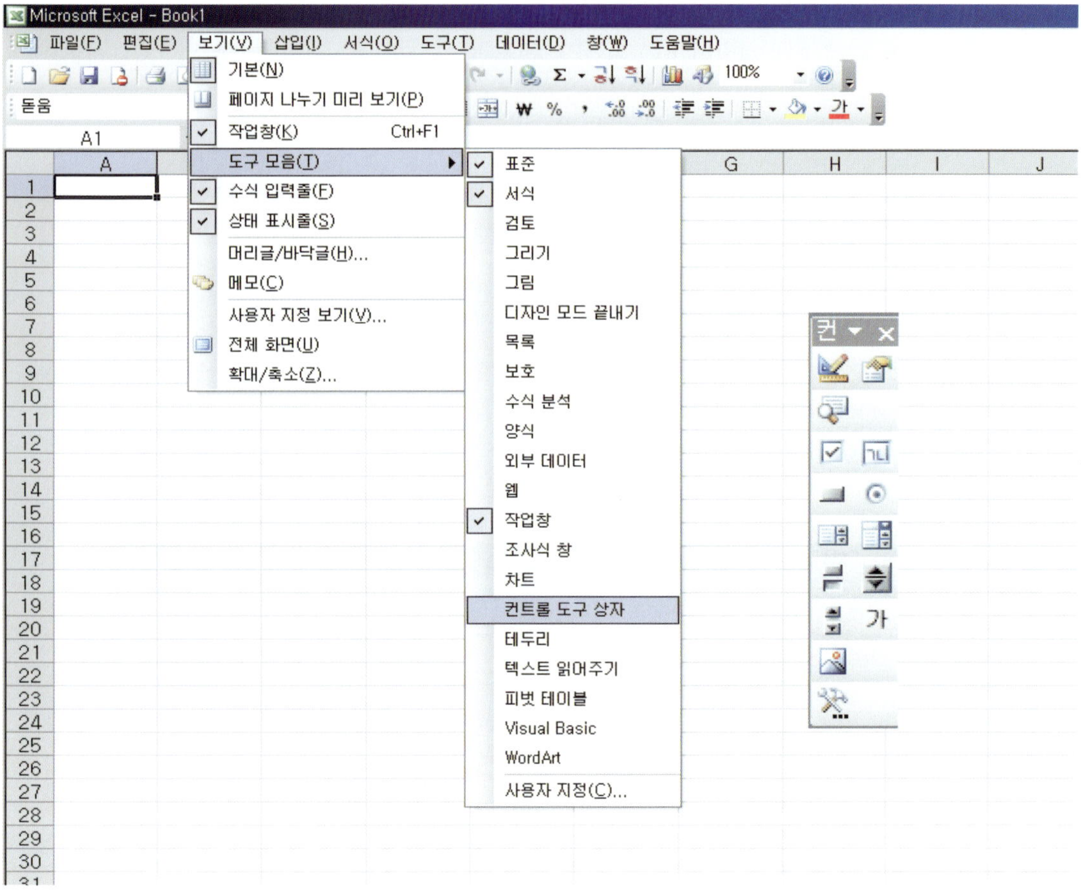

그림 1-2-4(5) Excel 2003에서의 컨트롤 도구 상자 활성화하기

1.2.2 '스크롤 막대'를 이용하여 지구의 공전 구현하기

개발 도구 탭이 생성되었다면 개발 도구 탭에 있는 스크롤 막대를 생성하고 사용하는 방법을 간단히 익혀서 적용해보자.

❒ '스크롤 막대'를 이용하여 지구의 공전 구현하기

1. '개발 도구' → '삽입' → '스크롤 막대(ActiveX 컨트롤)'를 선택한다(그림 1-2-5(1) 참조). Excel 2003에서는 '컨트롤 도구 상자'에서 바로 '스크롤 막대'를 찾을 수 있다.
2. 마우스 포인터가 십자 모양으로 바뀌면 적당한 크기의 스크롤 막대를 t 값이 입력된 바로 위의 셀에 만든다(그림 1-2-5(2) 참조).
3. 스크롤 막대가 생기면 마우스 오른쪽 버튼을 누른 후에 '속성' 메뉴를 선택한다(그림 1-2-5(3) 참조). Excel 2003에서는 활성화 된 '스크롤 바'에 마우스를 놓고 오른쪽 버튼을 누르고, '속성'을 선택하면 된다.
4. 속성 창이 열리면 'LinkedCell'의 칸에 t 값으로 0을 입력했던 셀의 번호를 입력한다(이 문서의 경우 세 번째 행의 두 번째 열에 t 값을 넣었었기 때문에 "B3"라고 입력해 넣었다. 그림 1-2-5(4) 참조).
5. '디자인 모드' 버튼을 눌러 디자인 모드를 해제한다(그림 1-2-5(5) 참조).
6. 스크롤 막대를 누르면 t의 값이 연속적으로 빠르게 바뀌면서 그래프 상의 지구가 공전하는 모습을 확인할 수 있을 것이다(그림 1-2-6 참조).

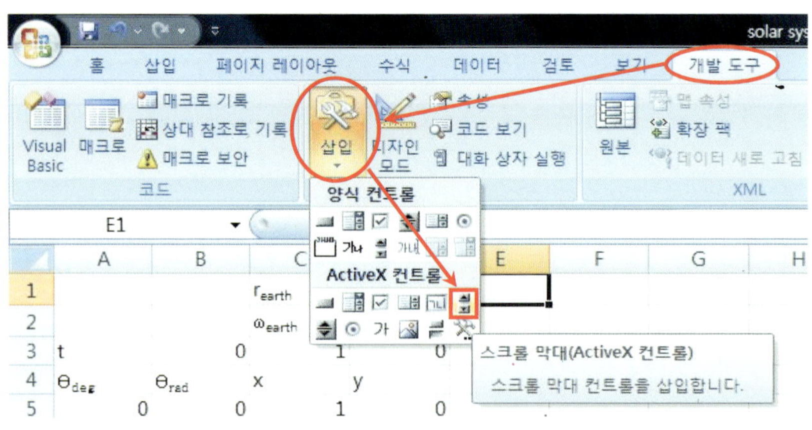

그림 1-2-5(1) 개발 도구 → 삽입 → 스크롤 막대(ActiveX 컨트롤)

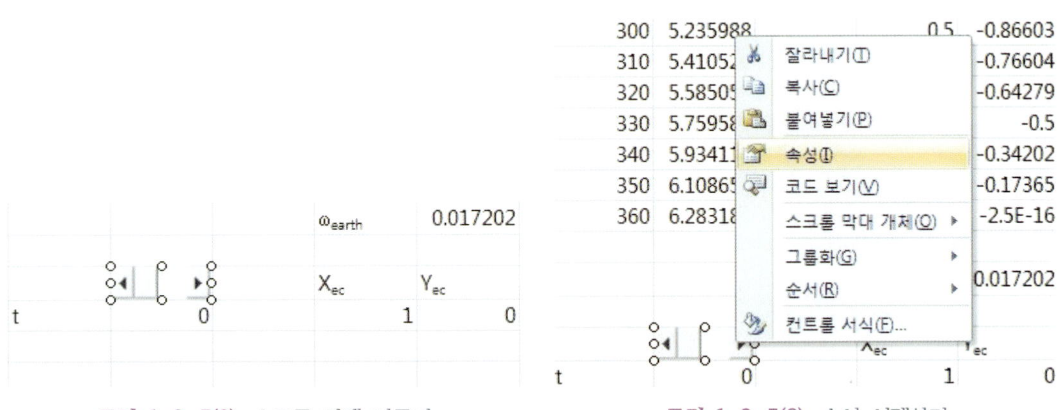

그림 1-2-5(2) 스크롤 막대 만들기

그림 1-2-5(3) 속성 선택하기

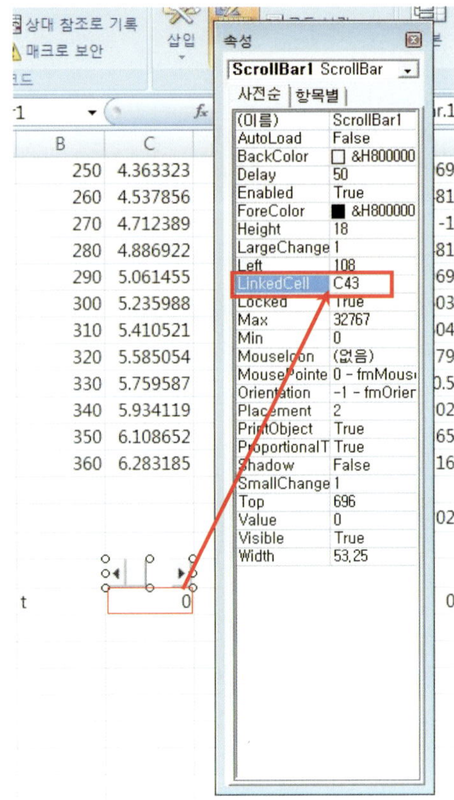

그림 1-2-5(4) 스크롤 막대와 셀 연결하기

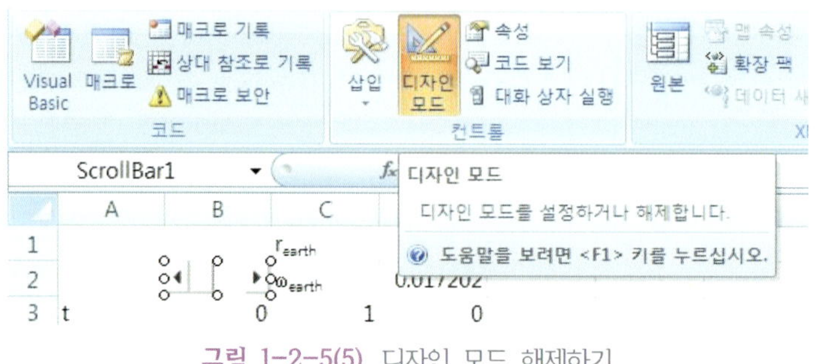

그림 1-2-5(5) 디자인 모드 해제하기

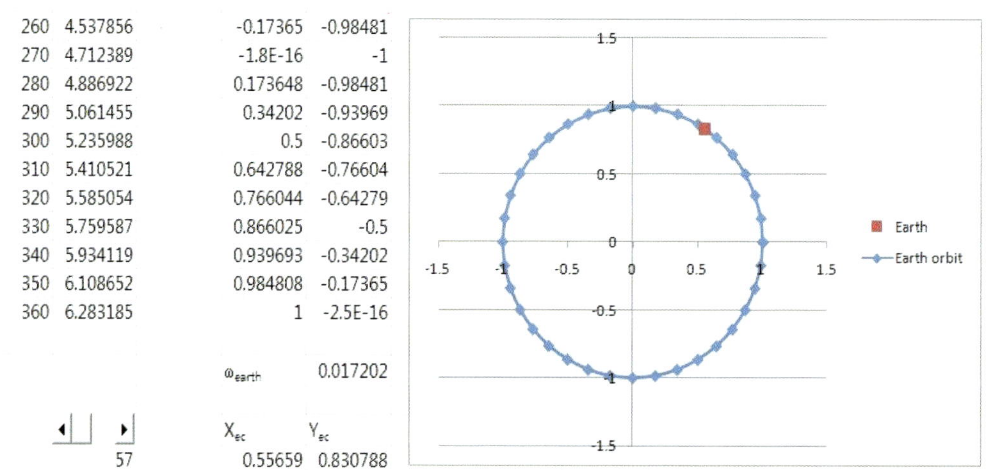

260	4.537856	-0.17365	-0.98481
270	4.712389	-1.8E-16	-1
280	4.886922	0.173648	-0.98481
290	5.061455	0.34202	-0.93969
300	5.235988	0.5	-0.86603
310	5.410521	0.642788	-0.76604
320	5.585054	0.766044	-0.64279
330	5.759587	0.866025	-0.5
340	5.934119	0.939693	-0.34202
350	6.108652	0.984808	-0.17365
360	6.283185	1	-2.5E-16
		ω_{earth}	0.017202
		X_{ec}	Y_{ec}
t	57	0.55659	0.830788

그림 1-2-6 스크롤 막대로 지구 공전을 애니메이션처럼 구현하기

이제 우리가 엑셀에서 만든 지구는 지구 궤도 상을 거의 365일에 한 번 공전하게 된다. 이를 확인해 보자.

2. 금성, 화성, 달

2.1 금성과 화성의 궤도

금성과 화성의 궤도는 지구의 궤도를 그리는 것과 동일한 과정을 반복하되 태양으로부터 궤도까지의 거리만 실제 값으로 다르게 입력해주면 된다. 태양으로부터 금성 궤도까지의 거리는 0.723332 AU이고, 태양으로부터 화성 궤도까지의 거리는 1.523679 AU이다. 따라서 해당하는 행성이 포함된 궤도의 x, y요소 값들을 계산할 열의 가장 위의 행에 각각 $r_{venus} = 0.723332$와 $r_{mars} = 1.523679$을 입력해준 후에 $r\cos\theta, r\sin\theta$ 값들을 각각 계산해준다. 계산된 값들을 이용하여 금성과 화성의 궤도를 추가해주면 그림 1-2-7과 같이 그려진다.

2.2 금성과 화성

금성과 화성 역시 궤도상에 그려 넣어보자. 행성들의 운동은 앞에서 지구를 표현할 때도 설명했듯이, 각속도와 시간을 활용해 나타내줄 수 있다. 행성들의 각속도는 케플러의 제 3법칙을 사용해서 구할 수 있다. 궤도 운동을 하는 천체의 주기와 장반경 사이의 관계는 아래와 같은 관계를 갖는다.

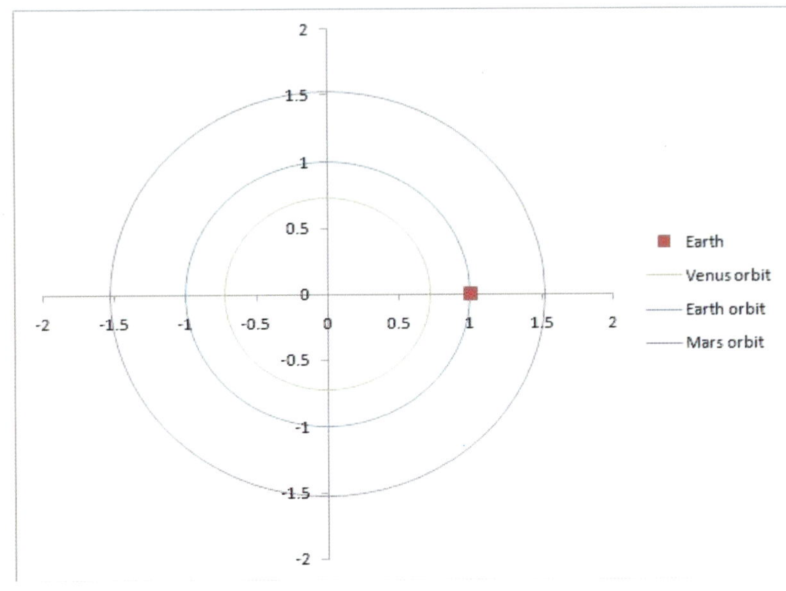

그림 1-2-7 금성, 지구, 화성의 궤도

$$P^2 = 4\pi^2 a^3 / G(m_1 + m_2) \tag{1}$$

$$\therefore P \sim a^{3/2}$$

여기서 공전 주기는 장반경의 1.5 제곱에 비례한다는 사실을 알 수 있다. 따라서 행성의 각속도는 지구를 기준($a = 1\,AU$)으로 아래와 같이 계산한다.

$$\omega = 2\pi / (P_{\text{지구}} \cdot a^{3/2}_{\text{행성}}) \tag{2}$$

식 (2)를 활용하여 금성과 화성의 각속도를 구하면 다음과 같다.

$$\omega_{\text{금성}} = 2\pi / (365.256366 \cdot 0.723332^{1.5}) \simeq 0.027962$$

$$\omega_{\text{화성}} = 2\pi / (365.256366 \cdot 1.523679^{1.5}) \simeq 0.009146$$

이와 같은 계산들을 이용하여 화성과 금성을 그림 1-2-7의 그래프에 추가해보자.

1. 금성의 각속도를 계산하여 입력한다(그림 1-2-8(1) 참조).
2. 화성의 각속도를 계산하여 입력한다.
3. 각속도와 시간의 값을 이용하여 금성과 화성의 위치를 나타내는 x, y 요소의 값들을 계산한다(지구에서 했던 것과 마찬가지로 $r\cos\omega t, r\sin\omega t$의 계산을 이용한다. 그림 1-2-8(2) 참조).
4. 그래프에 금성과 화성을 추가하여 넣는다(그림 1-2-9 참조).

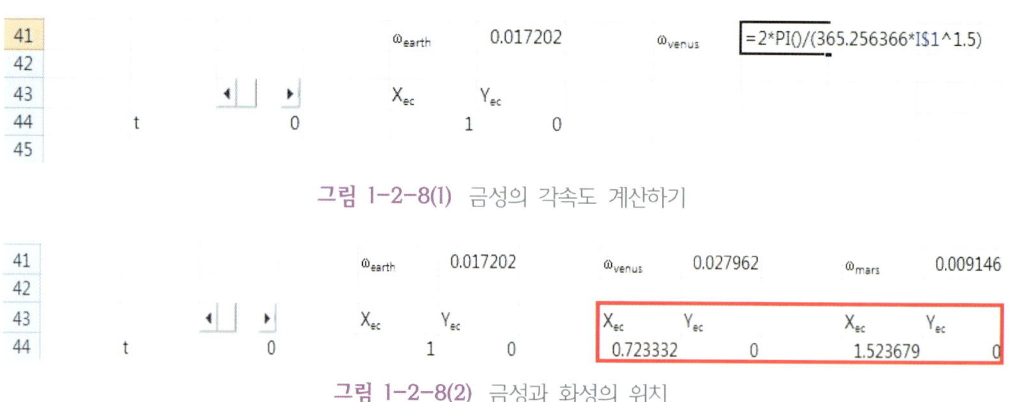

그림 1-2-8(1) 금성의 각속도 계산하기

그림 1-2-8(2) 금성과 화성의 위치

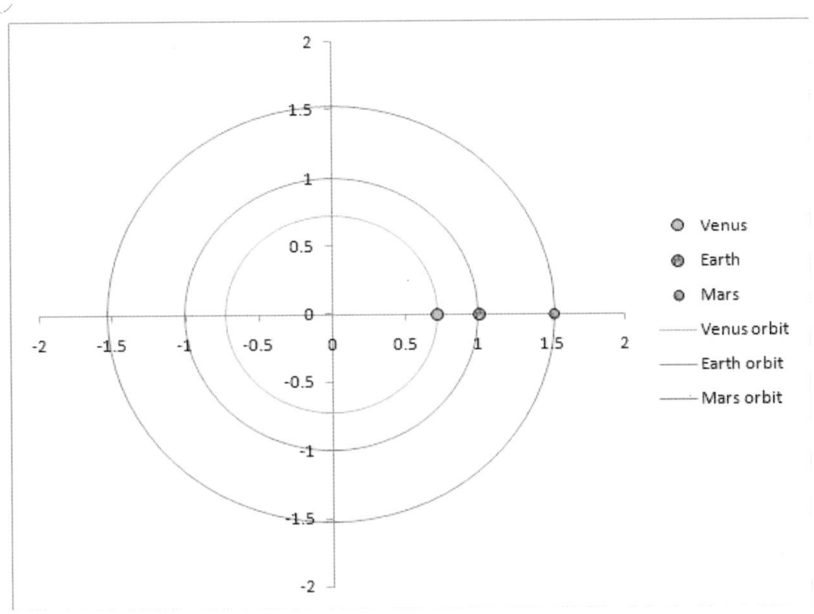

그림 1-2-9 금성, 지구, 화성과 각각의 원 궤도

2.3 달

이번에는 지구를 공전하고 있는 달을 그려 넣어보자. 지구에서 달까지의 거리는 약 38만 km로 태양에서 지구까지의 거리인 1억 5000만 km의 1/400 정도 밖에 되지 않는다. 그래프의 스케일 상 달의 공전 궤도 반지름을 실제로 1/400 AU으로 사용하여 그래프에 추가한다면 지구에 달이 거의 붙은 상태에서 공전을 하는 다소 어색한 모습으로 보일 것이다. 따라서 그래프를 보기좋게 하기 위해 임의로 달의 공전 궤도를 0.1로 입력한다.

달의 각속도는 달의 공전주기가 27.321582 이므로 $\omega_{달} = 2\pi/27.321582$이다. 달 궤도의 반지름을 지정해주었고 각속도도 구했기 때문에 마찬가지로 달도 그래프에 추가해 넣을 수 있다. 단, 달은 지구와 함께 태양을 공전하면서 지구를 또 공전하기 때문에 지구 궤도의 위치 값을 더해주어야 한다. 즉,

$$x_{달} = x_{지구} + 0.1\cos(\omega_{달} t)$$ (그림 1-2-10(1) 참조)

$$y_{달} = y_{지구} + 0.1\sin(\omega_{달} t)$$ (그림 1-2-10(2) 참조)

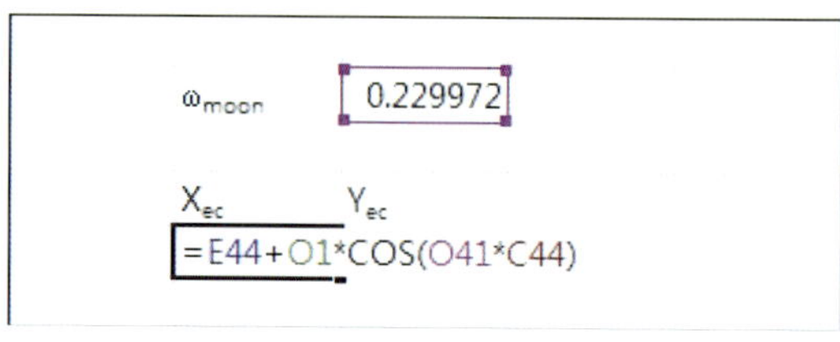

그림 1-2-10(1) 달의 x좌표

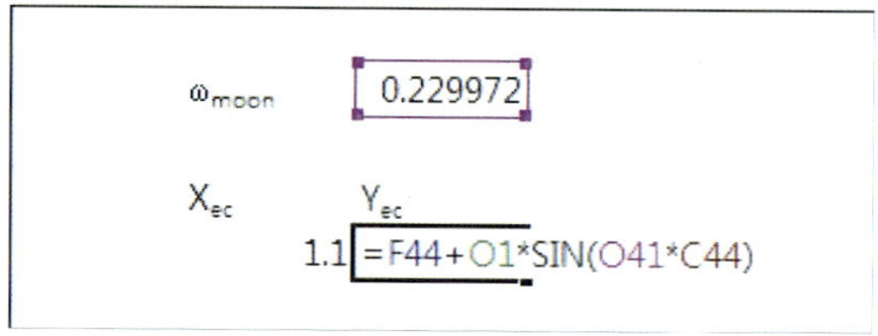

그림 1-2-10(2) 달의 y좌표

계산된 달의 좌표를 그래프에 추가하면 그림 1-2-11과 같이 달까지 표현되었다. 행성의 모습은 서식을 변경하면서 각자 개성대로 그럴듯하게 꾸미도록 하자.

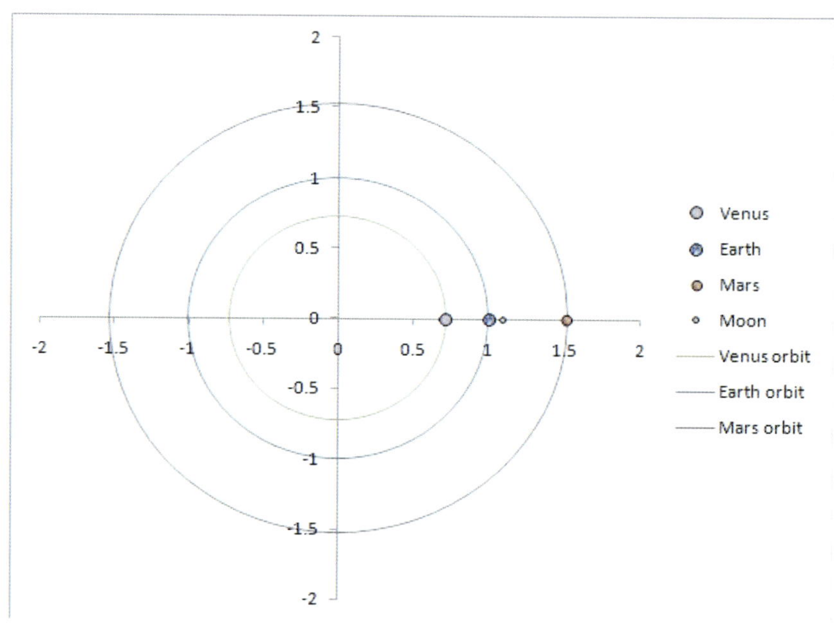

그림 1-2-11 금성, 지구, 화성, 달과 각각의 원 궤도

3. 오늘의 행성 위치

지금까지 일련의 과정을 통해 지구와 금성, 달, 화성의 원 궤도와 각 행성들의 공전 주기에 따른 운동 모습을 표현해보았다. 이제는 실제 행성의 현재 위치를 엑셀에 표현해보고, 가까운 미래의 행성 위치들의 관계를 예측해보도록 하자. 비록 실제 행성들의 궤도는 타원 궤도이긴 하지만 정확한 데이터를 사용하면 원 궤도만으로도 가까운 미래는 그래도 정확하게 예측해 낼 수 있다.

먼저 $t=0$ 즉, 초기 값을 오늘로 가정을 하자. 그런데 오늘의 행성의 위치가 그림 1-2-11처럼 일렬로 배열되어 있지는 않을 것이다. 제각각 임의의 위치에서 궤도 운동을 하고 있을 것이다. 그리고 각 행성들이 어느 위치에 있는지를 표현할 때에는 x 축으로부터의 각도로써 표현할 수 있을 것이다. 예를 들면, 현재 지구가 춘분점을 양의 x 축을 기준으로 2사분면에 위치하고 있다면 지구는 춘분점으로부터 90° ~180° 사이에 위치하고 있는 셈이 된다. 이 각도를 태양 중심 경도(heliocentric longitude)라고 부른다. 우리가 현재 행성의 태양 중심 경도 값을 정확히 알고 있다면, 각 행성의 위치 좌표를 나타내기 위해 계산해 주었던 식, $x=r\cos(\omega t)$의 각도 부분에 이 값을 더해주기만 하면 된다. 즉, $x=r\cos(\omega t+helio.Lon.)$이 된다. y 좌표 역시 $\sin$으로만 바뀌고 같은 방법으로 계산하여 구해줄 수 있다.

현재 행성들의 태양 중심 경도 값은 인터넷 검색을 활용하여 알 수 있다. 미국항공우주국(NASA) 홈페이지(http://ssd.jpl.nasa.gov)에 접속하면 그림 1-2-12와 같이 현재 태양계 행성들의 위치를 한 눈에 확인할 수 있다. 또한 텍사스 물리학과의 천문대 홈페이지(http://observatory.tamu.edu:8080/SSP/)에 접속하면 그림 1-2-13과 같이 접속한 당시의 태양계 천체들의 정보를 얻을 수 있다.

이제 텍사스 물리학과의 천문대 홈페이지(그림 1-2-14 참조)에서 태양 중심 경도 값의 정보를 활용하여 실제 태양계 현재 행성들의 위치를 표현해보자. 2009년 3월 30일 자정이 가까운 시각에 텍사스 물리학과 천문대 홈페이지에 접속하여 태양계 행성들의 당시 시간의 정보들을 찾아보았다. 지구의 태양 중심 경도 값은 189.938° 였고, 금성의 경우는 191.796° , 화성은 322.369° 였다.

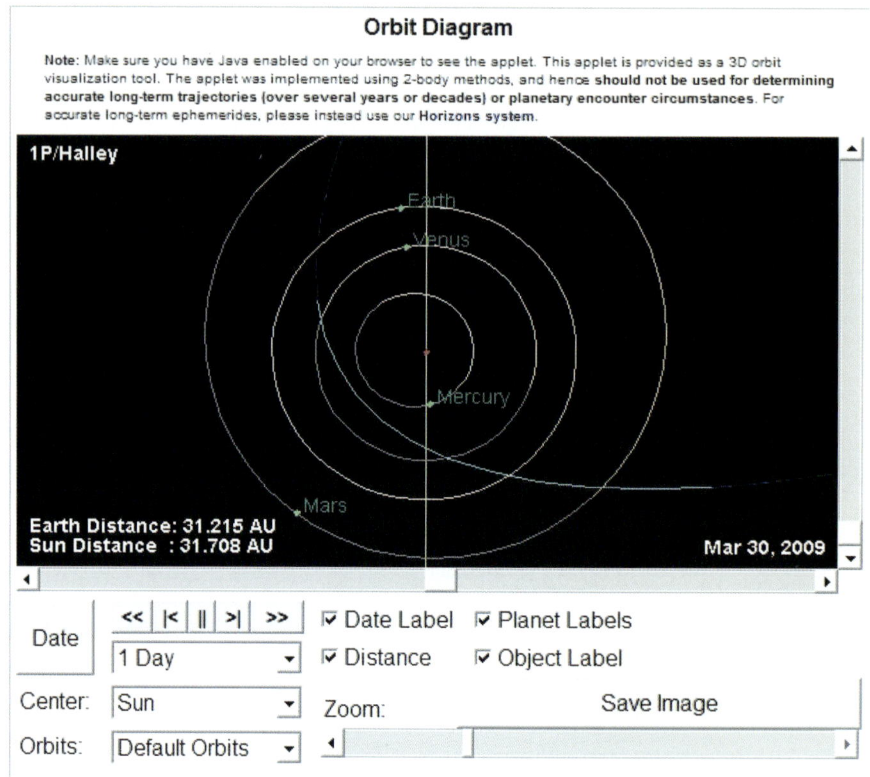

그림 1-2-12 미국항공우주국 홈페이지 태양계 행성 궤도 그림

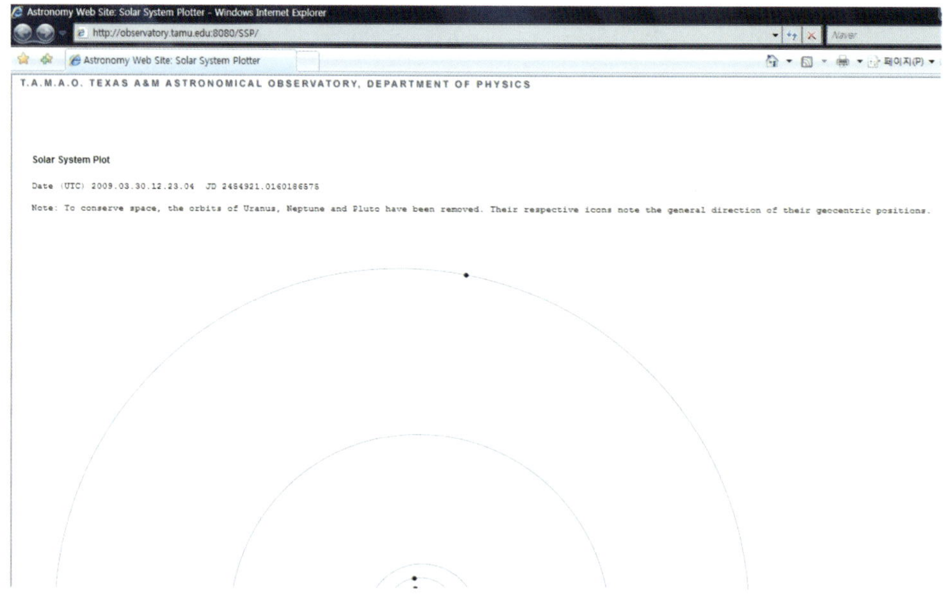

그림 1-2-13 텍사스 물리학과 천문대 홈페이지의 태양계 그래프 정보

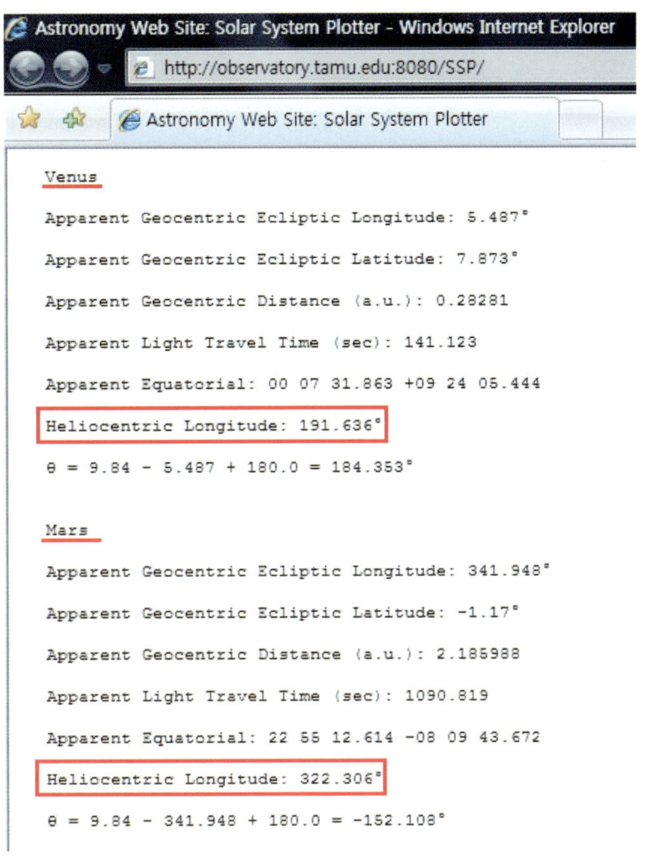
Astronomy Web Site: Solar System Plotter - Windows Internet Explorer
http://observatory.tamu.edu:8080/SSP/
Astronomy Web Site: Solar System Plotter

Venus

Apparent Geocentric Ecliptic Longitude: 5.487°

Apparent Geocentric Ecliptic Latitude: 7.873°

Apparent Geocentric Distance (a.u.): 0.28281

Apparent Light Travel Time (sec): 141.123

Apparent Equatorial: 00 07 31.863 +09 24 05.444

Heliocentric Longitude: 191.636°

θ = 9.84 - 5.487 + 180.0 = 184.353°

Mars

Apparent Geocentric Ecliptic Longitude: 341.948°

Apparent Geocentric Ecliptic Latitude: -1.17°

Apparent Geocentric Distance (a.u.): 2.185988

Apparent Light Travel Time (sec): 1090.819

Apparent Equatorial: 22 55 12.614 -08 09 43.672

Heliocentric Longitude: 322.306°

θ = 9.84 - 341.948 + 180.0 = -152.108°

그림 1-2-14 태양 중심 경도 정보값 얻기

해당하는 값들을 각속도 값과 x, y 좌표 값 사이의 행에 입력해 넣자. x, y좌표 계산에 직접 숫자를 입력하여 넣어줘도 되지만 나중에 새로운 날짜에 따른 새로운 태양 중심 경도 정보를 얻었을 때 그 숫자만 바꾸어 줌으로써 좀 더 간편하게 새로운 태양계 행성들의 배치를 할 수 있으므로 따로 입력해 넣어 준다(그림 1-2-15(1) 참조).

해당하는 행성별 태양 중심 경도 값을 참조하여 행성들의 x, y좌표 계산식의 삼각함수 안의 ωt뒤에 각 값들을 더해준다[4] (그림 1-2-15(2), 1-2-15(3) 참조).

4) 단, 엑셀에서 각도는 라디안으로만 읽어 들이기 때문에 $\pi/180°$ 를 곱해주는 것을 잊지 말자. 엑셀에서는 pi()/180 의 꼴로 입력하면 된다.

ω_{earth}	0.017202		ω_{venus}	0.027962		ω_{mars}	0.009146
189.938			191.796			322.369	
X_{ec}	Y_{ec}		X_{ec}	Y_{ec}		X_{ec}	Y_{ec}
-0.985	-0.17258		-0.70806	-0.14787		1.206692	-0.93032

그림 1-2-15(1) 행성들의 태양 중심 경도 값(2009년 3월 30일 23시 기준)

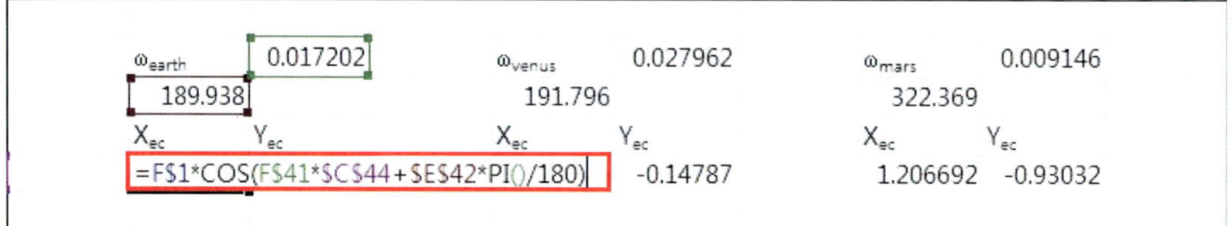

ω_{earth}	0.017202	ω_{venus}	0.027962	ω_{mars}	0.009146
189.938		191.796		322.369	
X_{ec}	Y_{ec}	X_{ec}	Y_{ec}	X_{ec}	Y_{ec}
=F$1*COS(F$41*$C$44+$E$42*PI()/180)			-0.14787	1.206692	-0.93032

그림 1-2-15(2) 태양 중심 경도 값에 따른 행성들의 x 좌표(2009년 3월 30일 23시 기준)

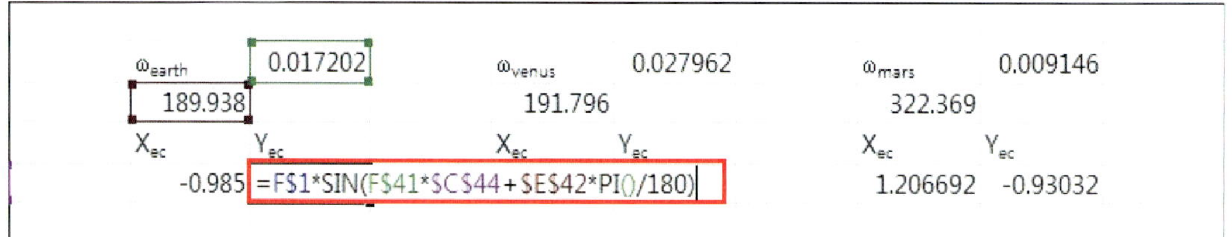

ω_{earth}	0.017202	ω_{venus}	0.027962	ω_{mars}	0.009146
189.938		191.796		322.369	
X_{ec}	Y_{ec}	X_{ec}	Y_{ec}	X_{ec}	Y_{ec}
-0.985	=F$1*SIN(F$41*$C$44+$E$42*PI()/180)			1.206692	-0.93032

그림 1-2-15(3) 태양 중심 경도 값에 따른 행성들의 y 좌표(2009년 3월 30일 23시 기준)

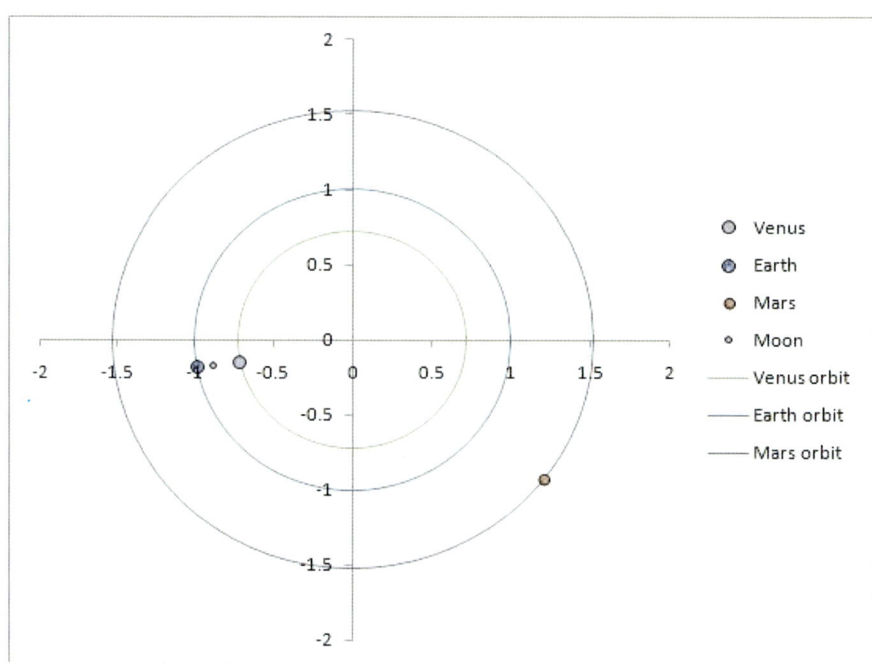

그림 1-2-16 태양 중심 경도 값에 따른 행성(2009년 3월 30일 23시 기준)

특정 날짜의 태양 중심 경도 값을 행성의 위치를 계산해주는 셀에 더하여 입력해주면 그림 1-2-11과 같이 일렬로 줄지어 위치해 있던 행성들이 실제의 위치에 표현되어 그림 1-2-16과 같이 자동으로 바뀌는 것을 확인할 수 있을 것이다.

날짜에 따른 행성들의 실제 위치를 표현했으니 이제는 달의 위치를 찾아서 표현해줌으로써 행성 궤도의 모델링을 완성하도록 하자. 달의 경도 값 역시 검색을 통해서 특정한 날짜의 위치를 알아야 한다. http://jgiesen.de/moonmotion/index.html 인터넷 홈페이지를 통해 달의 궤도상의 위치 정보 값을 얻을 수 있다. 해당 홈페이지를 방문하면 'Motion of the Moon'이라는 제목과 함께 그래프를 볼 수 있을 것이다(그림 1-2-17(1) 참조)[5]. 그래프 상의 오른쪽 상단부에 스크롤 창이 있는데 'orbit'을 선택해준다. 그러면 그림 1-2-17(2)와 같이 날짜에 따른 달의 위치 정보를 그림으로 확인할 수 있다. 스크롤 창에서 원하는 날짜를 찾아 선택해주면 그 날짜의 달의 위치와 관련된 그림과 각종 궤도 정보들을 확인할 수 있다. 그림의 왼쪽에 나열되어 있는 정보 중에 'L'의 값이 태양 중심 경도 값에 해당한다. 엑셀에서 달의 정확한 위치를 표현하기 위해 필요한 값이다.

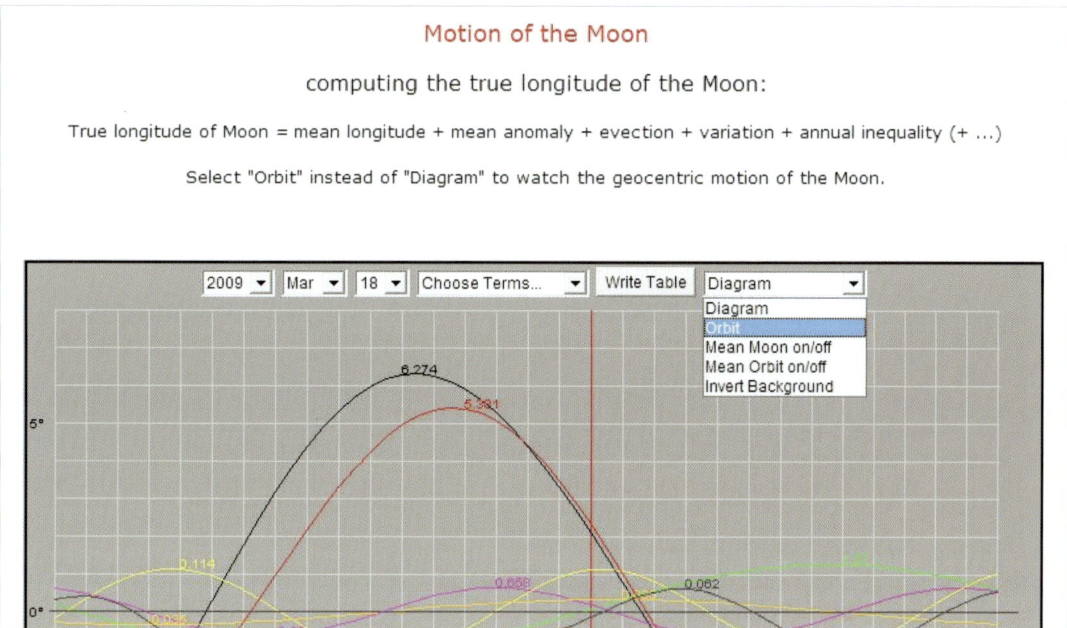

그림 1-2-17(1) 달의 궤도 운동과 관련된 정보를 알 수 있는 홈페이지.
(http://jgiesen.de/moonmotion/index.html)

5) Applet이 활성화되지 않는 컴퓨터는 그림 1-2-17(1), 1-2-17(2)를 볼 수 없다.

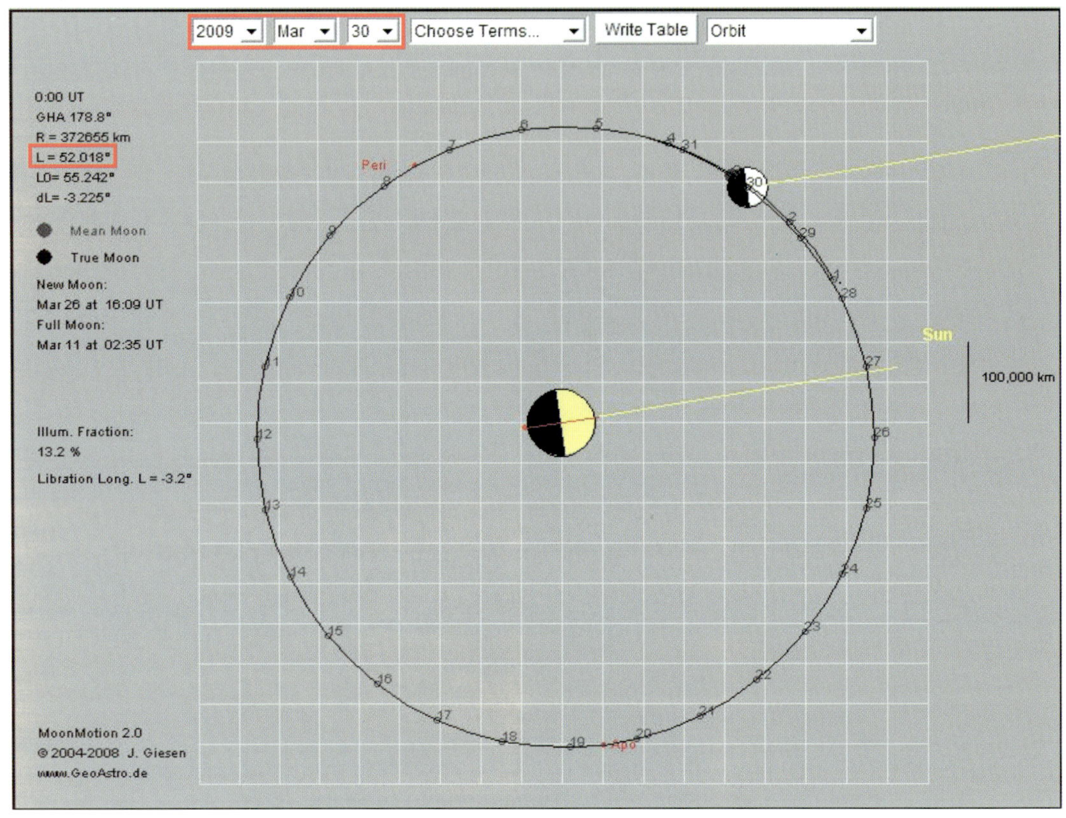

그림 1-2-17(2) 스크롤 창에서 'orbit'을 선택하면 날짜에 따른 달의 실제 위치에 대한 이미지와 각종 궤도 정보들을 얻을 수 있다. 그림의 왼쪽 상단에서 달의 경도(longitude) 값을 얻을 수 있다.

2009년 3월 30일에 해당하는 날짜를 선택하면 그림 1-2-17(2)에서 확인할 수 있듯이 해당하는 시기의 달의 경도 값인 $L = 52.018^{\circ}$ 을 찾을 수 있다. 해당 값을 엑셀에서 달의 x, y좌표 값에 그림 1-2-18과 같이 더하여 준다. 다시 한 번 간단히 설명하면 첫 항은 달이 지구와 함께 운동을 하기 때문에 지구 궤도 요소 값을 더해 준 것이고 두 번째 더해주는 항이 지구를 중심으로 달의 공전 궤도 요소 값이다. 달의 공전 궤도 요소 값에 해당하는 날짜의 달의 경도 값을 라디안으로 변환시켜 추가로 더해준

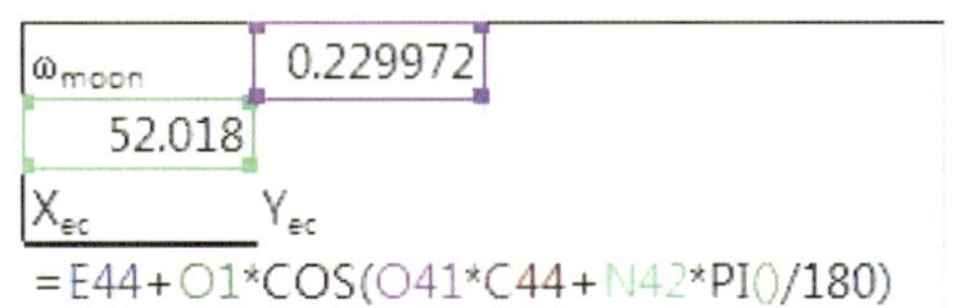

그림 1-2-18 달의 위치 좌표에 경도 값을 더해준다.

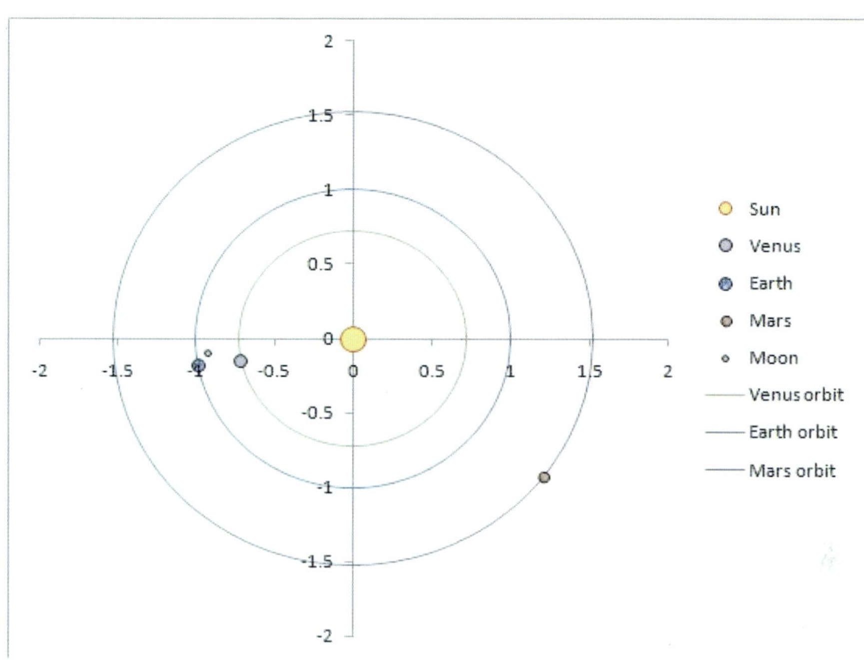

그림 1-2-19 달의 위치까지 계산해 준 최종 태양계 모형

다. 식의 입력이 완료되면 그림 1-2-19와 같이 엑셀의 모델링에서 달의 위치까지 정확히 표현된다. 그림 1-2-19에서의 지구와 달의 상대적 위치가 인터넷 홈페이지에서 확인한(그림 1-2-17(2) 참조) 실제 달의 상대적인 위치 그림과 매우 유사함을 확인할 수 있고, 따라서 모델링이 성공적으로 완성되었다.

마지막으로 날짜를 입력해 넣어보자. 엑셀의 상자는 날짜 형식으로 숫자를 입력하면 날짜로 인식해서 읽어 들인다. 따라서 천체의 위치 정보를 인용한 해당 날짜를 우선 적어주고 나서, 그림 1-2-20(1)과 같이 그 날짜를 불러들인 후에 스크롤 막대와 연동된 상자 값을 더해주기만 하면, 스크롤 막대로 숫자를 증가시킬 때 그림 1-2-20(2)와 같이 저절로 날짜가 바뀐다.

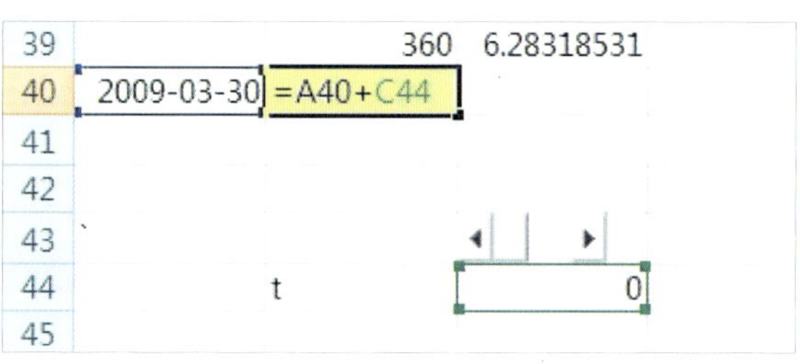

그림 1-2-20(1) 날짜 입력하기

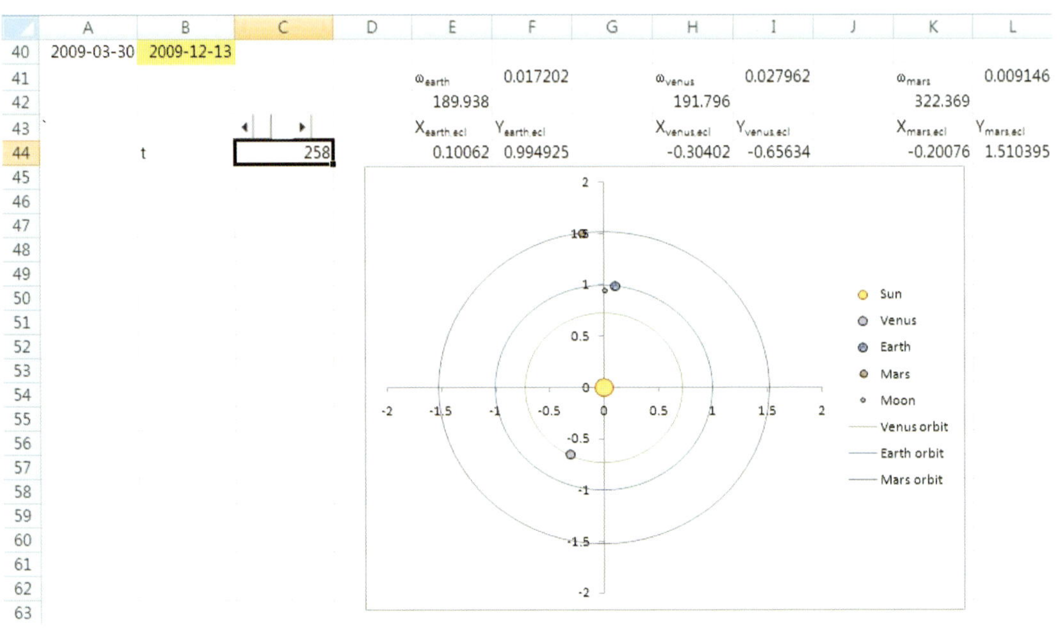

그림 1-2-20(2) 스크롤 막대를 이용해 원하는 날짜의 행성의 위치를 확인할 수 있다.

이제 원궤도를 이용한 태양계 모형을 지구-달, 금성, 화성만을 이용하여 만들어 보았다. 독자들은 여기에 수성, 목성, 토성, 천왕성, 해왕성, 명왕성도 같은 방법으로 만들어 넣을 수 있다. 그러나 수성과 명왕성의 경우 궤도 이심율이 크기에 원궤도 가정 하에서는 현재의 위치가 정확하더라도 미래의 위치는 많은 오차를 가지게 된다.

Chapter 3

태양계 행성들의 좌표 변화

천체의 좌표 정보를 알면 그 천체의 일주 운동을 파악하기에 매우 용이하다. 따라서 태양계 행성들의 원 궤도 모델링을 완성한 것을 바탕으로 시간에 따라 행성들의 각종 좌표들이 어떻게 변하는지 알아보도록 하자. 그리고 엑셀의 그래프를 활용하여 날짜 혹은 시간에 따라 어떻게 관측되어지는지 직접 확인해보도록 하자. 여기서는 황도 좌표계(황경, 황위), 적도 좌표계(적경, 적위), 지평 좌표계(방위각, 고도) 값을 계산할 것이다.

1. 태양계 행성들의 황경, 황위 변화

1.1 황경, 황위 구하기

우리는 이미 태양을 중심으로 각 행성들의 황도 좌표 값들을 계산하여 얻었다. 행성들의 궤도를 그리고 나서 해당하는 행성을 표현하기 위해 구했던 x, y 좌표 값들이 바로 그것이다[6]. 그런데 하늘은 구형의 3차원 입체이기 때문에 z좌표 값의 정보도 있어야 한다. 여기서는 모든 행성의 궤도가 같은 평면(황도면)상에 있다고 가정을 했기 때문에 모든 행성(달 포함)들의 z 좌표는 0이 된다. 황경, 황위를 계산하기 위해서는 z 좌표 값도 필요하므로 행성들의 x, y 좌표 정보 옆에 행을 추가하여 z 좌표로써 0을 입력해 넣어준다.

그림 1-3-1은 황도좌표계를 그림으로 표현한 것이다. 황경(λ, ecliptic longitude)은 춘분점을 기준점으로 하여 반시계 방향으로의 각거리이고 0°~360°로 나타낸다.

6) $x = r\cos(\omega t)$, $y = r\sin(\omega t)$로 계산한 것을 말한다.

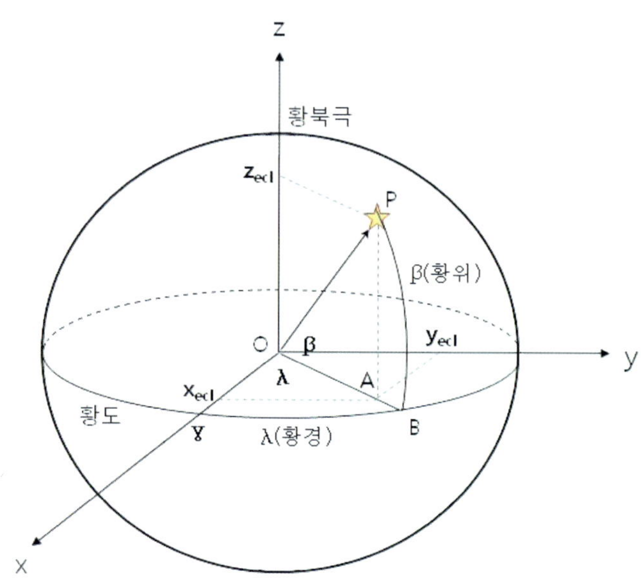

그림 1-3-1 황도 좌표계

황위(β, ecliptic latitude)는 황도면을 기준으로 북, 남 방향으로의 각거리이며 −90° ~90° 로 나타낸다.

그림 1-3-1에서와 같이 임의의 천체가 있다고 가정하자. 이 천체의 황경은 각도 λ이다. 따라서 $\tan\lambda = y_{ecl}/x_{ecl}$임을 알 수 있다. 또한 황위는 각도 β인데 이는 탄젠트 삼각함수로 표현하면 AP/OA이다. $OA = \sqrt{x_{ecl}^2 + y_{ecl}^2}$이므로 $\tan\beta = z_{ecl}/\sqrt{x_{ecl}^2 + y_{ecl}^2}$이다. 그러므로 λ와 β는 다음과 같이 계산하여 구할 수 있다.

$$\lambda = \tan^{-1}(y_{ecl}/x_{ecl}) \tag{3}$$

$$\beta = \tan^{-1}\left(z_{ecl}/\sqrt{x_{ecl}^2 + y_{ecl}^2}\right) \tag{4}$$

주어진 식을 활용하여 엑셀에서 행성들의 황경과 황위를 계산해보자. 참고로 엑셀에서 역탄젠트 함수인 $\tan^{-1}$은 =ATAN2(분자, 분모)로 쓰인다. 그림 1-3-2(1)과 같이 식 (3)과 황도 좌표 값을 이용해 황경을 구하는 계산식을 입력해주면 그림 1-3-2(2)와 같은 값을 얻을 수 있다. 그런데 값을 살펴보면 황경의 값이 음수로 계산되었음을 알 수 있다(계산 결과가 틀린 것은 아니다.). 위에서 언급했듯이 황경은 0° ~360° 범위이므로 음수 값이 나온 황경을 양수로 변환하여주어야 한다. 이때 활용할 수 있는 엑셀의

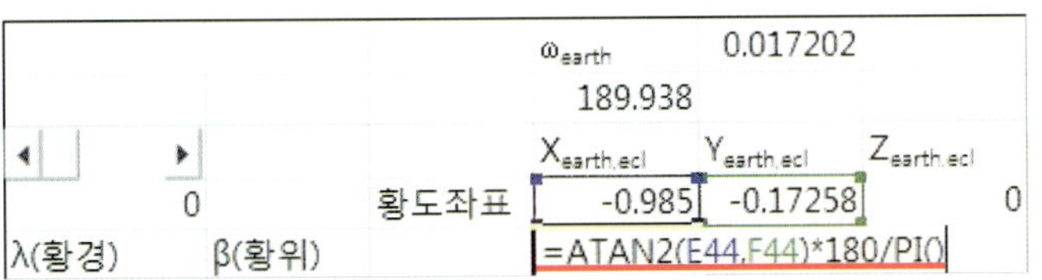

			ω_{earth}	0.017202	
			189.938		
			$X_{earth.ecl}$	$Y_{earth.ecl}$	$Z_{earth.ecl}$
	0	황도좌표	-0.985	-0.17258	0
λ(황경)	β(황위)		=ATAN2(E44,F44)*180/PI()		

그림 1-3-2(1) 황경 계산하기

ω_{earth}	0.017202	
189.938		
$X_{earth.ecl}$	$Y_{earth.ecl}$	$Z_{earth.ecl}$
-0.985	-0.17258	0
-170.062	0	

그림 1-3-2(2) 황경 계산 결과

ω_{earth}	0.017202		ω_{venus}	0.027962	
189.938			191.796		
$X_{earth.ecl}$	$Y_{earth.ecl}$	$Z_{earth.ecl}$	$X_{venus.ecl}$	$Y_{venus.ecl}$	$Z_{venus.ecl}$
-0.985	-0.17258	0	-0.70806	-0.14787	0
=MOD(ATAN2(E44,F44)*180/PI(),360)					

그림 1-3-2(3) 황경을 0~360 범위에서 계산하기

ω_{earth}	0.017202	
189.938		
$X_{earth.ecl}$	$Y_{earth.ecl}$	$Z_{earth.ecl}$
-0.985	-0.17258	0
189.938	0	

그림 1-3-2(4) 황경 계산 결과

ω_{earth}	0.017202		ω_{venus}	0.027962	
189.938			191.796		
$X_{earth.ecl}$	$Y_{earth.ecl}$	$Z_{earth.ecl}$	$X_{venus.ecl}$	$Y_{venus.ecl}$	$Z_{venus.ecl}$
-0.985	-0.17258	0	-0.70806	-0.14787	0
-170.062	=ATAN2(SQRT(E44^2+F44^2),G44)*180/PI()				

그림 1-3-2(5) 황위 계산하기

유용한 함수가 MOD이다. MOD는 나눗셈을 하여 나머지 값을 출력하는 함수이다. 예를 들면, =MOD(5, 2)라고 입력하면 5를 2로 나눈 나머지 값인 "1"을 셀 상에 출력한다. 따라서 =MOD(각도, 360)으로 입력한다면 임의의 각도를 360으로 나눈 나머지 값이 항상 출력되기 때문에 0~~360° 범위의 값으로만 각도를 표현해줄 수 있다. 그림 1-3-2(3)처럼 MOD 함수를 원래의 계산식에 추가해주면 그림 1-3-2(4)와 같이 해당 범위 내의 값으로 계산됨을 확인할 수 있다(−170.062를 360으로 나누면 몫은 −1이 되고, 나머지가 출력된 값인 189.938이다.).

황위는 식 (4)를 이용하여 그림 1-3-2(5)와 같이 입력하여 계산한다(엑셀은 각도가 라디안으로만 입출력이 되므로 역탄젠트 함수 끝에 $180/\pi$를 곱해주어 변환시켜준다.). 동일한 방법의 계산을 금성, 화성, 달에도 수행해주어 모든 행성들의 황경과 황위를 구한다.

2. 태양계 행성들의 적경, 적위 변화

2.1 적도 좌표 구하기

황경과 황위를 이용하여 적도 좌표계의 적경과 적위를 구해보자. 황경과 황위를 계산할 때와 마찬가지로 적경과 적위를 계산하기 위해서는 적도 좌표 값이 필요하다. 따라서 행성들의 적도 좌표계 값들을 먼저 구해보도록 하자.

적도 좌표 값을 구하기 위해서는 황도 좌표계에서 적도 좌표계로의 좌표 변환을 해주어야 한다. 황도 좌표계와 적도 좌표계는 둘 다 춘분점을 기준으로 하기 때문에 춘분점을 가리키는 x축은 변화가 없고 x축을 중심으로 황도면과 천구의 적도면이 23.439281° 가량 기울어졌다(그림 1-3-3 참조).

어떤 좌표계에서 한 점이 x축을 중심으로 ϵ만큼 회전한 좌표계에서의 변환된 좌표 값은 아래와 같다.

$$x_{eq} = x_{ecl} \tag{5}$$

$$y_{eq} = y_{ecl}\cos\epsilon - z_{ecl}\sin\epsilon \qquad (\epsilon = 23.439281^\circ) \tag{6}$$

$$z_{eq} = y_{ecl}\sin\epsilon + z_{ecl}\cos\epsilon \tag{7}$$

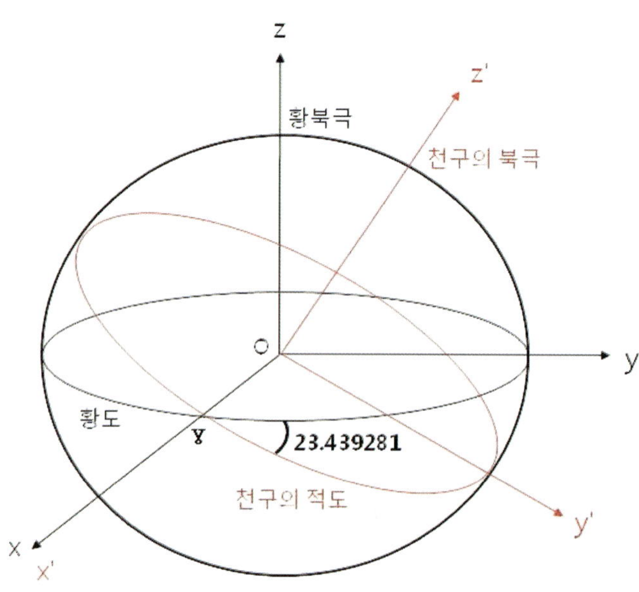

그림 1-3-3 황도 좌표계와 적도 좌표계와의 관계

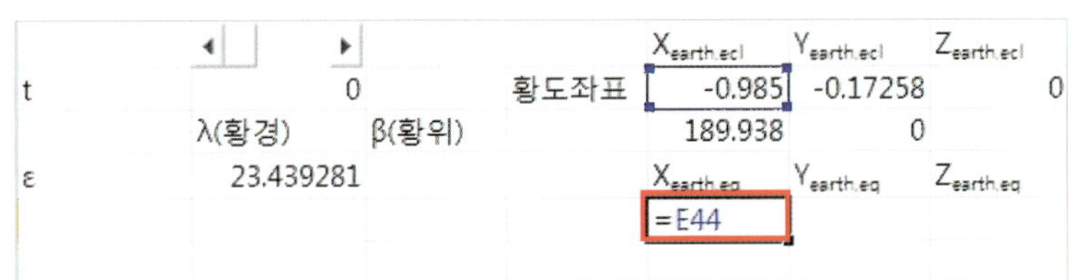

그림 1-3-4(1) 황도 좌표 x_{ed} → 적도 좌표 x_{eq}

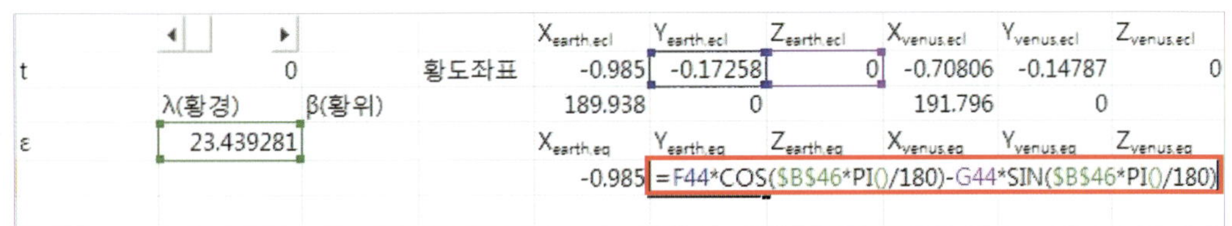

그림 1-3-4(2) 황도 좌표 y_{ed} → 적도 좌표 y_{eq}

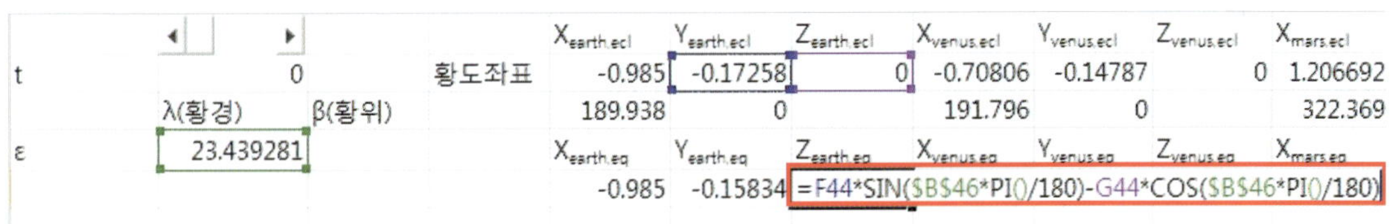

그림 1-3-4(3) 황도 좌표 z_{ed} → 적도 좌표 z_{eq}

이 식들을 활용하여 엑셀의 셀에 적도 좌표계의 x, y, z값을 계산하는 식을 그림 1-3-4(1)~그림 1-3-4(3)과 같이 입력해 넣는다. 황도면과 천구의 적도면 사이의 각도는 라디안으로 변환하여 입력해 넣어주는 것에 주의하자.

일련의 과정을 통해 지금 구한 적도 좌표 값은 태양을 중심으로 한 좌표 값이다. 그런데 우리가 필요로 하는 것은 관측자 즉, 지구를 중심으로 한 적도 좌표계의 좌표 값이 필요하다. 지구 중심의 적도 좌표를 구하는 방법은 벡터를 활용하면 어렵지 않게 구할 수 있다. 그림 1-3-5에서 확인할 수 있듯이 지구에서 임의의 행성까지의 벡터는 태양 중심으로 해당 행성까지의 벡터에서 지구까지의 벡터를 빼주면 된다. 즉,

$$x'_{eq,\text{행성}} = x_{eq,\text{행성}} - x_{eq,\text{지구}} \tag{8}$$

$$y'_{eq,\text{행성}} = y_{eq,\text{행성}} - y_{eq,\text{지구}} \tag{9}$$

$$z'_{eq,\text{행성}} = z_{eq,\text{행성}} - z_{eq,\text{지구}} \tag{10}$$

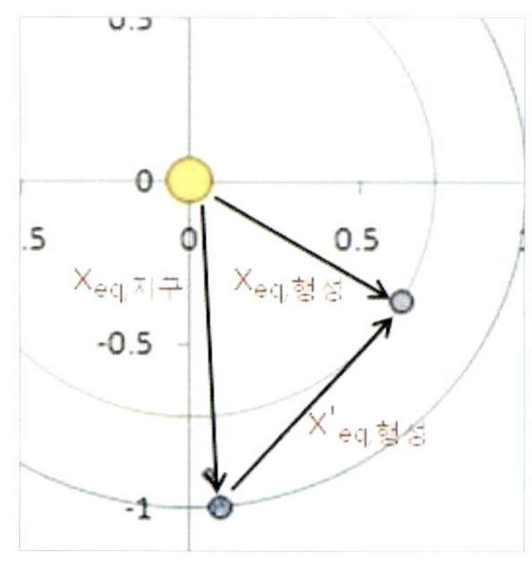

그림 1-3-5 지구 중심 적도 좌표 벡터

ε	23.439281		$X_{earth,eq}$	$Y_{earth,eq}$	$Z_{earth,eq}$
	적도좌표(태양중심)		-0.985	-0.15834	-0.06865
	적도좌표(지구중심)	태양좌표	0.984995	0.158341	0.068649

그림 1-3-6(1) 지구 중심 적도 좌표계에서의 태양 좌표

	$X_{earth,eq}$	$Y_{earth,eq}$	$Z_{earth,eq}$	$X_{venus,eq}$	$Y_{venus,eq}$	$Z_{venus,eq}$
	0.081945	-0.9144	-0.39644	0.623752	-0.33603	-0.14569
태양좌표	-0.08195	0.914396	0.396439	`=H47-$E$47`		

그림 1-3-6(2) 지구 중심 적도 좌표계 x좌표

	$X_{earth,eq}$	$Y_{earth,eq}$	$Z_{earth,eq}$	$X_{venus,eq}$	$Y_{venus,eq}$	$Z_{venus,eq}$
	0.081945	-0.9144	-0.39644	0.623752	-0.33603	-0.14569
태양좌표	-0.08195	0.914396	0.396439	0.541806	`=I47-$F$47`	

그림 1-3-6(3) 지구 중심 적도 좌표계 y좌표

	$X_{earth,eq}$	$Y_{earth,eq}$	$Z_{earth,eq}$	$X_{venus,eq}$	$Y_{venus,eq}$	$Z_{venus,eq}$	$X_{mars,eq}$
	0.081945	-0.9144	-0.39644	0.623752	-0.33603	-0.14569	1.510863
태양좌표	-0.08195	0.914396	0.396439	0.541806	0.578364	`=J47-$G$47`	

그림 1-3-6(4) 지구 중심 적도 좌표계 z좌표

지구 중심의 적도 좌표계에서 지구의 좌표는 당연히 (0,0,0)이 된다. 따라서 지구의 정보가 있는 열에서 지구 중심 적도 좌표 값에는 그림 1-3-6(1)과 같이 태양의 좌표를 대신 적어 넣도록 한다. 태양의 좌표는 지구의 태양 중심 적도 좌표 방향을 거꾸로

만 해주면 되기 때문에 각 좌표 값에 −1만 곱해주면 된다. 나머지 행성들의 지구 중심 적도 좌표는 그림 1−3−6(2)~1−3−6(4)와 같이 식 (8)~(10)을 활용하여 구한다.

2.2 적경, 적위 구하기

적도 좌표를 모두 구했으면 적경과 적위는 앞에서 황경과 황위를 구했던 방법과 동일한 방법으로 손쉽게 구할 수 있다. 그림 1−3−1에서 황경과 황위 대신 적경과 적위로 생각하면 구하는 계산식이 식(3)과 (4)와 동일할 것임을 추측할 수 있다. 즉,

$$a = \tan^{-1}(y_{eq}/x_{eq}) \tag{11}$$

$$\delta = \tan^{-1}\left(z_{eq}/\sqrt{x_{eq}^2 + y_{eq}^2}\right) \tag{12}$$

가 된다. 여기서 a는 적경(right ascension)이고, δ 는 적위(declination)이다. 따라서 모든 행성에 대하여 식 (11), (12)를 활용하여 적경과 적위 값을 입력하여준다(그림 1−3−2(1)~그림 1−3−2(5)의 과정 참조).

2.3 적경, 적위 그래프 그리기

앞의 방법으로 얻은 적경, 적위 값들을 아래의 과정을 통해 그래프로 표현하여 보자.

1. '삽입' → '차트' → '분산형' → '표식만 있는 분산형'을 선택한다(그림 1−3−7(1) 참조).
2. 그림 1−3−7(2)와 같이 빈 상자가 생기면 상자에 마우스 포인터를 가져다 놓고 오른쪽 버튼을 클릭한다.
3. '데이터 선택'을 선택한다(그림 1−3−7(2) 참조).
4. '데이터 원본 선택' 상자가 뜨면, '추가'를 선택한다(그림 1−3−7(3) 참조).
5. '계열 편집' 상자가 뜨면 계열 이름 란에 행성 이름을 입력한다(그림 1−3−7(4) 참조).
6. '계열 X값'과 '계열 Y값'에 각각 해당하는 행성의 적경과 적위 정보가 있는 셀을 입력한다(혹은 클릭한다. 그림 1−3−7(5) 참조).
7. 확인 버튼을 누르면 그래프 상에 해당 위치에 표식이 생기면서 '데이터 원본 선택' 상자가 다시 뜬다.
8. '추가'를 선택하고, 나머지 행성들도 4~6 과정을 반복하면서 모두 그려 넣는다.
9. 표식을 행성과 유사하게 수정하면 그림 1−3−7(6)과 같은 그래프를 얻게 된다.

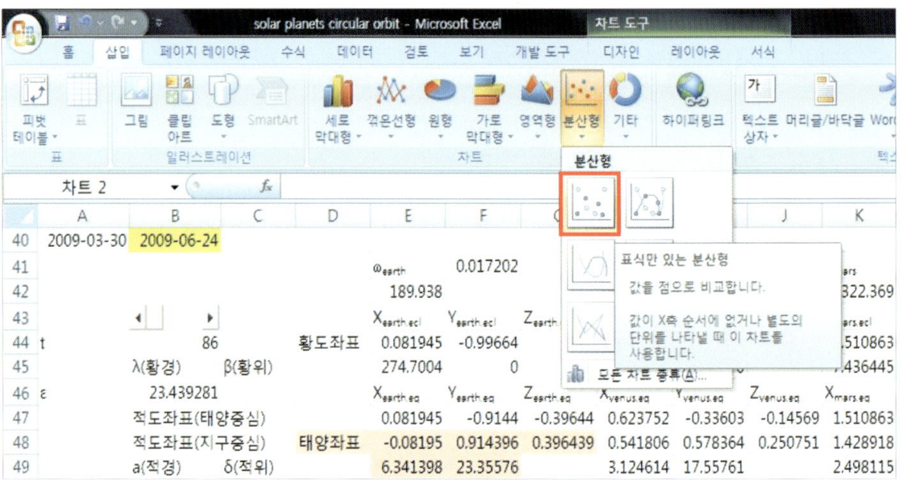

그림 1-3-7(1)

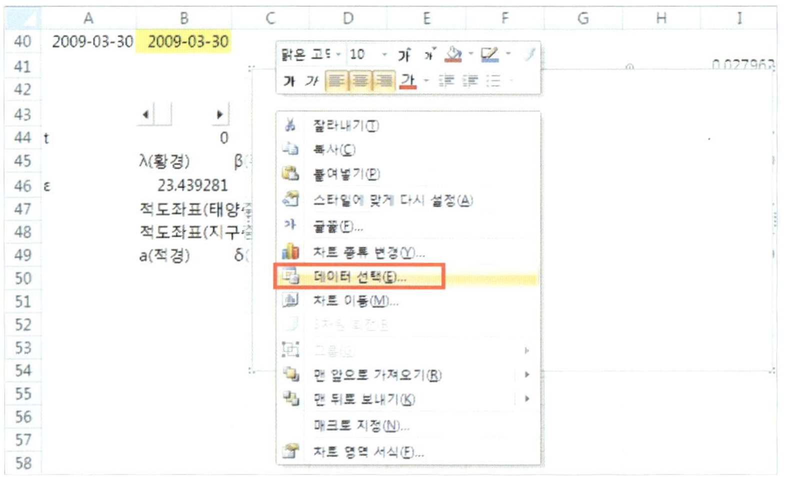

그림 1-3-7(2)

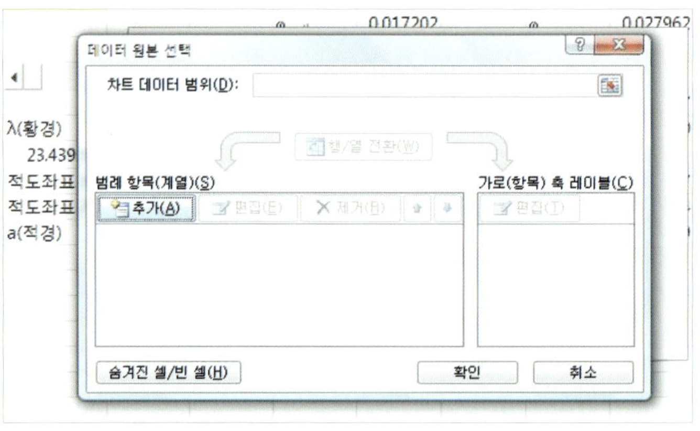

그림 1-3-7(3)

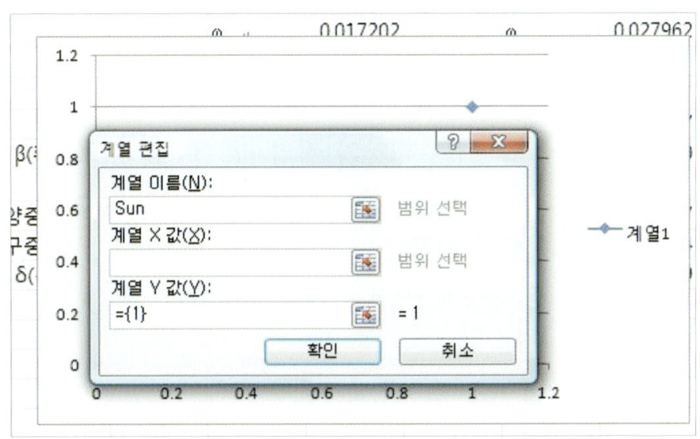

그림 1-3-7(4)

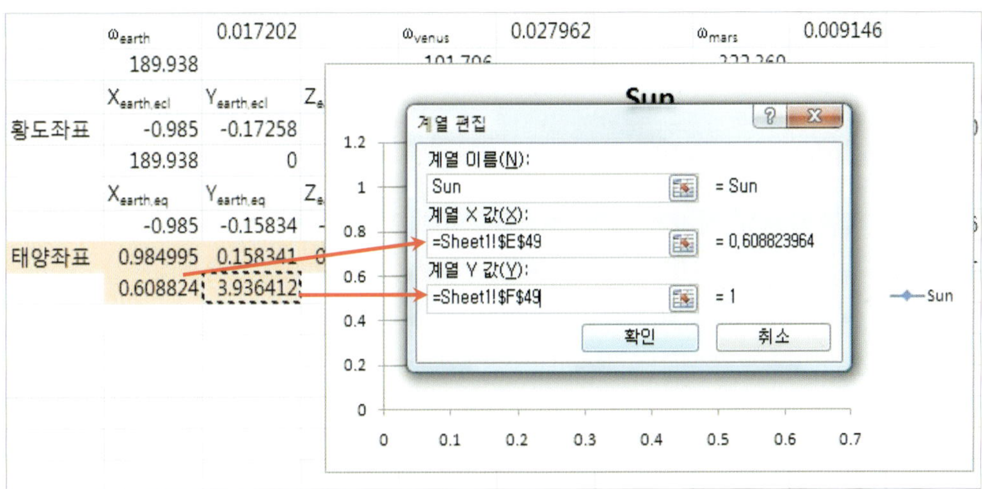

그림 1-3-7(5)

그림 1-3-7(6)

아직 그래프가 완성된 것은 아니다. x, y 축의 적경과 적위의 범위가 행성들의 정보에 따라 임의로 정해져 있고, 눈금 간격도 조정을 해야 한다. 적경의 범위는 0~24h이고 x축에 역으로 나타내야한다(즉, 그래프 상에서 0을 오른쪽에 24를 왼쪽에 표현해야 한다.). 적위는 태양의 적위 값 변화가 황도면과 천구의 적도면 사이의 각도인 ±23.5를 최대, 최소값으로 변화하고 나머지 행성들의 공전 궤도면이 황도면과 일치한다고 가정했기 때문에 y축은 대략 −25~25 정도의 범위로 그려준다. 이제 아래의 과정을 통해 태양계 행성의 적경, 적위 그래프를 완성시켜보자.

1. 그래프의 x축에 마우스 포인터를 올려놓고 오른쪽 버튼을 클릭한다.
2. '축 서식'을 선택한다(그림 1-3-8(1) 참조).
3. '축 서식' 상자가 뜨면 '최소값', '최대값', '주 단위'를 '고정'으로 선택하고, 각각 0, 24, 6을 입력한다(그림 1-3-8(2) 참조).
4. '축 서식' 상자 가운데 부분에 '값을 거꾸로'를 선택해준다(그림 1-3-8(2) 참조).
5. 그래프의 y축에 마우스 포인터를 올려놓고 오른쪽 버튼을 클릭한 후 '축 서식'을 선택한다.
6. '축 서식' 상자가 뜨면 '최소값', '최대값', '주 단위'를 '고정'으로 선택하고, 각각 −25, 25, 10을 입력한다(그림 1-3-8(3) 참조).
7. '닫기' 버튼을 누르면 그림 1-3-8(4)와 같이 완성된 태양계 행성들의 적경, 적위 그래프를 얻을 수 있다.
8. 추가적으로 수성, 목성, 토성, 천왕성, 해왕성의 자료들을 찾아 이제껏 했던 과정을 반복한 다음 그래프에 추가하면 그림 1-3-9와 같이 모든 태양계 행성이 표시된 적경, 적위 그래프를 얻는다.
9. 스크롤 단추를 눌러 날짜의 변화에 따라 태양계의 적경, 적위 값의 변화 추이를 관찰한다.

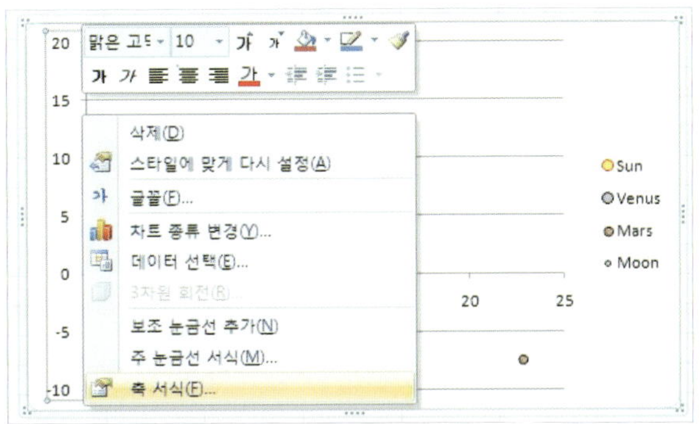

그림 1-3-8(1)

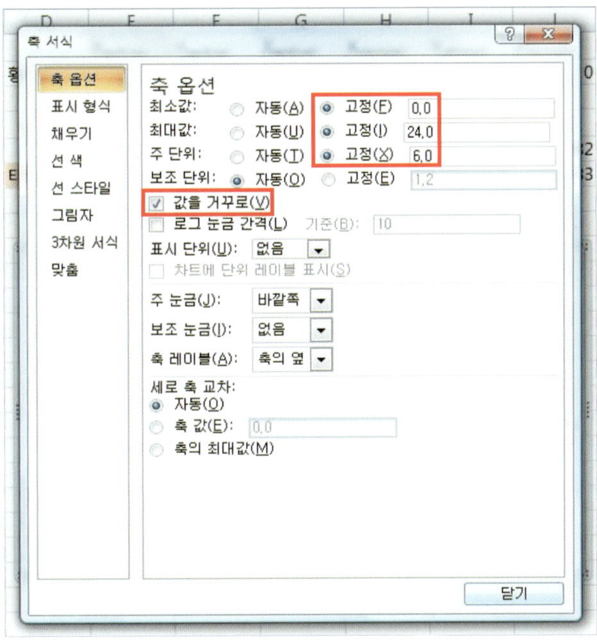

그림 1-3-8(2)

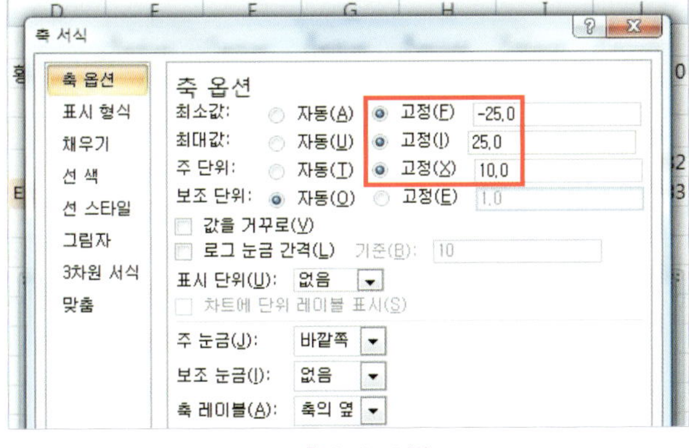

그림 1-3-8(3)

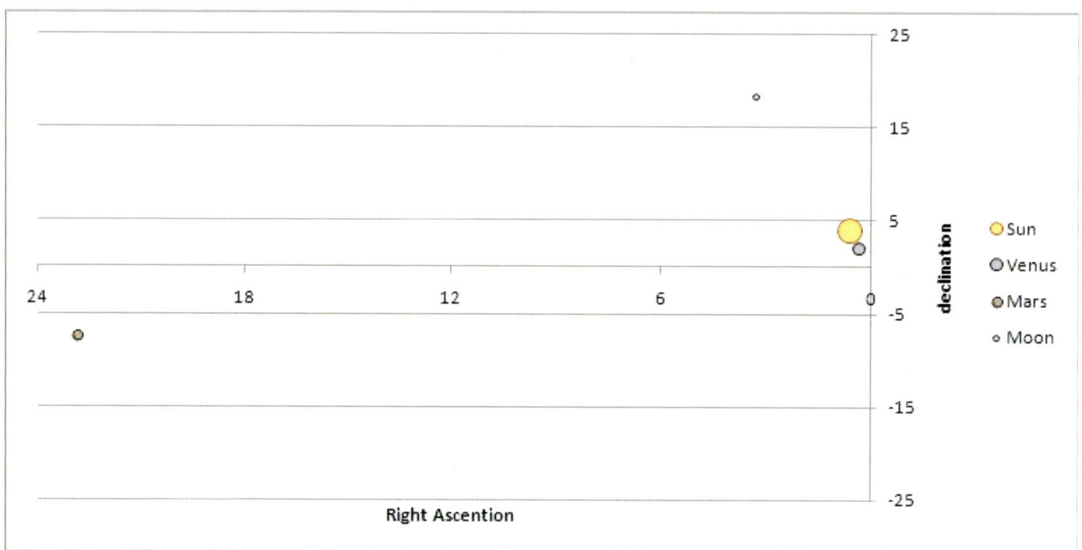

그림 1-3-8(4)

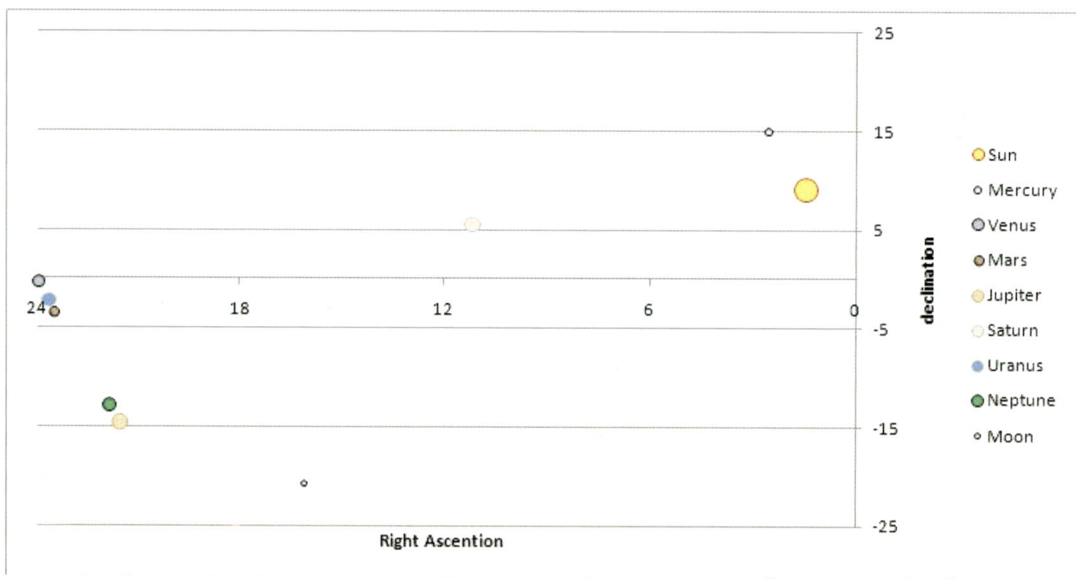

그림 1-3-9 태양계 행성의 적경, 적위 그래프(2009년 4월 13일 18:30 기준)

3. 태양계 행성들의 방위각, 고도 변화

이제는 지평 좌표계를 생각해보자. 지평 좌표계는 항상 관측자를 기준으로 한 좌표계라는 사실에 주의하자. 지구의 자전에 의하여 천구의 일주 운동이 일어나고 천체의 위치가 변화하는데 지평 좌표계는 이 현상을 이해하는데 매우 유용하다. 즉, 지평 좌표계는 천체들의 하루 변화를 이해하는데 유용하다. 따라서 지금까지는 날짜 변화에 있어 천체의 태양계 공간상의 움직임에만 초점을 맞추었다면 여기에서는 시간별로 좀 더 세세하게 표현해줄 필요가 있다.

먼저 그림 1-3-10(1)과 같이 날짜의 카운트 개념으로 사용한 t 값과 스크롤 막대가 있는 바로 옆 열에 새로운 t 값으로써 0을 입력해 넣자. 해당 태양계는 그림 1-3-10(1)의 예시와 같이 해당 시각에 새로운 t 값을 더해주고 24시간으로 나누어주면 된다. 필자의 경우 이 태양계 원 궤도 모델링을 할 당시 2009년 3월 30일 오후 11시 즈음의 태양계 행성들의 데이터를 사용했기 때문에 오후 11시를 의미하는 23을 입력해 넣었다. 그런데 계산을 수행해주고 나면, 그림 1-3-10(2)에서와 같이 소수점이 붙은 유리수로 표현되는 것을 확인할 수 있을 것이다. 이것을 시간의 형식으로 바꾸어서 나타내주어야 한다. 우선 해당하는 셀에 마우스 커서를 올려다 놓은 후에 마우스 오른쪽 버튼을 클릭한다. 그 중 '셀 서식'을 선택하여 준다. 그러면 그림 1-3-10(4)과 같은 셀 서식 상자가 화면에 뜰 것이다. 소 항목 중 '표시 형식'을 선택한 후 '범주'란에서 '시간'으로 선택하여 준다. '형식'은 본인이 원하는 대로 기호에 맞추어서 선택해주면 된다. 그런 다음 '확인' 버튼을 클릭하면 그림 1-3-10(3)과 같이 시간의 형식으로 표시가 바뀌는 것을 확인할 수 있을 것이다.

이제는 새로운 t 값을 자동으로 증가시켜 주어 시뮬레이션을 구현해줄 새로운 스크롤 막대를 만들자. 앞서 이미 한차례 했던 방식으로 스크롤 막대를 만들되 연결해주는 셀은 새로운 t 값으로써 0을 입력한 셀이다. 스크롤 막대의 생성을 간단히 다시 설명하면, 개발 도구의 '삽입'의 'Active 컨트롤'에 있고, 속성에 들어가서 'linked cell'란에 해당되는 셀 아이디를 입력해주고 나서 디자인 모드를 해제해주면 된다.

자! 그렇다면 이제 두 개의 스크롤 막대가 있게 되었다. 하나는 날짜를 하루씩 증가시키고, 하나는 시간을 한 시간씩 증가시키는 역할을 한다. 그런데 지금 시간을 기준으로 태양계 행성 모델을 변경시켜주었기 때문에 날짜 변환을 시간 변환에 맞추어 연동시켜주어야 한다. 이 과정은 그리 어렵지 않게 바꿀 수 있다. 하루는 24시간이므로 날짜 스크롤 막대를 누를 경우 시간 값이 24씩 증가하면 날짜로 표현이 가능하다. 또한 날짜 변화 자체를 표시하는 t 값은 시간의 변화를 24로 나누어 줌으로써 표시할 수 있게 된다. 말로써 이해하기 어렵다면 직접 다음의 과정을 따르면서 다시 살펴보기로 하자.

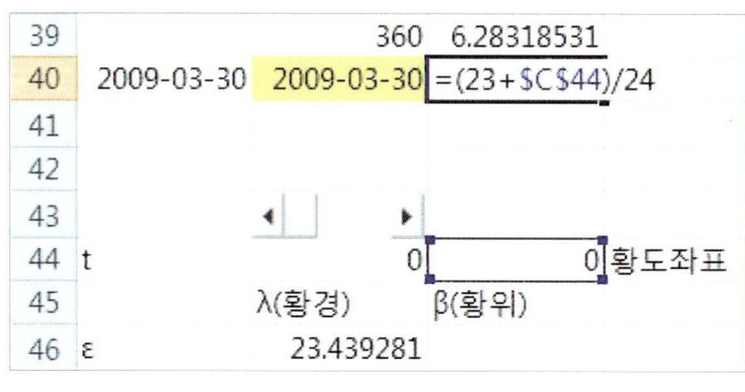

그림 1-3-10(1)

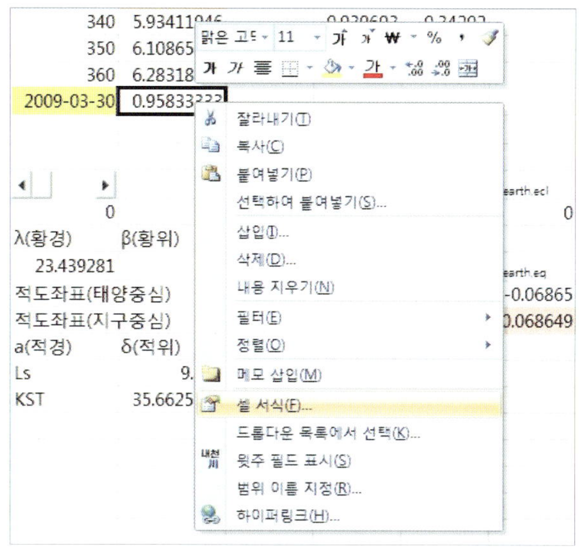

그림 1-3-10(2)

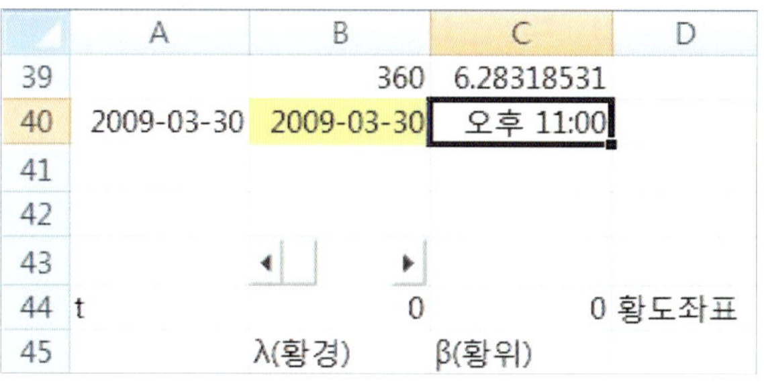

그림 1-3-10(3)

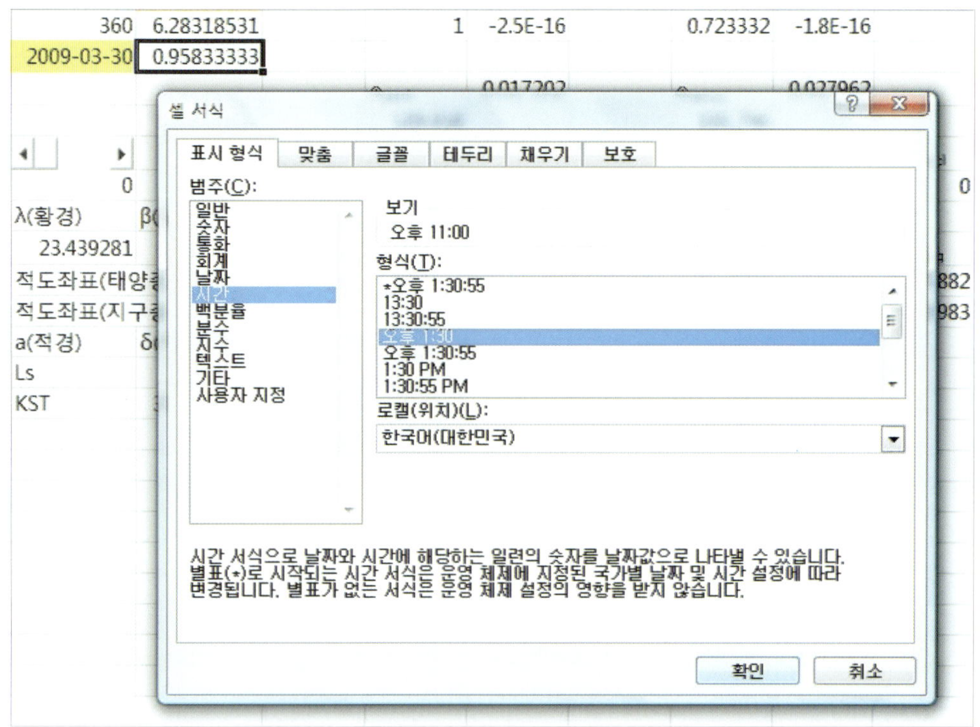

그림 1-3-10(4)

우선 '개발 도구'의 '디자인 모두'를 눌러 준 다음에 앞서 먼저 생성한 날짜 변환 스크롤 막대를 마우스 오른쪽 버튼을 눌러 '속성'을 선택한다. 그러면 그림 1-3-11(1)과 같이 속성 테이블이 뜰 것이다. 여기서 'LinkedCell'은 옆의 새로 입력한 t 값이 있는 셀로 바꾸어서 다시 입력해준다. 그리고 나서 아래에서 다섯 번째에 있는 'SmallChange'란에 숫자 24를 입력해 넣어준다. SmallChange는 Active 컨트롤 스크롤 막대를 누를 경우 증가하는 숫자의 크기이고, 기본 값은 1로 되어 있다. 이 값을 임의로 우리가 하루의 시간인 24를 입력해준 것이다.

이제 먼저 만든 스크롤 막대를 한 번 누르면 새로운 t 값이 24의 배수로 증가하게 될 것이다. 지금은 두 개의 스크롤 막대가 모두 시간을 나타내는 셀에만 연동되어 있기 때문에 시간의 변화를 날짜의 변화로도 표현해주어야 한다. 그러기 위해서 그림 1-3-11(2)처럼 시간의 값을 읽어다가 24시간으로 나누어주면 된다. 그러면 날짜 변환 스크롤 막대를 누를 경우 시간 변화는 24씩 증가하고 날짜 변화는 1씩 증가하게 된다. 이제 날짜와 시간 변화 스크롤 막대를 모두 활용하면 우리가 원하는 날짜의 원하는 시간을 지정해줄 수 있다. 필자는 그림 1-3-11(3) 메뉴얼을 작성한 6월 8일 오후 다섯 시로 맞추어보았다. 기준 점인 2009년 3월 30일로부터 70.25일 혹은 1698시간이 지난 시점이다.

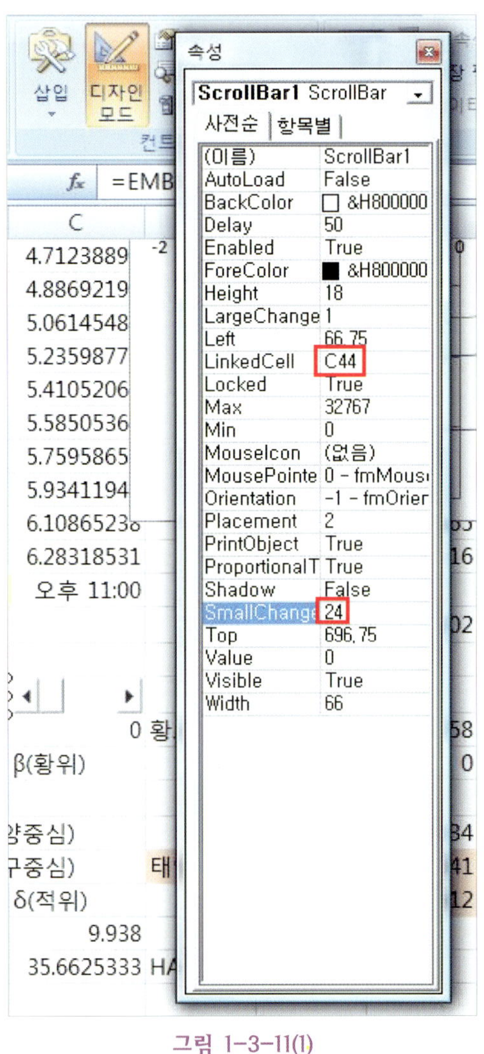

그림 1-3-11(1)

2009-03-30	2009-03-30	오후 11:00		
	Day	Hour		
t	=$C$44/24	0	황도좌표	
	λ(황경)	β(황위)		
ε	23.439281			

그림 1-3-11(2)

2009-03-30	2009-06-08	오후 5:00		
	Day	Hour		
t	70.75	1698	황도좌표	
	λ(황경)	β(황위)		
ε	23.439281			

그림 1-3-11(3)

3.1 지평 좌표 구하기

지방 항성시(LST, local sidereal time)는 춘분점을 하나의 별로 보고, 춘분점의 운동을 기준으로 측정하는 시간을 말한다. 천구상에서는 북극과 천정을 잇는 대원을 자오선, 북극과 어떤 천체를 잇는 대원을 시권이라 한다. 시권과 자오선이 이루는 각을 시간각(HA, hour angle)이라 하며, 이는 자오선의 남점에서 서쪽으로 돌며 잰 크기를 말한다. 항성시는 그 지점의 자오선에 의거하므로 지방 항성시라고 하는 것이다. 지방 항성시는 다음과 같은 방법으로 구할 수 있다.

$$LST = GMST0 + UT + Long/15 \tag{13}$$

$UT = 0h$일 때 Greenwich 평균항성시(mean sidereal time)을 $GMST0$라고 하며,

$$GMST0 = Ls/15 + 12h \tag{14}$$

이다. 여기서 Ls는 춘분점을 기준으로 한 태양의 평균 경도이고 범위는 +180° ~ −180° 이다(그림 1-3-12 참조).

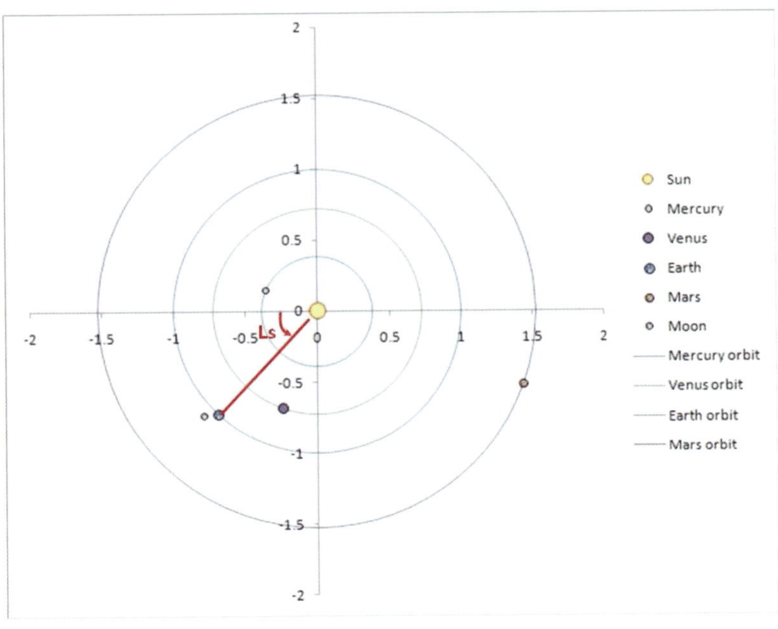

그림 1-3-12 태양의 평균 경도(Ls)

태양의 평균 경도는 지구를 중심으로 한 것이기 때문에 태양 중심의 황도 좌표계의 좌표 값에 음수를 취해준 다음에 역탄젠트를 이용하여 구해줄 수 있다. 즉,

$$Ls = \tan^{-1}(-y_{ecl}/-x_{ecl}) \tag{15}$$

다시 식 (13)으로 돌아가서 $Long$은 지리상의 경도를 의미하며 동경은 +, 서경은 -로 나타낸다. 경도를 15로 나누어 준 이유는 0° ~360° 를 시간($0h$ ~ $24h$)으로 나타내기 위해서다. 우리나라는 동경 135° 를 기준으로 하기 때문에 $Long/15 = +9h$가 된다. 따라서 우리나라의 지방항성시(Korean sidereal time)는

$$KST = Ls/15 + 12h + UT + 9h \tag{16}$$

이다. 이때의 시간각(hour angle) HA는

$$HA = KST - a(RA) \tag{17}$$

로 정의되고, 그러므로 우리나라에서는 식 (17)의 LST에 식 (16)을 대입하면

$$HA = Ls/15 + 12h + UT + 9h - a(RA) \tag{18}$$

이 된다.

지평 좌표를 구하기 위해 우선 그림 1-3-13과 같이 반경 $r = 1$인 천구를 생각하자. 계산의 편의를 위해 관측자는 북위 90° 에 위치한다고 가정하자. 그러면 임의의 천체의 위치는 시간각과 적위(북위 90° 에 관측자가 있으므로 천체의 고도는 천체의 적위와 같다. 우리는 천체의 적위 정보를 알기 때문에 고도 대신 적위를 사용할 것이다.)의 두 각도로 표현된다. 따라서 임의의 천체의 좌표는 다음과 같다.

$$\begin{aligned} x &= \cos HA \cos\delta \\ y &= \sin HA \cos\delta \\ z &= \sin\delta \end{aligned} \tag{19}$$

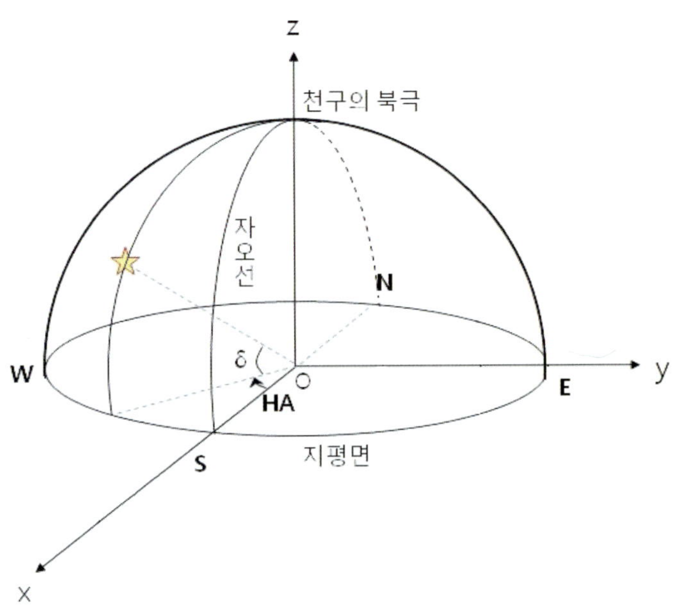

그림 1-3-13 북위 90°에서 지평 좌표계

이제 임의의 위도에서 천체의 좌표를 계산해보자. 자오선이 기준이 되어야 하므로 y 축을 중심으로 좌표계를 회전해야하고 또한 기준이 되는 현재 관측자의 위치가 북위 90° 이므로 $90° - lat$(위도)만큼 회전을 해야 한다. 따라서 좌표계의 회전에 따른 변환식인 식 (5)~(7)을 참고하면

$$x' = x\cos(90° - lat) - z\sin(90° - lat) = x\sin(lat) - z\cos(lat)$$
$$y' = y \tag{20}$$
$$z' = x\sin(90° - lat) + z\cos(90° - lat) = x\cos(lat) + z\sin(lat)$$

이 된다.

이제 어떤 위도 상에 있는 관측자를 기준으로 한 지평 좌표계에서 임의의 천체 방위각과 고도를 구할 수 있게 되었다. 각각의 좌표계에서 황경, 황위 혹은 적경, 적위를 구하는 과정과 마찬가지로 방위각과 고도를 계산하되 방위각의 경우 그림 1-3-14에서 확인할 수 있듯이 북점을 기준으로 측정한 각을 의미하므로 180°를 더해주어야 한다(북(0°), 동(90°), 남(180°), 서(270°)). 따라서 방위각(Az)과 고도(h)를 계산하는 식은 다음과 같다.

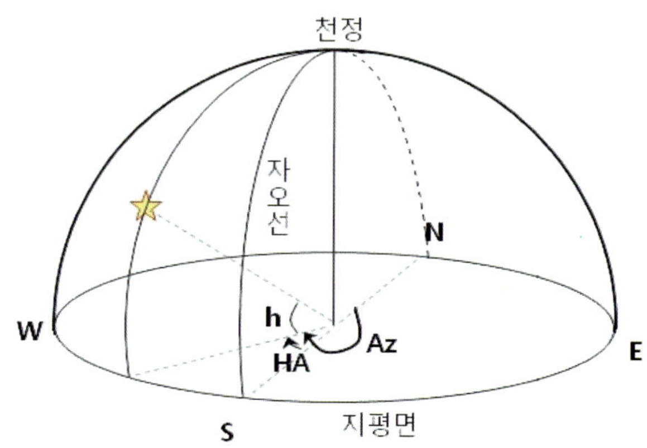

그림 1-3-14 임의의 위도에서 방위각과 고도

$$Az = \tan(y'/x') + 180^{\circ} \tag{21}$$

$$h = \tan^{-1}(z'/\sqrt{x'^2 + y'^2}) \tag{22}$$

3.2 지평 좌표 그래프 그리기

위의 이론적 배경을 바탕으로 지평 좌표를 엑셀에서 그래프로 나타내어 보자. 그 순서는 다음과 같다.

① 식 (15)를 활용하여 Ls 값을 계산한다(그림 1-3-15(1) 참조).

			$X_{earth.ecl}$	$Y_{earth.ecl}$	$Z_{earth.ecl}$
0		황도좌표	-0.985	-0.17258	0
λ(황경)	β(황위)		189.938	0	
23.439281			$X_{earth.eq}$	$Y_{earth.eq}$	$Z_{earth.eq}$
적도좌표(태양중심)			-0.985	-0.15834	-0.06865
적도좌표(지구중심)		태양좌표	0.984995	0.158341	0.068649
a(적경)	δ(적위)		0.608824	3.936412	
Ls	=ATAN2(-E44,-F44)*180/PI()				

그림 1-3-15(1) Ls 계산하기

② 식 (16)을 이용하여 KST를 구한다(그림 1-3-15(2) 참조).

	Day	Hour		189.938
	◂ ▸	◂ ▸		$X_{earth,ecl}$
t	0	0	황도좌표	-0.985
	λ(황경)	β(황위)		189.938
ε	23.439281			$X_{earth,eq}$
	적도좌표(태양중심)			-0.985
	적도좌표(지구중심)		태양좌표	0.984995
	a(적경)	δ(적위)		0.608824
	Ls	9.938		
	KST	=C50/15+12+23+$C$44		

그림 1-3-15(2) KST 계산하기

③ 식 (17)을 이용하여 태양의 HA(시간각)을 구한다(그림 1-3-15(3) 참조). 시간각은 24시간 단위로 표기된다. 따라서 계산된 값을 24로 나눈 나머지의 값이 시간각이 된다. 엑셀의 함수들 중에서 이와 같은 계산을 수행해주는 것은 mod() 함수이다. 이 함수의 사용법은 mod($n1, n2$)의 경우 $n1$을 $n2$로 나누어 준 나머지 값을 취한다.

적도좌표(지구중심)		태양좌표	0.984995	0.158341	0.068649
a(적경)	δ(적위)		0.608824	3.936412	
Ls	9.938				
KST	35.6625333	HA	=MOD($C$51-E49,24)		

그림 1-3-15(3) 지구의 HA 구하기

④ 금성, 화성, 달의 시간각도 마찬가지로 위의 단계와 같이 적용하여 계산해준다.

⑤ 행성의 적위와 시간각 정보를 통해 식 (19)를 활용하여 반경 $r = 1$인 천구에서의 태양의 좌표 x, y, z를 각각 구한다(그림 1-3-15(4), 그림 1-3-15(5), 그림 1-3-15(6) 참조).

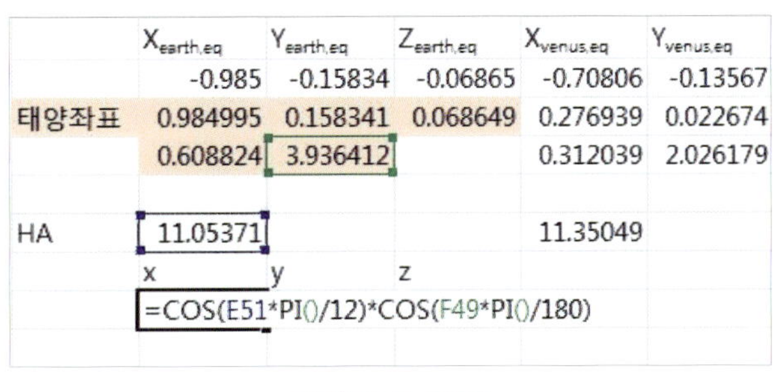

	$X_{earth,eq}$	$Y_{earth,eq}$	$Z_{earth,eq}$	$X_{venus,eq}$	$Y_{venus,eq}$
	-0.985	-0.15834	-0.06865	-0.70806	-0.13567
태양좌표	0.984995	0.158341	0.068649	0.276939	0.022674
	0.608824	3.936412		0.312039	2.026179
HA	11.05371			11.35049	
	x	y	z		
	=COS(E51*PI()/12)*COS(F49*PI()/180)				

그림 1-3-15(4)

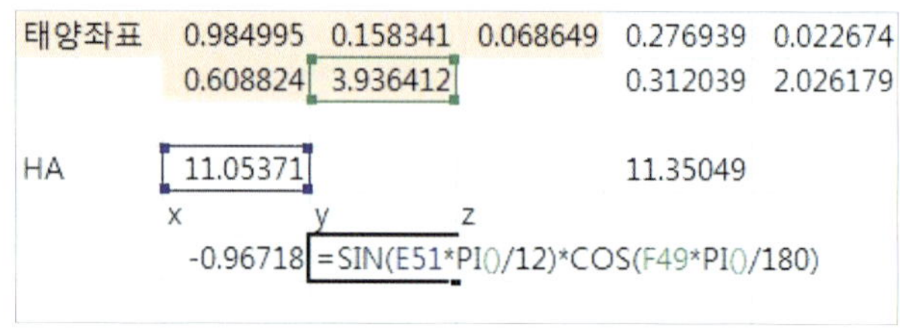

태양좌표	0.984995	0.158341	0.068649	0.276939	0.022674
	0.608824	3.936412		0.312039	2.026179
HA	11.05371			11.35049	
	x	y	z		
	-0.96718	=SIN(E51*PI()/12)*COS(F49*PI()/180)			

그림 1-3-15(5)

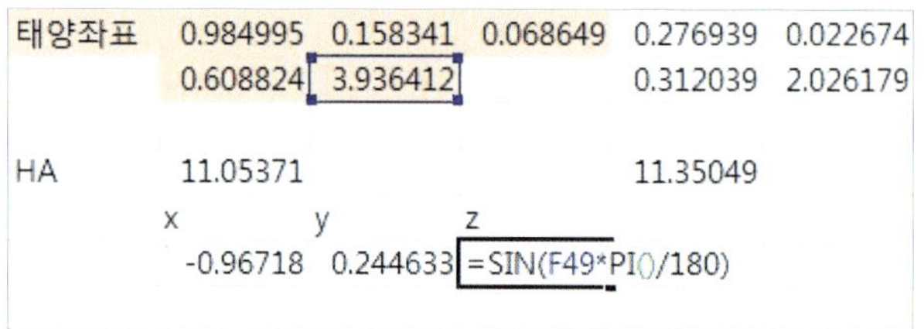

태양좌표	0.984995	0.158341	0.068649	0.276939	0.022674
	0.608824	3.936412		0.312039	2.026179
HA	11.05371			11.35049	
	x	y	z		
	-0.96718	0.244633	=SIN(F49*PI()/180)		

그림 1-3-15(6)

⑥ 마찬가지의 방법으로 금성, 화성, 달의 좌표 x, y, z를 각각 구한다.

⑦ 관측자의 위도를 기록하여 준다. 우리의 위치는 서울을 기준으로 대략 위도 37.5° 이다. 단, 엑셀에서 각도의 계산은 라디안으로 수행되기 때문에 그림 1-3-15(7)과 같이 라디안으로 변환하여준 값을 옆에 계산하여 입력해준다.

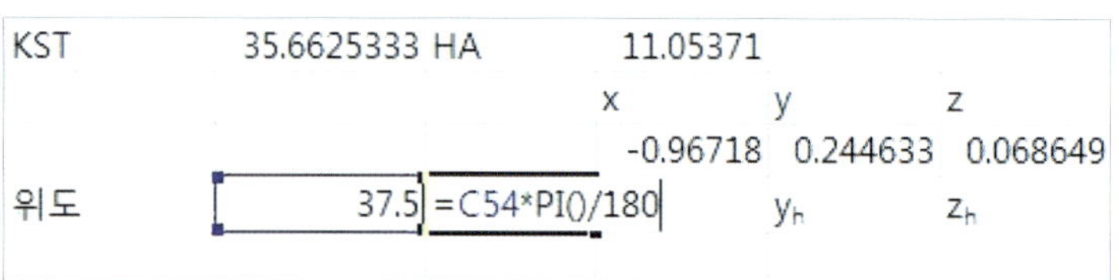

KST	35.6625333	HA	11.05371		
			x	y	z
			-0.96718	0.244633	0.068649
위도	37.5	=C54*PI()/180		y_h	z_h

그림 1-3-15(7) 관측자의 위도

⑧ 식 (20)에서 위도와 위에서 구해준 x, y, z 좌표 값들을 이용하여 특정 위도에서의 태양의 x_h, y_h, z_h 좌표 값을 따로 구해준다(그림 1-3-15(8), 그림 1-3-15(9), 그림 1-3-15(10) 참조).

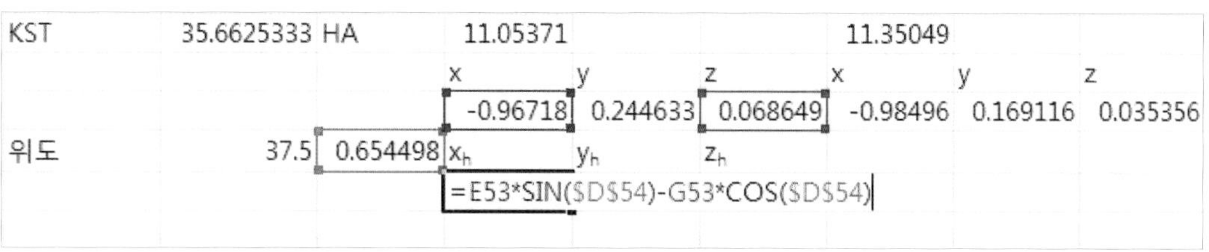

KST	35.6625333	HA	11.05371			11.35049		
			x	y	z	x	y	z
			-0.96718	0.244633	0.068649	-0.98496	0.169116	0.035356
위도	37.5	0.654498	x_h	y_h	z_h			
			=E53*SIN($D$54)-G53*COS($D$54)					

그림 1-3-15(8)

KST	35.6625333	HA	11.05371			11.35049		
			x	y	z	x	y	z
			-0.96718	0.244633	0.068649	-0.98496	0.169116	0.035356
위도	37.5	0.654498	x_h	y_h	z_h			
			-0.64325	=F53	-0.72553			

그림 1-3-15(9)

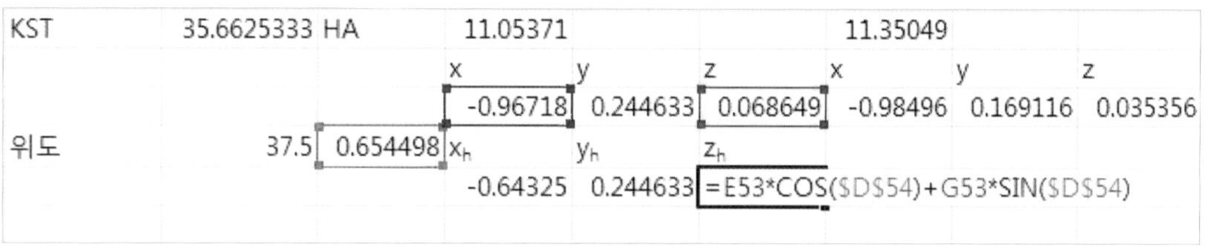

KST	35.6625333	HA	11.05371			11.35049		
			x	y	z	x	y	z
			-0.96718	0.244633	0.068649	-0.98496	0.169116	0.035356
위도	37.5	0.654498	x_h	y_h	z_h			
			-0.64325	0.244633	=E53*COS($D$54)+G53*SIN($D$54)			

그림 1-3-15(10)

⑨ 마찬가지의 방법으로 금성, 화성, 달의 x_h, y_h, z_h 좌표를 각각 구한다.

⑩ 식 (21)과 같이 x_h, y_h, z_h 좌표를 활용하여 태양의 방위각을 구해준다(그림 1-3-15(11) 참조).
단, 방위각은 도 형식의 각도이므로 라디안을 도로 바꾸어주는 것을 잊지 말자.

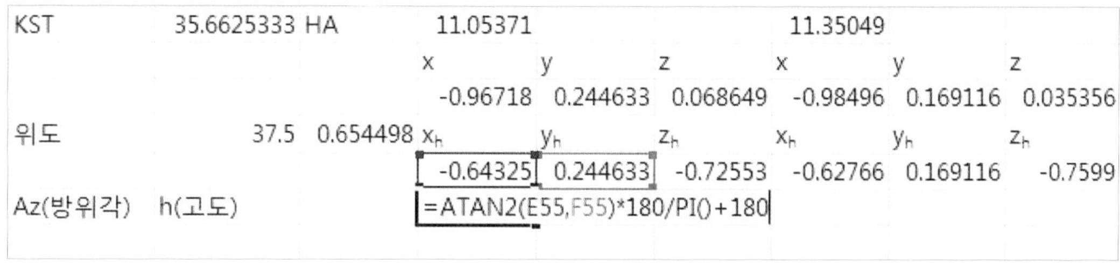

KST	35.6625333	HA	11.05371			11.35049		
			x	y	z	x	y	z
			-0.96718	0.244633	0.068649	-0.98496	0.169116	0.035356
위도	37.5	0.654498	x_h	y_h	z_h	x_h	y_h	z_h
			-0.64325	0.244633	-0.72553	-0.62766	0.169116	-0.7599
Az(방위각)	h(고도)		=ATAN2(E55,F55)*180/PI()+180					

그림 1-3-15(11) 방위각 구하기

⑪ 식 (22)와 같이 x_h, y_h, z_h 좌표를 활용하여 태양의 고도를 구해준다(그림 1-3-15(12) 참조).
단, 고도 역시 도 형식의 각도이므로 라디안을 도로 바꾸어주는 것을 잊지 말자.

KST	35.6625333	HA	11.05371			11.35049		
			x	y	z	x	y	z
			-0.96718	0.244633	0.068649	-0.98496	0.169116	0.035356
위도	37.5	0.654498	x_h	y_h	z_h	x_h	y_h	z_h
			-0.64325	0.244633	-0.72553	-0.62766	0.169116	-0.7599
Az(방위각)	h(고도)		339.1777	=ATAN2(SQRT(E55^2+F55^2),G55)*180/PI()				

그림 1-3-15(12) 고도 구하기

⑫ 마찬가지의 방법으로 금성, 화성, 달의 방위각과 고도를 각각 구한다.

⑬ 이제 그림 1-3-15(13)과 같이 방위각과 고도에 따른 그래프를 그려보고, '스크롤 바'를 이용하여 행성과 달을 움직여본다. 관측되는 행성과 달의 고도는 시간에 따라 어떻게 변하는가 살펴보자. 그리고 시간이 지남에 따라 달의 고도는 어떻게 변하는가 살펴보자. 그리고 왜 그렇게 변하는가도 생각해보자.

그림 1-3-15(13) 행성과 달의 지평 좌표에서 움직임

4. 달과 금성의 위상

4.1 달의 위상

달은 우리에게 아주 친숙한 천체이다. 그리고 달의 차고 이지러지는 모습을 우리는 일상생활에서 너무도 많이 경험한다. 이제 이 모습을 엑셀을 이용하여 계산해 보기로 한다.

달의 위상을 설명할 때에는 우리는 자주 달과 지구 사이의 거리가 멀기에 태양 빛이 지구-달 계에 거의 평행광으로 들어오는 것으로 가정한다. 즉, 태양광의 평행성은

θ =2*(달의 공전 궤도 반경)/(지구 공전 궤도 반경)
=0.005067 rad=0.2903°

정도의 오차를 가진다. 따라서 무시할 수 있다. 그러나 엑셀에는 이 양을 무시하지 않고 평행광 대신 반경(radial)광으로 그대로 취급해도 무방하다.

그림 1-3-16에서 보면 각 α가 위상을 결정하는 각이다. 즉, 그림 1-3-16에서 지구의 관측자가 보는 부분은 AB"이고 보이지 않는 부분은 B"B이다. 만약 AO를 1이라 하면 OB'도 1이기에 OB"는 $\cos\alpha$가 된다. 따라서 보이는 부분은 $1+\cos\alpha$이다. 이를 달의 위상(p)으로 나타내면, $p=\dfrac{1+\cos\alpha}{2}$가 된다.

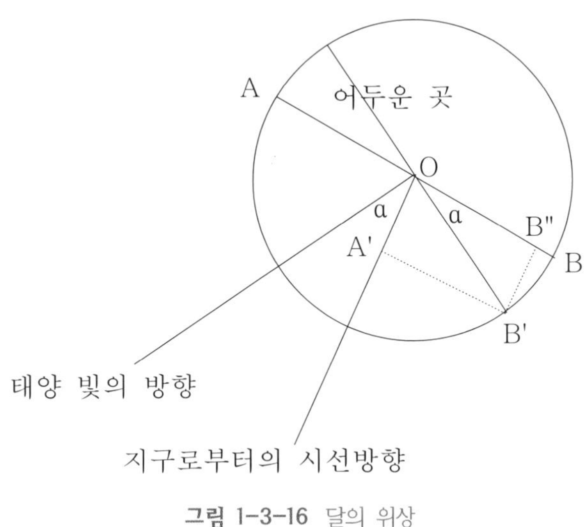

그림 1-3-16 달의 위상

그런데 우리는 a값을 구하는 대신 달의 이각을 활용하여 달의 위상(p)을 구할 수도 있다. 이각은 그림 1-3-17에서와 같이 태양에서부터 지구를 이어주는 벡터와 지구에서 대상 천체까지를 이어주는 벡터 사이의 각이다. 각의 방향은 반시계 방향이다. 만약 달이 망의 위치에 있으면 달의 이각은 180°가 될 것이고, 삭의 위치에 있으면 이각은 0°가 될 것이다. 상현과 하현일 때는 각각 이각이 90°와 270°가 된다. 따라서 이각을 이용하여 달의 위상을 계산해주면,

$$p = \frac{1-\cos(\text{이각})}{2} \tag{23}$$

이 된다.

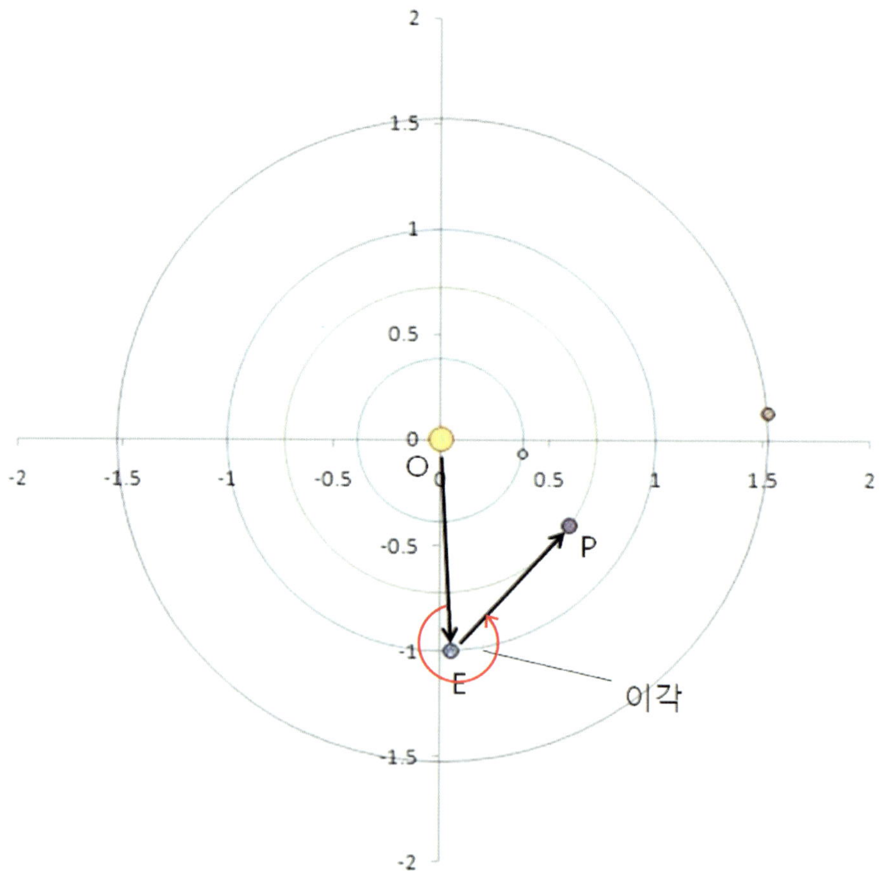

그림 1-3-17 천체의 이각

여기서 이각은 지구에서 행성까지의 벡터의 각도에서 태양에서 지구까지의 벡터의 각도를 빼준 값으로써 구해줄 수 있다. 즉,

$$\text{이각} = \tan^{-1}\left(\frac{Y_{\text{달, 황도좌표}} - Y_{\text{지구, 황도좌표}}}{X_{\text{달, 황도좌표}} - X_{\text{지구, 황도좌표}}}\right) - \tan^{-1}\left(\frac{-Y_{\text{지구, 황도좌표}}}{-X_{\text{지구, 황도좌표}}}\right) \quad (24)$$

그렇다면 달의 위상 변화를 엑셀에서 그래프로 직접 그려보도록 하자. 달의 위상을 그리기 위해서는 두 개의 곡선이 필요하다. 하나는 원형 달의 외형선이고, 또 다른 하나는 위상에 따라 변하는 곡선이 된다. 외형선은 원의 일부이기 때문에 $r\sin\theta, r\cos\theta$로 쉽게 표현할 수 있다. 또한 위상에 따라 변하는 곡선은 $\cos\theta * (1-2*p)$로 계산할 수 있다. 단, 여기서 달의 이각이 0° ~180° 일 경우에는 오른쪽이 차있는 형태이고, 180° ~360° 일 경우에는 왼쪽이 차있는 형태이다. 달이 왼쪽이 차있을 경우는 위의 식에 마이너스만 곱해주면 된다. 따라서 180° 를 기준으로 크거나 작을 경우를 IF 함수를 사용하여 달의 좌우 위상도 결정해줄 수 있다.

다음의 과정을 잘 따라서 이각이 주어졌을 때 달의 위상을 그림으로 구현해보도록 하자.

① 식 (24)를 활용하여 달의 이각 계산식을 입력해준다(그림 1-3-18(1) 참조). 단, 이각을 0° ~360° 범위 값으로 표현하기 위해서 MOD 함수를 사용해준다.

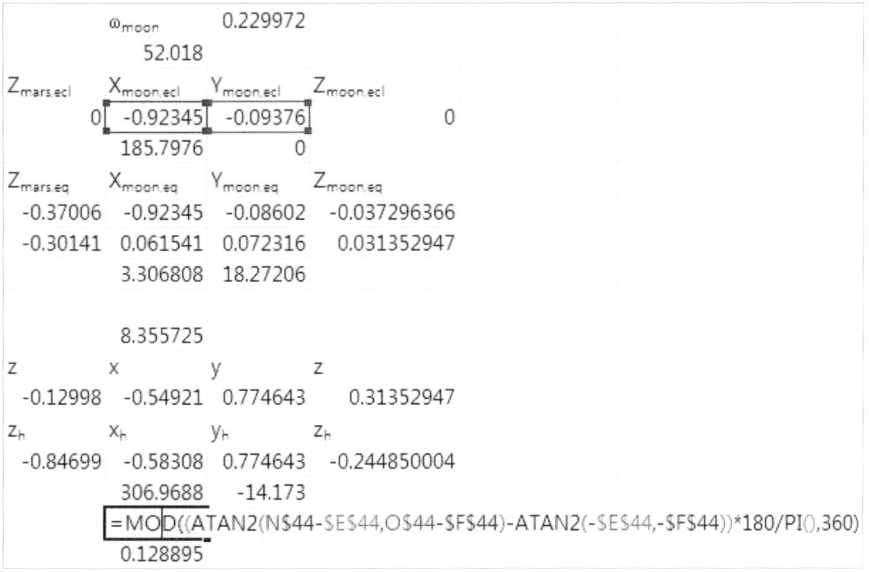

그림 1-3-18(1) 달의 이각 계산하기

② 식 (23)을 활용하여 달의 위상값 p 계산식을 입력해준다(그림 1-3-18(2) 참조).

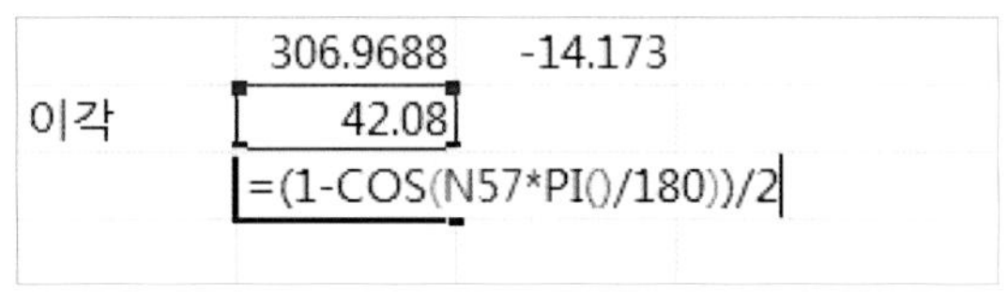

	306.9688	-14.173
이각	42.08	
	=(1-COS(N57*PI()/180))/2	

그림 1-3-18(2) 달의 위상값 계산하기

③ 달의 위상을 그리는데 활용하기 위한 각도 $-90°$ ~ $90°$ 를 $10°$ 간격으로 입력해주고 나서, 다시 이어서 $90°$ ~ $-90°$ 를 입력해준다(전자는 외형선을 그려주기 위한 것이고 후자는 위상에 의해 변하는 곡선을 그려주기 위한 것이다.).

④ 먼저 y 좌표값($\sin\theta$)을 입력해준다(그림 1-3-18(3) 참조).
y좌표는 위상의 변화에 영향을 받지 않기 때문에 모든 각도에 식을 적용해준다.

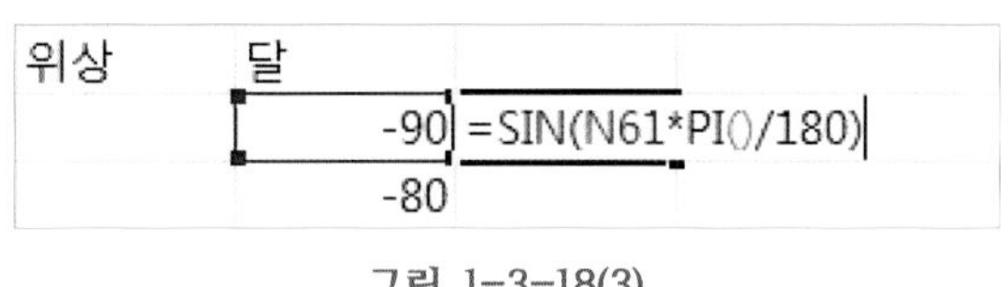

위상	달	
	-90	=SIN(N61*PI()/180)
	-80	

그림 1-3-18(3)

⑤ x 좌표값($\cos\theta$)을 입력해준다. 이각이 $0°$ ~ $180°$ 일 경우의 외형선 식이다(그림 1-3-18(4) 참조).

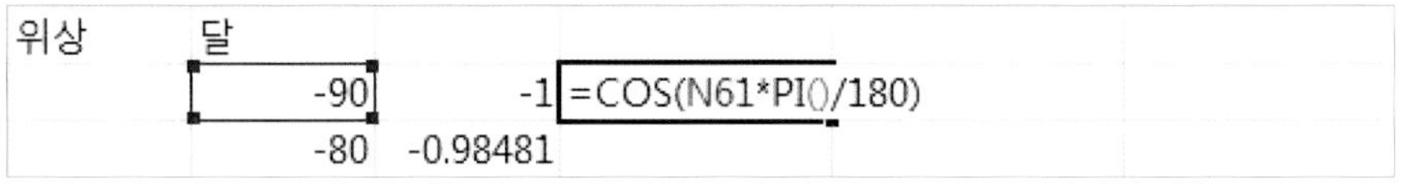

위상	달		
	-90	-1	=COS(N61*PI()/180)
	-80	-0.98481	

그림 1-3-18(4)

⑥ 앞에서 입력한 계산식의 오른쪽 셀에 이각이 $180°$ ~ $360°$ 일 경우의 x 좌표값($-\cos\theta$)을 입력해준다(그림 1-3-18(5) 참조).

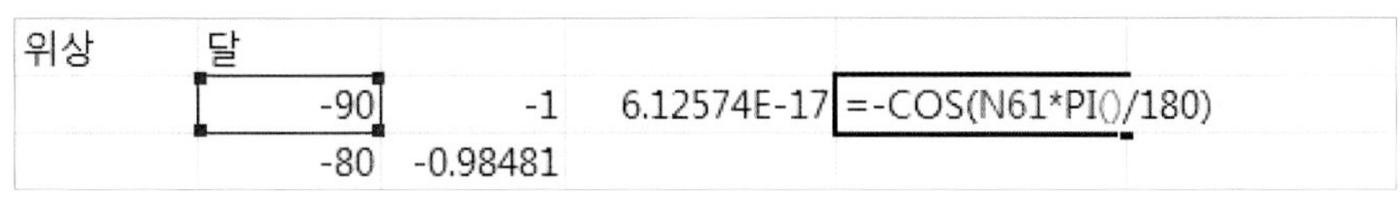

위상	달			
	-90	-1	6.12574E-17	=-COS(N61*PI()/180)
	-80	-0.98481		

그림 1-3-18(5)

⑦ 앞의 ⑤, ⑥에서 입력해준 계산식을 첫 -90～～90° 에만 적용해준다.

⑧ 두 번째 각도 묶음(90° ～-90°)의 첫머리에 $\cos\theta^*(1-2^*p)$를 입력해준다(그림 1-3-18(6) 참조).

	90	1	6.12574E-17	-6.12574E-17	
	90	1	=COS(N80*PI()/180)*(1-2*$N$58)		
	80	0.984808			

그림 1-3-18(6)

⑨ 앞에서 입력한 계산식의 오른쪽 셀에는 $-\cos\theta^*(1-2^*p)$를 입력해준다(그림 1-3-18(7) 참조).

	90	1	6.12574E-17	-6.12574E-17	
	90	1	4.54659E-17	=-COS(N80*PI()/180)*(1-2*$N$58)	
	80	0.984808			

그림 1-3-18(7)

⑩ 나머지 각도에 ⑧, ⑨에서 입력해준 계산식을 적용해준다.

⑪ 이각에 따른 위상 변화를 결정해주는 IF 함수를 사용해준다. 이각이 180° 보다 작을 경우는 ⑤, ⑧에서 입력한 계산식을 취하고, 그렇지 않을 경우 ⑥, ⑨에서 입력한 계산식을 취해준다(그림 1-3-18(8) 참조).

⑫ 앞의 ⑪에서 입력한 식을 모든 각도에 대한 셀에 적용해준다.

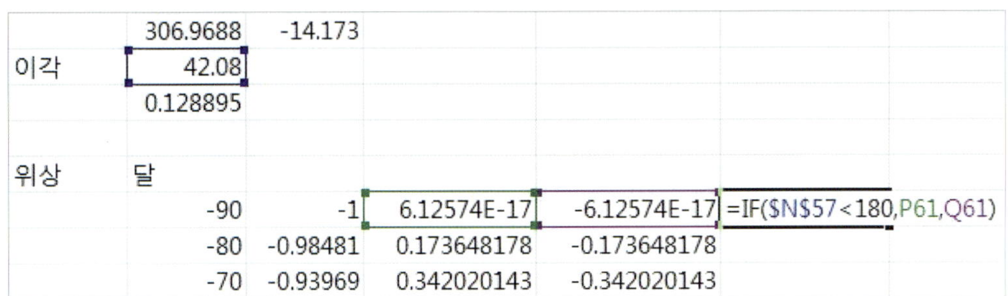

	306.9688	-14.173				
이각	42.08					
	0.128895					
위상	달					
	-90	-1	6.12574E-17	-6.12574E-17	=IF($N$57<180,P61,Q61)	
	-80	-0.98481	0.173648178	-0.173648178		
	-70	-0.93969	0.342020143	-0.342020143		

그림 1-3-18(8)

⑬ x축은 IF 함수를 사용한 열의 값들을, y축은 ④에서 입력한 값들을 불러들여 그래프를 그려준다.

⑭ 스크롤 막대를 이용해 날짜 혹은 시간을 변화시켜줄 때의 달의 위상 변화를 확인하자. 그림 1-3-18(9)와 같이 달의 위상 변화를 확인할 수 있을 것이다. 궤도상의 상대적 태양, 지구, 달의 상대적 위치 배열과 함께 위상의 모습도 비교해볼 수 있는 장점도 발견할 수 있을 것이다.

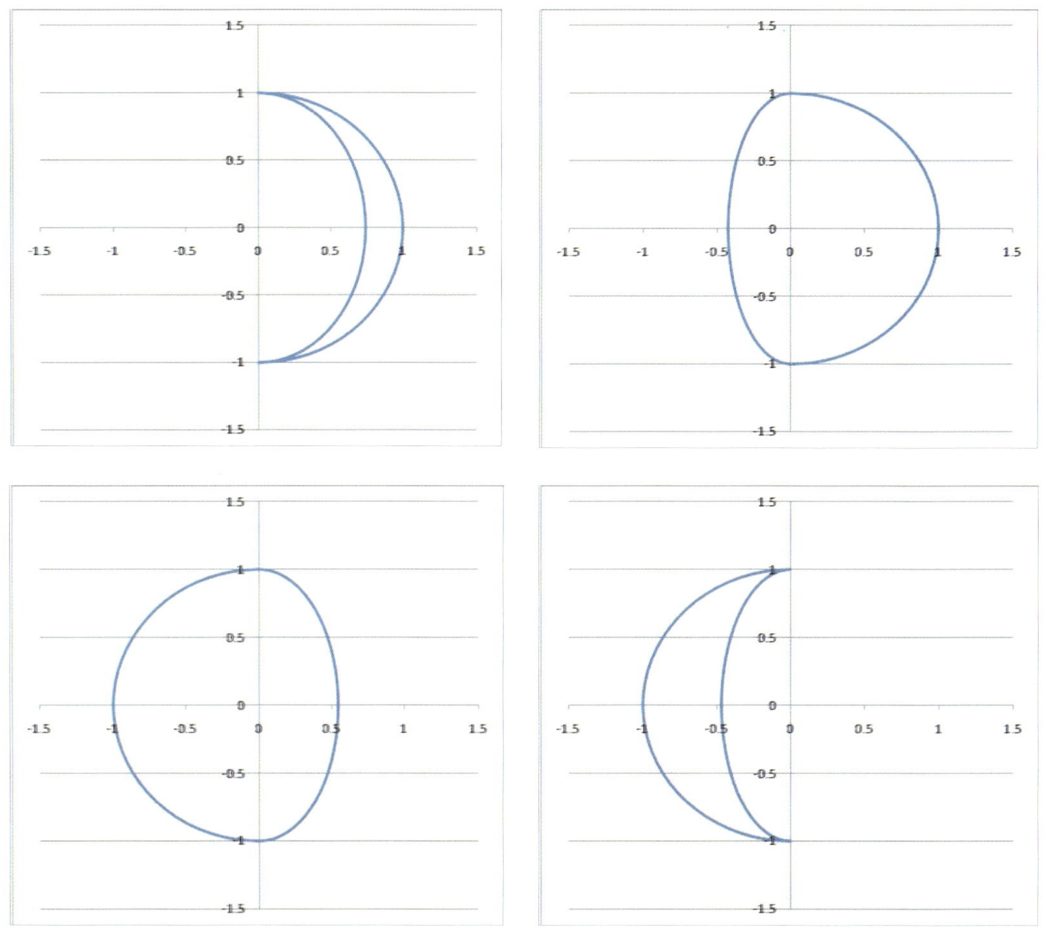

그림 1-3-18(9) 날짜의 변화에 따른 달의 위상 변화를 확인할 수 있다.

4.2 금성의 위상

새벽녘 동쪽하늘에 또는 초저녁 서쪽하늘에 유난히 밝게 빛나는 천체를 본 기억이 누구든 있을 것이다. 이는 샛별 혹은 개밥바라기라고도 불리는 금성이다. 금성은 태양과 달을 제외하고는 지구상에서 가장 밝은 천체이다. 그런데 이 금성을 망원경으로 관측을 해 본 경험이 있다면 금성이 그저 둥그런 모습으로만 보이는 것이 아니라 달처럼 다양한 위상을 보인다는 것을 알 것이다. 태양과 지구와 금성의 상대적 배열에 따라서 위상이 생기고, 금성은 상대적으로 다른 행성들보다 지구에 더 가깝기 때문에 이러한 위상을 관측하기 쉽다. 그림 1-3-19는 관측된 금성의 위상이다.

금성의 날짜 변화에 따른 위상 변화 역시 마찬가지로 달의 위상을 표현하듯이 엑셀의 그래프를 이용하여 표현해낼 수 있다. 다만 달은 지구와의 거리가 거의 일정한 반면 금성은 지구와 가장 가까울 때와 가장 멀 때의 거리 차이가 상당히 크게 나기 때문에 거리 차이에 대한 고려도 해주어야 한다.

다음의 과정들을 따라서 이번에는 금성의 위상을 그림으로 표현해보도록 하자.

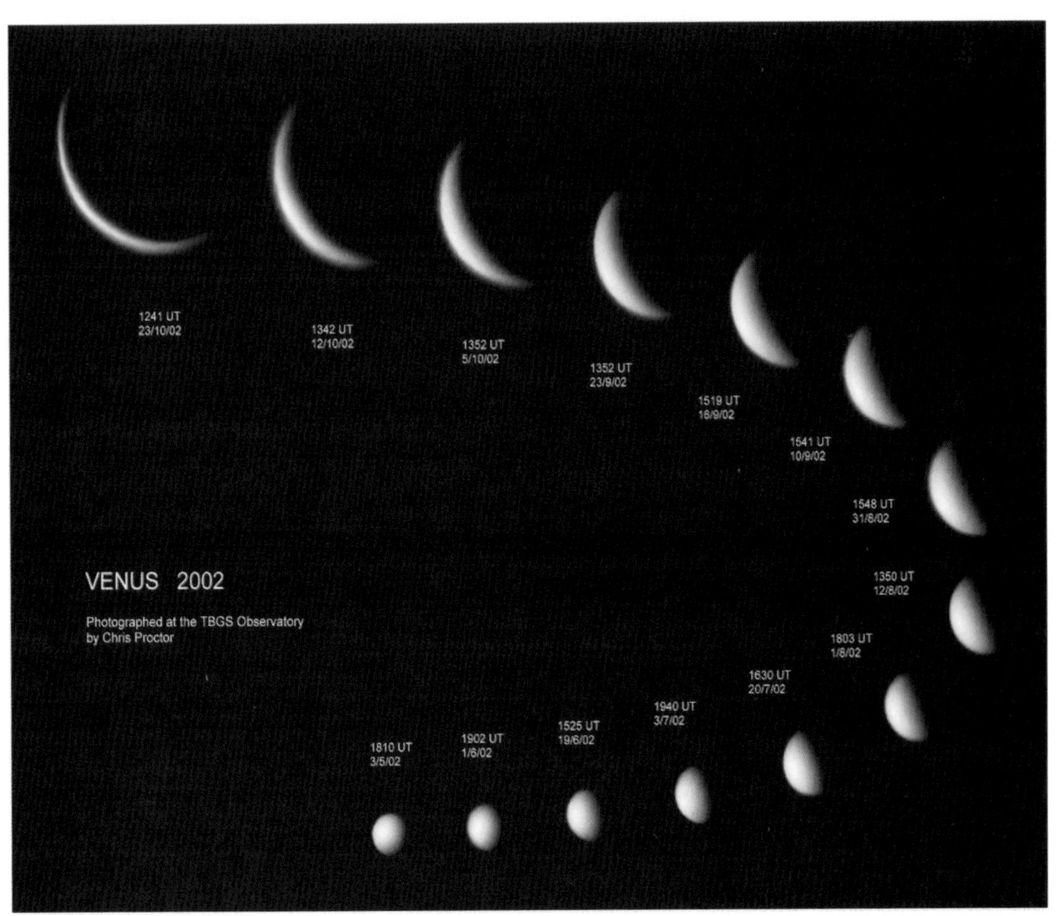

그림 1-3-19 금성의 위상

(출처: http://www.spacestationinfo.com/images/venus-phase1.gif)

① 가장 먼저 식 (24)를 참고하여 금성의 이각을 구한다(그림 1-3-20(1) 참조).

	$X_{earth.ecl}$	$Y_{earth.ecl}$	$Z_{earth.ecl}$	$X_{venus.ecl}$	$Y_{venus.ecl}$	$Z_{venus.ecl}$	$X_{mars.ecl}$	$Y_{mars.ecl}$	$Z_{mars.ecl}$	$X_{moon.ecl}$	$Y_{moon.ecl}$
황도좌표	-0.985	-0.17258	0	-0.70806	-0.14787	0	1.206692	-0.93032	0	-0.92345	-0.09376
	189.938	0		191.796	0		322.369	0		185.7976	0
	$X_{earth.eq}$	$Y_{earth.eq}$	$Z_{earth.eq}$	$X_{venus.eq}$	$Y_{venus.eq}$	$Z_{venus.eq}$	$X_{mars.eq}$	$Y_{mars.eq}$	$Z_{mars.eq}$	$X_{moon.eq}$	$Y_{moon.eq}$
	-0.985	-0.15834	-0.06865	-0.70806	-0.13567	-0.05882	1.206692	-0.85355	-0.37006	-0.92345	-0.08602
태양좌표	0.984995	0.158341	0.068649	0.276939	0.022674	0.00983	2.191687	-0.69521	-0.30141	0.061541	0.072316
	0.608824	3.936412		0.312039	2.026179		22.82672	-7.46817		3.306808	18.27206
HA	11.05371			11.35049			12.83581			8.355725	
	x	y	z	x	y	z	x	y	z	x	y
	-0.96718	0.244633	0.068649	-0.98496	0.169116	0.035356	-0.96787	-0.21523	-0.12998	-0.54921	0.774643
0.654498	x_h	y_h	z_h	x_h	y_h	z_h	x_h	y_h	z_h	x_h	y_h
	-0.64325	0.244633	-0.72553	-0.62766	0.169116	-0.7599	-0.48609	-0.21523	-0.84699	-0.58308	0.774643
	339.1777	-46.5126		344.9203	-49.4553		23.88294	-57.8859		306.9688	-14.173
			금성이각	=MOD((ATAN2(H$44-$E$44,I$44-$F$44)-ATAN2(-$E$44,-$F$44))*180/PI(),360)							
										0.128895	

그림 1-3-20(1) 금성의 이각 구하기

② 지구-금성간 거리를 계산해준다. 피타고라스의 정리를 사용한다(그림 1-3-20 (2) 참조).

	$X_{earth.ecl}$	$Y_{earth.ecl}$	$Z_{earth.ecl}$	$X_{venus.ecl}$	$Y_{venus.ecl}$	$Z_{venus.ecl}$	$X_{mars.ecl}$	$Y_{mars.ecl}$
황도좌표	-0.985	-0.17258	0	-0.70806	-0.14787	0	1.206692	-0.93032
	189.938	0		191.796	0		322.369	0
	$X_{earth.eq}$	$Y_{earth.eq}$	$Z_{earth.eq}$	$X_{venus.eq}$	$Y_{venus.eq}$	$Z_{venus.eq}$	$X_{mars.eq}$	$Y_{mars.eq}$
	-0.985	-0.15834	-0.06865	-0.70806	-0.13567	-0.05882	1.206692	-0.85355
태양좌표	0.984995	0.158341	0.068649	0.276939	0.022674	0.00983	2.191687	-0.69521
	0.608824	3.936412		0.312039	2.026179		22.82672	-7.46817
HA	11.05371			11.35049			12.83581	
	x	y	z	x	y	z	x	y
	-0.96718	0.244633	0.068649	-0.98496	0.169116	0.035356	-0.96787	-0.21523
0.654498	x_h	y_h	z_h	x_h	y_h	z_h	x_h	y_h
	-0.64325	0.244633	-0.72553	-0.62766	0.169116	-0.7599	-0.48609	-0.21523
	339.1777	-46.5126		344.9203	-49.4553		23.88294	-57.8859
			금성이각	355.1614			330.9901	
			지구-금성	=SQRT((H44-$E$44)^2+(I44-$F$44)^2)				

그림 1-3-20(2) 지구-금성간 거리 구하기

③ 금성의 위상각을 계산해준다. 위상을 결정하기 위해 필요한 각도는 내적을 이용하여 구할 수 있다. 금성의 위상각은 $\cos^{-1}\left(\frac{r_{venus}^2 + d^2 - r_{earth}^2}{2 \cdot r_{venus} \cdot d}\right)$으로 구해줄 수 있다(그림 1-3-20(3) 참조).

금성이각	355.1614	330.9901
지구-금성	0.278039	
위상각	=ACOS((I1^2+H58^2-F1^2)/(2*I1*H58))*180/PI()	

그림 1-3-20(3) 금성의 위상각 구하기

④ 위상각을 사용해서 금성의 위상값을 구해준다($p = \frac{1 + \cos\theta}{2}$, 그림 1-3-20(4) 참조).

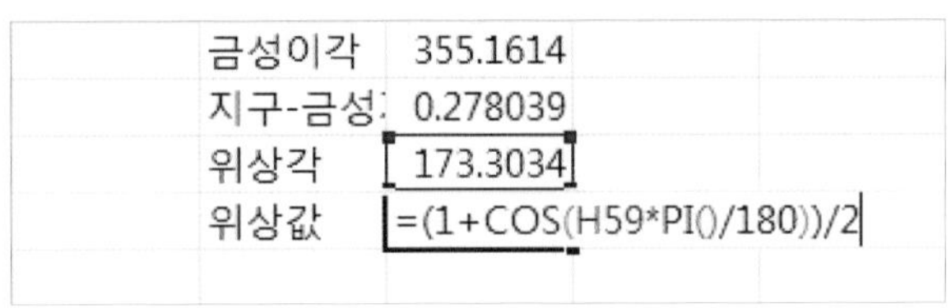

금성이각	355.1614
지구-금성	0.278039
위상각	173.3034
위상값	=(1+COS(H59*PI()/180))/2

그림 1-3-20(4) 금성의 위상값 구하기

⑤ 금성의 위상을 그리는데 활용하기 위한 각도 $-90^\circ \sim 90^\circ$를 10° 간격으로 입력해주고 나서, 다시 이어서 $90^\circ \sim -90^\circ$를 입력해준다.

⑥ 먼저 y 좌표값($\sin\theta$)을 입력해준다. 단, 지구와 금성간의 상대적 거리 차이에 의한 크기 차이를 고려해주기 위해 거리의 역수를 곱해준다(겉보기면적은 거리에 반비례하기 때문이다. 그림 1-3-20(5) 참조).

y좌표는 위상의 변화에 영향을 받지 않기 때문에 모든 각도에 식을 적용해준다.

금성이각	355.1614		330.9901027
지구-금성	0.278039		
위상각	173.3034		
위상값	0.003411		
위상	금성		
	-90	=1/$H$58*SIN(H63*PI()/180)	
	-80		

그림 1-3-20(5)

⑦ x 좌표값을 입력해준다. 이각이 0° ~180° 일 경우의 외형선(sinθ)과 180° ~ 360° 일 경우의 외형선(− sinθ) 식을 모두 입력한다. 두 식 모두 역시 지구–금성간 거리의 역수를 곱해준다(그림 1-3-20(6) 참조). 입력해준 두 계산식을 첫 −90° ~90° 에만 적용해준다.

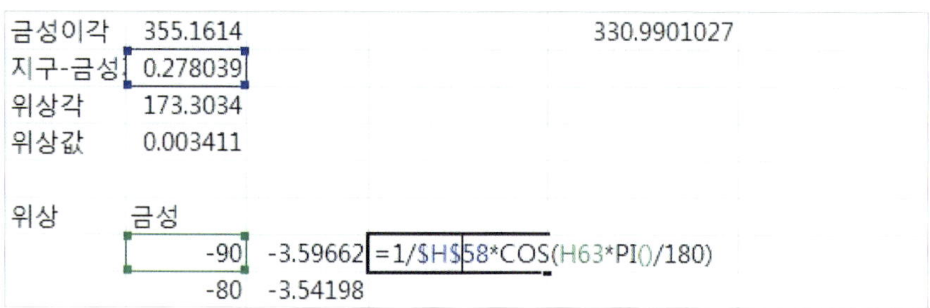

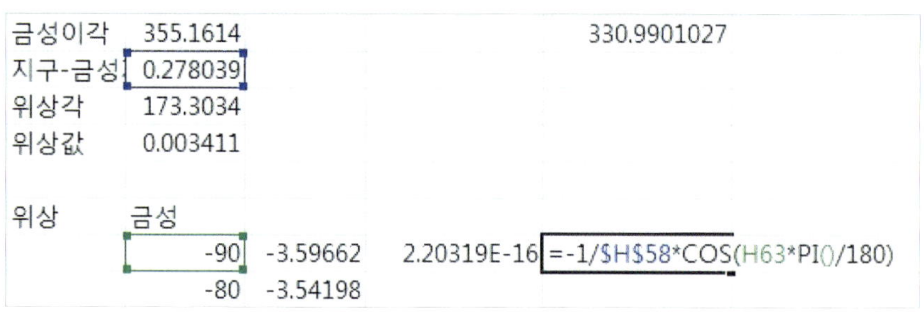

그림 1-3-20(6)

⑧ 위상에 따른 변화되는 곡선의 식을 입력한다. 이각의 범위에 따라 양수, 음수의 계산식 두 종류를 입력한다. 마찬가지로 지구–금성 간 거리의 역수를 곱해준다(그림 1-3-20(7) 참조). 입력해준 두 계산식을 나머지 각도 영역에 적용해준다.

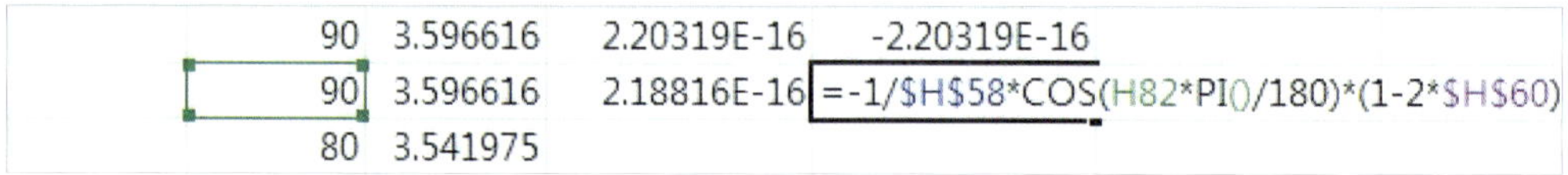

그림 1-3-20(7)

⑨ IF 함수를 사용해 이각의 범위에 따라 불러들이는 값을 지정해준다(그림 1-3-20(8) 참조). 모든 값에 적용해준다.

	344.9203	-49.4553		23.88293512	-57.88586044	
금성이각	355.1614			330.9901027		달이각
지구-금성:	0.278039					달위상값
위상각	173.3034					
위상값	0.003411					위상
위상	금성					
	-90	-3.59662	2.20319E-16	-2.20319E-16	=IF($H$57<180,J63,K63)	
	-80	-3.54198	0.6245458	-0.6245458		

그림 1-3-20(8)

⑩ x축은 IF 함수를 사용한 열의 값들을, y축은 ⑥에서 입력한 값들을 불러들여 그래프를 그려준다.

⑪ 스크롤 막대를 이용해 날짜 혹은 시간을 변화시켜줄 때의 금성의 크기와 위상 변화를 확인하자. 실제로 그림 1-3-20(9)와 같이 위상의 변화는 물론 크기의 변화도 있음을 확인할 수 있을 것이다.

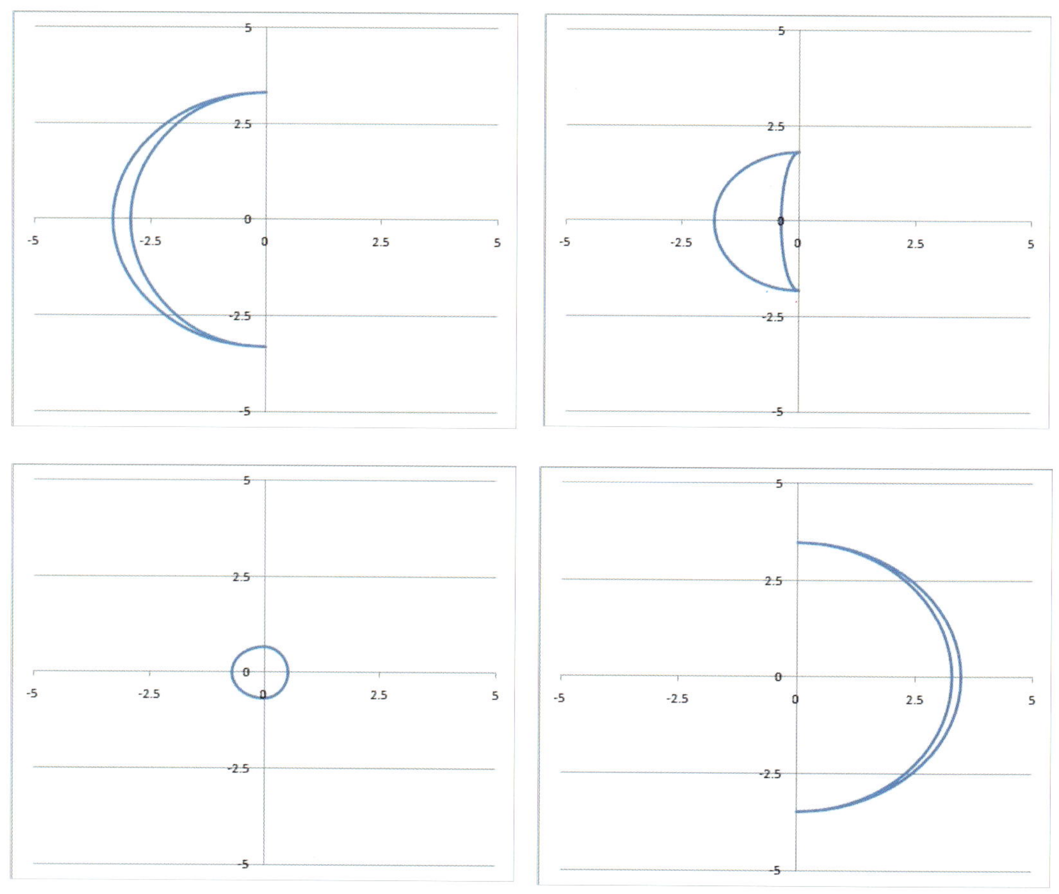

그림 1-3-20(9) 날짜의 변화에 따른 금성의 위상 변화와 크기 변화

4.3 좌표 그래프에 위상 그려넣기

이제는 달과 금성의 위상을 그림 1-3-8(4), 그림 1-3-15(13)과 같은 적위, 적경 그래프 혹은 방위각, 고도 그래프에 그려 넣어보자. 그럴 경우, 특정 날짜의 특정 시간에 달과 금성의 좌표 정보와 더불어서 해당 천체의 위상까지 한 눈에 일목요연하게 확인할 수 있는 크나 큰 장점이 있다. 좌표 그래프에 위상을 추가하는 것은 어렵지 않다. 우리가 바로 앞서 위상 그래프를 그리는 방법을 배웠기 때문에 같은 방법으로 위상을 표현한 후에 x, y축 방향으로 평행이동 시켜주면 된다. 즉, x값에는 적경 혹은 방위각 값을, y값에는 적위 혹은 고도 값을 더해주기만 하면 된다. 다음의 과정을 천천히 따라서 좌표 그래프에 달과 금성의 위상을 그려 넣어보자.

4.3.1 적경, 적위 그래프에 위상 그려넣기

❒ 달 위상 그려넣기

① 달의 위상을 그리는데 활용하기 위한 각도 −90° ∼90° 를 10° 간격으로 입력해주고 나서 다시 이어서 90° ∼−90° 를 입력해준다.

② 먼저 y 좌표 값을 입력해주고 달의 적위 값만큼 평행이동 시켜준다. 즉, '$\sin\theta$ + 적위' 계산식을 입력해준다(그림 1-3-21(1) 참조).

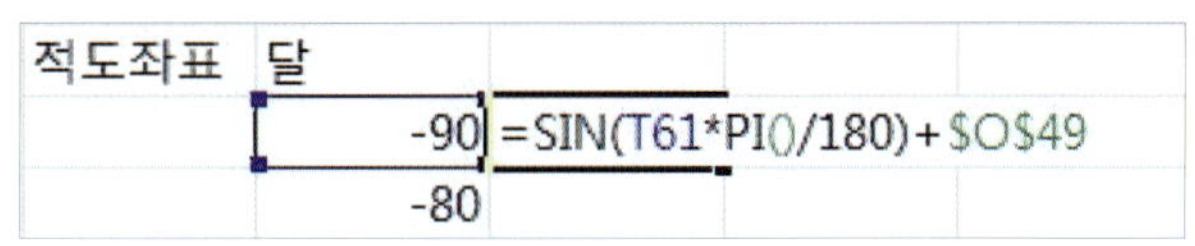

적도좌표	달	
	-90	=SIN(T61*PI()/180)+$O$49
	-80	

그림 1-3-21(1) ($O$49는 달의 적위 값이다.)

③ x 좌표 값을 입력해준다. 이각이 0° ∼180° 일 경우의 외형선($\sin\theta$)과 180° ∼360° 일 경우의 외형선($-\sin\theta$) 식을 모두 입력한다. 단, 적경 값만큼 평행이동 시켜주는 것을 잊지 말자(그림 1-3-21(2) 참조). 입력해준 두 계산식을 첫 −90° ∼90° 에만 적용해준다.

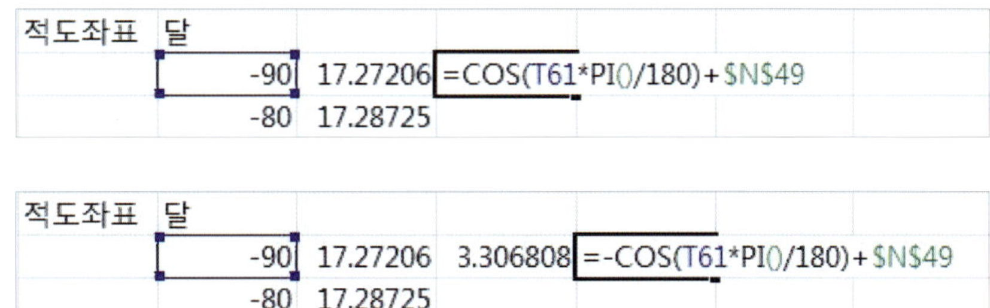

적도좌표	달		
	-90	17.27206	=COS(T61*PI()/180)+$N$49
	-80	17.28725	

적도좌표	달			
	-90	17.27206	3.306808	=-COS(T61*PI()/180)+$N$49
	-80	17.28725		

그림 1-3-21(2) ($N$49는 달의 적경 값이다.)

④ 위상에 따른 변화되는 곡선의 식을 입력한다. 이각의 범위에 따라 양수, 음수의 계산식 두 종류를 입력한다. 마찬가지로 적경 값만큼 평행이동 시켜준다(그림 1-3-21(3) 참조). 입력해준 두 계산식을 나머지 각도 90° ∼−90° 영역에 적용해준다.

90	19.27206	3.306808	3.306808
90	19.27206	=COS(T80*PI()/180)*(1-2*$N$58)+$N$49	
80	19.25687		

90	19.27206	3.306808	3.306808
90	19.27206	3.306808	=-COS(T80*PI()/180)*(1-2*$N$58)+$N$49
80	19.25687		

그림 1-3-21(3) ($N$58은 달의 위상 값, $N$49는 달의 적경 값이다.)

⑤ IF 함수를 사용해 이각의 범위에 따라 불러들이는 값을 지정해준다. 단, 적경, 적위 그래프는 x축 값이 역으로 표시되어 있기(원점을 기준으로 그래프의 왼쪽으로 갈수록 숫자가 커진다.) 때문에 위상의 좌우가 반전되어 그려진다. 따라서 IF문을 사용할 때 조건에 따라 불러들이는 셀의 순서를 바꾸어주어야 반전되지 않은 원하는 위상을 그래프에 그릴 수 있다(그림 1-3-21(4) 참조). 모든 값에 적용해준다.

달				
-90	17.27206	3.306808	3.306808	=IF($N$57<180,W61,V61)
-80	17.28725	3.480457	3.13316	

그림 1-3-21(4) ($N$57은 달의 이각이다.)

⑥ 그림 1-3-8(4) 그래프에 x축은 IF 함수를 사용하여 선택된 값들을, y축은 ②에서 입력한 값들을 불러들여 곡선을 추가하여 그려준다. 그래프를 확인하면 그림 1-3-21(5)와 같이 적경, 적위 좌표 그래프에 달의 위상이 그려져 있음을 알 수 있다. 그런데 위상이 약간 찌그러져 좌우로 길게 늘어난 형태로 보인다. 이는 x축과 y축의 동일한 간격의 스케일이 다르기 때문이다.

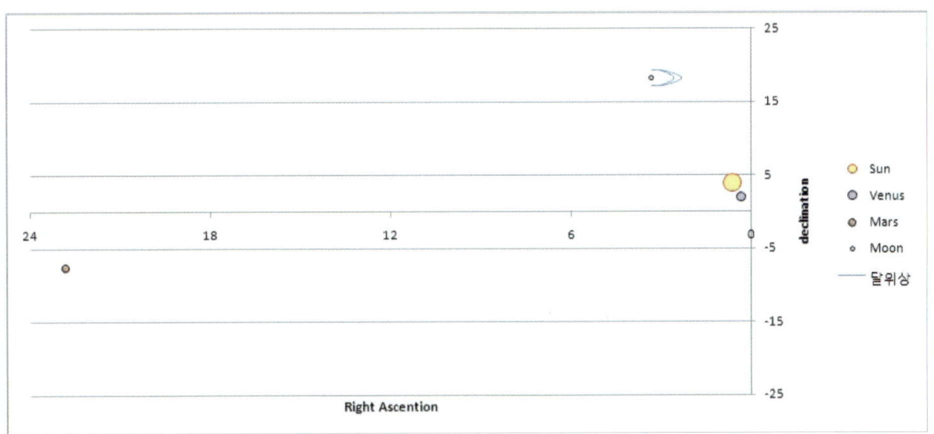

그림 1-3-21(5)

⑦ y축 값들에 임의의 값을 일괄적으로 곱해줌으로써 위상의 형태를 적절하게 조정해줄 수 있다(그림 1-3-21(6) 참조). 그림 1-3-21(7)과 같이 위상이 잘 그려진 것을 확인할 수 있다. 이제는 스크롤 막대를 이용해 날짜 혹은 시간을 변화시켜줄 때의 달의 적경, 적위 정보와 더불어 달의 위상 변화까지 한눈에 알 수 있게 되었다.

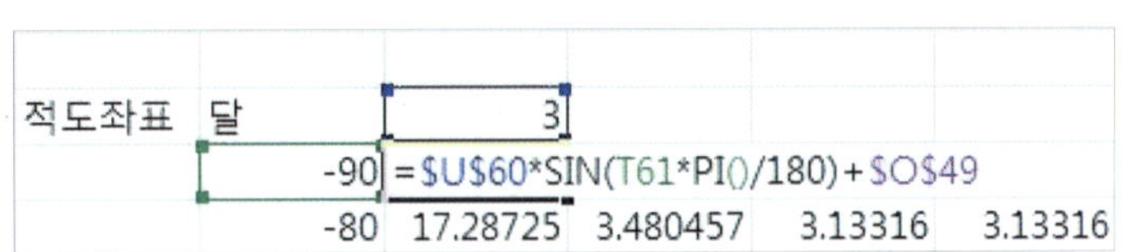

적도좌표	달	3			
	-90	=$U$60*SIN(T61*PI()/180)+$O$49			
	-80	17.28725	3.480457	3.13316	3.13316

그림 1-3-21(6) ($O$49는 달의 적위 값이다.)

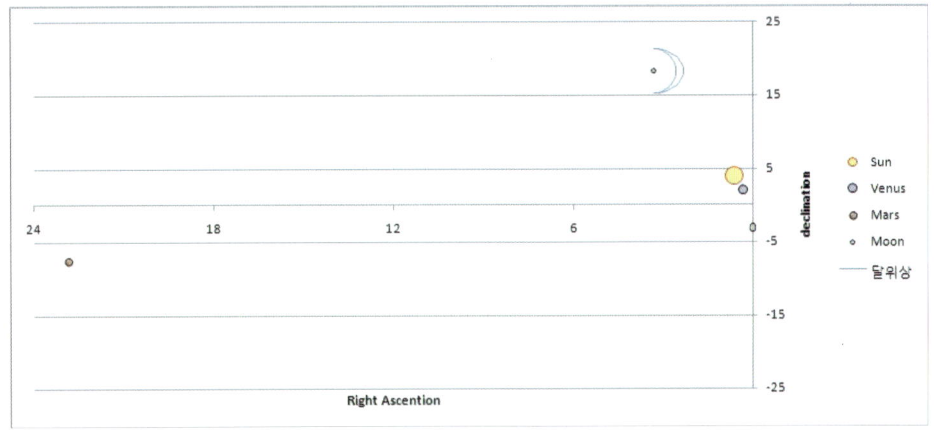

그림 1-3-21(7) 2009년 3월 30일 오후11시 경의 천체의 적경, 적위 정보와 달의 위상

❐ 금성의 위상 그려넣기

① 금성의 위상을 그리는데 활용하기 위한 각도 $-90^\circ \sim 90^\circ$ 를 10° 간격으로 입력해주고 나서, 다시 이어서 $90^\circ \sim -90^\circ$ 를 입력해준다.

② 먼저 y 좌표 값을 입력해주고 금성의 적위 값만큼 평행이동 시켜준다. 즉, '$\sin\theta +$ 적위' 계산식을 입력해준다. 지구와 금성 사이의 거리 차에 의한 금성의 겉보기 크기의 변화를 표현하기 위해 지구-금성 거리의 역수를 곱해준다(그림 1-3-22(1) 참조).

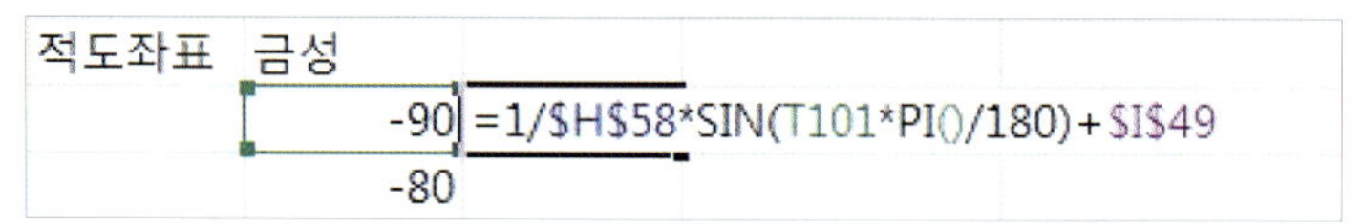

적도좌표	금성	
	-90	=1/$H$58*SIN(T101*PI()/180)+$I$49
	-80	

그림 1-3-22(1) ($H$58은 지구-금성간 거리, $I$49는 금성의 적위 값이다.)

③ x 좌표 값을 입력해준다. 이각이 $0^\circ \sim 180^\circ$ 일 경우의 외형선($\sin\theta$)과 $180^\circ \sim 360^\circ$ 일 경우의 외형선($-\sin\theta$) 식을 모두 입력한다. 역시 지구-금성 거리의 역수를 곱해준다. 또한 적경 값만큼 평행이동 시켜주는 것을 잊지 말자(그림 1-3-22(2) 참조). 입력해 준 두 계산식을 첫 $-90^\circ \sim 90^\circ$ 에만 적용해준다.

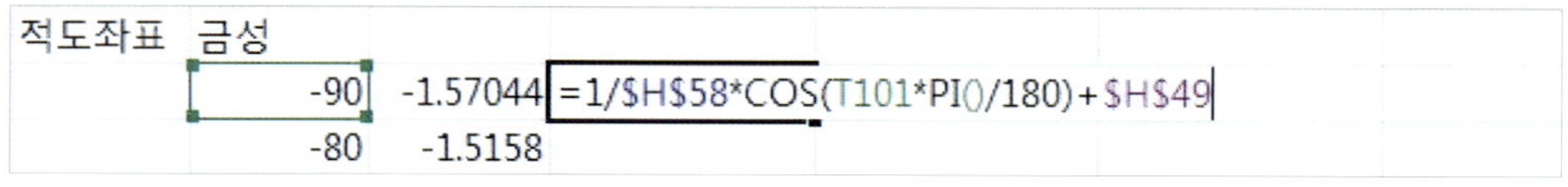

적도좌표	금성		
	-90	-1.57044	=1/$H$58*COS(T101*PI()/180)+$H$49
	-80	-1.5158	

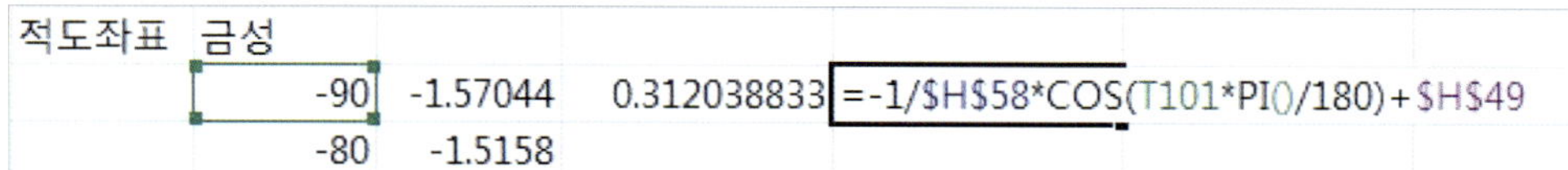

적도좌표	금성			
	-90	-1.57044	0.312038833	=-1/$H$58*COS(T101*PI()/180)+$H$49
	-80	-1.5158		

그림 1-3-22(2) ($H$58은 지구-금성간 거리, $H$49는 금성의 적경 값이다.)

④ 위상에 따른 변화되는 곡선의 식을 입력한다. 이각의 범위에 따라 양수, 음수의 계산식 두 종류를 입력한다. 마찬가지로 지구-금성 간 거리의 역수를 곱해주고, 적경 값만큼 평행이동 시켜준다(그림 1-3-22(3) 참조). 입력해준 두 계산식을 나머지 각도 $90^\circ \sim -90^\circ$ 영역에 적용해준다.

90	5.622794	0.312038833	0.312038833
90	5.622794	=1/$H$58*COS(T120*PI()/180)*(1-2*$H$60)+$H$49	
80	5.568154		

90	5.622794	0.312038833	0.312038833
90	5.622794	0.312038833	=-1/$H$58*COS(T120*PI()/180)*(1-2*$H$60)+$H$49
80	5.568154		

그림 1-3-22(3) ($H$58은 지구-금성간 거리, $H$60은 금성의 위상값, $H$49는 금성의 적경 값이다.)

⑤ IF 함수를 사용해 이각의 범위에 따라 불러들이는 값을 지정해준다. 역시나 적경, 적위 그래프의 x축이 반전되어 있다는 사실을 참고하여 조건에 따라 불러들이는 값이 순서를 바꾸어서 입력해준다(그림 1-3-22(4) 참조). 모든 값에 적용해준다.

적도좌표	금성				
	-90	-1.57044	0.312038833	0.312038833	=IF($H$57<180,W101,V101)
	-80	-1.5158	0.936584633	-0.312506968	

그림 1-3-22(4) ($H$57은 금성의 이각이다.)

⑥ 그림 1-3-21(7) 그래프에 금성의 위상을 추가해준다(그림 1-3-22(5) 참조).

그림 1-3-22(5) 2009년 7월 9일 정오경의 천체의 적경, 적위 정보와 달과 금성의 위상

4.3.2 방위각, 고도 그래프에 위상 그려넣기

적경, 적위 그래프에 위상을 그려 넣었으니, 이제는 그림 1-3-15(13)의 방위각, 고도 그래프에도 위상을 그려 넣어보자. 여기서는 달이 기울어진 각도까지 고려해서 그림을 그려 넣어보도록 하자. 달이 하늘에서 일주운동을 할 때 항상 똑바로 서있는 상태로 뜨고 지지 않는다. 관측자의 위도, 달의 고도 및 적위 값에 따라 그림 1-3-23처럼 기울어진 모습을 보인다.

왜냐하면, 달은 하늘에서 천구의 북극과 남극을 연결하는 자오선과 나란하게 서있는 상태, 즉, 천구의 적도에 수직인 상태로 일주운동을 하는데, 관측자의 위도가 ±90° 위치가 아닐 경우에는 천구의 적도가 지평면에 상대적으로 기울어지게 된다(정확히는 90° −위도 만큼 기울어진다.). 따라서 달이 남쪽 자오선을 지날 때(남중할 때)를 제외하고는 기울어지게 된다. 따라서 이 때 달이 기울어진 각도는 천정에서 천저를 잇는 자오선에서 천구의 북극과 천구의 남극을 잇는 자오선까지의 각도가 된다. 그리고 이 기울어진 각도는 그림 1-3-24에서 확인 할 수 있듯이 관측자가 있는 지방의 위도, 달의 고도 및 적위 값에 영향을 받는다.

그림 1-3-23 기울어져서 지고 있는 초승달

(출처:http://antwrp.gsfc.nasa.gov/apod/ap020524.html)

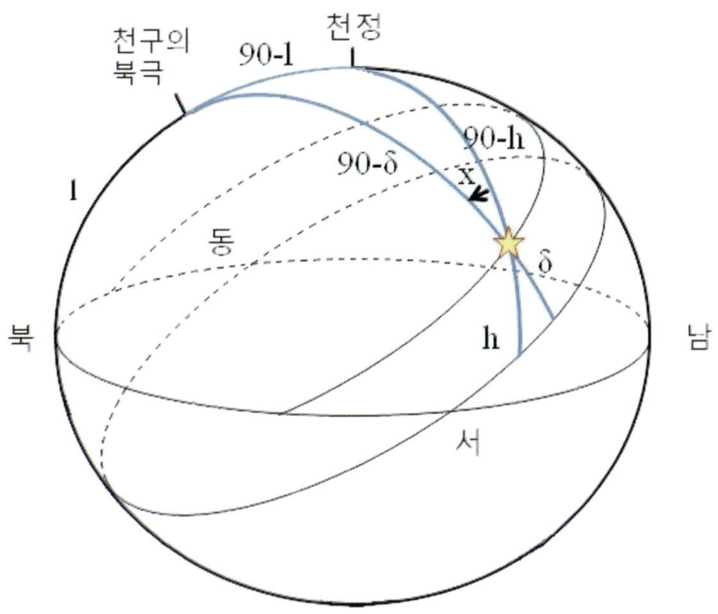

그림 1-3-24 지평 좌표계(l=위도, h=고도, δ=적위, x=천체가 기울어진 각도)

그림 1-3-24에서 달이 기울어진 각도 x를 구하기 위해서는 천구의 북극, 천정, 천체(달)를 꼭지점으로 하는 구면삼각형(파란색 삼각형)을 대상으로 코사인 법칙을 활용해주면 된다. 즉, 코사인 법칙에 의하면

$$\cos l = \sin h \sin\delta + \cos\delta \cos h \cos x$$

이고, 이를 x에 관하여 정리하면

$$\cos x = \left(\frac{\cos l - \sin h \sin\delta}{\cos\delta \cos h}\right)$$

$$\therefore x = \cos^{-1}\left(\frac{\cos l - \sin h \sin\delta}{\cos\delta \cos h}\right) \tag{25}$$

가 된다.

식 (25)를 사용하여 달의 위상을 그래프에 그릴 때 기울어진 각도까지 표현하도록 하자.

① 달의 위상을 그리는데 활용하기 위한 각도 −90° ~90° 를 10° 간격으로 입력해주고 나서 다시 이어서 90° ~−90° 를 입력해준다.

② y값인 $\sin\theta$를 각도 옆에 입력해준다. 고도 값을 더해주는 것은 나중 단계에서 따로 해주기 때문에 일단 아래 그림 1-3-25(1)과 같이 입력한다. 모든 값에 적용해준다.

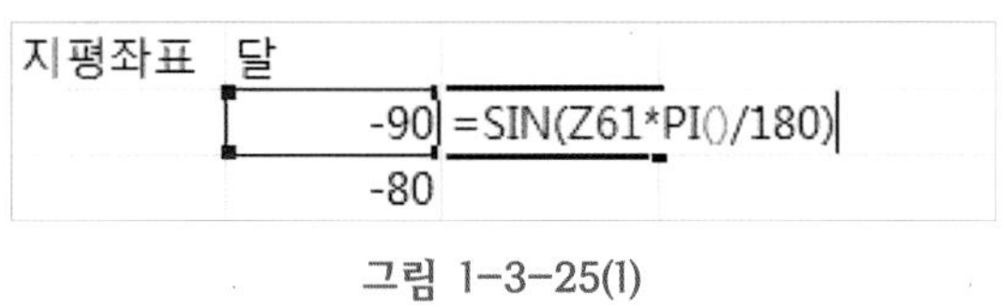

지평좌표	달	
	-90	=SIN(Z61*PI()/180)
	-80	

그림 1-3-25(1)

③ x값인 $\cos\theta$를 입력한다. 이각이 0° ~180° 일 경우의 외형선($\sin\theta$)과 180° ~360° 일 경우의 외형선($-\sin\theta$) 식을 모두 입력한다. 위상에 따른 변화되는 곡선의 식 역시 이각에 따라 입력한다. 그림 1-3-25(2)처럼 총 4개의 식을 입력해야한다. 그리고 나서 해당하는 범위의 모든 값에 적용시켜준다.

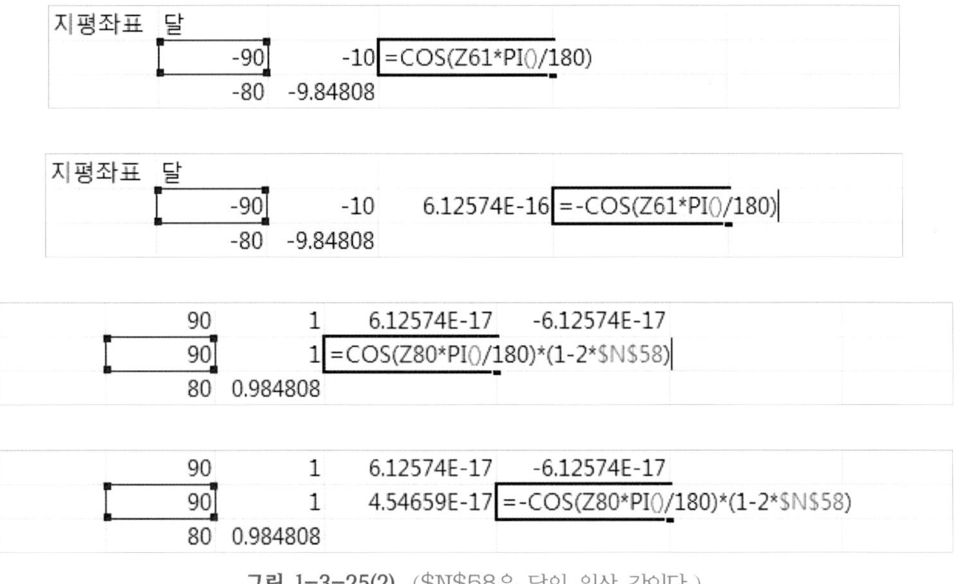

지평좌표	달		
	-90	-10	=COS(Z61*PI()/180)
	-80	-9.84808	

지평좌표	달			
	-90	-10	6.12574E-16	=-COS(Z61*PI()/180)
	-80	-9.84808		

90	1	6.12574E-17	-6.12574E-17
90	1	=COS(Z80*PI()/180)*(1-2*$N$58)	
80	0.984808		

90	1	6.12574E-17	-6.12574E-17
90	1	4.54659E-17	=-COS(Z80*PI()/180)*(1-2*$N$58)
80	0.984808		

그림 1-3-25(2) ($N$58은 달의 위상 값이다.)

④ IF 함수를 사용해 이각의 범위에 따라 불러들이는 값을 지정해준다(그림 1-3-25(3) 참조). 모든 값에 적용해준다.

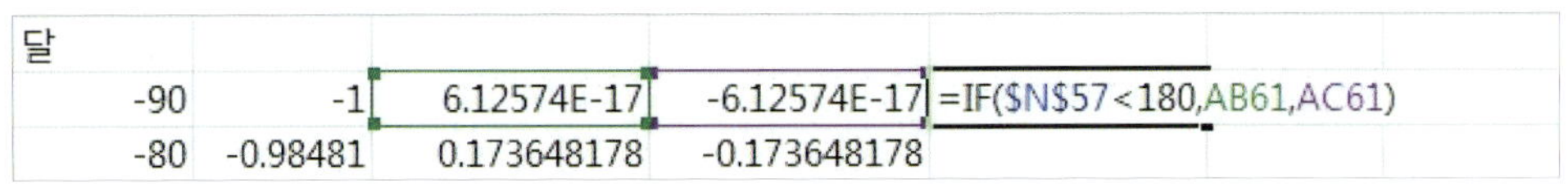

달				
-90	-1	6.12574E-17	-6.12574E-17	=IF($N$57<180,AB61,AC61)
-80	-0.98481	0.173648178	-0.173648178	

그림 1-3-25(3) ($N$57은 달의 이각이다.)

⑤ 이젠 달이 기울어진 각도(ψ)를 고려해줄 차례이다. 식 (25)를 이용하여 그림 1-3-25(4)와 같이 입력해준다. "=ACOS((SIN(위도)-SIN(고도)*SIN(적위))/(COS(고도)*COS(적위)))" 와 같이 적어주면 된다. 엑셀은 삼각함수를 계산할 때 각도를 라디안으로 받아들이므로 'PI()/180'을 곱해주는 것을 잊지 말자.

=ACOS((SIN($D$54)-SIN($O$56*PI()/180)*SIN($O$49*PI()/180))/(COS($O$56*PI()/180)*COS($O$49*PI()/180)))*180/PI()

달 Ψ

그림 1-3-25(4) ($D$54는 관측자의 위도, $O$56은 달의 고도, $O$49는 달의 적위 값이다.)

⑥ 식 (25)는 달이 기울어진 각도의 크기 값만 계산하는 식이다. 그런데 달이 뜰 때와 질 때의 경우 부호가 다른 것을 고려해줘야 한다. 달이 뜨고 있을 경우(북점 → 남점 : 방위각 0° ~180°)에는 양의 값을, 달이 지고 있을 경우(남점 → 북점 : 방위각 180° ~360°)에는 음의 값을 갖는다. 따라서 그림 1-3-25(5)와 같이 ⑤에서 계산하여 얻은 값의 음수 값도 따로 입력해준다.

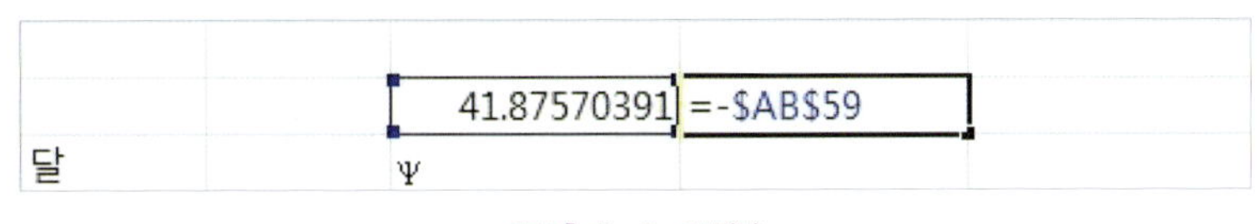

		41.87570391	=-$AB$59
달		Ψ	

그림 1-3-25(5)

⑦ IF 함수를 사용하여 방위각이 180° (북점에서 남점 사이에 달이 있을 경우에는 달이 뜨고 있는 상태이므로)보다 작을 경우는 양의 값을, 클 경우(남점에서 북점 사이에 달이 있으므로 지고 있는 상태)에는 음의 값을 취하도록 한다(그림 1-3-25(6) 참조).

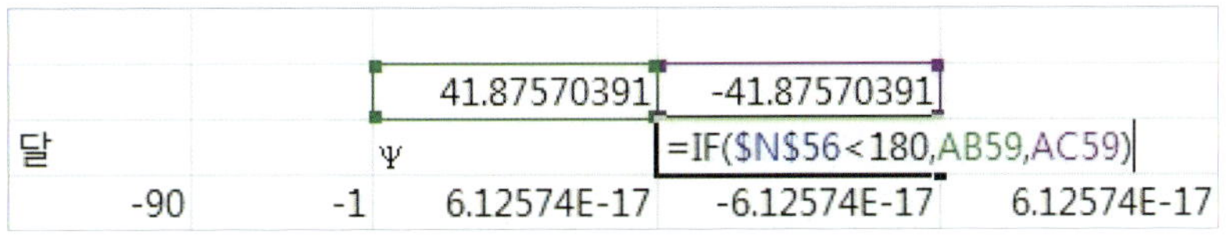

		41.87570391	-41.87570391	
달		Ψ	=IF($N$56<180,AB59,AC59)	
-90	-1	6.12574E-17	-6.12574E-17	6.12574E-17

그림 1-3-25(6) ($N$56은 달의 방위각이다.)

⑧ 달이 기울어진 각도 값을 얻었을 경우의 새로운 x좌표(x')와 y좌표(y') 값은 다음과 같다.

$$x' = x\cos(\psi) - y\sin(\psi)$$

$$y' = x\sin(\psi) + y\cos(\psi) \tag{26}$$

여기서 x값은 방위각의 값만큼 평행이동을 해야 하고, y값은 고도 값만큼 평행이동을 시켜줘야 한다. 그림 1-3-25(7)과 같이 식 (26)에 방위각과 고도 값을 더해주는 계산식을 입력해준다. 모든 값에 적용해준다.

그림 1-3-25(7) ($N$56은 달의 방위각, $O$56은 달의 고도이다.)

⑨ 그림 1-3-15(13)에 위에서 얻은 x값과, y값을 불러들여 추가해 그려 넣어 주면, 그림 1-3-25(8)과 같이 방위각, 고도 그래프에도 달의 위상이 표시됨과 동시에 달의 기울어진 모습까지 표현해줄 수 있다.

그림 1-3-25(8) 2009년 6월 30일 오후 10경의 천체의 방위각, 고도 정보와 달과 금성의 위상. 달의 위상이 기울어진 모습을 함께 확인할 수 있다.

PART 2

과학수치해석 응용

Chapter 1

과학과 관련된 미분방정식 해법

1. 미분방정식 해법

1차 미분방정식 $\frac{dy}{dt} = f(y, t)$를 푸는 가장 쉬운 방법은 Euler 방법이다. 이 방법은 다음과 같다. 즉, $h \ll 1$일 때

$$y(t+h) = y(t) + h\frac{dy}{dt} + \frac{h^2}{2!}\frac{d^2y}{dt^2} + \cdots \quad (1)$$

이기에 $y_i = y(t_i)$이라하고, $t_{i+1} = t_i + h$이라하면 첫 번째 근사로

$$y_{i+1} = y_i + hf(y_i, t_i),\ i = 0, 1, 2, 3, \cdots \quad (2)$$

이 된다. 이 해법은 h가 작으면 해석학적인 해와 비교하여 오차가 작다. 그러나 반복 계산을 할수록 이 오차가 커진다. 이를 줄이기 위해 근사항을 늘리면 식이 복잡해진다.

h가 상대적으로 크더라도 해석학적인 해와 거의 오차가 없도록 하는 해법이 Runge-Kutta 방법이다. 이는 (2)식 대신에

$$y_{i+1} = y_i + \frac{h}{6}(k_1 + 2k_2 + 2k_3 + k_4) \quad i = 0, 1, 2, 3, \cdots \quad (3)$$

$$k_1 = f(t_i, y_i)$$

$$k_2 = f(t_i + \frac{1}{2}h, y_i + \frac{1}{2}k_1 h)$$

$$k_3 = f(t_i + \frac{1}{2}h, y_i + \frac{1}{2}k_2 h)$$

$$k_4 = f(t_i + h, y_i + k_3 h)$$

를 사용한다. 이때의 초기 조건은 $t = t_0$, $y = y_0$이다.

이 방법으로 다차 연립 미분방정식인

$$\frac{dy_1}{dt} = f_1(y_1, y_2, y_3, \cdots, t)$$

$$\frac{dy_2}{dt} = f_2(y_1, y_2, y_3, \cdots, t)$$

$$\frac{dy_3}{dt} = f_3(y_1, y_2, y_3, \cdots, t)$$

$$\vdots$$

을 푸는 방법은

$$y_{i+1,1} = y_{i,1} + \frac{h}{6}(k_{1,1} + 2k_{2,1} + 2k_{3,1} + k_{4,1})$$

$$y_{i+1,2} = y_{i,1} + \frac{h}{6}(k_{1,2} + 2k_{2,2} + 2k_{3,2} + k_{4,2})$$

$$y_{i+1,3} = y_{i,3} + \frac{h}{6}(k_{1,3} + 2k_{2,3} + 2k_{3,3} + k_{4,3})$$

$$\vdots$$

이다. 여기서

$$k_{1,1} = f_1(t_i, y_{i,1}, y_{i,2}, y_{i,3}, \cdots)$$

$$k_{1,2} = f_2(t_i, y_{i,1}, y_{i,2}, y_{i,3}, \cdots)$$

$$k_{1,3} = f_3(t_i, y_{i,1}, y_{i,2}, y_{i,3}, \cdots)$$

$$\vdots$$

$$k_{2,1} = f_1(t_i + \frac{1}{2}h,\ y_{i,1} + \frac{1}{2}k_{1,1}h,\ y_{i,2} + \frac{1}{2}k_{1,2}h,\ y_{i,3} + \frac{1}{2}k_{1,3}h, \cdots)$$

$$k_{2,2} = f_2(t_i + \frac{1}{2}h,\ y_{i,1} + \frac{1}{2}k_{1,1}h,\ y_{i,2} + \frac{1}{2}k_{1,2}h,\ y_{i,3} + \frac{1}{2}k_{1,3}h, \cdots)$$

$$k_{2,3} = f_3(t_i + \frac{1}{2}h,\ y_{i,1} + \frac{1}{2}k_{1,1}h,\ y_{i,2} + \frac{1}{2}k_{1,2}h,\ y_{i,3} + \frac{1}{2}k_{1,3}h, \cdots)$$

$$\vdots$$

$$k_{3,1} = f_1(t_i + \frac{1}{2}h,\ y_{i,1} + \frac{1}{2}k_{2,1}h,\ y_{i,2} + \frac{1}{2}k_{2,2}h,\ y_{i,3} + \frac{1}{2}k_{2,3}h, \cdots)$$

$$k_{3,2} = f_2(t_i + \frac{1}{2}h,\ y_{i,1} + \frac{1}{2}k_{2,1}h,\ y_{i,2} + \frac{1}{2}k_{2,2}h,\ y_{i,3} + \frac{1}{2}k_{2,3}h, \cdots)$$

$$k_{3,3} = f_3(t_i + \frac{1}{2}h,\ y_{i,1} + \frac{1}{2}k_{2,1}h,\ y_{i,2} + \frac{1}{2}k_{2,2}h,\ y_{i,3} + \frac{1}{2}k_{2,3}h, \cdots)$$

$$\vdots$$

$$k_{4,1} = f_1(t_i + h,\ y_{i,1} + k_{3,1}h,\ y_{i,2} + k_{3,2}h,\ y_{i,3} + k_{3,3}h, \cdots)$$
$$k_{4,2} = f_2(t_i + h,\ y_{i,1} + k_{3,1}h,\ y_{i,2} + k_{3,2}h,\ y_{i,3} + k_{3,3}h, \cdots)$$
$$k_{4,3} = f_3(t_i + h,\ y_{i,1} + k_{3,1}h,\ y_{i,2} + k_{3,2}h,\ y_{i,3} + k_{3,3}h, \cdots)$$

$$\vdots$$

이다. 이 방법을 이용하면 2차 미분방정식도 풀 수 있다. 예를 들면 질량이 M인 천체가 x, y좌표의 원점에 위치해 있으며, 이 천체의 중력장에서 운동하는 천체 $m(\ll M)$은 근사적으로

$$m\vec{a} = -\frac{GMm}{r^2}\hat{r}$$

의 운동방정식을 만족한다. 이 방정식은 r, θ 방향으로 각각

$$\frac{d^2r}{dt^2} = -\frac{\mu}{r^2} + \frac{\ell^2}{r^3} \tag{4}$$

$$\frac{d\theta}{dt} = \frac{\ell}{r^2} \tag{5}$$

이다. 그런데 (4)식은 다시 2개의 연립방정식으로 다음과 같이

$$\frac{dv}{dt} = -\frac{\mu}{r^2} + \frac{\ell^2}{r^3} \tag{6}$$

$$\frac{dr}{dt} = v \tag{7}$$

로 나눌 수 있다. 여기서 $\mu = GM$, ℓ은 단위 질량 당 각 운동량이다. 이제 (5), (6), (7)식에서

$$f_1 = \frac{\ell}{r^2}$$

$$f_2 = -\frac{\mu}{r^2} + \frac{\ell^2}{r^3}$$

$$f_3 = v$$

이다. (3)식과 같은 Runge-Kutta 방법을 이용하면,

$$k_{1,1} = f_1(t_i, y_{i,1}, y_{i,2}, y_{i,3}, \cdots) = \frac{\ell}{r_1^2}$$

$$k_{1,2} = f_2(t_i, y_{i,1}, y_{i,2}, y_{i,3}, \cdots) = -\frac{\mu}{r_1^2} + \frac{\ell}{r_1^3}$$

$$k_{1,3} = f_3(t_i, y_{i,1}, y_{i,2}, y_{i,3}, \cdots) = v_1$$

$$k_{2,1} = f_1(t_i + \frac{1}{2}h,\ y_{i,1} + \frac{1}{2}k_{1,1}h,\ y_{i,2} + \frac{1}{2}k_{1,2}h,\ y_{i,3} + \frac{1}{2}k_{1,3}h, \cdots)$$
$$= \frac{\ell}{(r_1 + 0.5k_{1,3}h)^2}$$

$$k_{2,2} = f_2(t_i + \frac{1}{2}h,\ y_{i,1} + \frac{1}{2}k_{1,1}h,\ y_{i,2} + \frac{1}{2}k_{1,2}h,\ y_{i,3} + \frac{1}{2}k_{1,3}h, \cdots)$$
$$= -\frac{\mu}{(r_1 + 0.5k_{1,3}h)^2} + \frac{\ell}{(r_1 + 0.5k_{1,3}h)^3}$$

$$k_{2,3} = f_3(t_i + \frac{1}{2}h,\ y_{i,1} + \frac{1}{2}k_{1,1}h,\ y_{i,2} + \frac{1}{2}k_{1,2}h,\ y_{i,3} + \frac{1}{2}k_{1,3}h, \cdots)$$
$$= v_1 + 0.5k_{1,2}h$$

$$k_{3,1} = f_1(t_i + \frac{1}{2}h,\ y_{i,1} + \frac{1}{2}k_{2,1}h,\ y_{i,2} + \frac{1}{2}k_{2,2}h,\ y_{i,3} + \frac{1}{2}k_{2,3}h, \cdots)$$
$$= \frac{\ell}{(r_1 + 0.5k_{2,3}h)^2}$$

$$k_{3,2} = f_2(t_i + \frac{1}{2}h,\ y_{i,1} + \frac{1}{2}k_{2,1}h,\ y_{i,2} + \frac{1}{2}k_{2,2}h,\ y_{i,3} + \frac{1}{2}k_{2,3}h, \cdots)$$

$$= -\frac{\mu}{(r_1 + 0.5k_{2,3}h)^2} + \frac{\ell}{(r_1 + 0.5k_{2,3}h)^3}$$

$$k_{3,3} = f_3(t_i + \frac{1}{2}h,\ y_{i,1} + \frac{1}{2}k_{2,1}h,\ y_{i,2} + \frac{1}{2}k_{2,2}h,\ y_{i,3} + \frac{1}{2}k_{2,3}h, \cdots)$$

$$= v_1 + 0.5k_{2,2}h$$

$$k_{4,1} = f_1(t_i + h,\ y_{i,1} + k_{3,1}h,\ y_{i,2} + k_{3,2}h,\ y_{i,3} + k_{3,3}h, \cdots) = \frac{\ell}{(r_1 + 0.5k_{3,3}h)^2}$$

$$k_{4,2} = f_2(t_i + h,\ y_{i,1} + k_{3,1}h,\ y_{i,2} + k_{3,2}h,\ y_{i,3} + k_{3,3}h, \cdots)$$

$$= -\frac{\mu}{(r_1 + 0.5k_{3,3}h)^2} + \frac{\ell}{(r_1 + 0.5k_{3,3}h)^3}$$

$$k_{4,3} = f_3(t_i + h,\ y_{i,1} + k_{3,1}h,\ y_{i,2} + k_{3,2}h,\ y_{i,3} + k_{3,3}h, \cdots) = v_1 + 0.5k_{3,2}h$$

$$\theta_{i+1,1} = \theta_{i,1} + \frac{h}{6}(k_{1,1} + 2k_{2,1} + 2k_{3,1} + k_{4,1})$$

$$v_{i+1,2} = v_{i,1} + \frac{h}{6}(k_{1,2} + 2k_{2,2} + 2k_{3,2} + k_{4,2})$$

$$r_{i+1,3} = r_{i,3} + \frac{h}{6}(k_{1,3} + 2k_{2,3} + 2k_{3,3} + k_{4,3})$$

이 된다. $\mu = 1$, $\ell = 0.9$, $v_0 = 0$, $\theta_0 = 0$, $r_0 = 1$ 경우를 그림 2-1-1에서 볼 수 있다. 이 경우 단위질량 당 총에너지는 -0.595이고, 이심률은 0.19이다. 따라서 그림 2-1-1의 천체는 타원 궤도를 보여 준다. 반복 계산하는 동안 총에너지와 이심률의 변화가 거의 없음을 볼 수 있다. 그림 2-1-1에서 J~U 열에서는 각 k값들을 계산하였고, V, W, X 열에서는 θ, v, r의 값을 각각 계산하였다. 그리고 $x = r\cos\theta$, $y = r\sin\theta$을 계산하여 운동의 궤적을 그리게 된다. 단위 질량 당 총에너지와 이심률은 각각

$$E = \frac{1}{2}v_r^2 + \frac{1}{2}\frac{\ell^2}{r^2} - \frac{\mu}{r}$$

$$e = \sqrt{1 + \frac{2E\ell^2}{\mu^2}}$$

이다. 그림 2-1-1의 Euler 방법과 Runge-Kutta 방법을 비교하여보면 Euler 방법이 계산 오차가 크다. 그림 2-1-2와 2-1-3의 총에너지와 이심률의 변화도 그 변화폭이 크다. 따라서 일정한 시간 간격 내의 계산을 빨리 보다 정확하게 하기에는 Runge-Kutta 방법이 바람직하다. 그림 2-1-4는 $\mu = 1$, $\ell = \sqrt{2}$, $v_0 = 0$, $\theta_0 = 0$, $r_0 = 1$ 인 포물선 궤도를 두 방법으로 비교한 것이다. 역시 Euler 방법이 오차가 크다.

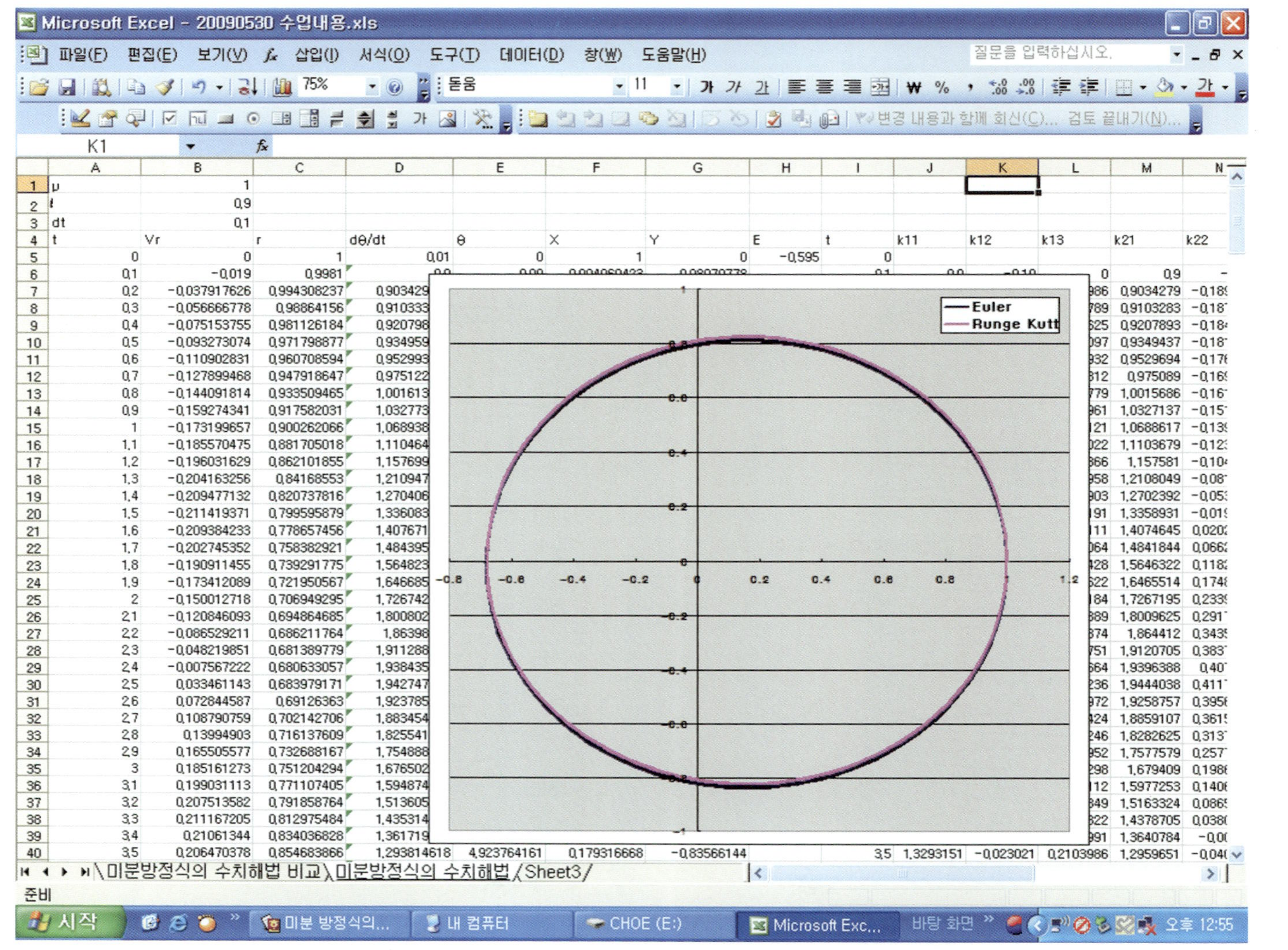

그림 2-1-1 중력장에서의 물체의 운동($\mu = 1$, $\ell = 0.9$, $v_0 = 0$, $\theta_0 = 0$, $r_0 = 1$)

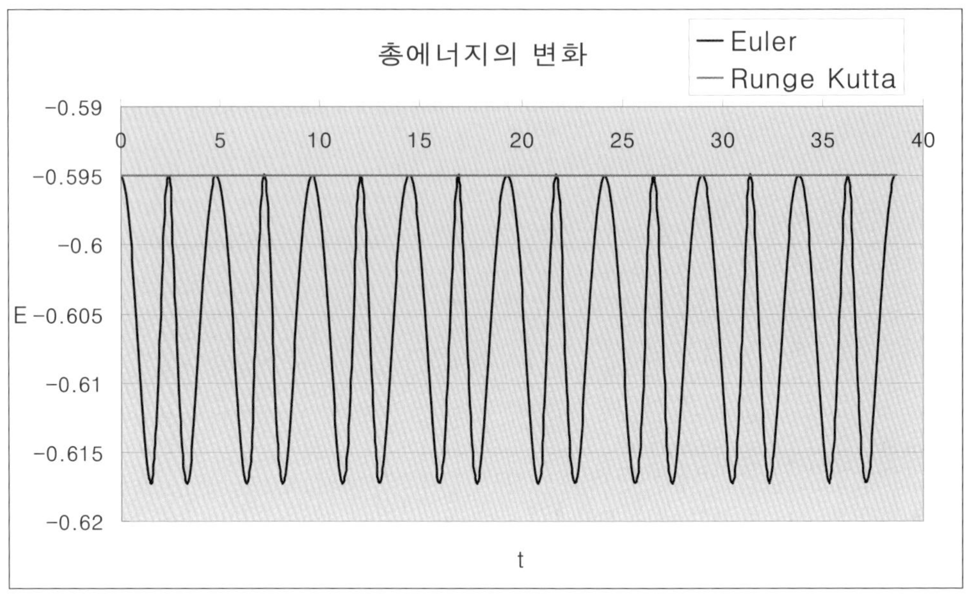

그림 2-1-2 그림 2-1-1의 운동 궤적에서 총에너지의 변화

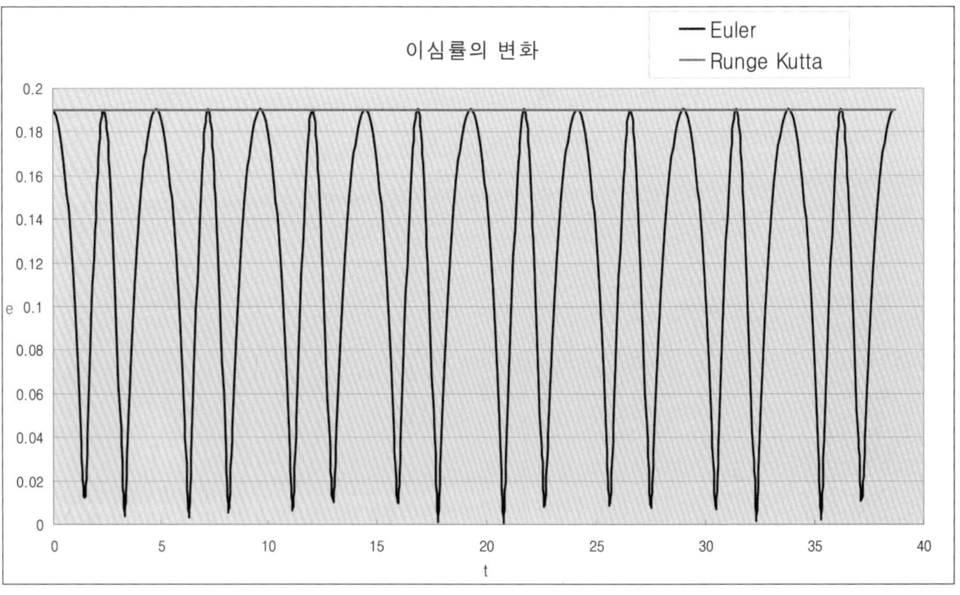

그림 2-1-3 그림 2-1-1의 운동 궤적에서 이심률의 변화

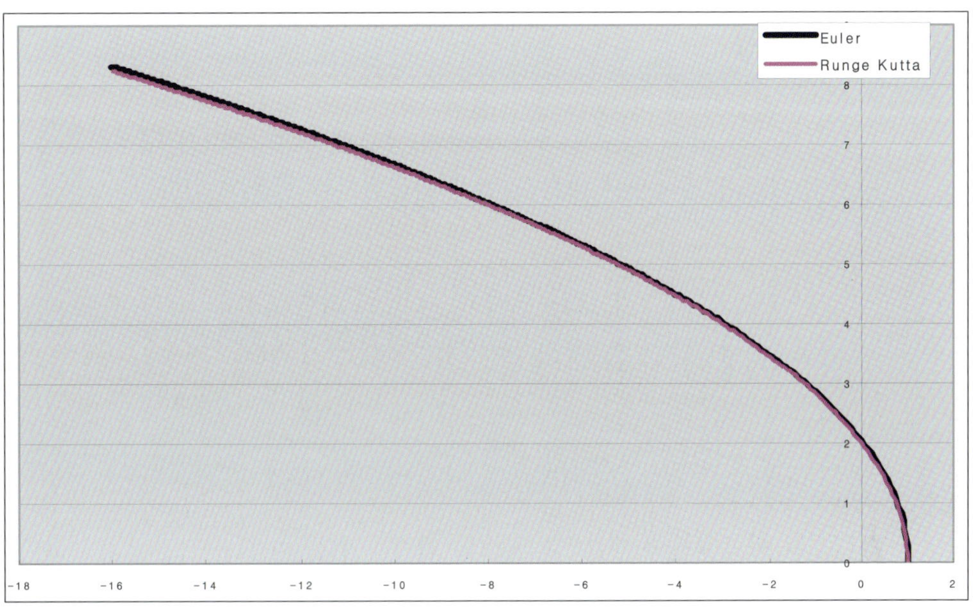

그림 2-1-4 $\mu=1, \ell=\sqrt{2}, v_0=0, \theta_0=0, r_0=1$ 인 경우의 포물선 운동 비교

2. 화학 반응

화학에서의 어떤 반응은 아래와 같이 중간에 어떤 원소를 생성하는데, 그 원소가 다시 붕괴하여 계속해서 다른 원소가 만들어지는 반응이 있다.

$$\mathrm{A} \xrightarrow{k_a} \mathrm{B} \xrightarrow{k_b} \mathrm{C}$$

이러한 반응 중에 유명한 것이

$$^{239}\mathrm{U} \xrightarrow{23.5\ \mathrm{min}} {}^{239}\mathrm{Np} \xrightarrow{2.35\ \mathrm{days}} {}^{239}\mathrm{Pu}$$

이다. 위 반응에서 시간은 그 원소의 반감기이다.

이러한 반응을 식으로 나타내면

$$\frac{d[A]}{dt} = -k_a[A]$$

$$\frac{d[B]}{dt} = k_a[A] - k_b[B]$$

$$\frac{d[C]}{dt} = -k_b[B]$$

가 된다. 이러한 방정식의 해석학적 해는

$$[A] = [A]_0 e^{-k_a t}$$

$$[B] = \frac{k_a}{k_b - k_a} \times (e^{-k_a t} - e^{-k_b t})[A]_0$$

$$[C] = \left\{1 + \frac{k_a e^{k_b t} - k_b e^{-k_a t}}{k_b - k_a}\right\}[A]_0$$

$$[A] + [B] + [C] = [A]_0$$

$$\frac{d[B]}{dt} = \frac{-k_a[A]_0(k_a e^{-k_a t} - k_b e^{-k_b f})}{k_b - k_a}$$

가 된다. $k_a = 1, k_b = 0.5$, $A_o = 1, \Delta t = 0.05\Delta$ 일 때, 이 반응을 Euler 방법으로 수치해석학적으로 풀면(점선) 그림 2-1-5과 같다. 해석학적인 해(실선)와 거의 동일하다. [B]원소의 생성률이 감소하다 어느 시점에 가면 [B]원소가 [C]원소로 급격히 전환되어 $\frac{d[B]}{dt} < 0$이 된다. 즉, [B]원소의 양이 최대가 되었다 감소한다.

$k_b \gg k_a$일 때 시간이 길어지면

$$\frac{[B]}{[A]} = \frac{k_a(1 - e^{(k_a - k_b)t})}{k_b - k_a} = \frac{k_a}{k_b - k_a}$$

가 되고, $\frac{d[B]}{dt} = 0$이 된다(그림 2-1-6 참조).

어떤 반응이 $A \underset{k_{-1}}{\overset{k_1}{\rightleftarrows}} B \xrightarrow{k_2} P$ 이라면,

$$\frac{d[A]}{dt} = -k_a[A] + k_{-a}[B]$$

$$\frac{d[B]}{dt} = k_a[A] - k_{-a}[B] - k_b[B]$$

$$\frac{d[C]}{dt} = k_b[B]$$

$$[A] + [B] + [C] = [A]_o$$

가 되는데, $k_b \ll k_a$ 일 때에는 $k_a[A] = k_{-a}[B]$가 된다(그림 2-1-7 참조).

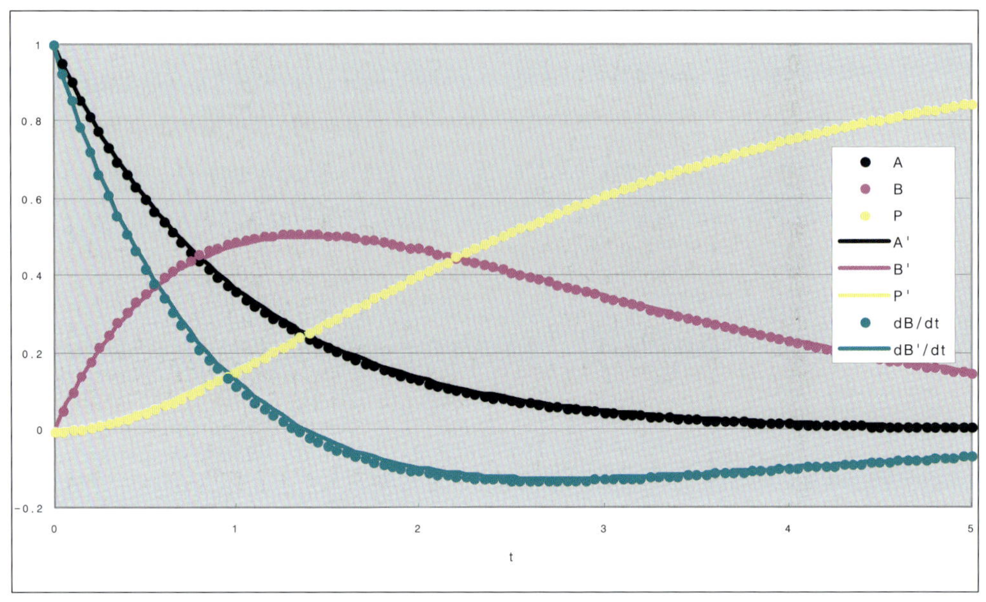

그림 2-1-5 화학 반응 A → B → C

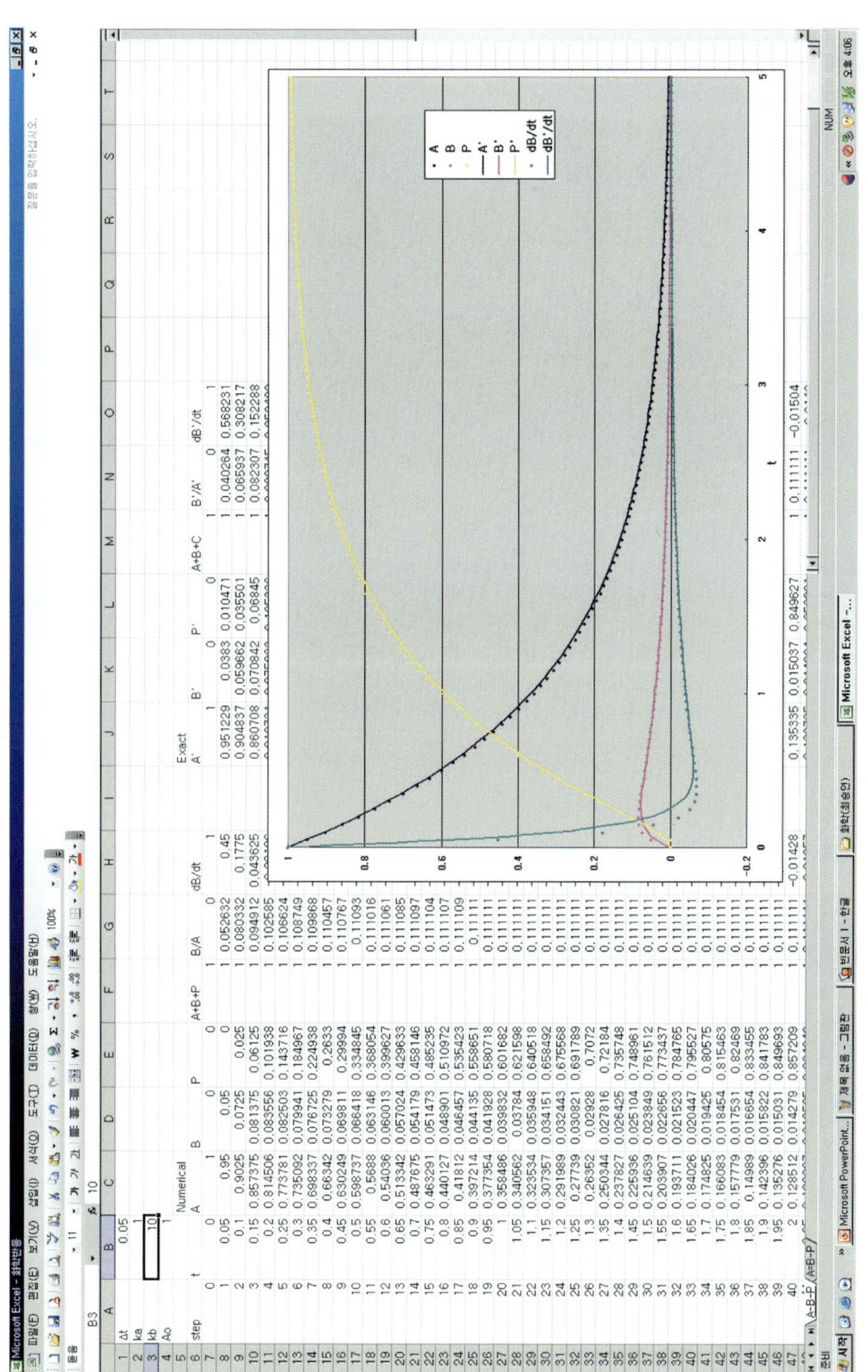

그림 2-1-6 $k_b \gg k_a$ 일 때의 A → B → C 반응

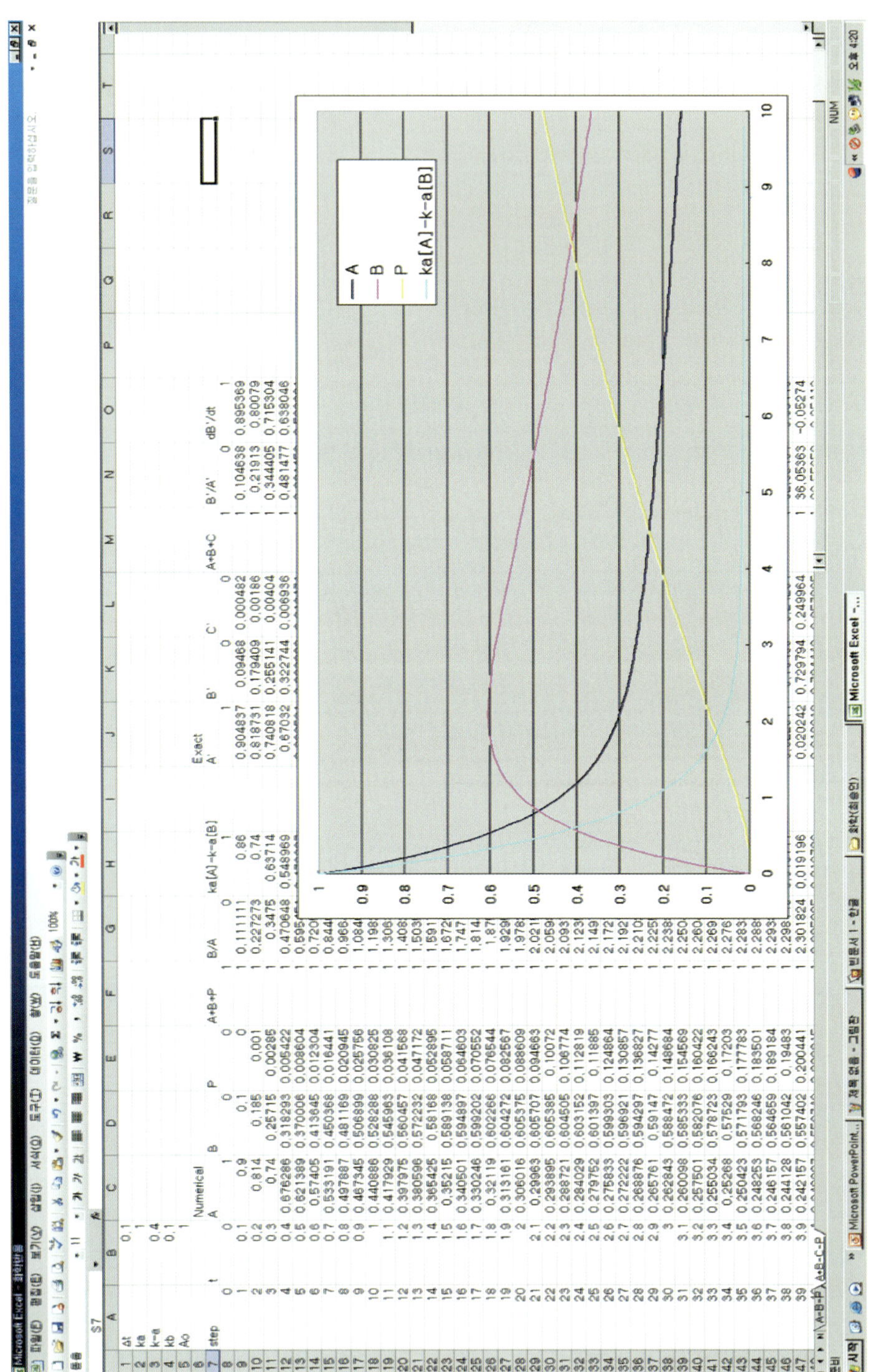

그림 2-1-7 $k_b \gg k_a$ 일 때에는 $k_a[A] = k_{-a}[B]$가 된다.

3. Lotka - Volterra 방정식

이 방정식은 포식자(C)와 피식자(H) 사이의 개체수의 변화를 나타내는 방정식으로 아래 방정식에서 오른쪽의 첫 번째 항은 피식자 혹은 포식자의 증가를 나타내고 두 번째 항은 감소를 나타낸다.

$$\frac{dH}{dt} = aH - bHC$$

$$\frac{dC}{dt} = cbHC - mC$$

여기서 a는 포식자가 없을 때, 피식자 하나당 증가율이고, b는 포식자에 의한 피식자의 감소율이다. c는 피식자 덕분에 증가하는 포식자 하나 당 증가율이고, m은 포식자의 사망률이다. 만약 $\frac{dH}{dt} = \frac{dC}{dt} = 0$이면, $C = \frac{a}{b}$, $H = \frac{m}{bc}$인 평형 상태에 이른다. 그림 2-1-8은 a=0.4, b=0.01, c=0.2, m=0.09인 경우에 포식자와 피시자의 개체 수 변화이다. t=0일 때, 개체 수가 각각 피식자가 70, 포식자가 20이었으나 시간이 지남에 따라 개체 수는 그림 2-1-8의 왼쪽 그림과 같이 변화하고, 오른쪽 그림과 같이 H와 C의 관계는 폐곡선을 그린다. 변화의 평형은 H=45, C=40으로 그림 2-1-8의 오른쪽 그림에 점으로 표시되었다.

종의 개수가 N 개인 경우의 방정식은

$$\frac{dx_i}{dt} = r_i x_i \left(1 - \sum_{j=1}^{N} a_{ij} x_j\right)$$

가 된다. 여기서 r_i는 개체 i의 증가율이고, α_{ij}는 개체 i가 개체 j와 관계하여 감소되는 율이다. 이제 그 값이 아래와 같을 때

$$r_i = \begin{bmatrix} 1 \\ 0.72 \\ 1.53 \\ 1.27 \end{bmatrix} \quad a_{ij} = \begin{bmatrix} 1 & 1.09 & 1.52 & 0 \\ 0 & 1 & 0.44 & 1.36 \\ 2.33 & 0 & 1 & 0.47 \\ 1.21 & 0.51 & 0.35 & 1 \end{bmatrix}$$

x_i의 변화는 그림 2-1-9와 같다. 이러한 변화는 비선형으로 변한다.

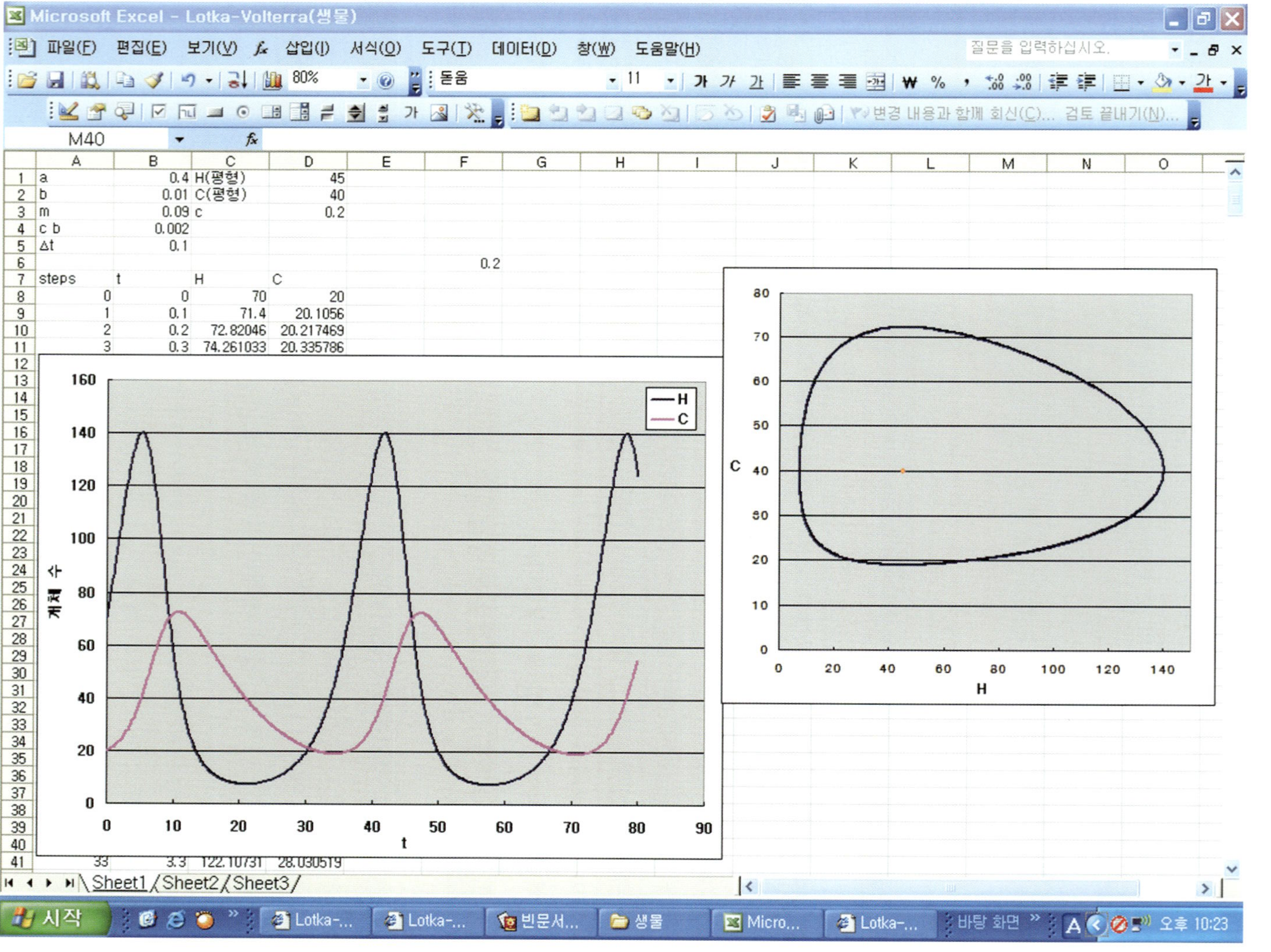

그림 2-1-8 포식자와 피식자의 관계

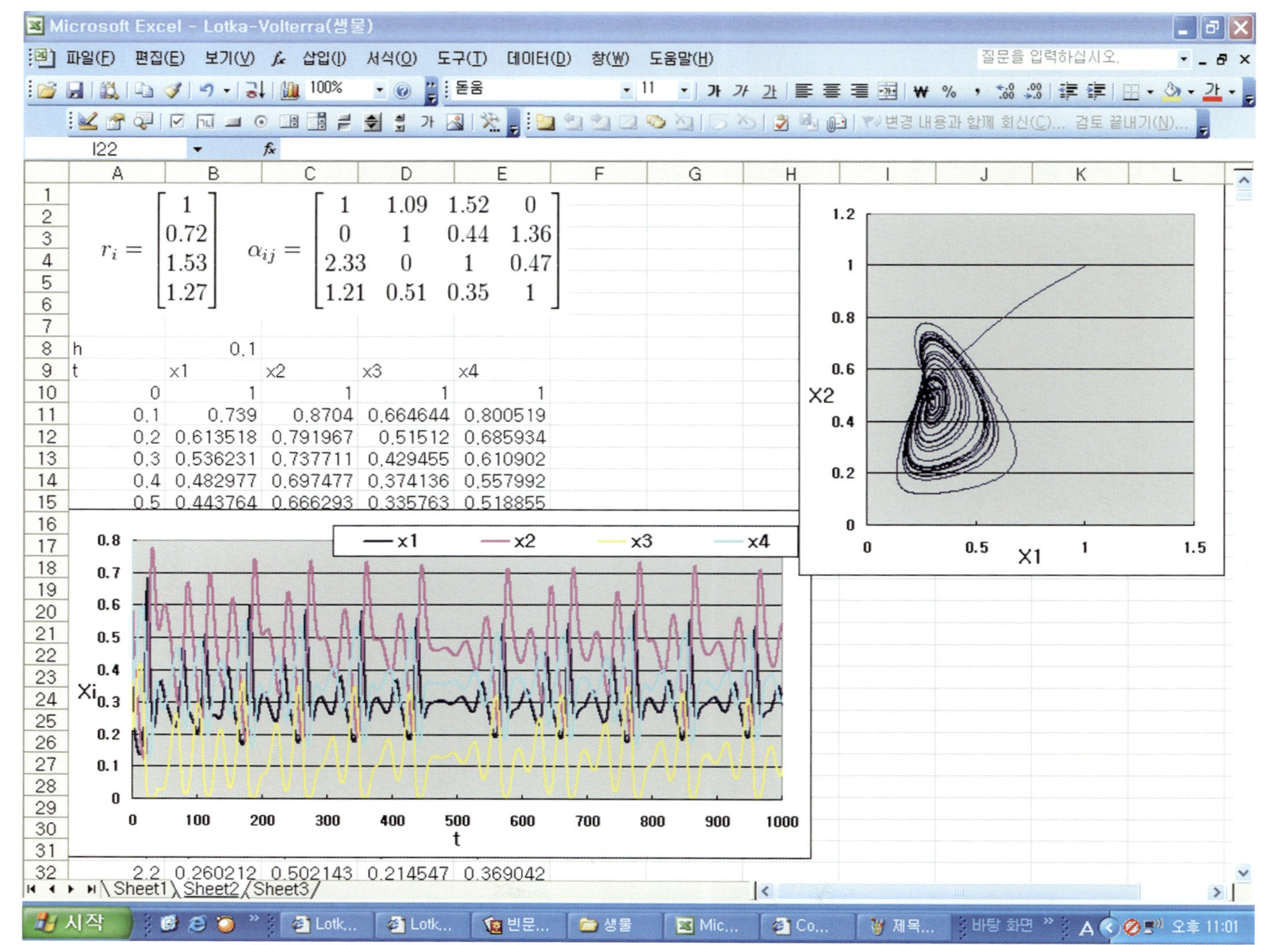

그림 2-1-9 4 개체종 사이의 개체수 변화

어떤 동물의 종은

$$\frac{dP}{dt} = kP\left(1 - \frac{P}{N}\right)\left(\frac{P}{M} - 1\right) - E$$

를 만족하는 개체수의 변화를 보인다. 여기서 k, N, M, E는 상수이며, 특별히 E는 이민률을 가리킨다. $k=1$, $N=200$, $M=2$, $E=0$일 때의 개체수의 변화를 그림 2-1-10에 나타내었다. 이민률 E에 따라 개체수의 변화가 증가하기도 하고, 감소하기도 한다. 특별히

$$E = kP\left(1 - \frac{P}{N}\right)\left(\frac{P}{M} - 1\right)$$

인 경우, 분지(bifurcation)가 보인다.

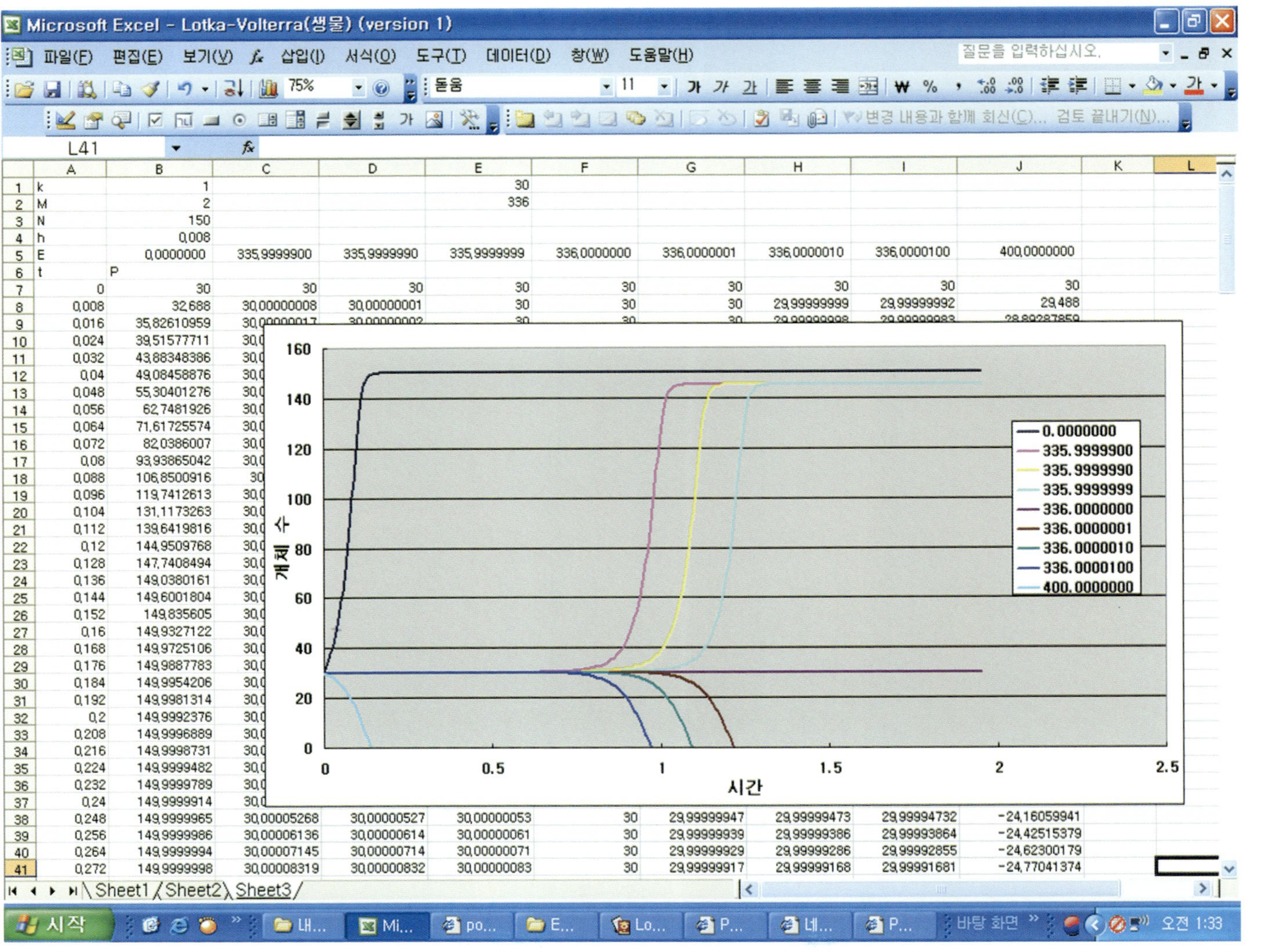

그림 2-1-10 이민률에 따른 개체수의 변화, 분지를 보이는 이민률이 있다.

Chapter 2

동력학적 접근

1. 혜성의 동력학적 운동 - 목자위성, 행성과의 조우

혜성의 질량은 태양계 내의 태양과 행성들의 질량에 비하여 아주 작기 때문에 거의 무시한다. 또한 태양의 질량은 목성 질량의 거의 1000배정도나 되고 다른 행성들의 질량에 비해서도 아주 크기 때문에 태양은 거의 움직이지 않는다고 가정한다. 혜성의 운동을 다루는 운동방정식은 태양만을 고려한다면

$$\vec{a} = -\frac{\mu}{r^2}\hat{r} \tag{1}$$

이 된다. 여기서 $\mu = GM_{\odot}$ 이다. 그리고 태양은 원점에 위치해 있다. 이를 $(x,\ y,\ z)$ 좌표로 바꾸면,

$$\begin{aligned} \ddot{x} &= -\frac{\mu x}{(x^2+y^2+z^2)^{3/2}} \\ \ddot{y} &= -\frac{\mu y}{(x^2+y^2+z^2)^{3/2}} \\ \ddot{z} &= -\frac{\mu z}{(x^2+y^2+z^2)^{3/2}} \end{aligned} \tag{2}$$

이다. 그러나 우리가 다른 행성 하나를 더 고려하면, (2)식은 조금 더 복잡해진다.

우선 그 행성이 현재 (x_1, y_1, z_1) 위치해 있으면 (2)식을 이용하여 시간에 따른 위치를 (3)식으로 구할 수 있다.

$$\ddot{x}_1 = -\frac{\mu x_1}{(x_1^2 + y_1^2 + z_1^2)^{3/2}}$$

$$\ddot{y}_1 = -\frac{\mu y_1}{(x_1^2 + y_1^2 + z_1^2)^{3/2}} \qquad (3)$$

$$\ddot{z}_1 = -\frac{\mu z_1}{(x_1^2 + y_1^2 + z_1^2)^{3/2}}$$

이와 함께 혜성의 위치는

$$\ddot{x} = -\frac{\mu x}{(x^2 + y^2 + z^2)^{3/2}} - \frac{\mu_1 (x - x_1)}{\left((x - x_1)^2 + (y - y_1)^2 + (z - z_1)^2\right)^{3/2}}$$

$$\ddot{y} = -\frac{\mu y}{(x^2 + y^2 + z^2)^{3/2}} - \frac{\mu_1 (y - y_1)}{\left((x - x_1)^2 + (y - y_1)^2 + (z - z_1)^2\right)^{3/2}} \qquad (4)$$

$$\ddot{z} = -\frac{\mu z}{(x^2 + y^2 + z^2)^{3/2}} - \frac{\mu_1 (z - z_1)}{\left((x - x_1)^2 + (y - y_1)^2 + (z - z_1)^2\right)^{3/2}}$$

로 계산된다. 계산 중 분모가 0이 되는 것을 방지하기 위해 운동을 묘사하는데, 그리 큰 영향을 미치지 않도록 분모의 괄호 안에 $\epsilon = 0.001$의 값을 넣는 경우도 있다.

그림 2-2-1은 $\mu = 1$, $\mu_1 = 0.001$인 경우에 $\Delta t = 0.1$로 하여 $t = 365.1$까지 계산한 것이다. 목성의 초기 위치는 (5.2, 0)이고, 초기 속도는 (0, $\frac{1}{\sqrt{5.2}}$)이다. 혜성의 초기 위치는 (5, 5)이고 초기 속도는(−0.1, −0.3)이다. 그림 2-2-2는 목성에 대한 혜성의 상대 위치를 그린 그림이다.

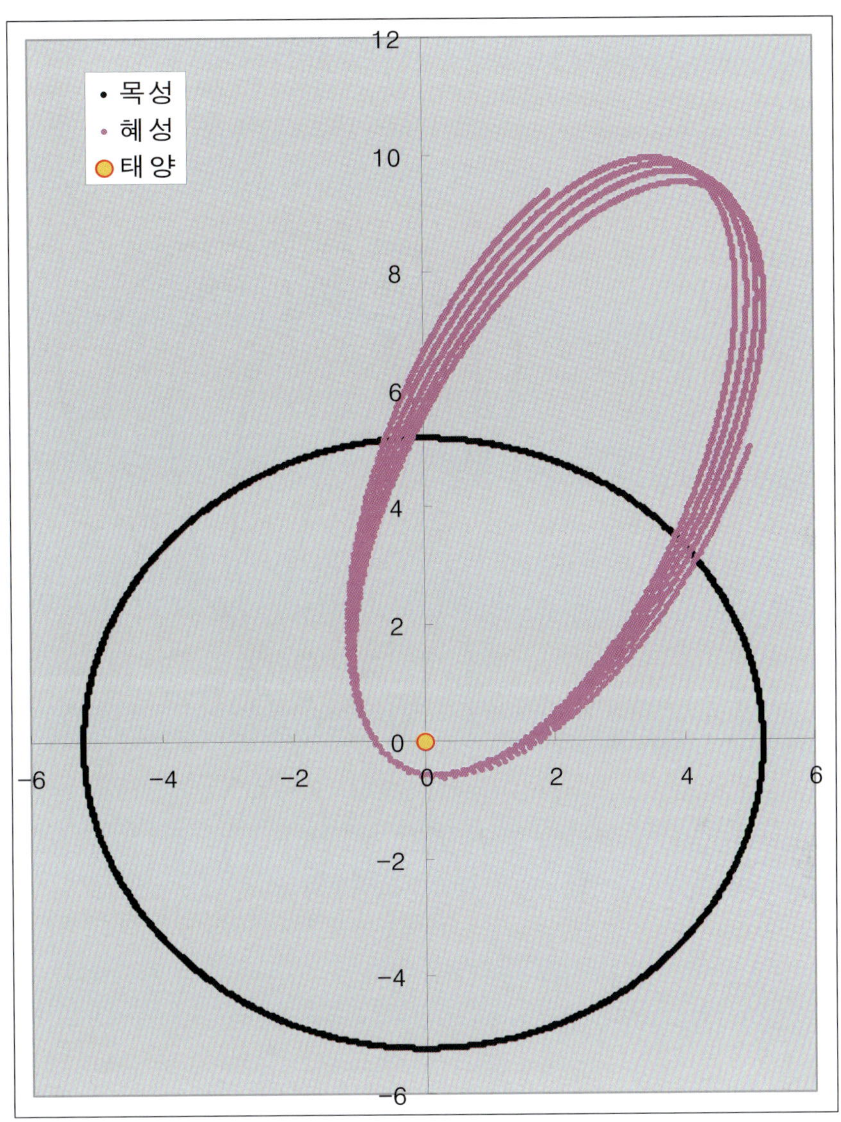

그림 2-2-1 목성과 혜성의 운동

그림 2-2-2 목성에 대한 혜성의 상대 운동

1.1 목자 위성

행성의 고리 사이에서 몇 개의 위성들이 발견되는데, 이러한 위성들 사이로 고리가 모아짐을 관측하게 된다. 이러한 위성을 목자 위성이라 부르는데, 목자라 부르는 것은 마치 목동 혹은 목자가 소떼나 양떼를 일정한 방향으로 몰듯이 고리에 있는 입자들을 그 사이로 몰기 때문이다. 이러한 현상을 시뮬레이션한 것이 그림 2-2-3이다.

이 시뮬레이션에서는 $\mu = 1$, $\mu_1 = 0.00001$, $\mu_2 = 0.00001$로 놓았으며, $\Delta t = 0.01$로 계산하였다. 입자의 질량은 무시하였다. 그림 2-2-3에서 목자 위성 1이 가장 빨리 공전하고, 바깥으로 갈수록 늦게 공전한다. 따라서 목자 위성 1은 입자 1보다 앞서고, 목자 위성 2는 뒤처진다. 그러나 목자 위성 1에 의한 인력이 목자 위성 2에 대한 인력보다 크기에 입자 1의 속력은 증가함에 원심력이 커져, 입자 1은 바깥으로 돌게된다. 대신 입자 2는 목자 위성 2에 대한 인력이 더 커져 속력이 줄면, 원심력이 줄어 안쪽으로 돌게 된다. 따라서 목자 위성 1과 2사이의 입자들은 목자 위성 사이 중앙에 위치한 한 고리로 몰아지게 된다.

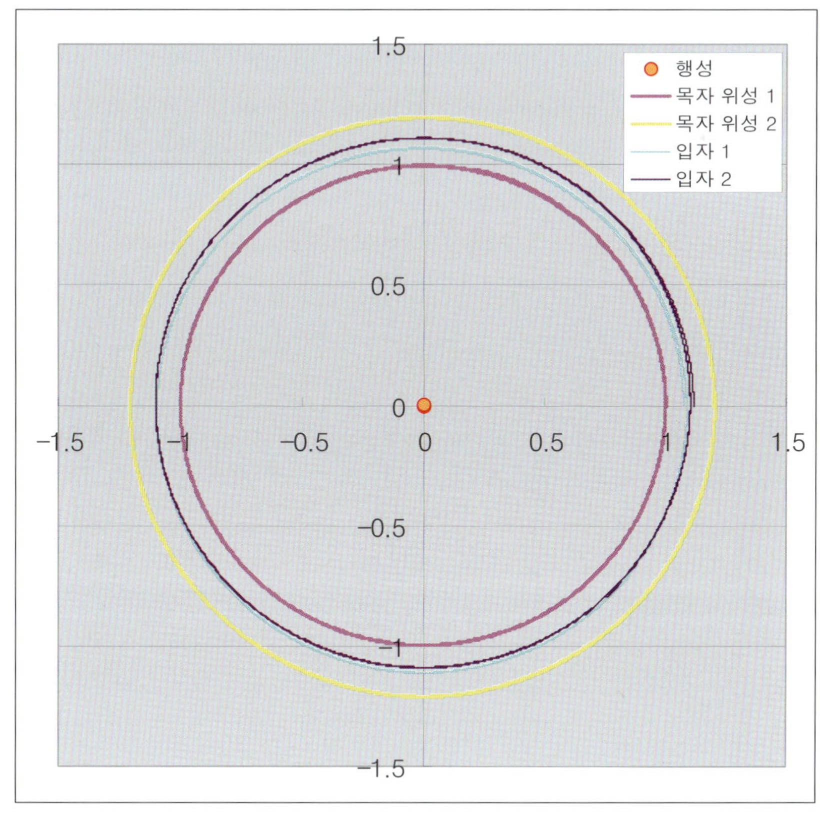

그림 2-2-3 목자 위성에 의한 고리 입자들의 모아짐

1.2 다른 행성과의 조우에 의한 위성의 운동 변화

목성형 행성은 위성들을 가지고 있는데, 만약 다른 행성이 지나가면서 조우하게 되면 위성들의 운동은 다른 행성의 중력에 의하여 영향을 받게 된다. 그림 2-2-4는 해왕성 주변의 위성들이 과거 다른 행성과 조우하여 현재 그 위성들이 어떤 운동을 하게 되는지를 보여준다. 이 계산에서는 해왕성의 질량을 $\mu = 1$로 하였다. 다른 행성의 질량은 $\mu_N = 0.3$으로, 각 위성의 질량은 무시하였다. 해왕성의 초기 위치와 속도는 (0, 0), (0, 0)이고, 다른 행성은 (−5, −5), (0.6, 0.1)이다. 각 위성인 Nereid, Pluto, Triton의 초기 위치는 각각 (5, −5), (−1, 1), (−2, −2)이고, 초기 속도는 각각 (0.3, 0.3), (−0.05, −1.28), (0.22, −0.78)이다. 해왕성에 대한 각 위성들의 상대 운동을 보면 Triton은 역행으로 공전하고, Nereid는 다른 행성을 쫒아가며, Pluto는 행왕성의 중력권을 벗어나 독립적으로 태양을 공전하게 될 것이다.

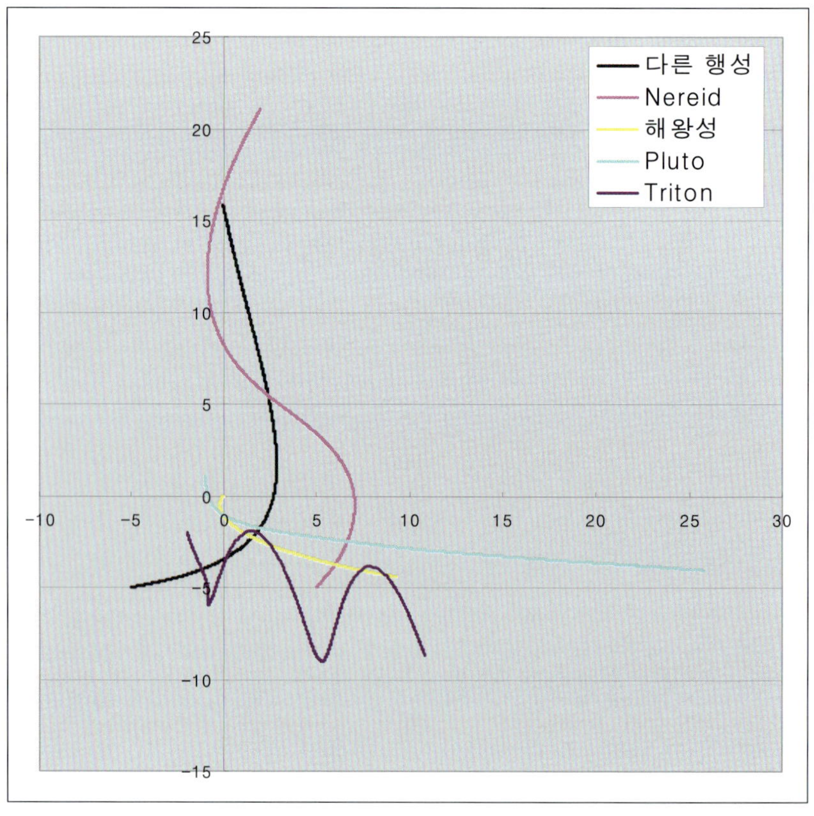

그림 2-2-4 해왕성 부근의 세 위성이 다른 행성과의 조우에 의하여 그 운동이 변화하여 나중에 Nereid와 Triton이 되고, 다른 한 위성은 결국 명왕성(Pluto)이 되었다.

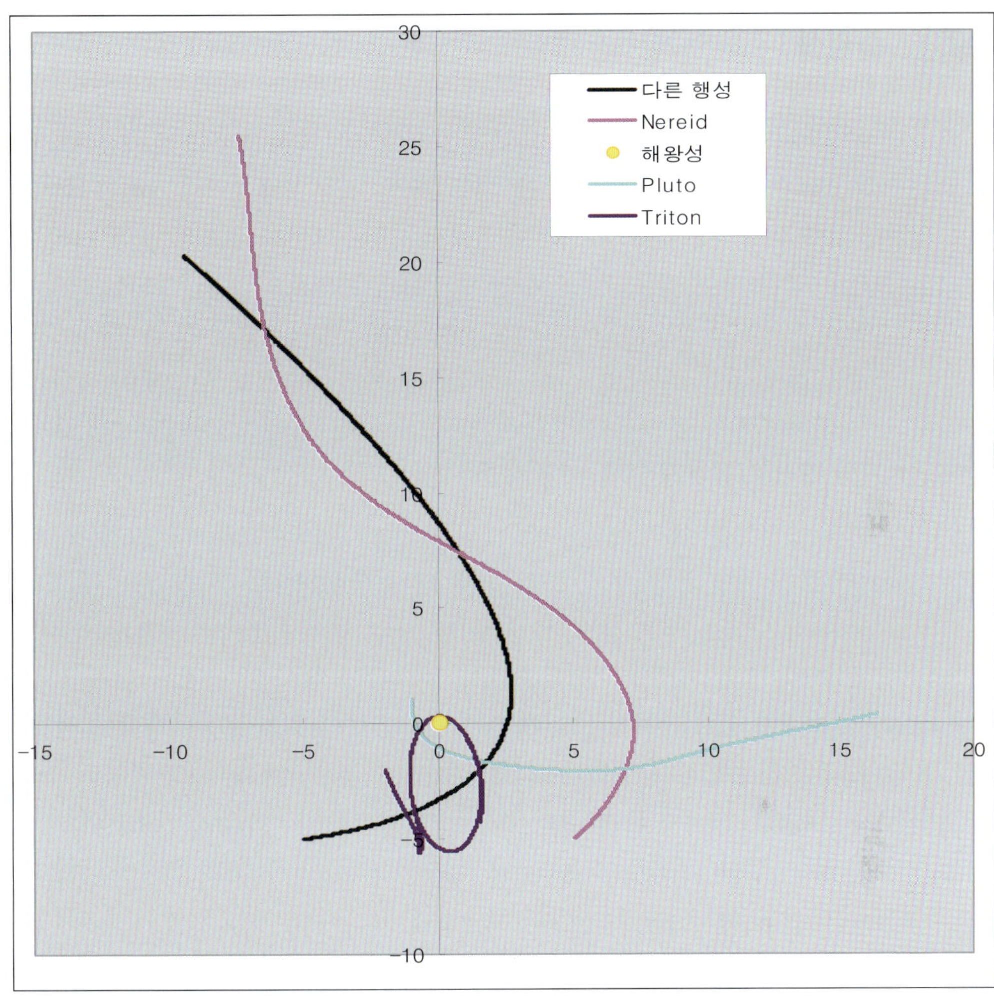

그림 2-2-5 해왕성에 대한 각 위성들의 상대 운동.

이러한 시뮬레이션은 쌍성 혹은 성단 그리고 규모가 큰 은하들 간의 조우를 연구하는데 이용된다.

2. 슬링샷

2002년 한일월드컵에서 우리나라는 16강전에서 이탈리아를 물리쳤다. 연장 후반이 거의 다 끝나갈 무렵 이탈리아와 대한민국은 승부차기의 가능성까지 생각하게 되었다. 그때 이탈리아 진영 오른쪽 측면에서 이천수에서 이영표로 볼이 이어지고, PK실축으로 경기 내내 마음고생을 하던 안정환은 이영표의 크로스를 정확하게 헤딩으로 받아 넣는다. "골인!!!!!" 우리나라는 2대1 승리로 대한민국 축구 최초로 월드컵 8강 진출을 하게 된다. 여기서 우리는 이영표가 센터링한 볼은 안정환이 헤딩을 할 수 있을 정도로 속도가 작지만 안정환의 헤딩으로 볼은 힘을 받아 이탈리아 골키퍼가 막지 못 할 정도로 빨라져 골로 연결되었다.

이러한 현상은 쉽게 이해할 수 있다. 만약에 V의 속도로 다가오는 벽에 공을 v의 속력으로 던지면 충돌 전의 공의 벽에 대한 상대 속도는 v+V가 된다. 그런데 충돌 후에 튀어 나오는 공의 속도가 v'이라면 공의 벽에 대한 상대 속도는 v'-V가 된다. 그런데 이 충돌은 완전 탄성 충돌이기에 상대 속도는 방향이 반대이지만 크기는 v+V=v'-V가 된다. 따라서 v'=v+2V가 된다. 볼에 벽의 운동에너지가 전달되어 볼의 속력이 증가하게 된다. 이를 벡터로 표시하면 충돌 전에는 상대 속도가 $\vec{u}=\vec{v}-\vec{V}$가 되고, 충돌 후에는 상대 속도가 $\vec{u'}=\vec{v'}-\vec{V}$가 된다. 그런데 $\vec{u}=-\vec{u'}$이기에 $\vec{v'}=-\vec{v}+2\vec{V}$가 된다. 즉, $\vec{V}$가 접근하면 그 값이 -이기에 $\vec{v'}$의 크기는 증가한다. 그러나 $\vec{V}$가 멀어지면 그 값이 +이기에 $\vec{v'}$의 크기는 감소한다.

인공위성이 행성을 지날 때도 마찬가지이다. 행성이 운동하는 방향의 뒤로 위성이 움직이면 마치 안정환이 헤딩으로 볼에 힘을 주듯 행성이 위성을 중력으로 끌면서 운동에너지가 전달되어 인공위성의 속력이 증가한다. 그림 2-2-6은 (0, 0)에 위치한 행성이 x 방향으로 0.5의 속력으로 운동한다. 반면에 행성 질량의 1/100,000인 인공위성은 (0, 4)위치에서 y 방향으로 1의 속력으로 진행하고 있을 때 t=7까지의 행성, 인공위성의 절대 운동, 행성에 대한 인공위성의 상대 운동, 위성의 속력 변화, 행성에 대한 위성의 속력 변화를 나타낸 것이다. 상대 속도 변화는 좌우 대칭을 이루지만 위성의 속도는 크기가 결과적으로 증가하는 것을 볼 수 있다. 그림 2-2-7는 인공위성의 속력이 (1, 1)이고, 다른 값들은 모두 같다. 인공위성이 행성이 접근하는 곳으로 지나가게 되면 인공위성의 속력은 그림 2-2-6과는 반대로 감소하게 된다.

여기서 사용한 행성의 운동 방정식은

$$\frac{dV_X}{dt} = -\frac{\mu_s (X-x)}{((X-x)^2 + (Y-y)^2)^{3/2}}$$

$$\frac{dX}{dt} = V_X$$

$$\frac{dV_Y}{dt} = -\frac{\mu_s (Y-y)}{((X-x)^2 + (Y-y)^2)^{3/2}}$$

$$\frac{dY}{dt} = V_Y$$

이고, 위성의 운동 방정식은

$$\frac{dv_x}{dt} = -\frac{\mu_p (x-X)}{((X-x)^2 + (Y-y)^2)^{3/2}}$$

$$\frac{dy}{dt} = v_x$$

$$\frac{dv_x}{dt} = -\frac{\mu_p (y-Y)}{((X-x)^2 + (Y-y)^2)^{3/2}}$$

$$\frac{dy}{dt} = v_y$$

이다. $\mu_p = 1$, $\mu_s = \frac{1}{100,000}$, $\Delta t = 0.01$로 계산하였다.

이러한 가속 기구는 인공위성(artificial satellite)이 지구에서 먼 행성으로 여행할 때 자주 사용하는 방법이다. 또한 고에너지 우주선(high energy cosmic ray)의 매우 높은 속력을 설명하는 가속 기구이기도 하다.

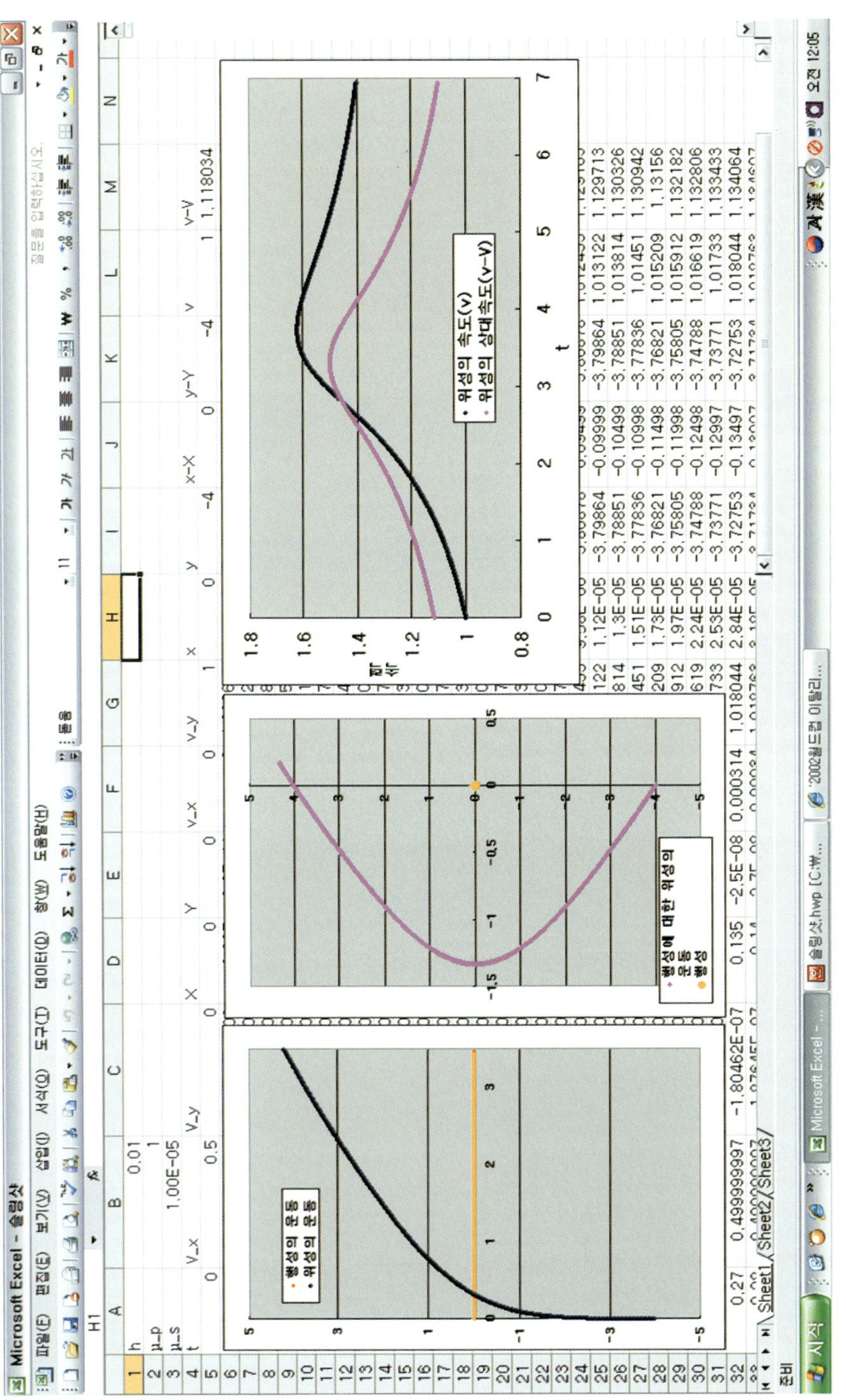

그림 2-2-6 슬링샷에 의한 속력의 증가

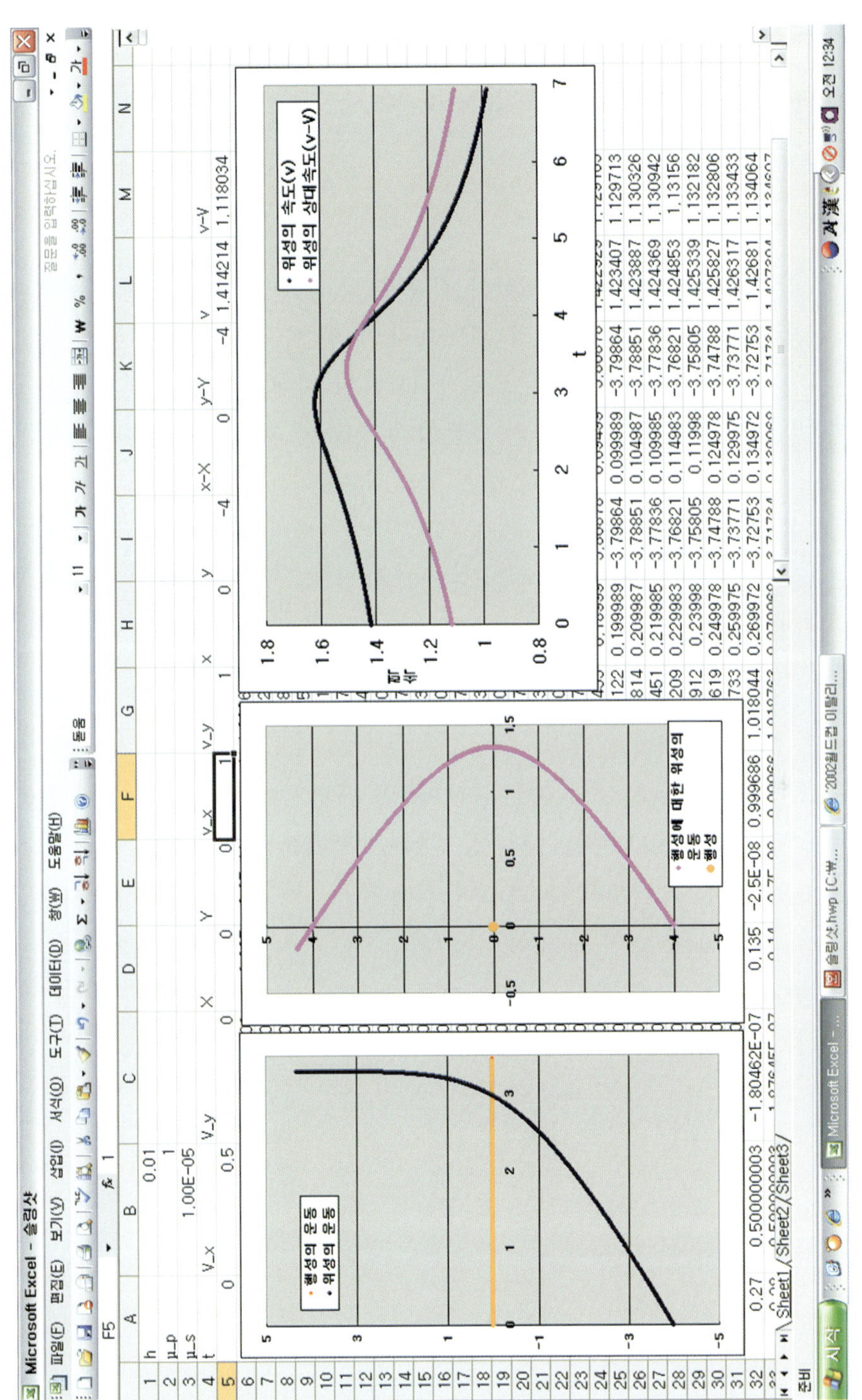
Microsoft Excel - 슬링샷
행성의 운동
위성의 운동
행성에 대한 위성의 운동
행성
위성의 속도(v)
위성의 상대속도(v-V)

그림 2-2-7 속력의 감소

3. 푸코 진자

푸코 진자의 길이가 길 때, 그 진동 주기는

$$P = 2\pi\sqrt{\frac{l}{g}}$$

이다. 그러나 지구의 전향력에 의하여 진동면은 시계 방향으로 회전하는데, 진동면의 회전 주기는 푸코 진자가 위치의 위도가 ϕ인 경우 $\frac{1}{\sin\phi}$ 일이 된다. 즉, 위도가 90°인 곳인 북극에서는 진동면이 하루에 한 바퀴 시계 방향으로 회전한다. 왜냐하면 지구가 반 시계 방향으로 자전하기 때문이다. 이러한 운동을 결정하는 운동 방정식은

$$\frac{d^2x}{dt^2} = -\omega^2 x + 2\Omega\frac{dy}{dt}\sin(\phi)$$

$$\frac{d^2y}{dt^2} = -\omega^2 y - 2\Omega\frac{dx}{dt}\sin(\phi)$$

이다. 여기서 ω는 푸코 진자의 진동 각속도이고, Ω는 지구 자전 각속도이다.

그림 2-2-8은 $\omega = 5$, $\Omega = 0.2$, $\phi = 30°$일 때의 진동면의 변화이다. 진동면의 주기는 $\frac{2\pi}{\Omega\sin\phi} = 62.830$이다. 그림에 나타난 자취는 $t = 15.705$까지 계산한 것이다. 따라서 전체의 $\frac{1}{4}$만 그려진다. 이 계산은 $\Delta t = 0.005$를 사용하였다. 그림 2-2-9는 시간에 따른 x 변위와 y 변위를 그려보았다. 작은 진동은 그 주기가 $\frac{2\pi}{\omega} = 1.2567$이다. 또한 큰 진동은 $\frac{2\pi}{\Omega\sin\phi} = 62.830$이며, $t = 15.705$까지 보면 큰 진동의 $\frac{1}{4}$만 보인다.

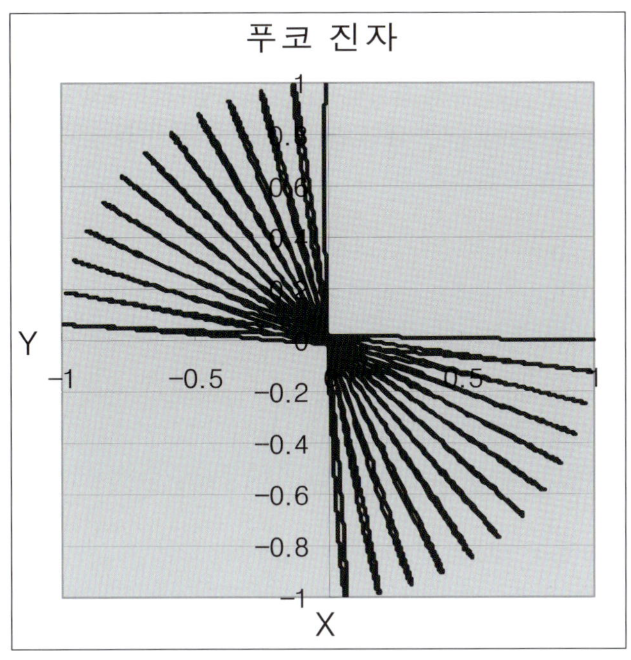

그림 2-2-8 푸코 진자의 진동면 변화

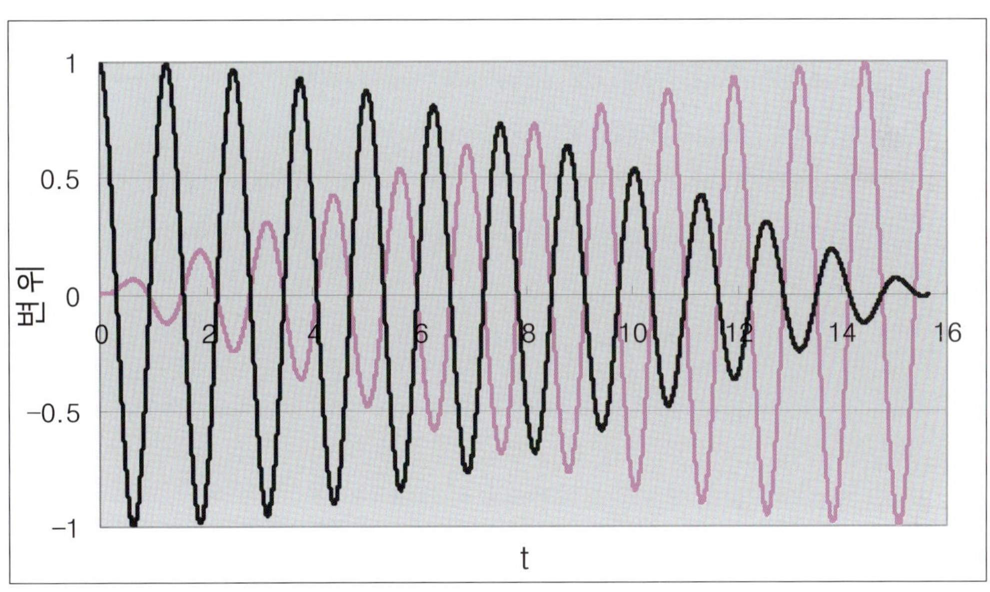

그림 2-2-9 x 및 y의 시간에 따른 변위

1.1 라그랑지 포텐샬

제한된 세 천체의 운동방정식은 x, y 평면에서 질량 M_1 천체가 (a, 0), 질량 M_2 천체가 (−b, 0)에 위치해 있으며 원점이 질량 중심이라면,

$$\vec{F} = -m\frac{GM_1}{r_1^2}\frac{\vec{r_1}}{r_1} - m\frac{GM_2}{r_2^2}\frac{\vec{r_1}}{r_2}$$

$$r_1^2 = (x-a)^2 + y^2$$

$$r_2^2 = (x+b)^2 + y^2$$

이 된다. 그런데 원점을 중심으로 이 두 천체가 각속도 ω로 서로 공전한다면, 회전 좌표계에서의 운동 방정식은 $\dot{\omega} = 0$이기에

$$\vec{F}' = m\vec{a}' = \vec{F} - 2m\vec{\omega}\times\vec{v}' - m\vec{\omega}\times(\vec{\omega}\times\vec{r}')$$

가 된다. 이때의 유효 포텐샬은

$$V(x', y') = -\frac{GM_1}{\sqrt{(x'-a)^2 + y'^2}} - \frac{GM_2}{\sqrt{(x'+b)^2 + y^2}} - \frac{1}{2}\omega^2(x'^2 + y'^2)$$

이다. 그런데 $a + b = 1$이면 $b = 1 - a$가 되고, $M_1 a = M_2(1-a)$이기에 $a = \frac{M_2}{M_1 + M_2}$, $1 - a = \frac{M_1}{M_1 + M_2}$이 된다. 또한 $G(M_1 + M_2) = \omega^2(a+b)^3 = \omega^2$이다. 따라서 유효 포텐샬 단위를 $G(M_1 + M_2)$로 하면,

$$\Phi(x', y') = -\frac{1-a}{\sqrt{(x'-a)^2 + y'^2}} - \frac{a}{\sqrt{(x'+1-a)^2 + y^2}} - \frac{1}{2}(x'^2 + y'^2)$$

이 된다. 이를 라그랑지 포텐샬이라 한다.

그림 2-2-10은 $M_1 = 10$, $M_2 = 1$인 경우이다. 이를 엑셀로 그리기 위해서는 5행에 x 값에 해당하는 −1.5에서 1.5까지를, A 열에는 −1.5에서 1.5까지 y 값에 해당하는 값을 0.1의 간격으로 기입한다. 그리고 B6 셀에는

```
=-(1-$B$3)/SQRT((B$5-$B$3)^2+$A6^2)-$B$3/SQRT((B$5+1-$B$3)^2+$A6^2
)-0.5*(B$5^2+$A6^2)
```

로 기입한 다음 x와 y 값에 해당하는 모든 셀에 B6 셀을 복사하면 된다. 그리고 계산된 모든 셀을 택하여 삽입 → 차트 → 표면형 → 마침을 택하고, 범례의 contour 간격을 0.1 간격으로 조정해 주면 그림 2-2-10과 같은 유효 포텐샬을 그릴 수 있다.

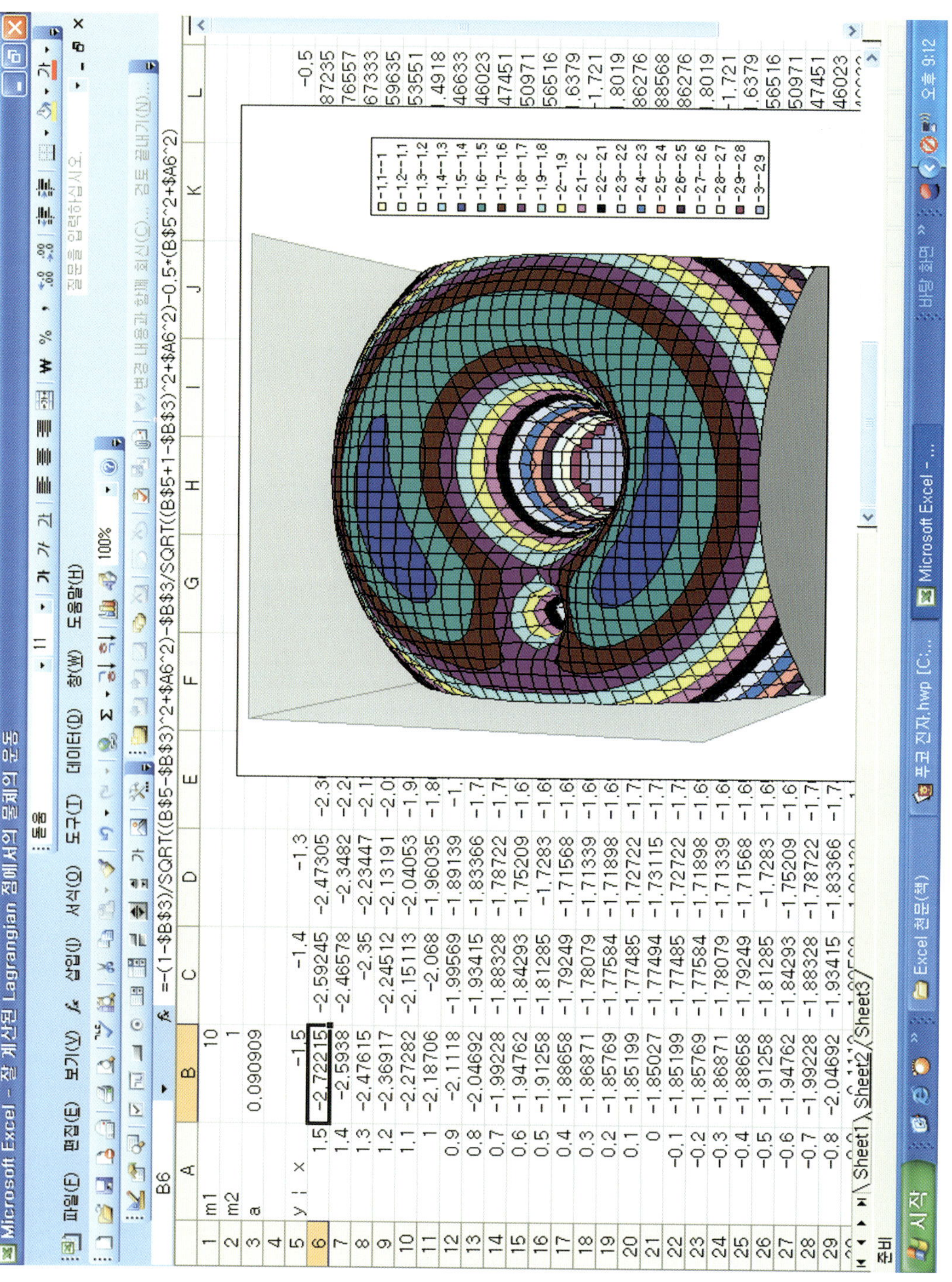

그림 2-2-10 라그랑지 포텐샬

1.2 라그랑지 점 부근에서 천체의 운동

라그랑지 포텐샬 $\Phi(x, y) = 0$가 되는 라그랑지 점은 5 곳으로, 3 곳인 L_1, L_2, L_3는 x 축 상에 위치해 있으며, L_4, L_5는 질량이 큰 두 천체가 위치한 두 곳을 꼭지점으로 하는 정삼각형의 다른 한 꼭지점과 방향이 반대인 한 꼭지점이 그 위치가 된다. 실제로 태양과 목성에 의하여 이루는 이 위치에서는 트로이 소행성군이 존재한다.

라그랑지 포텐샬에 의한 x, y 좌표계에서의 운동방정식은

$$\ddot{x} = -\frac{(1-a)(x-a)}{[(x-a)^2+y^2]^{3/2}} - \frac{a(x+1-a)}{[(x+1-a)^2+y^2]^{3/2}} + x + 2v$$

$$\ddot{y} = -\frac{(1-a)y}{[(x-a)^2+y^2]^{3/2}} - \frac{ay}{[(x+1-a)^2+y^2]^{3/2}} + y - 2u$$

$$\dot{x} = u \qquad \dot{y} = v$$

가 된다.

그림 2-2-11는 태양과 목성이 이루는 라그랑지 포텐샬에서의 천체의 운동을 나타낸 것이다. 이 경우 $a = 0.000953875$이다. 그림 2-2-11의 각 궤도는 표 2-2-1에 정리하였다. 궤도 1~3은 주기 운동을 하고 있다. L_4위치에서의 포텐샬은 손등과 같으나 중력과 원심력이 평형을 이루면서 코리올리 힘에 의한 방향으로 등포텐샬 곡선을 따라 안정된 주기 운동을 한다. 아마도 트로이 행성군의 운동이 이에 해당할 것이다 (궤도 1~3의 경우). 그러나 어떤 운동은 이에서 벗어나 궤도 4, 5와 같이 10~15 AU에서 정착하게 된다.

변수	궤도 1	궤도 2	궤도 3	궤도 4	궤도 5
x_o	−0.509	−0.524	−0.524	−0.509	−0.532
y_o	0.883	0.909	0.920	0.883	0.920
u_o	0.0259	0.0647	0.0780	−0.0259	0.0780
v_o	0.0149	0.0367	0.0430	−0.0149	0.0430
T(년)	152	223	397	---	---

표 2-2-1 L_4 주위에서의 초기 조건과 궤도 주기(Cassiday & Fowles, 2002, Analytical Mechanics, Thomson)

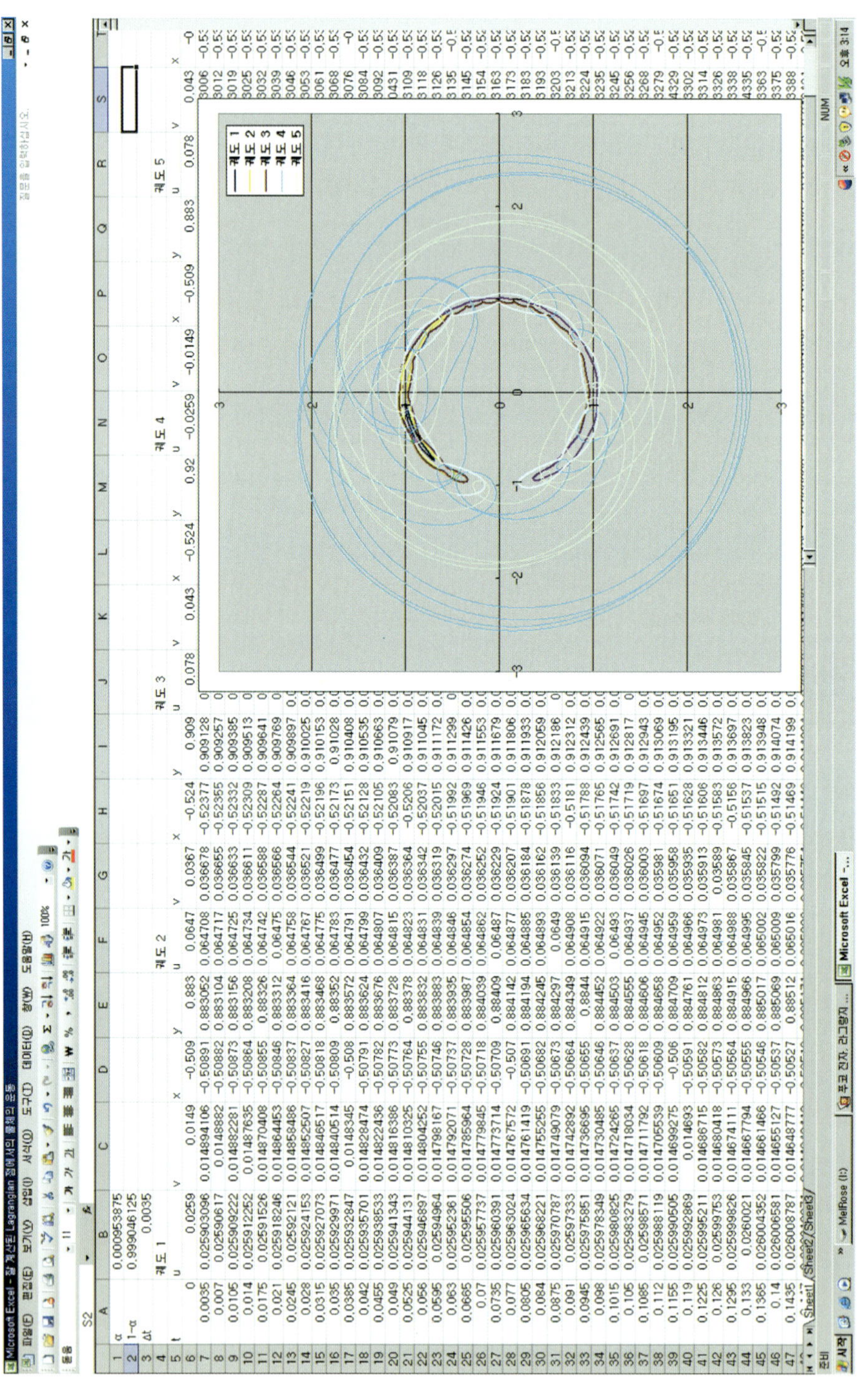

그림 2-2-11 L_4 주위에서의 천체의 운동

4. 다단계 추진 로켓

지구에서 로켓을 지표면에서 수직으로(그림 2-2-12의 y방향) 발사하면 로켓은 관성에 의해 지구의 자전 속도만큼 x 방향으로 속도 성분을 갖게 된다. 또한 로켓이 일정한 궤도에 들어가기 전까지는 일정한 시각에 추진을 해주어야 한다. 이러한 다단계 로켓을 엑셀을 이용해 시뮬레이션을 해보도록 하자.

다단계 로켓의 운동 방정식은 어떤 일정한 시각에서의 추진이 $\dot{V}_j$라 하면

$$\frac{dV_x}{dt} = -\frac{GMX}{(X^2+Y^2)^{1.5}} + \dot{V}_j \frac{V_x}{\sqrt{V_x^2+V_y^2}}$$

$$\frac{dX}{dt} = V_x$$

$$\frac{dV_y}{dt} = -\frac{GMY}{(X^2+Y^2)^{1.5}} + \dot{V}_j \frac{V_y}{\sqrt{V_x^2+V_y^2}}$$

$$\frac{dY}{dt} = V_y$$

가 된다. 여기서 M은 지구 질량이다. 그리고 R이 지구 반경이고, $V_c^2 = \frac{GM}{R}$, $t_o = \frac{R}{V_c}$, $v_x = \frac{V_x}{V_c}$, $v_y = \frac{V_y}{V_c}$, $y = \frac{Y}{R}$, $x = \frac{X}{R}$, $t' = \frac{t}{t_o}$ 이라면,

$$\frac{dv_x}{dt'} = -\frac{x}{(x^2+y^2)^{1.5}} + \dot{V}_j \frac{v_x}{\sqrt{v_x^2+v_y^2}}$$

$$\frac{dx}{dt'} = v_x$$

$$\frac{dv_y}{dt'} = -\frac{y}{(x^2+y^2)^{1.5}} + \dot{V}_j \frac{v_y}{\sqrt{v_x^2+v_y^2}}$$

$$\frac{dy}{dt'} = v_y$$

가 된다.

지구의 경우 $M = 5.97 \times 10^{24}$ Kg, $R = 6371\,Km$일 때, $V_c = 7.908$ Km/s가 된다. 따라서 지구 탈출 속도는 $V_e = \sqrt{2}\,V_c = 11.183$ Km/s가 된다. 또한 $t_o = 805.62$ 초가 된다. 지구 자전 속도가 $V_r = 463.31\,m/s$이기에 초기 $v_{x\,0} = 0.0585864$가 된다. 그림 2-2-12은 $t = 0$일 때, 수직 방향으로의 추진 속도에 의한 $v_{y0} = 0.2$로 놓았다. C 열이 다단계 추진을 나타내는데 그림은 3번의 추진에 의하여 만들어진 궤도이다.

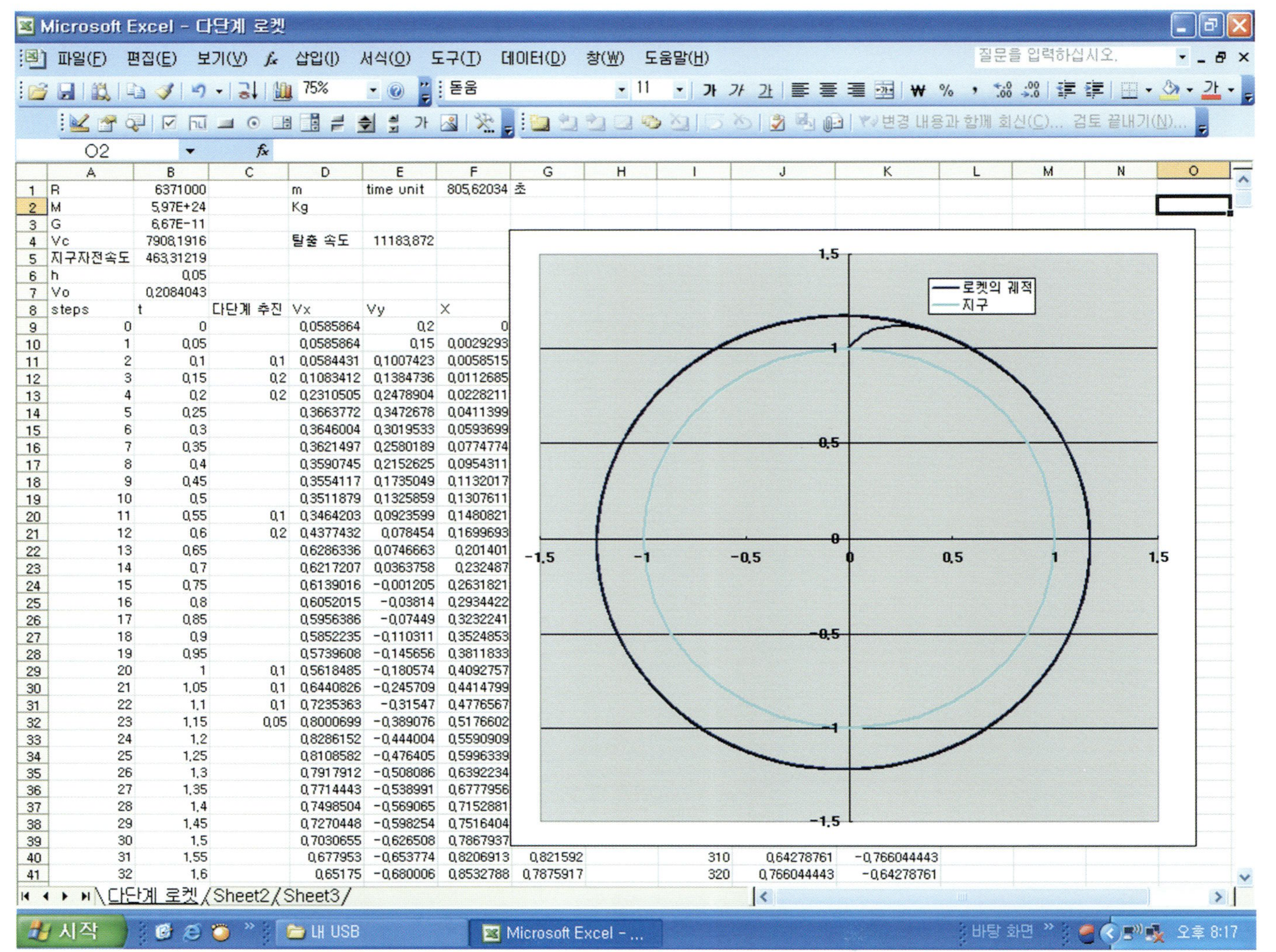

그림 2-2-12 다단계 추진 로켓

5. Lane - Emden 방정식

별 내부는 압력 구배력과 중력의 두 힘이 평형을 이룬다. 즉,

$$\frac{1}{\rho}\frac{dP}{dr} = -\frac{GM(r)}{r^2}$$

이다. 그런데 별 내부의 질량 분포는

$$\frac{dM}{dr} = 4\pi r^2 \rho$$

가 된다. 두 방정식에서 M을 제거하면

$$\frac{1}{r^2}\frac{d}{dr}\left(\frac{r^2}{\rho}\frac{dP}{dr}\right) + 4\pi G\rho = 0$$

이 된다. 별 내부에 $P = K\rho^{1+\frac{1}{n}}$의 관계가 있다고 하자. 여기서 n은 polytrope 지수이다. 그리고 $\frac{P}{P_c} = \left(\frac{\rho}{\rho_c}\right)^{1+\frac{1}{n}}$ 이 된다. 여기서 P_c, ρ_c는 별 중심의 압력과 밀도이다. 또한 $\rho = \rho_c\theta^n$이라 하면 $P = P_c\theta^{n+1}$이 된다. 이제

$$\lambda_n = \left(\frac{(n+1)P_c}{4\pi G\rho_c^2}\right)^{1/2}$$

이라 놓고, $r = \lambda_n \xi$ 이라 하면 위 식은

$$\frac{1}{\xi^2}\frac{d}{d\xi}\left(\xi^2\frac{d\theta}{d\xi}\right) + \theta^n = 0$$

이 된다. 이 방정식을 Lane-Emden 방정식이라 부른다. 초기 조건은 $\xi = 0$에서 $\theta = 1$, $\frac{d\theta}{d\xi} = 0$이다.

이 방정식은 $n = 0, 1, 5$일 때, 해석학적인 해를 갖는다. 즉,

$$n = 0\text{일 때, } \theta = 1 - \frac{\xi^2}{6}$$

$$n=1\text{일 때, } \theta=\frac{\sin\xi}{\xi}$$

$$n=5\text{일 때, } \theta=\left(1+\frac{\xi^2}{3}\right)^{-\frac{1}{2}}$$

이 된다. 이 해가 x축과 첫 번째 만나는 점 ξ_1은 각각 $\xi_1=\sqrt{6}$, π, ∞이다. 그림 2-2-13은 $n=0, 1, 3, 5$의 해를 그려보았다. 그림에서 $n=0, 1, 5$의 경우는 해석학적인 해이다. $n=3$이 수치해석학적인 해이다.

Lane-Emden 방정식을 다시 써 보면,

$$\frac{d^2\theta}{d\xi^2}+\frac{2}{\xi}\frac{d\theta}{d\xi}+\theta^{n}=0$$

이 된다. 이를 두 개의 연립 미분 방정식으로 바꿀 수 있다.

$$y=\frac{d\theta}{d\xi}$$

$$\frac{dy}{d\xi}=-\frac{2}{\xi}y-\theta^{n}$$

이 된다. 따라서

$$y_{k+1}=y_n-\left(\frac{2y_k}{\xi_k}-\theta_k^2\right)\Delta\xi$$

$$\theta_{k+1}=\theta_k+y_{k+1}\ \Delta\xi$$

$$k=0, 1, 2, \ldots.$$

의 수치해석 방법으로 쉽게 이 방정식의 해를 구할 수 있다. 그림 2-2-13에서는 $\Delta\xi=0.01$, $\theta_o=1$, $\left[\frac{d\theta}{d\xi}\right]_{\xi_o=1}=0$을 사용하였다.

질량 분포는 $M=\int_0^{r_1}4\pi r^2\rho dr$을 사용하여

$$M=4\pi\lambda_n^3\rho_c\int_0^{\xi_1}\xi^2\theta^{n}d\xi$$

가 된다. 그림 2-2-13의 오른편 그림에 $m(\xi)=\dfrac{M(\xi)}{4\pi\lambda_n^3}=\int_0^{\xi}\xi^2\theta^n d\xi$ 의 분포를 0에서 ξ_1까지 그려 보았다. 적분은 수치해석학적으로 쉽게

$$m_{k+1}=m_k+\xi_k^2\theta_k^n\,\Delta\xi$$

$$k=0,1,2,....$$

를 이용하였다. 독자들은 밀도, 압력, 온도 분포도를 그려보자.

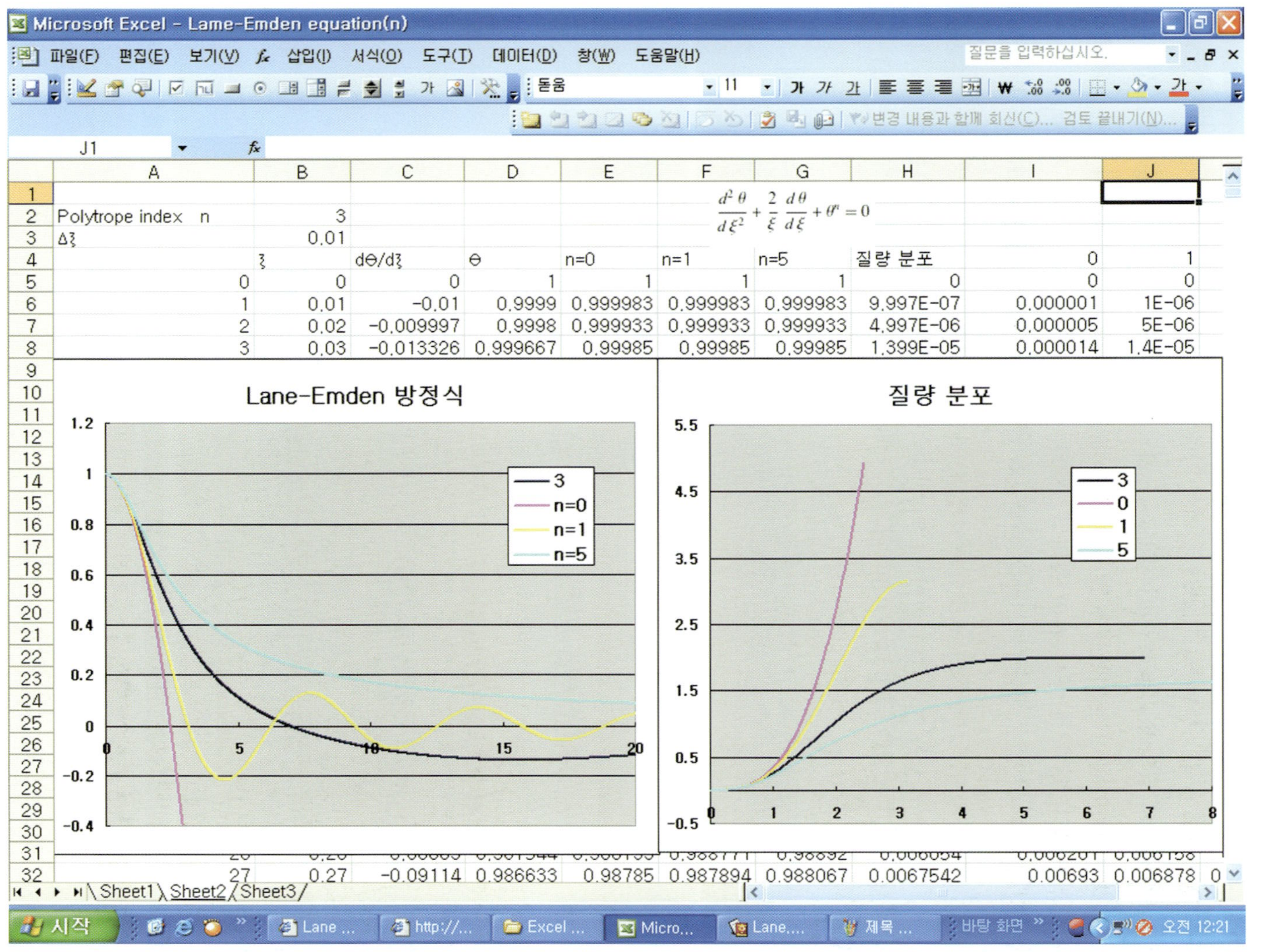

그림 2-2-13 Lane-Emden 방정식의 해와 질량 분포

6. 항성의 내부: 물리적 구조

주계열에 위치한 항성 내부의 물리적 구조를 알기는 쉽지 않다. 지구의 경우에도 그 내부의 물리적 구조를 알기 위해서는 지진파를 이용하듯이 별의 경우에도 성진(星震, star quake)을 이용해야 할 것이다. 그렇다 하더라도 먼 거리에서 성진을 관측하기란 쉽지 않다. 따라서 별의 물리적 구조는 일반적으로 이론적으로 접근하고, 이를 기초로 하여 별에 대한 여러 관측 현상들과 비교하여 이론적 접근의 결과를 신뢰한다.

여기서는 간단하게 별의 내부 구조를 다루는 여러 물리량에 대한 방정식을 소개하고, 이를 엑셀을 이용하여 풀이해보려 한다. 별은 시간이 경과함에 따라 핵반응에 의하여 새로운 원소들을 생성하며, 따라서 그 내부의 물리량의 구조가 변한다. 시간에 따른 내부 구조의 변화를 엑셀 대신 다른 소프트웨어나 Fortran 혹은 C++ 언어를 사용하여 프로그래밍을 하여 풀이하는 것이 바람직하다. 대신 우리는 주계열 상에서 수소 핵반응 중 pp 반응을 하는 태양과 같은 별을 선택하고, 정적(static)인 접근을 하려 한다.

별은 힘의 균형을 이루기에 정유체역학적 평형을 이룬다. 즉,

$$\frac{dP}{dR} = -\frac{Gm_H\beta\mu}{k}\frac{M(R)}{R^2}\frac{P}{T} \tag{1}$$

이다. 또한 질량이 보존되기에

$$\frac{dM(R)}{dR} = \frac{4\pi m_H\beta\mu}{k}R^2\frac{P}{T} \tag{2}$$

이다. 핵에서 생성된 에너지는 복사에 의하여 별의 표면으로 전달되므로

$$\frac{dT}{dR} = \frac{3m_H\mu\kappa}{16\pi ack}\frac{L(R)}{R^2}\frac{P}{T^4} \tag{3}$$

이다. 이제 핵에서 핵반응에 의하여 에너지가 생성되므로

$$\frac{dL(R)}{dR} = \frac{4\pi m_H\beta\mu}{k}\epsilon R^2\frac{P}{T} = \epsilon\frac{dM(R)}{dR} \tag{4}$$

이다. 위의 방정식에서 P는 압력, T는 온도, $M(R)$, $L(R)$은 구각 r에서의 질량과 광도이다. G는 중력 상수, m_H는 수소 질량, β는 전체 압력에 대한 기체 압력의 비, μ는 평균 분자량, k는 볼츠만 상수, c는 빛의 속도, κ는 불투명도(opacity), a는 복사 압력 상수, ϵ는 에너지 생성률이다.

별의 내부 기체는 이상 기체이기에

$$\rho = \frac{\mu m_H}{k}\frac{\beta P}{T} \tag{5}$$

를 만족한다. 일반적으로 별 내부의 원소 비율은 수소가 X, 헬륨이 Y, 그리고 그 나머지 원소 모두(금속이라 부름)가 Z일 때, $X+Y+Z=1$이고

$$\mu = \frac{1}{1.5X + 0.25Y + 0.5}$$

이다. 불투명도는 Kramer의 법칙을 따른다면

$$\kappa = \kappa_0 \frac{\bar{g}}{t}(1+X)(1-X-Y)\frac{\rho}{T^{3.5}}$$

이다. 여기서 $\kappa_0 = 4.34 \times 10^{25}$, $\frac{\bar{g}}{t} \simeq 1$이다. 또한 에너지 생성률은

$$\epsilon = 10^{-29.02}\frac{\mu m_H}{k}X^2 P T^3$$

이다.

이제 경계 조건으로 $R \to 0$일 때, $M(R) \to 0$, $L(R) \to 0$가 된다. 또한 $R \to R_*$이면, $P \to 0$, $M(R) \to M_*$, $L(R) \to L_*$, $T(R) \to T_{eff}$가 된다. 이를 엑셀로 계산하기 위하여

$$T_c = \frac{G m_H \beta \mu}{k}\frac{M_*}{R_*}$$

$$P_c = \frac{G}{4\pi}\frac{M_*^2}{R_*^4}$$

$$\rho_c = \frac{m_H \beta \mu}{k} \frac{P_c}{T_c} = \frac{1}{4\pi} \frac{M_*}{R_*^3}$$

$$\kappa_c = \kappa_0 \frac{\bar{g}}{t} (1+X)(1-X-Y) \frac{\rho_c}{T_c^{3.5}}$$

$$\epsilon_c = 10^{-29.02} \frac{\mu m_H}{k} X^2 P_c T_c^3$$

로 놓는다.

그림 2-2-14과 같이 값들을 우선 구한다. 여기서 우리는 $\beta = 1$로 계산하였다. 즉, 모든 압력은 기체압이고, 복사압은 무시하였다. 평균 분자량을 구하기 위하여 우리는 $X = 0.7$, $Y = 0.272$, $Z = 0.028$을 이용하여 $\mu = 0.618$을 얻었다. 이제 식 (1)~(4)는 $r = \frac{R}{R_*}$, $p = \frac{P}{P_c}$, $t = \frac{T}{T_c}$, $\eta = \frac{\rho}{\rho_c}$, $m = \frac{M(r)}{M_*}$, $l = \frac{L(r)}{L_*}$, $\chi = \frac{\kappa}{\kappa_c}$, $\lambda = \frac{\epsilon}{\epsilon_c}$인 경우 각각

$$\frac{dp}{dr} = -\frac{m}{r^2} \frac{p}{t} \rightarrow p_1 = p_0 - \frac{m_0}{r_{0.5}^2} \frac{p_0}{t_0} \Delta r$$

$$r_{0.5} = \frac{r_0 + r_1}{2}$$

$$\frac{dm}{dr} = r^2 \frac{p}{t} \rightarrow m_1 = m_0 + r_0^2 \frac{p_0}{t_0} \Delta r$$

$$\frac{dt}{dr} = -c_1 \chi \frac{l}{r^2} \frac{p}{t^4} \rightarrow t_1 = t_0 - c_1 \chi_0 \frac{l_0}{r_1^2} \frac{p_0}{t_0^4} \Delta r$$

$$c_1 = \frac{3 m_H \beta \mu \kappa_c}{16 \pi a c k} \frac{L_*}{R_*} \frac{P_c}{T_c^5}$$

$$\eta_1 = \frac{p_1}{t_1}$$

$$\frac{dl}{dm} = \lambda \frac{M_*}{L_*} \rightarrow l_1 = l_0 + \lambda \frac{M_*}{L_*} \Delta r$$

경계 조건으로 우리는 $r=0$일 때, 그림 2-2-14과 같이 $p_0=184.3779$, $t_0=1$, $m_0=0$, $l_0=0$, $\eta_0=\frac{p_0}{t_0}=184.3779$를 사용하였다. r을 $\Delta r=0.001$의 간격으로 1까지 E열에 써서 계산한다. 그림 2-2-14안의 항성 내부의 물리량의 변화 그래프는 물리량의 최대값을 1로 그렸다. 그림 2-2-15는 종족 2의 항성(X=0.7, Y=0.299, Z=0.001)의 경우이다.

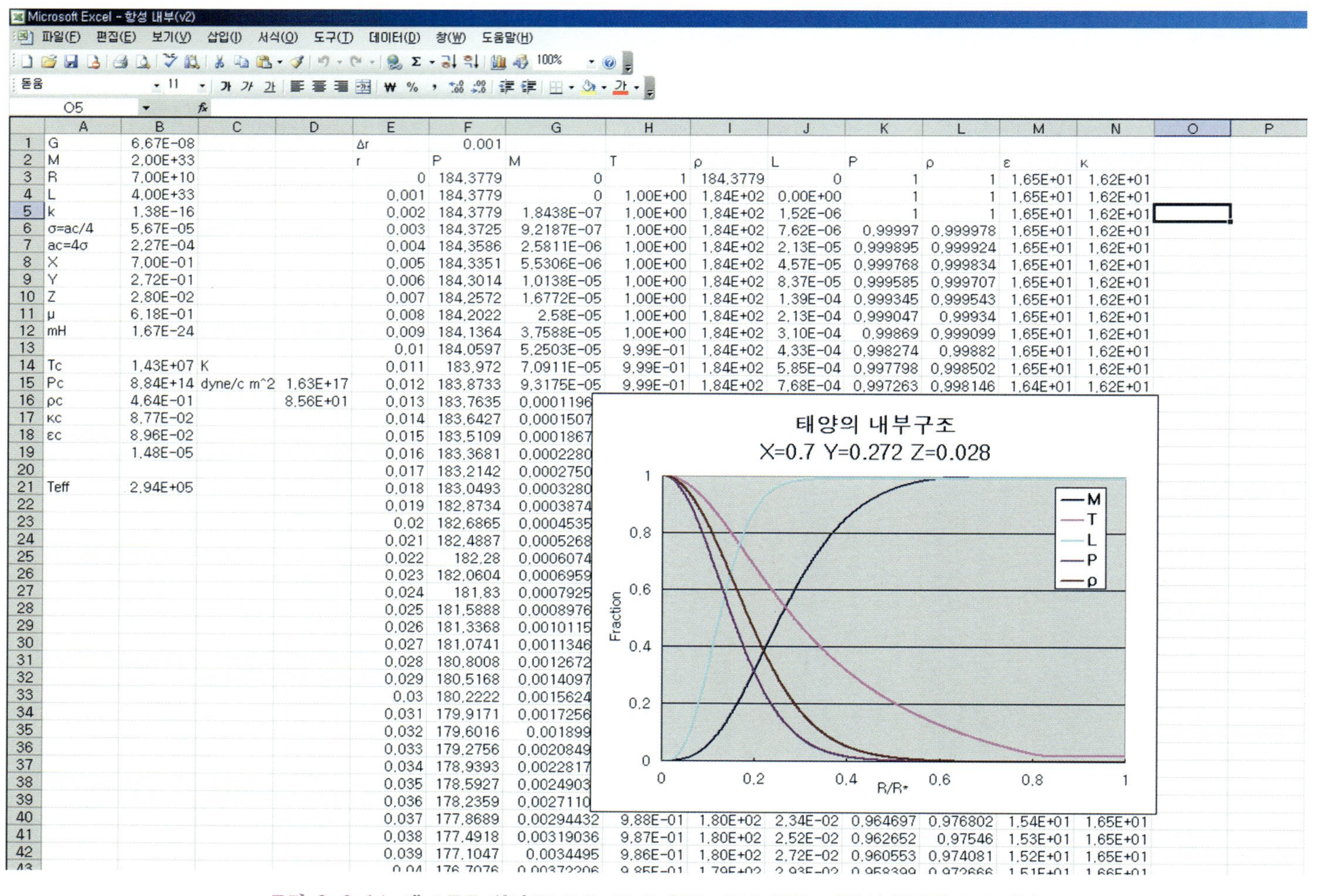

그림 2-2-14 제 1종족 항성(X=0.7, Y=0.272, Z=0.028) 내부의 물리적 구조 계산

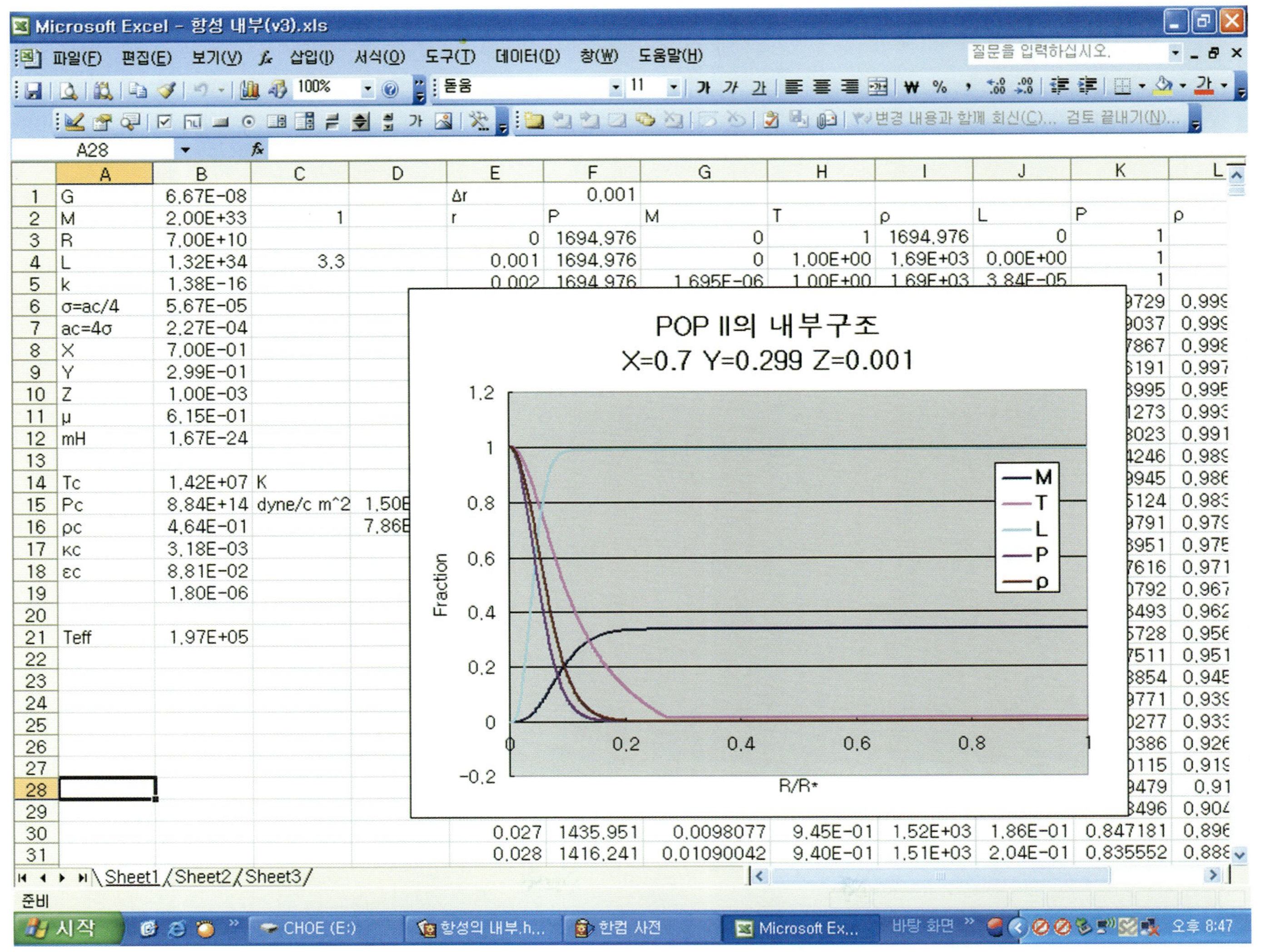

그림 2-2-15 제 2종족 항성(X=0.7, Y=0.299, Z=0.001) 내부의 물리적 구조 계산

7. 맥동 변광성

맥동 변광성의 변광하는 모습을 이해하기 위해서 우리는 그림 2-2-16과 같은 한 구각 모델(one shell model)을 이용하겠다. 그림 2-2-16과 같이 질량이 m인 구각은 그 내부의 질량 M에 의한 중력과 내부 압력 P에 의한 압력 구배력(pressure gradient)에 의하여 그 운동이 결정된다. 즉,

$$m\frac{d^2R}{dt^2}=-\frac{GMm}{R^2}-\frac{m}{\rho}\frac{dP}{dR}$$

가 된다.

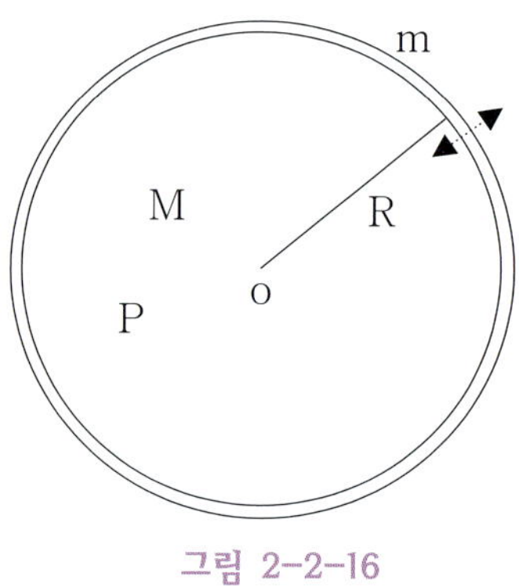

그림 2-2-16

그런데 위 식의 모든 항에 m이 있기에 위 식은 다시

$$\frac{d^2R}{dt^2}=-\frac{GM}{R^2}-\frac{1}{\rho}\frac{dP}{dR}$$

가 된다. 그런데 $\rho=\rho_o\left(\frac{R_o}{R}\right)^3$ 이기에 $P\propto\rho^\gamma$ 로부터 $P=P_o\left(\frac{R_o}{R}\right)^{3\gamma}$ 를 얻는다. 따라서 $\frac{dP}{dR}=-3\gamma\frac{P_o}{R_o}\left(\frac{R_o}{R}\right)^{3\gamma+1}$ 이다. 그러므로 $-\frac{1}{\rho}\frac{dP}{dR}=3\gamma\frac{P_o}{\rho_oR_o}\left(\frac{R}{R_o}\right)^{2-3\gamma}$ 이다. 이제 $r=\frac{R}{R_o}$라 하자. 그러면 $\frac{d^2R}{dt^2}=R_o\frac{d^2r}{dt^2}$ 이다. 따라서 위 식은

$$\frac{d^2r}{dt^2}=-\frac{1}{t_c^2}r^{-2}+\frac{3\gamma}{t_e^2}r^{2-3\gamma}$$

$$t_c^2 = \frac{R_o^3}{GM_o}$$

$$t_e^2 = \frac{R_o^2 \rho_o}{P_o}$$

가 된다. 여기서 t_c는 중력 붕괴 시간 척도이고, t_e는 팽창 시간 척도이다. 만약 시간 척도를 t_c의 단위로 하여 $t' = \frac{t}{t_c}$ 라하면,

$$\frac{d^2 r}{dt'^2} = -r^{-2} + \frac{3\gamma t_c^2}{t_e^2} r^{2-3\gamma}$$

가 된다.

그림 2-2-17은 $\gamma = \frac{5}{3}$, $\left(\frac{t_c}{t_x}\right)^2 = 0.18$일 때, $\Delta t = 0.01$의 간격으로 계산하여 얻은 맥동 변광성의 물리량 변화이다. 고전적인 세페이드 변광성의 경우 $M = 1 \times 10^{31}\ kg$, $R = 1.7 \times 10^{10}\ m$이다. 따라서 $t_c \simeq 0.993$일이다. 그림 2-2-17의 맥동의 주기는 대략 5.5일이다. 광도의 변화는

$$L = \int \epsilon_N\, dm - \frac{dQ}{dt} = L_o - P\frac{dV}{dt}$$

인데

$$P\frac{dV}{dt} = \frac{P_o V_o}{t_c} r^{2-3\gamma} \frac{dr}{dt'} = \frac{NkT_o}{t_c} r^{2-3\gamma} \frac{dr}{dt'}$$

이 된다. 그런데 $\left(\frac{t_c}{t_x}\right)^2 = 0.18$이기에

$$\frac{R_o^3}{GM_o} = 0.18\, \frac{R_o^2 \rho_o}{P_o}$$

이다. 따라서

$$\frac{kT_o}{\mu m_H} = 0.18\frac{GM_o}{R_o}$$

이다. 그런데 $N = \frac{m}{\mu m_H}$ 이기에 $NkT_o = 0.18\frac{GM_o}{R_o}m$ 이 된다. 여기서 m은 구각의 질량이다. $m = 1 \times 10^{26}\ kg$, $L_o = 10^4 L_\odot$ 이라 하면, $\frac{NkT_o}{t_c L_o} \simeq 2.145$ 이다. 따라서 우리의 맥동 변광성의 광도 변화는

$$l = \frac{L}{L_o} = 1 - 2,145 r^{2-3\gamma}\frac{dr}{dt'}$$

이 된다. 이에 따르는 등급의 변화는

$$\Delta m_{bol} = -2.5\log\left(\frac{L}{L_o}\right) = -2.5\log\left(1 - 2.145 r^{2-3\gamma}\frac{dr}{dt'}\right)$$

이 된다. 또한 유효 온도의 변화는

$$\frac{T_{eff}}{T_{eff\ o}} = \left(\frac{1 - 2.145 r^{2-3\gamma}\frac{dr}{dt'}}{r^2}\right)^{1/4}$$

이다.

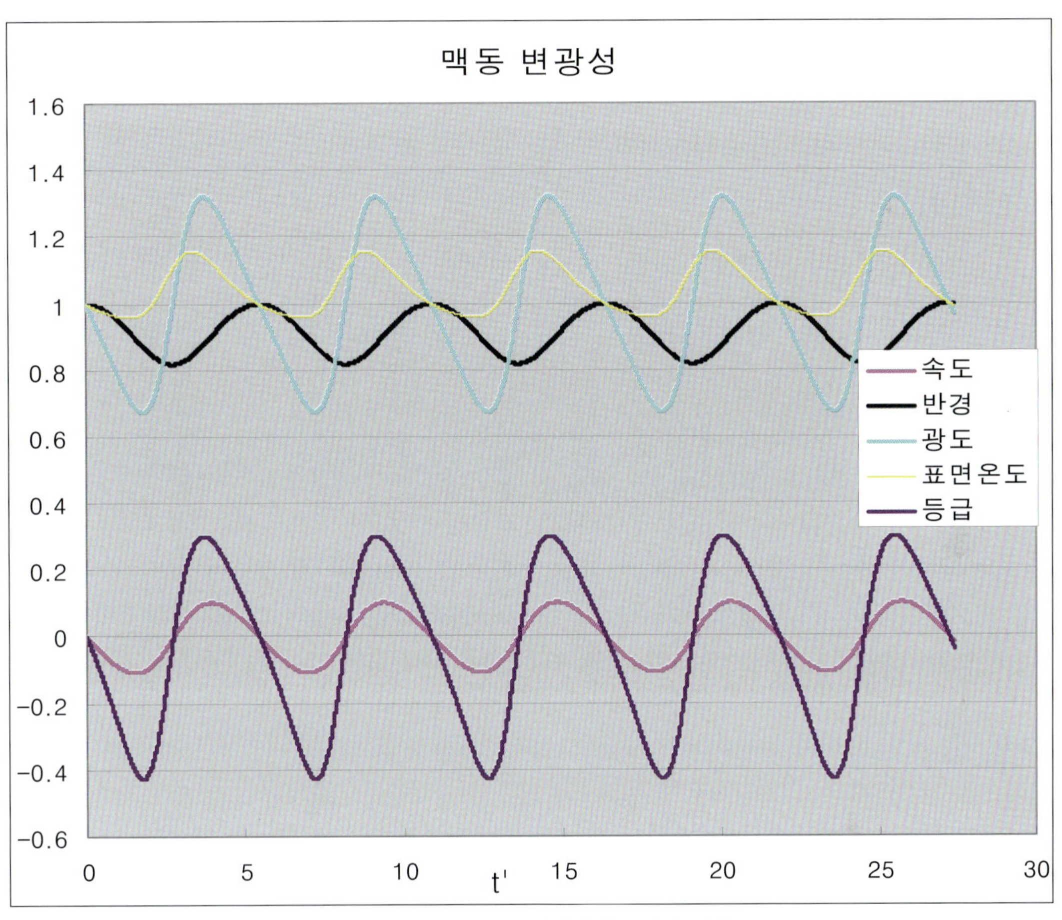

그림 2-2-17 맥동 변광성의 물리량 변화

8. 빅뱅 우주의 진화

빅뱅 우주를 지배하는 방정식은

$$H = H_o(1+z)\left[\Omega_{m,o}(1+z) + \Omega_{rel,o}(1+z) + \frac{\Omega_{\Lambda,o}}{(1+z)^2}\right]^{1/2}$$

$$\Omega_o = \Omega_{m,o} + \Omega_{rel,o} + \Omega_{\Lambda,o} = 1$$

이다. 여기서 $\Omega_{m,a} = 0.27$, $\Omega_{rel,0} = 8.24 \times 10^{-5}$, $\Omega_{\Lambda,0} = 0.73$는 각각 임계밀도에 대한 물질, 복사, 암흑 에너지 밀도 비율이다. 이 식을 이용하면 z값에 따라 어떠한 것이 그 시대를 지배하였는지를 알 수 있다. z=0.393일 때, 물질과 암흑 에너지의 밀도 비율은 0.5로 같고, 그 후 현재로 오면서 암흑 에너지 시대가 되어 우주는 가속 팽창하게 되었다. z=3,275에는 물질과 복사의 밀도 비율이 0.5로 같아진다. 따라서 0.393〈z 〈3,275에는 물질의 시대이다. z=3,275 전은 복사 시대이다(그림 2-2-18 참조).

이제 이 방정식을 풀어 보도록 하자. $R = \frac{1}{1+z}$이기에 $\frac{dR}{dt} = RH$이다. 따라서 위 식은 $t_o = \frac{1}{H_o}$으로 정의하여 $t' = \frac{t}{t_o}$이라 하면,

$$\frac{dR}{dt'} = \left(\frac{\Omega_{m,0}}{R} + \frac{\Omega_{rel,0}}{R^2} + \Omega_{\Lambda,0}R^2\right)^{1/2}$$

이 된다. $t' = 0$ 일때, $\frac{dR}{dt'} = 1$, $R = 1$이다. 이를 엑셀에서 수치 해석학적으로 풀면 그림 2-2-19와 같이 가속 우주의 그래프를 얻는다. 또한 t'과 z값과의 관계도 알 수 있다.

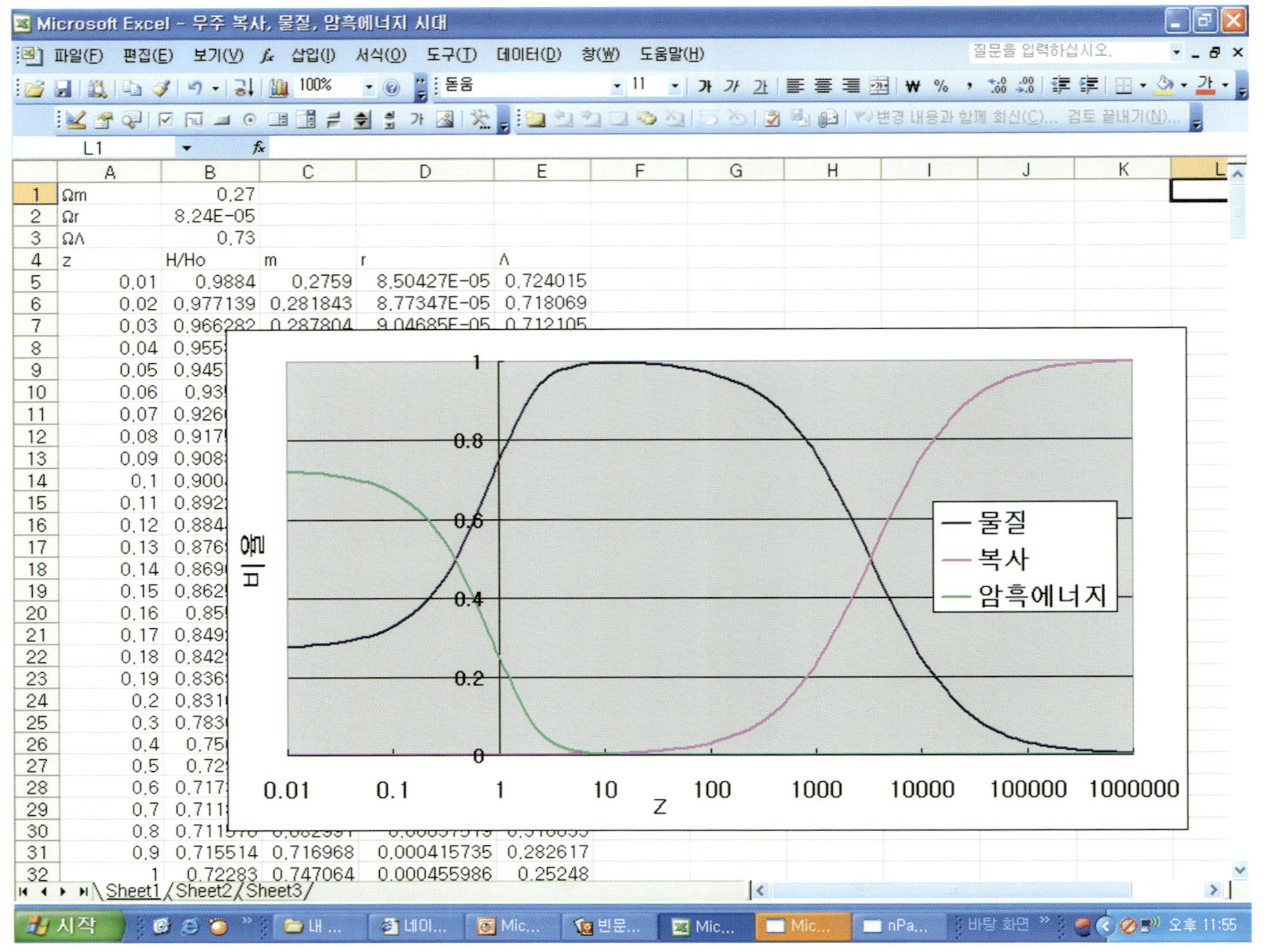

그림 2-2-18 우주의 시대

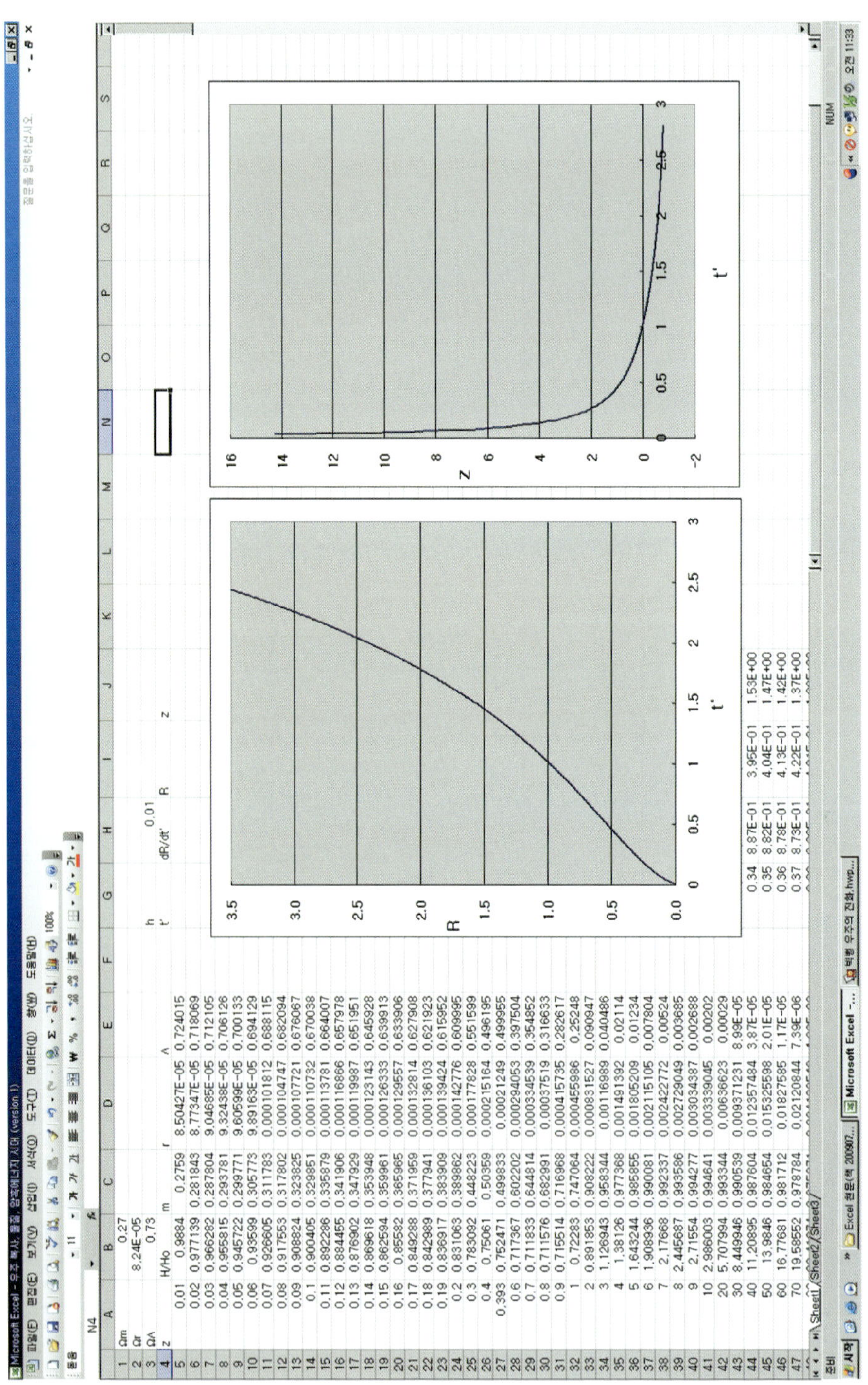

그림 2-2-19 빅뱅 가속 우주

Chapter 3

운동학적 접근

1. 율리우스 날짜

율리우스 날짜는 Fliegel과 Van Flandem이 고안한 방법으로 알 수 있다. y를 연, m을 월, d를 일이라 하면 그 날짜의 정오의 율리우스 날짜는

$$JD = 367y - 7[y + (m+9)/12]/4 - (3[y + (m-9)/7]/100 + 1)/4 + 275m/9 + d + 1721029$$

가 된다. 그런데 여기서 나눗셈은 소숫점 아래를 잘라내는 정수 나눗셈이다. 엑셀에서는 trunc라는 함수를 쓰면 된다. 따라서 엑셀에서 계산할 때에는

$$JD = 367y - trunc(7[y + trunc((m+9)/12)]/4) - trunc((3trunc([y + trunc((m-9)/7)]/100) + 1)/4) + trunc(275m/9) + d + 1721029$$

한다. 또한 율리우스 세기(centry)는

$$T = \frac{JD - 2{,}451{,}545.0}{36{,}525}$$

이다. 이를 이용하여 모든 행성의 위치를 구하게 된다. 이는 「기본 천문학(시그마프레스)」 47쪽과 48쪽을 보면 자세히 설명되어 있으며, 역으로 계산하여 율리우스 날짜를 우리가 쓰는 날짜로 바꿀 수 있다.

2. 태양계 행성의 타원 궤도

우리는 원궤도를 이용하여 태양계 행성 모델을 만들고, 어렵지 않게 행성들의 위치를 예측할 수 있었다. 그러나 행성의 궤도는 원궤도가 아니라 타원 궤도이다. 이를 위하여 E. M. Standish(JPL/Caltech)은 http://ssd.jpl.nasa.gov/txt/aprx_pos_planets.pdf에서 표 2-3-1과 표 2-3-2의 행성 궤도 요소를 이용하여 행성들의 타원 궤도 상의 위치를 BC 3000년 경부터 AD 3000년 경까지 구할 수 있었다. 여기서는 이 방법을 소개하기로 하겠다.

	a	e	I	L	long.peri.	long.node.
	AU, AU/Cy	rad, rad/Cy	deg, deg/Cy	deg, deg/Cy	deg, deg/Cy	deg, deg/Cy
수성	0.38709843	0.20563661	7.00559432	252.25166724	77.45771895	48.33961819
	0.00000000	0.00002123	−0.00590158	149472.67486623	0.15940013	−0.12214182
금성	0.72332102	0.00676399	3.39777545	181.97970850	131.76755713	76.67261496
	−0.00000026	−0.00005107	0.00043494	58517.81560260	0.05679648	−0.27274174
지구-달 질량중심	1.00000018	−0.01673163	0.00054346	100.46691572	102.93005885	−5.11260389
	−0.00000003	−0.00003661	−0.01337178	35999.37306329	0.31795260	−0.24123856
화성	1.52371243	0.09336511	1.85181869	−4.56813164	−23.91744784	49.71320984
	0.00000097	0.00009149	−0.00724757	19140.29934243	0.45223625	−0.26852431
목성	5.20248019	0.04853590	1.29861416	34.33479152	14.27495244	100.29282654
	−0.00002864	0.00018026	−0.00322699	3034.90371757	0.18199196	0.13024619
토성	9.54149883	0.05550825	2.49424102	50.07571329	92.86136063	113.63998702
	−0.00003065	−0.00032044	0.00451969	1222.11494724	0.54179478	−0.25015002
천왕성	19.18797948	0.04685740	0.77298127	314.20276625	172.43404441	73.96250215
	−0.00020455	−0.00001550	−0.00180155	428.49512595	0.09266985	0.05739699
해왕성	30.06952752	0.00895439	1.77005520	304.22289287	46.68158724	131.78635853
	0.00006447	0.00000818	0.00022400	218.46515314	0.01009938	−0.00606302
명왕성	39.48686035	0.24885238	17.14104260	238.96535011	224.09702598	110.30167986
	0.00449751	0.00006016	0.00000501	145.18042903	−0.00968827	−0.00809981

표 2-3-1 태양계 행성들의 궤도 요소

	b	c	s	f
목성	-0.00012452	0.0606406	-0.35635438	38.35125000
토성	0.00025899	-0.13434469	0.87320147	38.35125000
천왕성	0.00058331	-0.97731848	0.17689245	7.67025000
해왕성	-0.00041348	0.68346318	-0.10162547	7.67025000
명왕성	-0.01262724			

표 2-3-2 목성 이후의 행성에 대한 부가 보정 항들

표 2-3-1의 궤도 요소를 보면 첫 번째 행이 행성의 장반경 값이다. 각 행성에 대하여 첫 열이 a_0(au)이고, 둘째 열이 $\dot{a}$(au/century)이다. 따라서

$$a = a_0 + \dot{a}T$$

이다. 여기서 $T = (T_{eph} - 2451545.0)/36525$으로 2000년 이후 세기 수(century number)이다. 각 행은 각각 아래와 같다.

a_0, $\dot{a}$	장반경(au, au/century)
e_0, $\dot{e}$	이심률(, /century)
I_0, $\dot{I}$	경사각(° , ° /century)
L_0, $\dot{L}$	평균 경도(° , ° /century)
ϖ_0, $\dot{\varpi}$	근일점 경도(° , ° /century) $\varpi = \omega + \Omega$
Ω_0, $\dot{\Omega}$	승교점 경도(° , ° /century)

표 2-3-3

표 2-3-1을 이용하여 a, e, I, L, ϖ, Ω를 각 행성에 대하여 계산한다. 그 다음에는 근일점 이각 ω과 평균 이각 M을 다음과 같이 표 표 2-3-2를 이용하여 계산한다.

$$\omega = \varpi - \Omega$$

$$M = L - \varpi + bT^2 + c\ \cos(fT) + s\ \sin(fT)$$

여기서 $-180° \leq M \leq 180°$이다. 이제 M과 e를 이용하여 이심 이각 E를

$$M = E - e^{*}\sin E$$

로 계산한다. 여기서 $e^{*} = \frac{180}{\pi}e = 57.29578e$이다. 이 식은 수치해석학적인 방법으로 풀어야하는데 M과 e^{*}가 각도로 주어지면

$$E_0 = M + e^{*}\sin M$$

$$E_{n+1} = E_n + \frac{M - (E_n - e^{*}\sin E_n)}{(1 - e\cos E_n)},\ n = 0,\ 1,\ 2,\ .....$$

로 $E_{n+1} \simeq E_n$이 될 때까지 계산한다. 이러한 반복 계산으로 E를 구한다. 이제 행성의 궤도는 태양이 한 초점에 있고 x'축은 태양에서 근일점 방향이다. 따라서 행성의 위치는 T날에

$$x' = a(\cos E - e)$$

$$y' = a\sqrt{1-e^2}\,sin\,E$$

$$z' = 0$$

이다. 이제 평균 황도면에 대한 좌표로 이를 변환하면

$$x = (cos\ \omega\ cos\ \Omega - \sin\ \omega\ \sin\ \Omega\ cos\ I)x'$$
$$+(-\sin\ \omega\ \cos\ \Omega\ - cos\ \omega\ \ \sin\ \Omega\ \cos\ I)y'$$

$$y = (cos\ \omega\ \sin\ \Omega + \sin\ \omega\ \cos\ \Omega\ cos\ I)x'$$
$$+(-\sin\ \omega\ \sin\ \Omega\ + cos\ \omega\ cos\ \Omega\ \cos\ I)y'$$

$$z = \sin\ \omega\ \sin\ Ix' + cos\ \omega\ \ \sin\ Iy'$$

이다. 따라서 황도 좌표인 λ, β는

$$\lambda = atan2(x,\ y)$$

$$\beta = atan2(\sqrt{x^2+y^2}, z)$$

이다. 위의 $(x,\ y)$를 이용하여 그린 행성의 궤도와 2009년 2월 11일 각 행성의 위치를 그림 2-3-1에 그려보았다.

이제 2000년의 황도 경사각 $\epsilon = 23.43928^{\circ}$ 이기에

$$x_{eq} = x$$

$$y_{eq} = \cos\epsilon\ \ y\ - \sin\ \epsilon\ \ z$$

$$z_{eq} = \sin\ \epsilon\ \ y\ - \cos\ \epsilon\ \ z$$

이다. 따라서 적도 좌표인 α, δ는

$$\alpha = atan2(x_{eq,}\ y_{eq})$$

$$\delta = atan2(\sqrt{x_{eq}^2 + y_{eq}^2}, z_{eq})$$

가 된다. 이와 같이 앞으로의 모든 계산은 원궤도 태양계 모델에서의 계산과 동일하다.

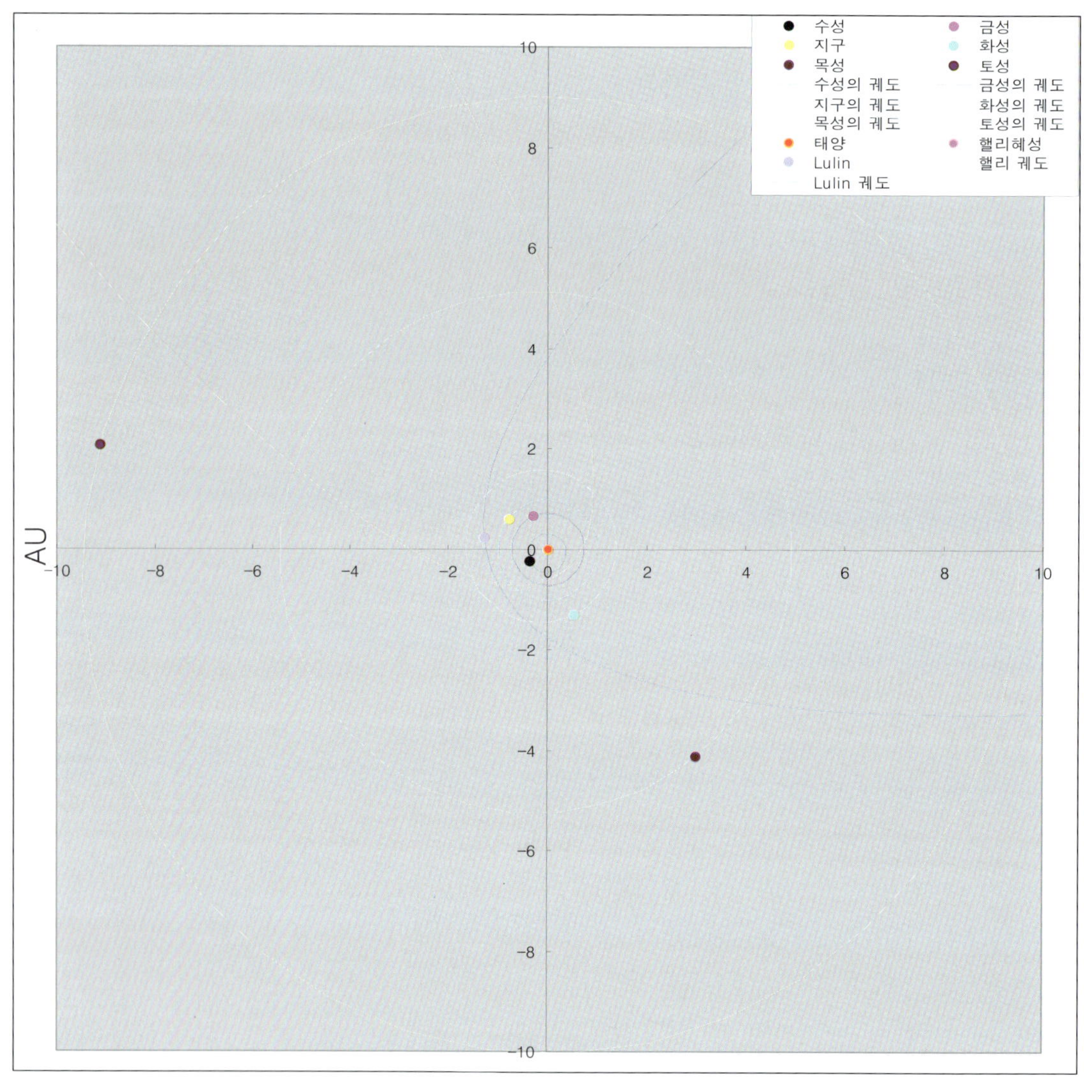

그림 2-3-1 2009년 2월 11일 태양계 행성의 타원 궤도, 핼리혜성의 타원 궤도와 Lulin 혜성의 쌍곡선 궤도

1.1 혜성의 쌍곡선 궤도

태양계 내의 혜성들의 궤도는 일반적으로 이심률이 큰 타원 궤도를 이루기에 행성의 타원 궤도와 같이 구하면 되지만 어떤 혜성들은 쌍곡선 궤도를 그린다. 우선 핼리 혜성의 타원 궤도를 먼저 구하여 보자. 핼리 혜성의 자료는 http://ssd.jpl.nasa.gov/sbdb.cgi?ID=c00001_0;orb=1;cov=0;log=0;cad=0#orb에서 표 2-3-4과 같이 구할 수 있다.

궤도 요소	값	오차(1σ)	단위
이심률(e)	0.967142908462304	5.035e-09	
장반경(a)	17.8341442925537	3.8913e-08	AU
근일점 거리(q)	0.585978111516909	8.8924e-08	AU
경사각(i)	162.262690579161	6.7791e-06	deg
승교점 경도(Ω)	58.42008097656843	9.0539e-06	deg
근일점 이각(ω)	111.3324851045177	1.1714e-05	deg
평균 이각(M)	38.3842644764388	1.4226e-07	deg
근일점 통과 시각(t_p)	2446467.395317050925 (1986-Feb-05.89531706)	4.7896e-06	JED
주기(P)	27509.129073186175.32	9.0034e-05 2.465e-07	d yr
평균 각속도(n)	.01308656479244564	4.2831e-11	deg/d
원일점 거리(Q)	35.08231047359043	7.6546e-08	AU

표 2-3-4 율리우스 일 2449400.5(1994-Feb-17.0) 날의 핼리 혜성의 궤도 요소

T 율리우스 일의 M_T는

$$M_T = M + (T - 2449400.5)n$$

으로 구한 다음 이 값에 해당하는 E를 194쪽의 수치해석적인 방법으로 구한다. 또한 그날의 궤도상의 위치를 이용하여 황도좌표를 구하고 핼리 혜성의 궤도를 그림 2-3-2에 그려 보았다.

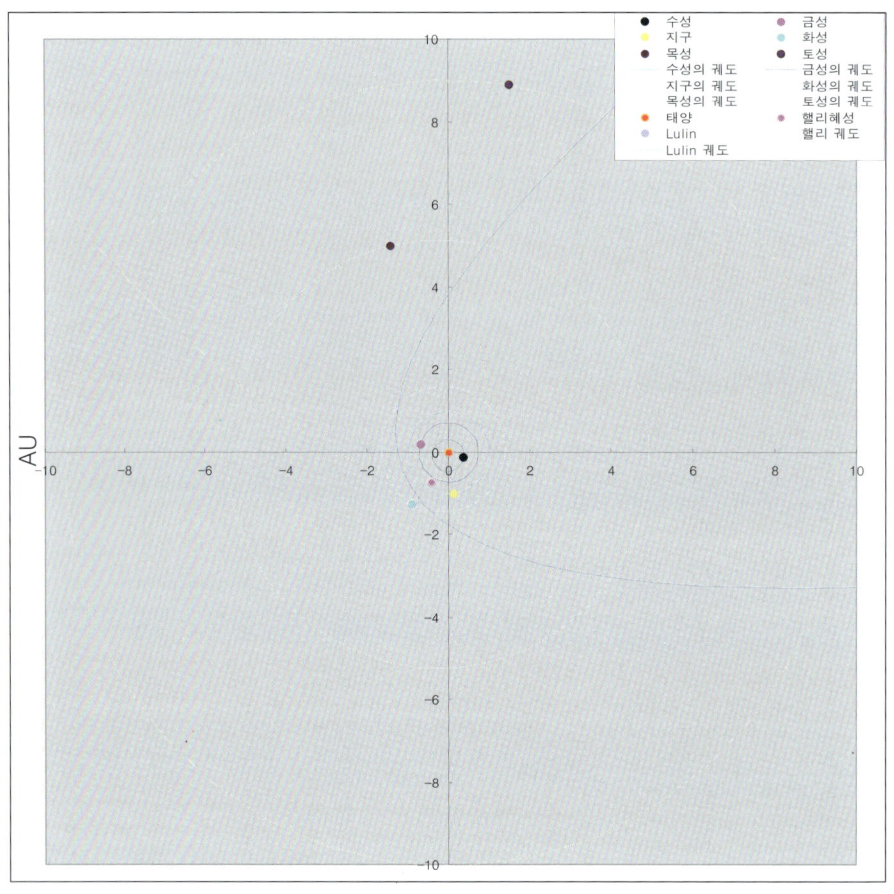

그림 2-3-2 2061년 6월 28일의 행성과 핼리 혜성의 위치

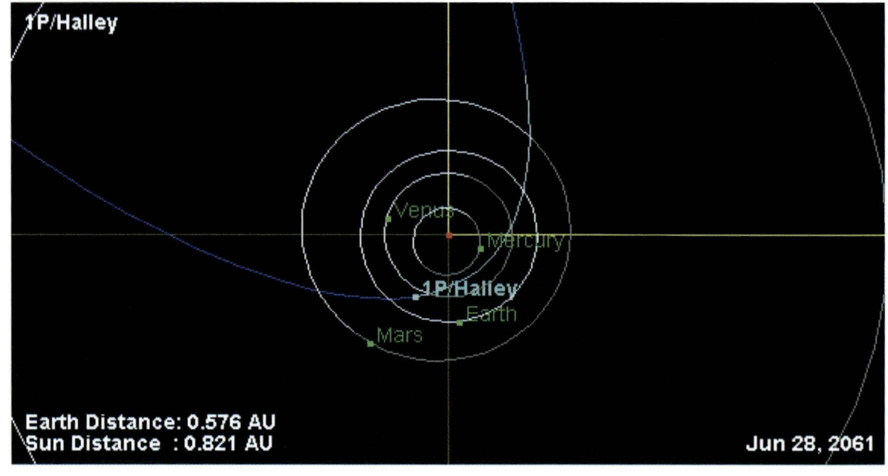

그림 2-3-3 http://ssd.jpl.nasa.gov/sbdb.cgi?ID=c00001_0;orb=1;cov=0;log=0;cad=0#orb에서 얻은 행성과 핼리 혜성의 위치. 그림 2-3-2의 계산과 동일하다.

2009년 2월 24일 경에 지구에서 0.411 AU 떨어져 지나간 혜성이 Lulin 혜성이다. 율리우스 일 2454760.5(2008-Oct-21.0)날의 이 혜성의 궤도 요소가 표 2-3-5이다. 이에 의하면 이 혜성의 궤도는 쌍곡선이다.

궤도 요소	값	오차(1σ)	단위
이심률(e)	1.000019683311501	3.2734e-07	
장반경(a)	-61588.53769662373	1024.2	AU
근일점 거리(q)	1.212266372369336	8.3602e-08	AU
경사각(i)	178.3734963584455	8.5321e-06	deg
승교점 경도(Ω)	338.5296958834698	0.00011697	deg
근일점 이각(ω	136.8554992243936	0.00011711	deg
평균 이각(M)	359.9999947356189	1.3132e-07	deg
근일점 통과시각(t_p)	2454842.138137779425 (2009-Jan-10.63813778)	1.0062e-05	JED
주기(P)	n/a n/a	n/a n/a	d yr
평균 각속도(n)	6.448433638563343E-8	1.6086e-09	deg/d
원일점 거리(Q)	n/a	n/a	AU

표 2-3-5 Lulin 혜성의 율리우스 일 2454760.5(2008-Oct-21.0)날의 궤도 요소

T 율리우스 일의 M_T는 Lulin 혜성의 경우에

$$M_T = M + (T - 2454760.5)n$$

으로 구한 다음 이 값에 해당하는 E를 아래의 수치 해석적인 방법으로 구한다. 쌍곡선 궤도의 경우, $M = e\sinh E - E$가 성립한다. 따라서 수치 해석학적으로 이 경우에는

$$E_0 = e\sinh M_T - M_T$$

$$E_{n+1} = E_n - \frac{e\sinh E_n - E_n - M_T}{e\cosh E_n - 1}, \quad n = 0,\ 1,\ 2,\ \ldots\ldots$$

를 사용하며, $E_{n+1} \simeq E_n$이 될 때까지 계산한다. 그리고 쌍곡선 궤도는

$$x' = a(\cosh E - e)$$

$$y' = -a\sqrt{e^2 - 1}\ \sinh E$$

$$z' = 0$$

이다. 이 궤도상의 위치를 이용하여 황도좌표를 구하고 Lulin 혜성의 궤도를 그림 5에 그려 보았다.

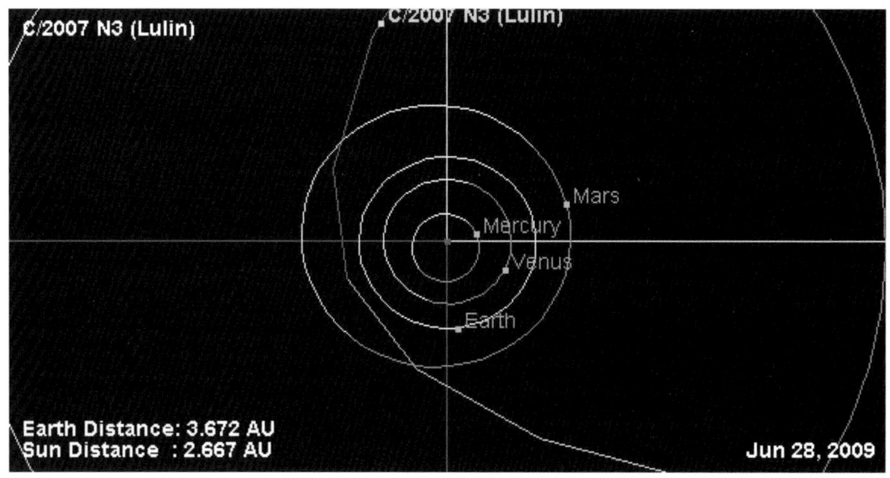

그림 2-3-4 http://ssd.jpl.nasa.gov/sbdb.cgi?ID=dK07N030;orb=1;cov=0;log=0;cad=0#orb에서 얻은 Lulin 혜성의 위치. 그림 2-3-5의 계산과 동일하다.

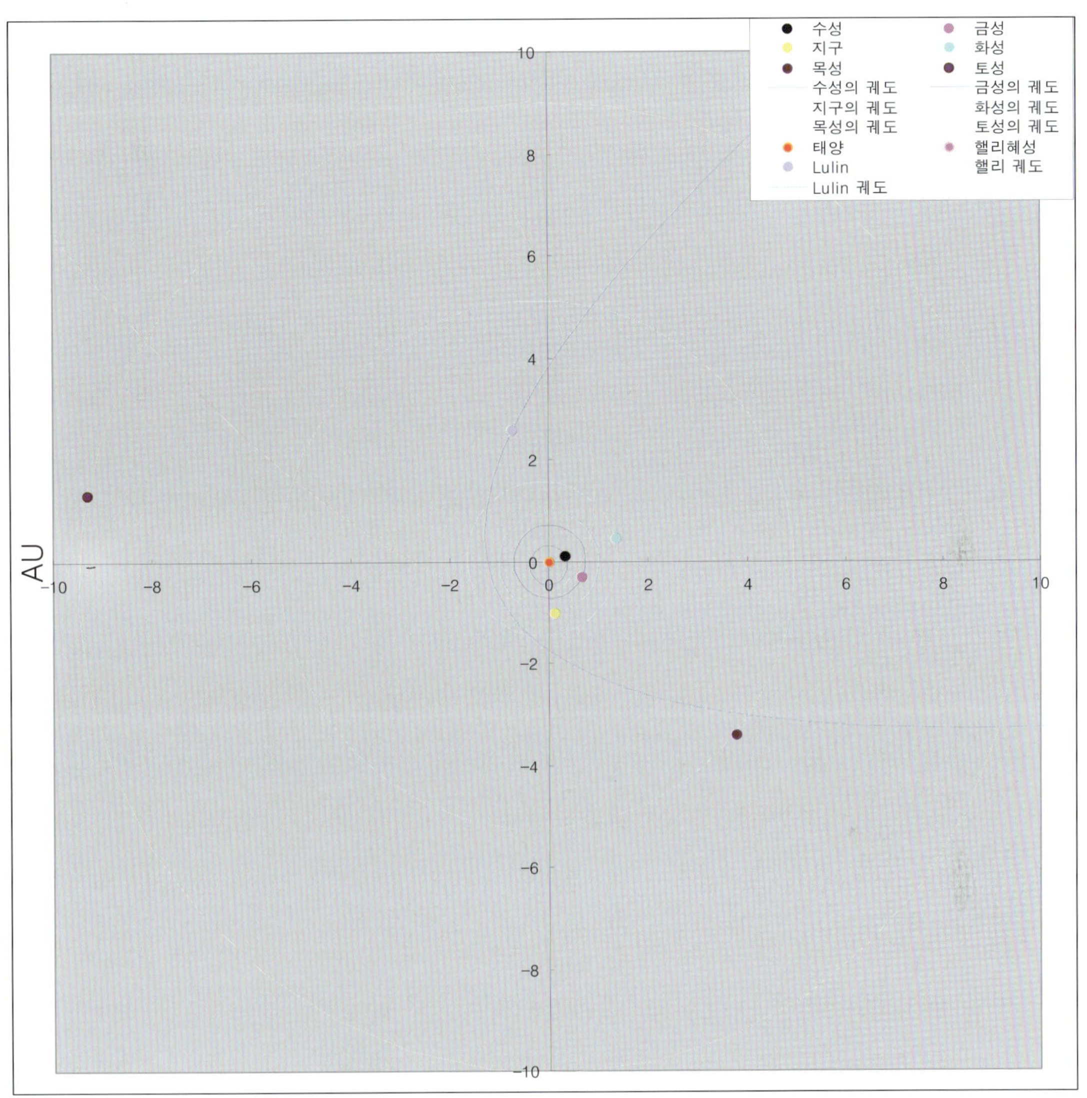

그림 2-3-5 2009년 6월 28일 행성과 Lulin 혜성의 위치

이러한 계산을 이용하면 혜성의 등급 변화를 관측과 비교하여 미래의 등급을 예측할 수 있다. 표 2-3-6은 Lulin 혜성과 관련된 자료이다. 지구-혜성 간 거리와 태양-혜성 간 거리는 위의 계산을 이용하여 계산할 수 있다. 이 두 거리를 이용하여 관측 등급에 fitting되는 등급을 계산해보면,

$$m = 6.55 + 5\,log(r_{E-C}) + + 5\,log(r_{S-C}) + 4.8\,log(r_{S-C})$$

이다. 이 식을 이용하여 그린 것이 그림 2-3-6이다.

	관측등급	계산등급	지구-혜성 간 거리 (r_{E-C})	태양-혜성간 거리 (r_{S-C})
2009-01-09	8.4	8.42209	1.622	1.213
2009-01-14	8.2	8.230468	1.485	1.213
2009-01-19	8	8.02836	1.34	1.219
2009-01-24	7.8	7.808805	1.19	1.23
2009-01-29	7.5	7.560779	1.035	1.246
2009-02-03	7.2	7.273795	0.879	1.266
2009-02-08	6.9	6.941451	0.727	1.29
2009-02-13	6.5	6.564659	0.586	1.318
2009-02-18	6.2	6.196981	0.472	1.35
2009-02-23	6	6.021209	0.414	1.385
2009-02-28	6.2	6.24884	0.436	1.423
2009-03-05	6.8	6.794867	0.531	1.463
2009-03-10	7.4	7.416567	0.668	1.506
2009-03-15	8	8.000265	0.825	1.551
2009-03-20	8.5	8.527134	0.993	1.597
2009-03-25	9	8.998191	1.164	1.645
2009-03-30	9.4	9.424008	1.337	1.694
2009-04-04	9.8	9.813041	1.509	1.745
2009-04-09	10.2	10.16875	1.68	1.796
2009-04-14	10.5	10.49601	1.847	1.848
2009-04-19	10.8	10.80001	2.01	1.901
2009-04-24	11.1	11.08336	2.17	1.954
2009-04-29	11.4	11.34826	2.324	2.008
2009-05-04	11.6	11.59615	2.473	2.062
2009-05-09	11.8	11.83025	2.616	2.117
2009-05-14	12.1	12.0483	2.753	2.171
2009-05-19	12.3	12.25572	2.884	2.226
2009-05-24	12.5	12.45102	3.008	2.281
2009-05-29	12.7	12.63711	3.125	2.337
2009-06-03	12.8	12.81123	3.235	2.392
2009-06-08	13	12.97539	3.337	2.447

표 2-3-6 Lulin 혜성의 등급 변화

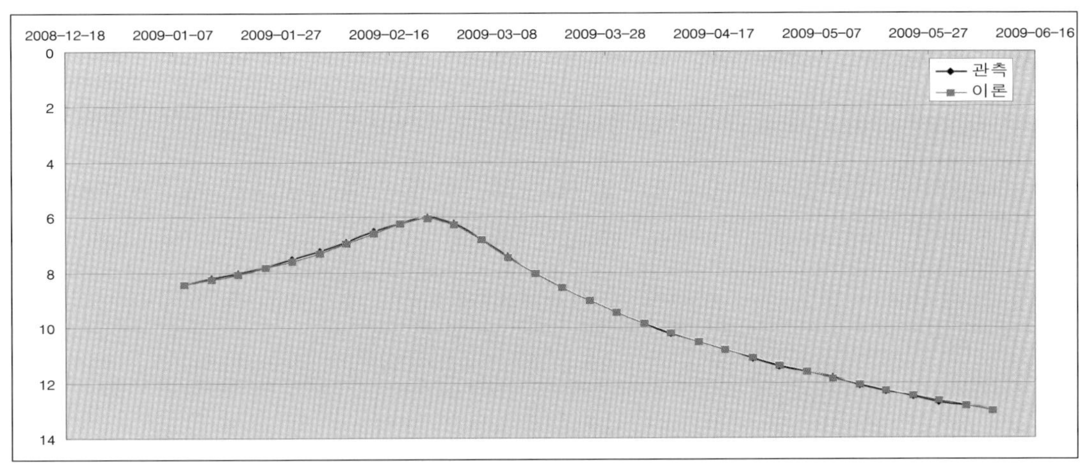

그림 2-3-6 Lulin 혜성의 관측 등급과 계산 등급과의 비교.

이 식을 우리는 이렇게 이해할 수 있다. 반경이 R_C, 반사도가 A인 혜성이 태양 빛을 받아 반사하여 지구에서 관측하는 광속(flux) f는

$$f = \frac{\frac{AL_{\odot}}{4\pi r_{S-C}^2}\pi R_C^2}{4\pi r_{E-C}^2}$$

이다. 그런데 $m = -2.5\log f + const$이기에 위 식은

$$m = 5\log r_{S-C} + 5\log r_{E-C} - 2.5\log A + const$$

로 나타낼 수 있다. 이 식을 Lulin 혜성을 fitting한 등급식과 비교하면

$$-2.5\log A = 4.8\log r_{S-C} + const$$

이다. 따라서

$$A \propto r_{S-C}^{-\frac{4.8}{2.5}} = r_{S-C}^{-1.92}$$

이 된다. 이는 혜성의 반사도가 태양과 혜성 간의 거리에 1.92 곱에 반비례하여 감소함을 보이고 있다. 즉, 태양에 가까울 때에 반사도가 증가함을 예상하게 된다.

3. 달의 위치 - 일식, 월식

주어진 시간에 달의 위치를 정확하게 구하기는 쉽지 않다. 그러나 황경 10″ 이내, 황위 4″ 이내의 오차를 갖고 구해보기로 하자. 이 방법은 Jean Meeus가 쓴 Astronomical algorithm(2nd ed. 1991) 47장의 내용을 정리한 것이다.

우선 지구 중심과 달 중심 간의 거리를 Δ라 하면, 달의 적도 지평 시차(equatorial horizontal parallax) $mpar$는

$$\sin\ mpar = \frac{6378.14}{\Delta}$$

가 된다.

주어진 시간의 율리우스 세기(Julian century) T는

$$T = \frac{JDE - 2{,}451{,}545}{36{,}525}$$

가 된다. 여기서 다루는 모든 각도 X는 $mod(X, 360)$로 처리하여 0°~360° 사이의 각이 되게 한다.

달의 평균 경도(mean longitude) L_o은

$$L_o = 218.3164477 + 481267.88123421\,T - 0.0015786\,T^2 + \frac{T^3}{538841} - \frac{T^4}{65194000}$$

이다. 달의 평균 이각(mean elongation) D는

$$D = 297.8501921 + 445267.1114034\,T - 0.0018819\,T^2 + \frac{T^3}{545868} - \frac{T^4}{113065000}$$

이다. 태양의 평균 근점이각(mean anomaly) M은

$$M = 357.5291092 + 35999.0502909\,T - 0.0001536\,T^2 + \frac{T^3}{24490000}$$

이다. 달의 평균 근점이각 M'는

$$M' = 134.9633964 + 477198.8675055T + 0.0087414T^2 + \frac{T^3}{69699} - \frac{T^4}{14712000}$$

이다. 달의 위도 편각(argument of latitude) F는

$$F = 93.272095 + 483202.0175233T - 0.0036539T^2 - \frac{T^3}{3526000} + \frac{T^4}{863310000}$$

이다. 3개의 편각 A_1, A_2, A_3가 더 필요하다.

금성의 운동에 의하여 $A_1 = 119.75 + 131.849T$

목성의 운동에 의하여 $A_2 = 53.09 + 479264.29T$

지구의 편평도 때문에 $A_3 = 313.45 + 481266.484T$

각 M은 지구 궤도의 이심률과 관계하기에 E라는 인수가 더 필요하다.

$$E = 1 - 0.002516T - 0.0000074T^2$$

이제 달의 황경 및 거리 그리고 황위를 구하기 위해 주기성을 가진 항들을 보정해 주어야 하는데 이 항들을 표 2-3-7과 표 2-3-8에 정리하였다.

D	M	M'	F	Σl 계수	Σr 계수	D	M	M'	F	Σb coeff.
0	0	1	0	6288774	−20905355	0	0	0	1	5128122
2	0	−1	0	1274027	−3699111	0	0	1	1	280602
2	0	0	0	658314	−2955968	0	0	1	−1	277693
0	0	2	0	213618	−569925	2	0	0	−1	173237
0	1	0	0	−185116	48888	2	0	−1	1	55413
0	0	0	2	−114332	−3149	2	0	−1	−1	46271
2	0	−2	0	58793	246158	2	0	0	1	32573
2	−1	−1	0	57066	−152138	0	0	2	1	17198
2	0	1	0	53322	−170733	2	0	1	−1	9266
2	−1	0	0	45758	−204586	0	0	2	−1	8822
0	1	−1	0	−40923	−129620	2	−1	0	−1	8216

1	0	0	0	−34720	108743	2	0	−2	−1	4324
0	1	1	0	−30383	104755	2	0	1	1	4200
2	0	0	−2	15327	10321	2	1	0	−1	−3359
0	0	1	2	−12528	0	2	−1	−1	1	2463
0	0	1	−2	10980	79661	2	−1	0	1	2211
4	0	−1	0	10675	−34782	2	−1	−1	−1	2065
0	0	3	0	10034	−23210	0	1	−1	−1	−1870
4	0	−2	0	8548	−21636	4	0	−1	−1	1828
2	1	−1	0	−7888	24208	0	1	0	1	−1794
2	1	0	0	−6766	30824	0	0	0	3	−1749
1	0	−1	0	−5163	−8379	0	1	−1	1	−1565
1	1	0	0	4987	−16675	1	0	0	1	−1491
2	−1	1	0	4036	−12831	0	1	1	1	−1475
2	0	2	0	3994	−10445	0	1	1	−1	−1410
4	0	0	0	3861	−11650	0	1	0	−1	−1344
2	0	−3	0	3665	14403	1	0	0	−1	−1335
0	1	−2	0	−2689	−7003	0	0	3	1	1107
2	0	−1	2	−2602	0	4	0	0	−1	1021
2	−1	−2	0	2390	10056	4	0	−1	1	833
1	0	1	0	−2348	6322	0	0	1	−3	777
2	−2	0	0	2236	−9884	4	0	−2	1	671
0	1	2	0	−2120	5751	2	0	0	−3	607
0	2	0	0	−2069	0	2	0	2	−1	596
2	−2	−1	0	2048	−4950	2	−1	1	−1	491
2	0	1	−2	−1773	4130	2	0	−2	1	−451
2	0	0	2	−1595	0	0	0	3	−1	439
4	−1	−1	0	1215	−3958	2	0	2	1	422
0	0	2	2	−1110	0	2	0	−3	−1	421
3	0	−1	0	−892	3258	2	1	−1	1	−366
2	1	1	0	−810	2616	2	1	0	1	−351
4	−1	−2	0	759	−1897	4	0	0	1	331
0	2	−1	0	−713	−2117	2	−1	1	1	315

2	2	−1	0	−700	2354	2	−2	0	−1	302
2	1	−2	0	691	0	0	0	1	3	−283
2	−1	0	−2	596	0	2	1	1	−1	−229
4	0	1	0	549	−1423	1	1	0	−1	223
0	0	4	0	537	−1117	1	1	0	1	223
4	−1	0	0	520	−1571	0	1	−2	−1	−220
1	0	−2	0	−487	−1739	2	1	−1	−1	−220
2	1	0	−2	−399	0	1	0	1	1	−185
0	0	2	−2	−381	−4421	2	−1	−2	−1	181
1	1	1	0	351	0	0	1	2	1	−177
3	0	−2	0	−340	0	4	0	−2	−1	176
4	0	−3	0	330	0	4	−1	−1	−1	166
2	−1	2	0	327	0	1	0	1	−1	−164
0	2	1	0	−323	1165	4	0	1	−1	132
1	1	−1	0	299	0	1	0	−1	−1	−119
2	0	3	0	294	0	4	−1	0	−1	115
2	0	−1	−2	0	8752	2	−2	0	1	107

표 2-3-7 황경, 거리에 대한 주기항들 **표 2-3-8** 황위에 대한 주기항들

이 표를 이용하는 방법은 간단하다. 예를 들어 표 2-3-7의 8번째 항은

Σl에 대하여 $+57066 E \sin(2D - M - M')$

Σr에 대하여 $-1521386 E \cos(2D - M - M')$

가 된다. 만약 편각에 $2M$ 혹은 $2M'$가 들어 있으면 변수에 E^2을 해준다.

이제 더 보정해주어야 하는 것들은 Σl에 대하여

$+3958 \sin A_1$

$+1962 \sin(L_o - F)$

$+318 \sin A_2$

이고 Σb에 대하여는

$-2235 \sin L_o$

$+382 \sin A_3$

$+175 \sin(A_1 - F)$

$+175 \sin(A_1 + F)$

$+127 \sin(L_o - M')$

$-115 \sin(L_o + M')$

이다. 이제 달의 황경, 황위, 거리는 각각

$$\lambda = L_o + \frac{\Sigma l}{1,000,000} \text{도}$$

$$\beta = \frac{\Sigma b}{1,000,000} \text{도}$$

$$\Delta = 385,000.56 + \frac{\Sigma r}{1,000} \text{Km}$$

가 된다.

또한 평균 승교점 경도(longitude of mean ascending node)는

$$\Omega = 125.0445479 - 1934.136291T + 0.0020754T^2 + \frac{T^3}{467441} - \frac{T^4}{60616000}$$

이고 평균 근일점 경도(longitude of mean perigee)는

$$\Pi = 83.3532465 + 4069.0137287T - 0.0103200T^2 - \frac{T^3}{80053} + \frac{T^4}{18999000}$$

이다. Ω는 보정이 필요한데

$-1.4975 \sin 2(D - F)$

$-0.15 \sin M$

$-0.1226 \sin 2D$

$$+0.1176\ \sin 2F$$

$$-0.0801\ \sin\ 2(D-F)$$

를 더해 주면 된다.

더 정확한 황경을 구하기 위해서는 달의 장동을 보정해주어야 한다. 즉,

$$\Delta\psi = -17.2 \sin\Omega - 1.32\ \sin 2L - 0.23 \sin 2L_o + 0.21 \sin 2\Omega \text{초}$$

이다. 여기서 L은 태양의 평균 경도로 $L = 280.4665 + 36000.7698\,T$이다. 따라서 보정된 황경은

$$\lambda \rightarrow \lambda + \Delta\psi$$

가 된다.

이제 달의 적경, 적위인 α, δ를 구하기 위해서는 황도와 적도 사이의 각 ϵ을 알아야 하는데, 평균값인 ϵ_o는

$$\epsilon_o = 23 + \frac{26}{60} + \frac{21.448}{3600} - \frac{46.815}{3600}T - \frac{0.00059}{3600}T^2 + \frac{0.001813}{3600}T^3$$

이다. 이 값의 주기적 보정은

$$\Delta\epsilon = 9.2\ \cos\ \Omega + 0.57\ \cos\ 2L + 0.1 \cos 2L_o - 0.09 \cos 2\Omega$$

이다. 따라서 $\epsilon = \epsilon_o + \Delta\epsilon$이 된다.

우리는 달의 황경, 황위를 알기에

$$x = \Delta\cos\lambda\cos\beta$$

$$y = \Delta\sin\lambda\cos\beta$$

$$z = \Delta\sin\beta$$

로 황도 상의 위치를 정하고, ϵ을 알기에 적도 좌표로는

$$X = x$$

$$Y = y \cos\epsilon - z \sin\epsilon$$

$$Z = y \sin\epsilon + z \cos\epsilon$$

로 나타낼 수 있다. 따라서 달의 적경, 적위는

$$\alpha = atan2(X, Y)$$

$$\delta = atan2(\sqrt{X^2 + Y^2}, Z)$$

로 얻을 수 있다.

2009년 7월 14일 UT=0시(KST=9시)의 달의 황경과 황위는 각각 4.880135779°, 4.785633676° 이다. 이를 한국천문연구원 발행 「2009 역서」의 127쪽 달의 위치 자료에 보면 황경, 황위는 각각 4.88°, 4.79°로 나와 있다. 우리의 계산이 상당히 정확한 것을 알 수 있다. 달의 거리의 경우 우리의 계산은 392166.7208 Km를 얻었다. 역서에는 지구 반경의 61.486배이다. 만약 지구 반경이 6378.14 Km라 하면 이 거리는 392166.3160 Km에 해당한다. 계산으로 얻은 적경, 적위는 각각 0h 10m 18.12s, 6° 19′ 56.3″이다. 역서는 0h 10m 16.9s, 6° 19′ 48″로 우리 계산과의 차이는 적경은 1.22s, 적위는 8.3″정도이다.

1.1 태양의 위치

일식이나 월식을 예측하려면 태양의 위치를 0.01° 정도의 정확도로 그 위치를 알 필요가 있다. 지구에 대한 태양의 평균 경도(mean longitude)는

$$L = 280.46646 + 36000.76983\,T + 0.0003032\,T^2$$

이다. 태양의 평균 근점이각(mean anomaly)는

$$M = 357.52911 + 35999.050\,T - 0.0001537\,T^2$$

이다. 지구 궤도의 이심률은

$$e = 0.016708634 - 0.000042037\,T - 0.0000001267\,T^2$$

이다. 그런데 태양의 중심 C는

$$C = (1.914602 - 0.004817\,T - 0.000014\,T^2)$$

$$\sin M + (0.019993 - 0.000101\,T)\sin 2M + 0.000289\sin 3M$$

이 된다. 이제 태양의 실경도(true longitude)는 $\odot = L + C$이고, 실근점이각(true anomaly)는 $\nu = M + C$이다. 지구와 태양의 중심 사이의 거리는

$$R = \frac{1.000001018(1 - e^2)}{1 + e\cos\,\nu}$$

이다. 이제 태양의 겉보기 황경은

$$\lambda = \odot - 0.00569 - 0.00478\sin\,\Omega$$

이다. 여기서 $\Omega = 125.04 - 1934.136\,T$를 사용한다. 태양은 황도상을 움직이기에 $\beta = 0$이다. 태양의 적경, 적위는 달의 적경, 적위를 구하는 방법을 그대로 이용하면 된다.

1.2 월식과 일식

월식은 지구의 그림자 안으로 달이 들어옴으로 달이 어두워지는 현상을 말한다. 따라서 지구 그림자 중심의 적경, 적위는 태양의 적경, 적위의 반대편이다. 즉,

$$\alpha_s = \alpha_\odot + 12^h$$

$$\delta_s = -\delta_\odot$$

가 된다.

이제 지구 본그림자와 반그림자의 각 크기 θ_u와 θ_p는 각각

$$\theta_u = \frac{R(\text{본})}{d(\text{달}) - R_\oplus}$$

$$\theta_p = \frac{R(\text{반})}{d(\text{달}) - R_\oplus}$$

이다. 여기서

$$d = \frac{d_\odot}{\left(\frac{R_\odot}{R_\oplus} - 1\right)}$$

$$R(\text{본}) = \frac{d - d_{\text{달}}}{d} R_\oplus, \quad R(\text{반}) = R_\oplus + (R_\oplus + R_\odot)\frac{d(\text{달})}{d_\odot}$$

이다. 이제 적경, 적위 도표에서 반그림자, 본그림자의 모습은 중심이 (α_s, δ_s)이고 반경이 각각 θ_p, θ_u가 되는 원이다. 달의 각 크기는

$$\theta_m = \frac{R(\text{달})}{d(\text{달}) - R_\oplus}$$

이다. 따라서 달의 모습은 중심이 (α_m, δ_m)이고 반경이 θ_m인 원이다. 그림 2-3-7은 2009년 8월 6일 오전 9시 40분에 보일 지구의 반그림자에 들어간 달의 모습(반영식)이다.

일식을 예측하기 위해 태양의 각 크기를 구해야 한다. 이 값은

$$\theta_S = \frac{R_S}{d_S - R_\oplus}$$

이다. 그림 2-3-8은 2009년 7월 22일 오전 11시 40분에 보일 부분일식이다. 그러나 이 그림은 관측자가 지구 중심에 위치하여 있을 때이다. 달의 경우는 지구 중심과 관측자 사이에 시차 $mpar$가 있다. 이를 이용하여 관측자 중심(topocentic)의 위치로 좌표를 변환해야한다. 즉.

지구 중심 경위와 지구 중심 거리는 각각

gclat = lat - 0.1924° * sin(2*lat)

rho = 0.99833 + 0.00167 * sin(2*lat)

이다. 그러면 관측자 중심 적경, 적위는 각각

topo RA = α - mpar*rho*cos(gclat)*sin(HA)/cos(δ)

topo Dec = δ - mpar*rho*sin(gclat)*sin(g-δ)/sin(g)

이다. 여기서 g = atan(tan(gclat)/cos(HA)), HA = KST - α이다. 행성의 경우에도 보정할 수 있는데, 이 경우에는 π 대신 ppar = 8.794°/(3600*r)을 사용한다. 여기서 r은 AU 단위로 잰 행성까지의 거리이다. 그림 2-3-8은 그림 2-3-7을 서울(127.5°E, 37.5°N)의 관측자 중심으로 보정하여 구한 달의 적경과 적위을 이용하여 그린 부분일식이다. 그림 2-3-9는 최대 개기일식이 일어나는 곳인 (144° 6.4′ E, 북24° 12.6′ N)으로 보정하여 그린 개기일식이다. 이때 지구 중심 태양의 적경, 적위는 계산에 의하면, 8h 6m 24.47s, 20° 16′ 1.88″이다. 그런데 그림 2-3-10에 의하면 8h 6m 24.1s, 20° 16′ 03.1″로서 아주 근소한 차이를 보인다. 지구 중심 달의 적경, 적위는 계산에 의하면 8h 6m 32.6s, 20° 19′ 52.78″인데, 그림 2-3-10에 의하면 8h 6m 29.6s, 20° 20′ 06.5″로서 차이가 근소하다. 그림 2-3-11은 NASA가 제공하는 2009년 8월 6일 반영식의 자료이다.

지평 좌표로의 변환을 위해서는 지방 항성시(local sidereal time: LST)를 먼저 구하여야 한다. UT=0h일 때 Greenwich 평균 항성시(Greenwich mean sidereal time: GMST)인 GMST0는

GMST0 = Ls/15 +12h

이다. 여기서 Ls는 태양의 평균 경도이다. 따라서 지방 항성시는

LST = GMST0 + UT + Long/15

이다. 여기서 Long는 지리상의 경도이다. 동경은 +, 서경은 −이다. 우리나라는 동경 135°를 기준으로 하기에 Long/15 = +9h가 된다. 따라서 KST = Ls/15 + 12h + UT + 9h이다. 이 때의 시간각(hour angle: HA)은

HA = LST − α (RA)

이다. 우리나라에서는

HA = Ls/15 + 12h + UT + 9h − α (RA)

이다. 추분날은 Ls/15 = 12h이다. 그리고 춘분점의 HA = 0h이다. 따라서 KST = α (RA)인데 따라서 밤 12시에 α(RA)=0h인 춘분점이 남중한다. 이때에 UT = −9h = 하루 전 18h이다.

지평 좌표를 구하기 위해 반경 r=1인 천구를 생각하자. 그러면

x=cos(HA)cos(δ)

y=sin(HA)cos(δ)

z=sin(δ)

가 된다. 이를 y축을 중심으로 90−lat(지리상 위도) 만큼 회전하면, 지평 좌표에 대한

xh = x*sin(lat) − z* cos(lat)

yh = y

zh = x*cos(lat) + z* sin(lat)

를 얻을 수 있다. 그러면 방위각과 고도는

방위각(Az) = atan2(xh, yh)+180°

고도(h) = atan2(sqrt(xh^2+yh^2), zh)

이다. 그런데 방위각은 각도에 따라 북(0°), 동(90°), 남(180°), 서(270°)를 나타낸다. 달의 경우는 지구중심과 관측자 사이에 시차를 이용하여

h(topo) = h(geo) - mpar * cos(h(geo)) * 180/pi

Az(topo) = Az(geo)

으로 보정해준다. 이러한 모든 계산을 엑셀로 해보자.

그림 2-3-12는 2009년 7월 22일 오전 10시 42분경 서울에서 관측된 부분일식을 엑셀로 그려본 것이고, 그림 2-3-13은 그날 실제 부분 일식을 촬영한 것이다. 그림 2-3-14은 NASA가 제공하는 2035년 9월 2일 우리나라를 지나가는 개기일식 정보이다. 그림 2-3-15의 우리의 계산에 의하면 서울에서 거의 95%정도의 부분일식을 관찰하게 된다.

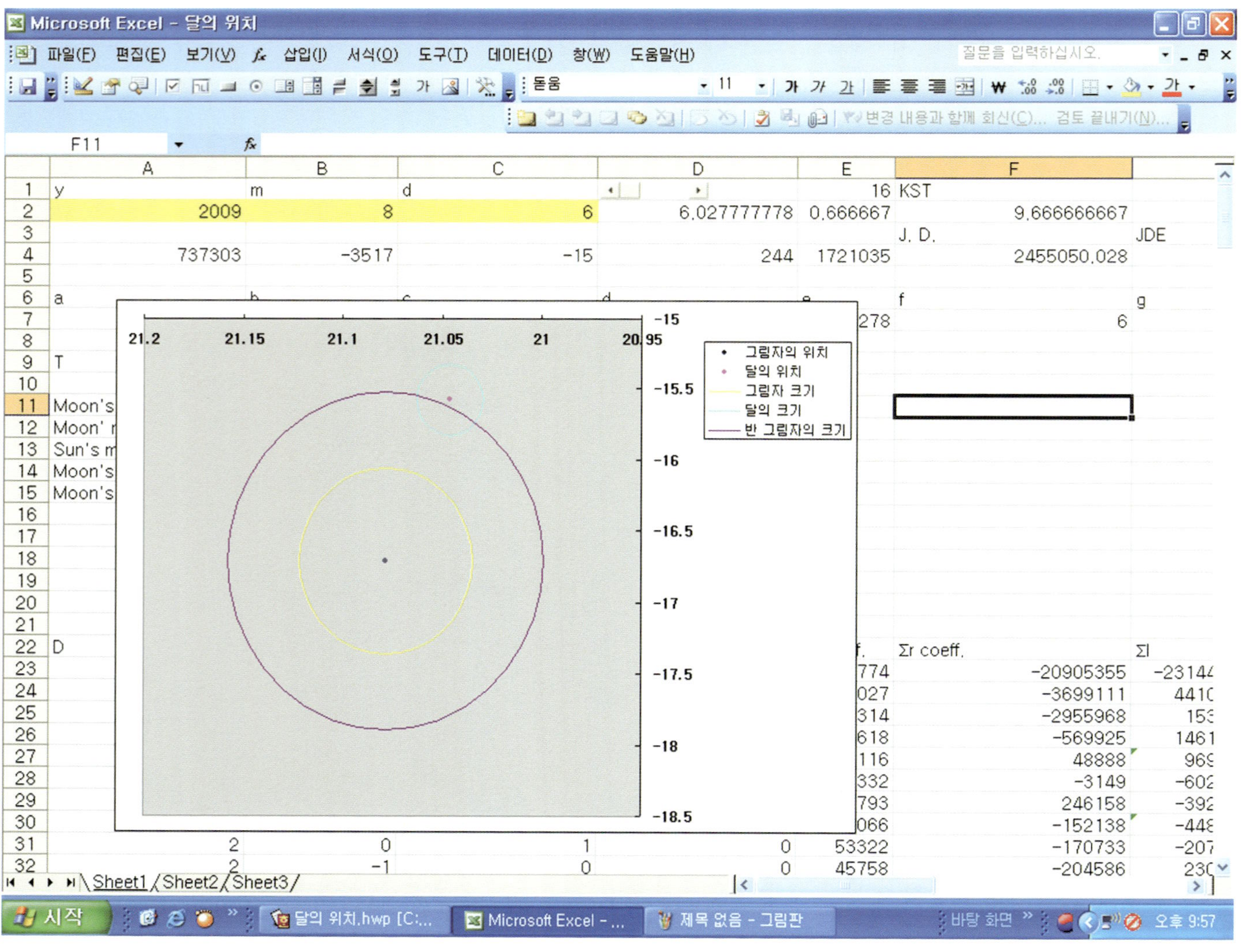

그림 2-3-7 2009년 8월 6일 9h 40m의 반그림자 안에 있는 달(반영식)

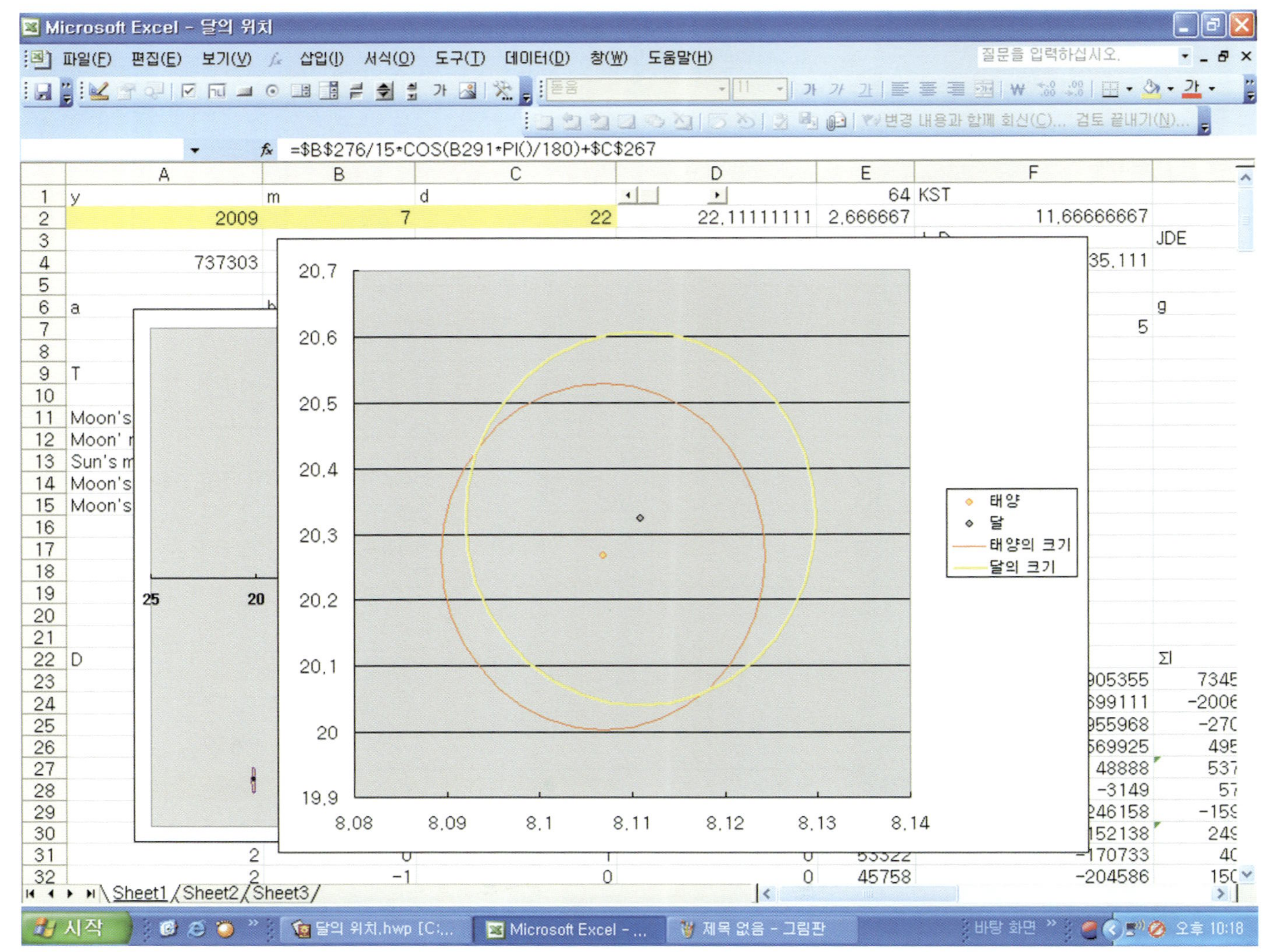

그림 2-3-8 지구 중심 달과 태양의 적경 적위를 이용한 2009년 7월 22일 오전 11시 40분의 부분일식

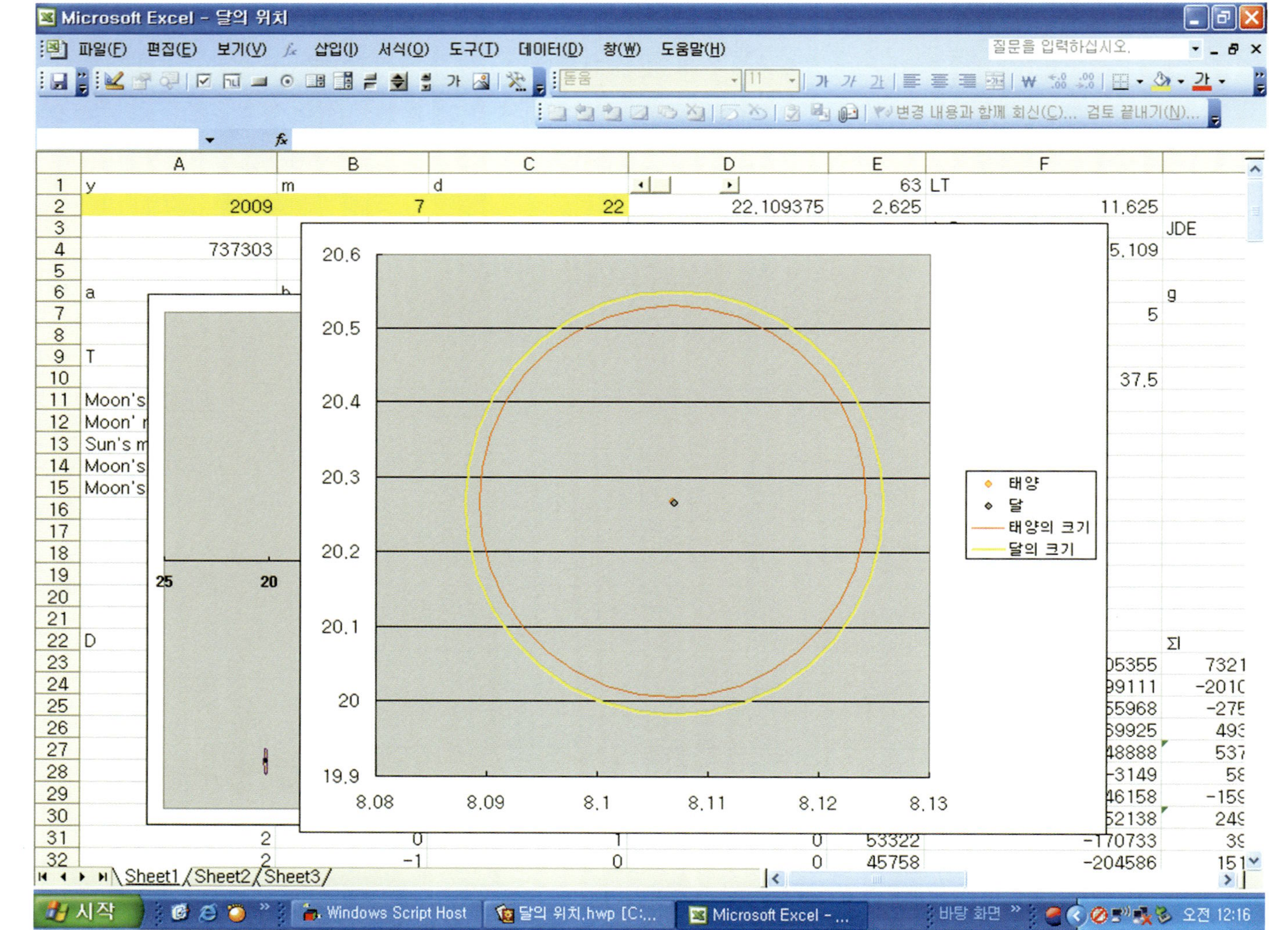

그림 2-3-9 관측자 중심의 위치로 바꾸었을 때의 2009년 7월 22일 UT 2h 37.5m 개기일식 (144° 6.4′ E, 북24° 12.6′ N)

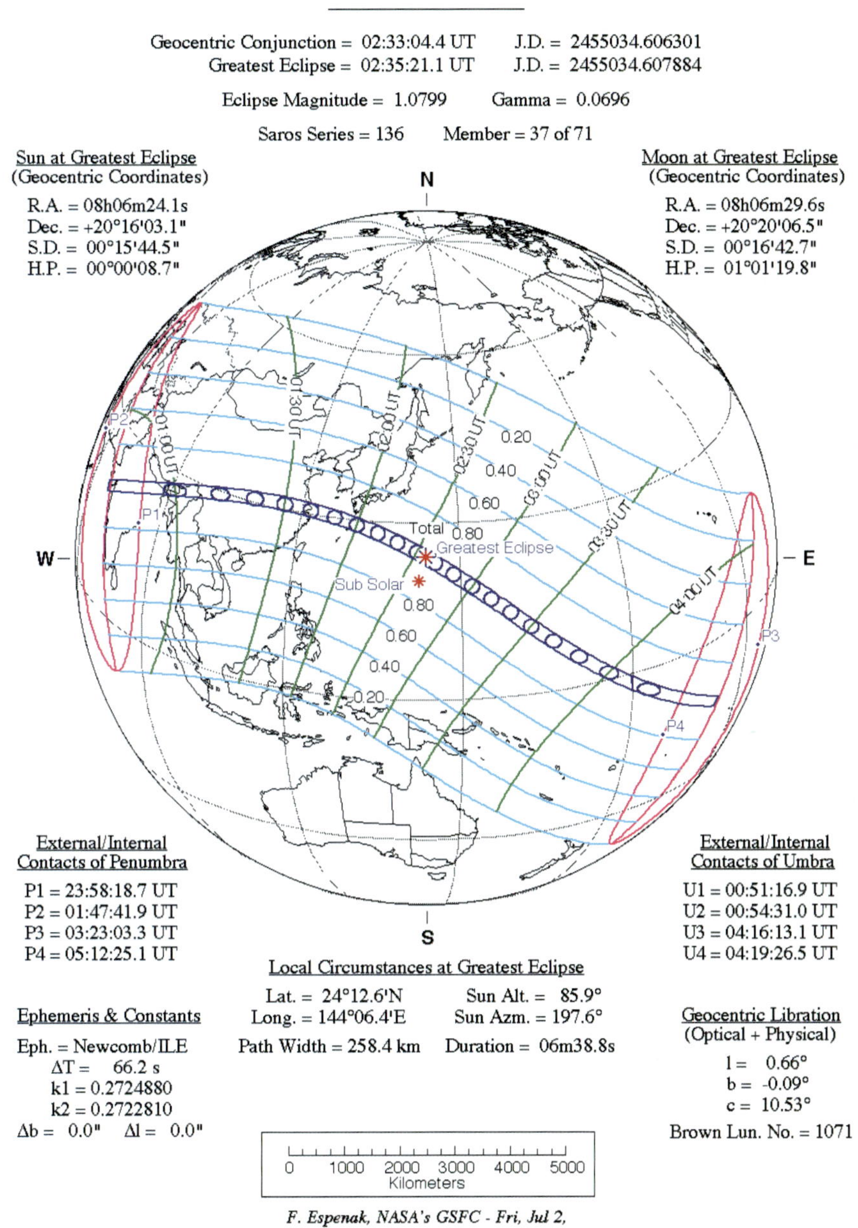

그림 2-3-10 2009년 7월 22일 개기일식
(http://eclipse.gsfc.nasa.gov/SEplot/SEplot2001/SE2009Jul22T.GIF)

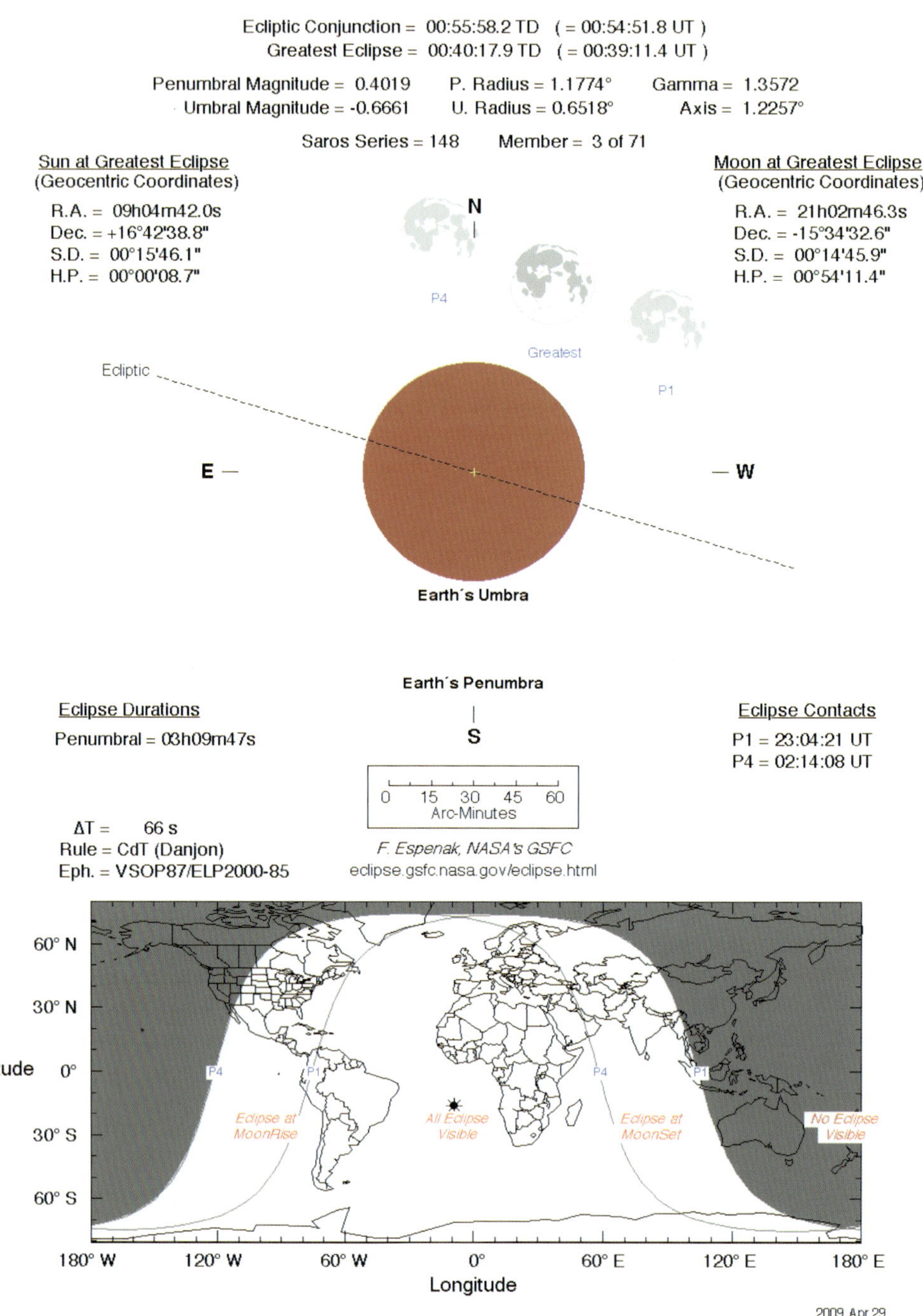

그림 2-3-11 2009년 8월 6일 반영식

(http://eclipse.gsfc.nasa.gov/LEplot/LEplot2001/LE2009Aug06N.pdf_)

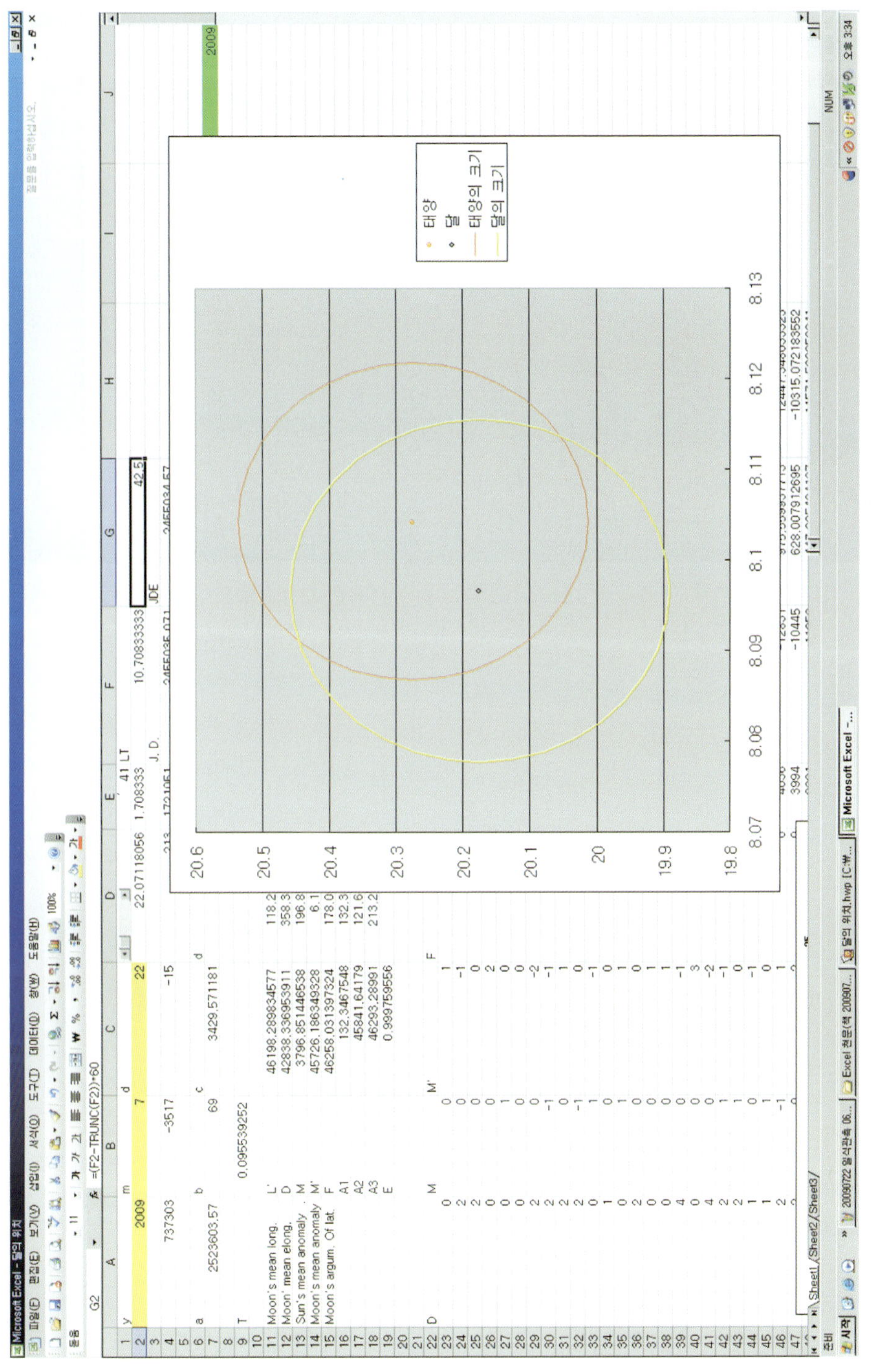

그림 2-3-12 2009년 7월 22일 오전 10시 42분경 서울에서 관측되는 부분일식 시뮬레이션

그림 2-3-13 2009년 7월 22일 오전 10시 42분경 서울에서 촬영한 부분일식 사진

Total Solar Eclipse of 2035 Sep 02

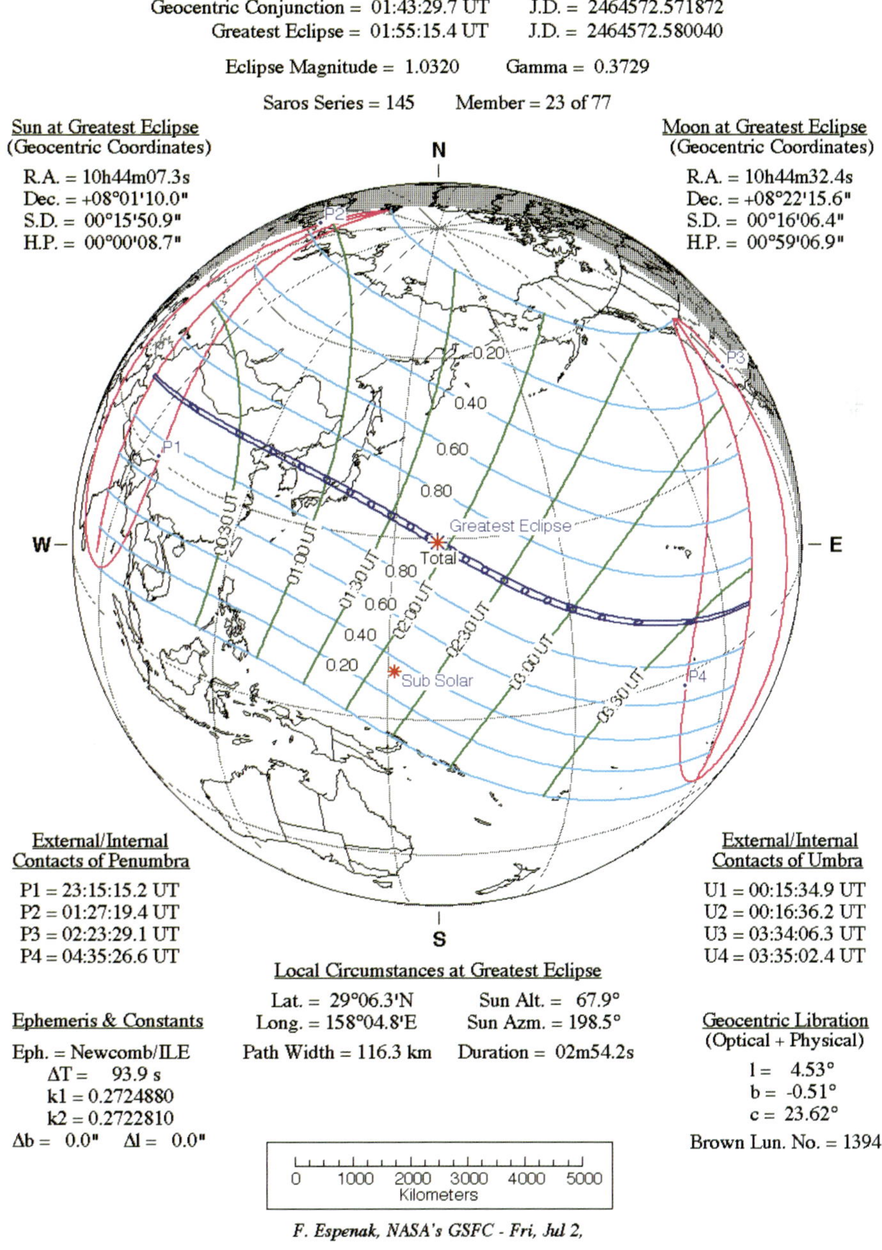

그림 2-3-14 2035년 우리나라를 지나가는 개기일식

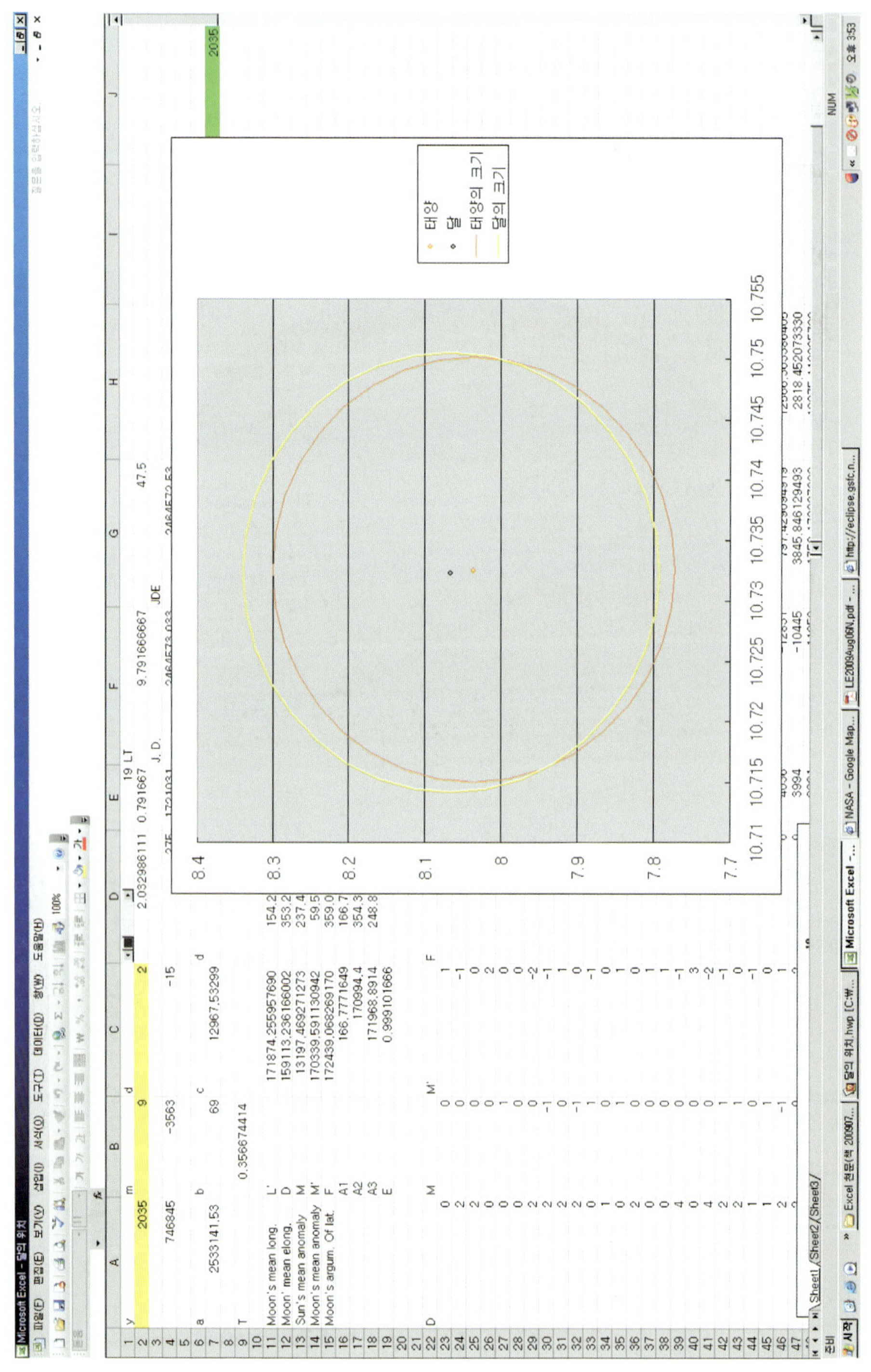

그림 2-3-15 2035년 9월 2일 오전 9시 47분경 서울에서 관측이 예상되는 부분일식

4. 달과 행성의 위상 변화 및 밝기 변화

1.1 달의 위상 변화

동영상을 즐기기만 한다면 놀이에 지나지 않는다. 동영상을 과학에서 만들어 보는 것은 그렇게 되는 이유를 충분히 이해하기 위함이다. 이제 달의 공전 모습과 금성과 화성의 태양에 대한 위치 변화를 충분히 즐겼기에 다시 과학으로 돌아가자.

달은 우리에게 아주 친숙한 천체이다. 그리고 달의 차고 이지러지는 모습을 우리는 일상생활에서 너무도 많이 경험한다. 이제 이 모습을 엑셀을 이용하여 계산해보기로 한다.

달의 위상을 설명할 때 우리는 자주 달과 지구 사이의 거리가 멀기에 태양 빛이 지구-달 계에 거의 평행광으로 들어오는 것으로 가정한다. 즉, 태양광의 평행성은

θ =2*(달의 공전 궤도 반경)/(지구 공전 궤도 반경)
=0.005067 rad=0.2903°

정도의 오차를 가진다. 따라서 무시할 수 있다. 그러나 엑셀에는 이 양을 무시하지 않고 평행광 대신 반경(radial)광으로 그대로 취급해도 무방하다.

이제 그림 2-3-16에서 지구의 위치는 $\vec{A}$로, 달의 위치는 태양을 중심으로 $\vec{C}$에 있다 하자. 그리고 $\vec{B}$는 지구를 중심으로 하는 달의 위치이다. 그런데 달의 위상은 $\vec{B}$와 $\vec{C}$의 사이 각에 의존한다. 그림 2-3-17에서 보면 각 α가 위상을 결정하는 각이다. 즉, 그림 2-3-18에서 보면 지구의 관측자가 보는 부분은 AB"이고 보이지 않는 부분은 B"B이다. 만약 AO를 1이라 하면 OB'도 1이기에 OB"는 cos α가 된다. 따라서 보이는 부분은 1+cos α이다. 이를 달의 위상(p)으로 나타내면, $p=\dfrac{1+\cos\alpha}{2}$가 된다.

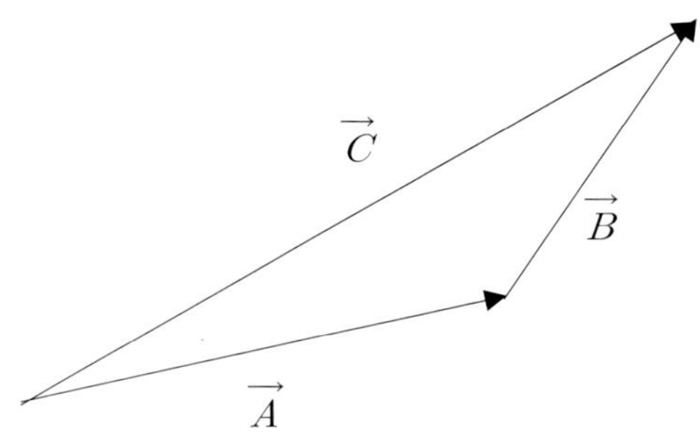

그림 2-3-16 벡터 합

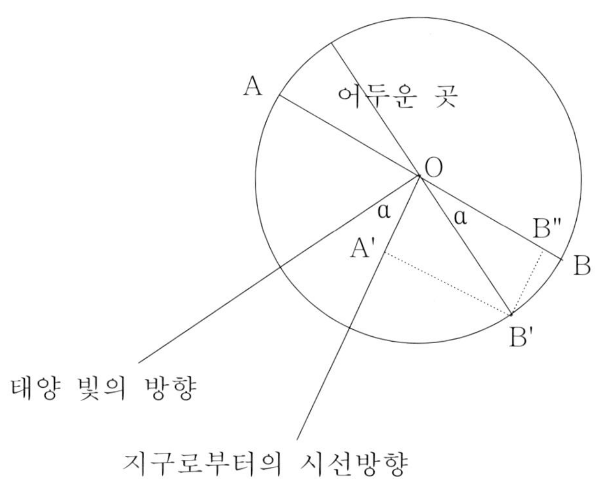

그림 2-3-17 달의 위상

이제 다시 엑셀로 돌아오자. 달의 위상을 결정하기 위해 필요한 각도는 cos α이다. 그런데 이 값은 $\vec{B}$와 $\vec{C}$의 내적으로 구할 수 있다. 즉,

$$\cos\ \alpha = \frac{\vec{A} \cdot \vec{B}}{|\vec{A}|\ |\vec{B}|}$$

이다. 따라서 지구-달 계에서는

$$\cos\alpha = [\cos(\omega et) + 0.002533^{*}\cos(\omega mt)^{*}0.002533^{*}\cos(\omega mt) + \sin(\omega et)$$
$$+ 0.002533^{*}\sin(\omega mt)^{*}0.002533^{*}\sin(\omega mt)]/[\sqrt{(}cos(\omega et)$$
$$+ 0.002533^{*}\cos(\omega mt)2 + \sin(\omega et) + 0.002533^{*}\sin(\omega mt)2)^{*}0.002533]$$

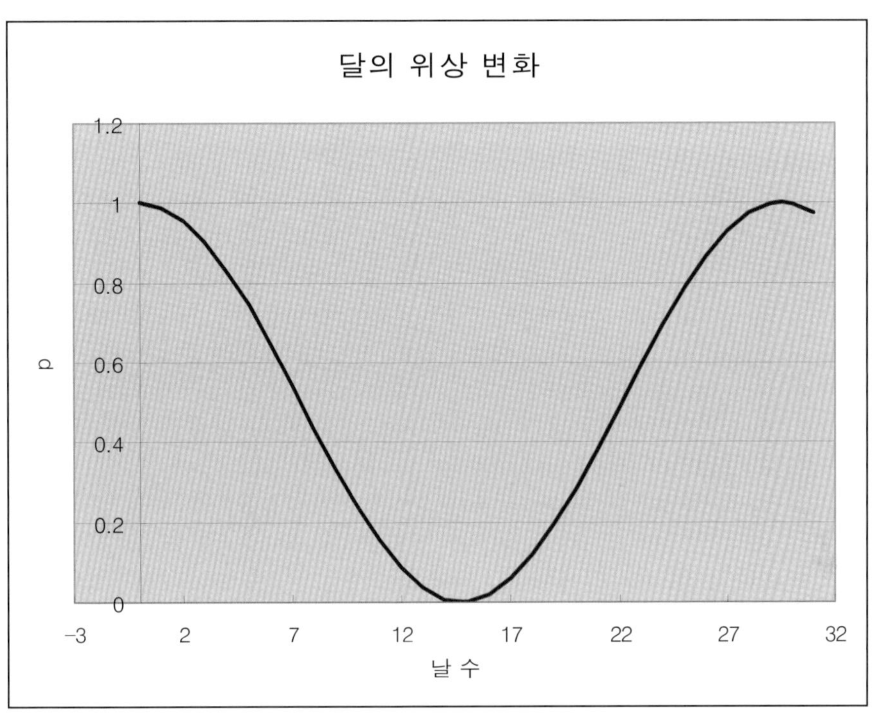

그림 2-3-18 달의 위상 변화

로 계산한다. 위 식을 보면 매우 복잡할 것 같으나 엑셀을 이용하면 쉽게 계산이 된다. 이렇게 해서 얻은 달의 위상 변화 곡선은 그림 2-3-18과 같다. 달의 위상이 29.5일의 주기로 변화하는 것을 볼 수 있다. 즉, 삭망월의 값을 얻게 된다.

1.2 달의 광도 변화

태양계 내의 천체들은 자신의 에너지원으로 빛을 내지는 못한다. 모든 태양계 내의 천체는 태양 빛을 받아 반사하여 우리에게 빛을 보낸다. 따라서 지구의 관측자가 관측하는 빛의 양인 플럭스 f는

$$f = \frac{\frac{AL_{\odot}}{4\pi r^2}\pi R^2 p}{4\pi d^2}$$

이다. 여기서 r, d, R, p는 각각 태양-천체간 거리, 지구-천체간 거리, 천체의 반경, 그리고 천체의 위상이다.

달의 경우는 지구-달 사이의 거리, 달의 반경이 항상 일정하기에 f는 태양-달 사이의 거리 r과 달의 위상 p에 따라 변하게 된다. 즉,

$$f \propto \frac{p}{r^2} = \frac{1+\cos\alpha}{2r^2}$$

이다. 이를 이용하여 그린 그래프가 그림 2-3-19이다. 이 그래프의 모습이 위상 변화와 거의 같은 것은 지구-달 사이의 거리 변화가 거의 없기 때문이다.

천문학에서는 밝기의 변화를 등급으로 나타낸다. 보름달의 등급이 대략 -12.6등급이기에 이에 따라 다른 위상인 경우에도 그 밝기를 등급으로 표시할 수 있다. m_1, m_2 등급과 플럭스 f_1, f_2사이의 관계는

$$m_1 - m_2 = 2.5\log\left(\frac{f_1}{f_2}\right)$$

이다. 따라서

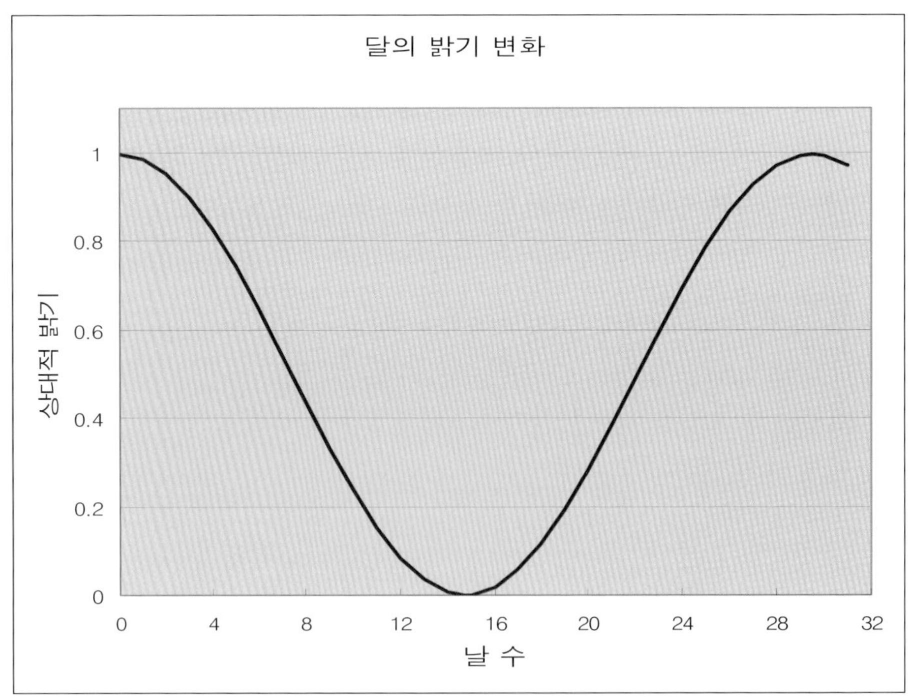

그림 2-3-19 달의 밝기 변화

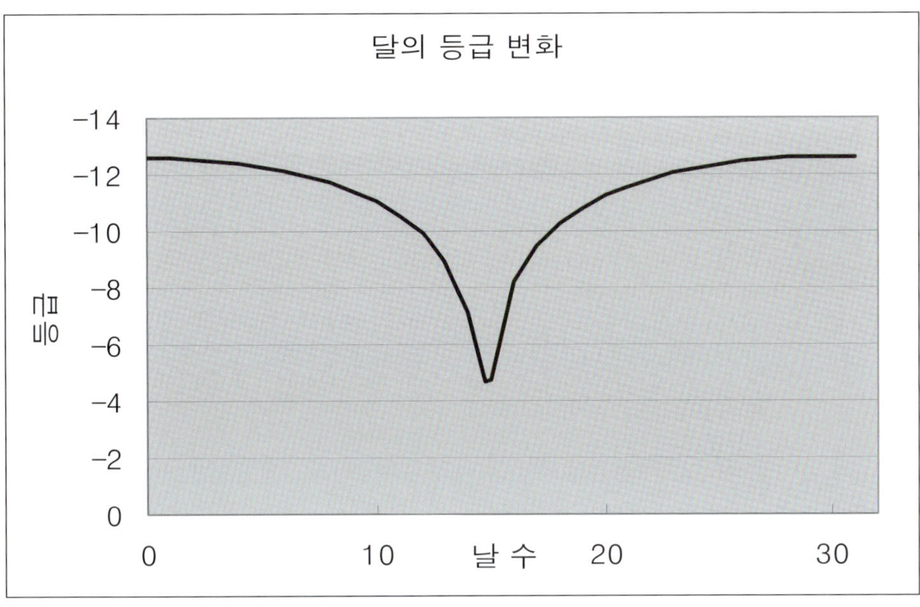

그림 2-3-20 달의 등급 변화

$$m = -12.6 + 2.5\log\left(\frac{f}{f_{보름달}}\right)$$

가 된다. 이를 이용하여 엑셀로 계산하여 그린 것이 그림 2-3-20이다. 삭일 경우에는 등급을 계산할 수가 없다. 왜냐하면 $f = 0$이기에 $\log f \rightarrow -\infty$이기 때문이다.

1.3 금성의 위상 변화와 밝기 및 등급 변화

금성의 경우에는 태양-금성 간의 거리는 변하지 않고, 지구-금성 간의 거리와 $\cos\alpha$에 의한 위상 변화에 의하여 밝기가 변한다. 이를 고려하면 다음과 같은 그래프를 얻는다. 그림 2-3-21에 의하면 금성의 회합 주기는 대략 583일이 된다.

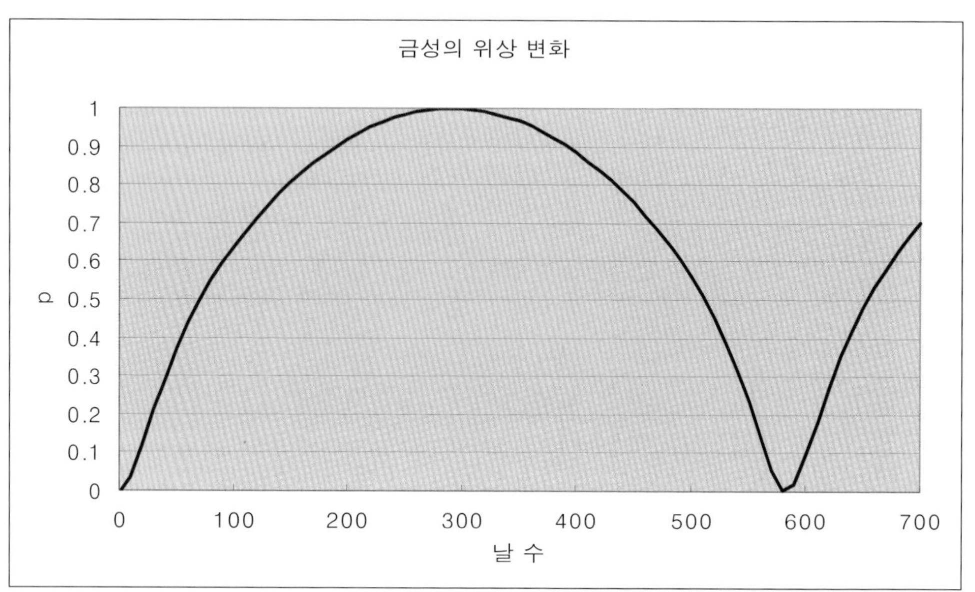

그림 2-3-21 금성의 위상 변화

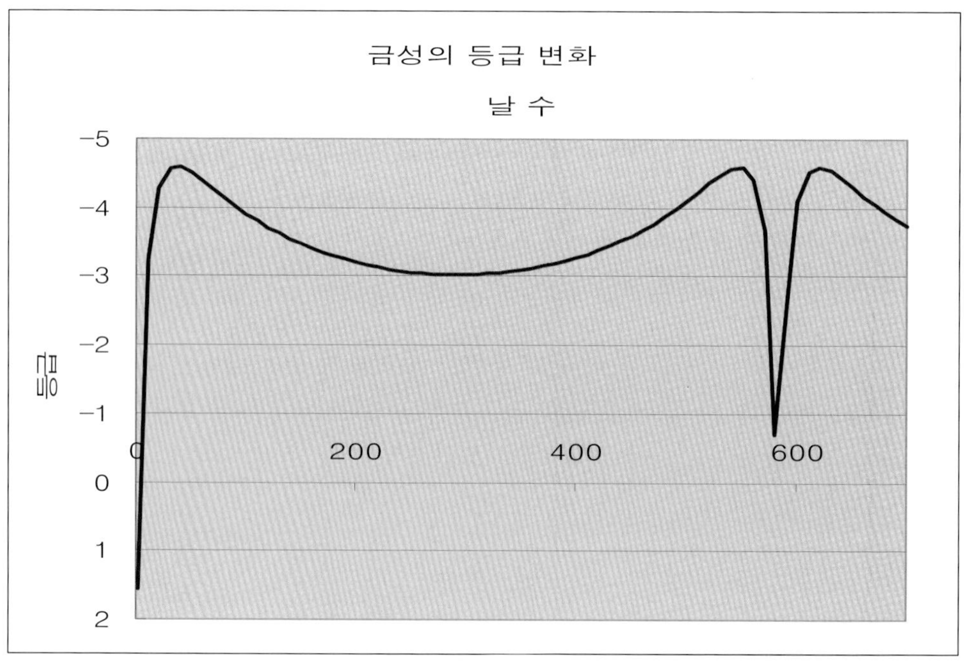

그림 2-3-22 금성의 등급 변화

이제 금성의 이각에 따른 등급 변화를 보자. 금성의 이각 E는 지구를 중심으로 태양을 바라보는 시선과 지구에서 금성을 바라보는 시선 사이의 각을 말한다. 따라서 금성의 최대 이각 E_{max}는 $\sin E_{max} = 0.723$인 관계가 있기에 $E_{max} = 46.3°$가 된다. 그림 2-3-23을 보면 금성의 최대 이각을 넘어서는 그래프가 존재하지 않는다. 이각에 따른 등급의 변화를 보면 최대 이각인 경우에 금성이 가장 밝은 것이 아니라 오히려 최대 이각이 되기 전, $E = 40.15°$에서 등급이 최대가 된다.

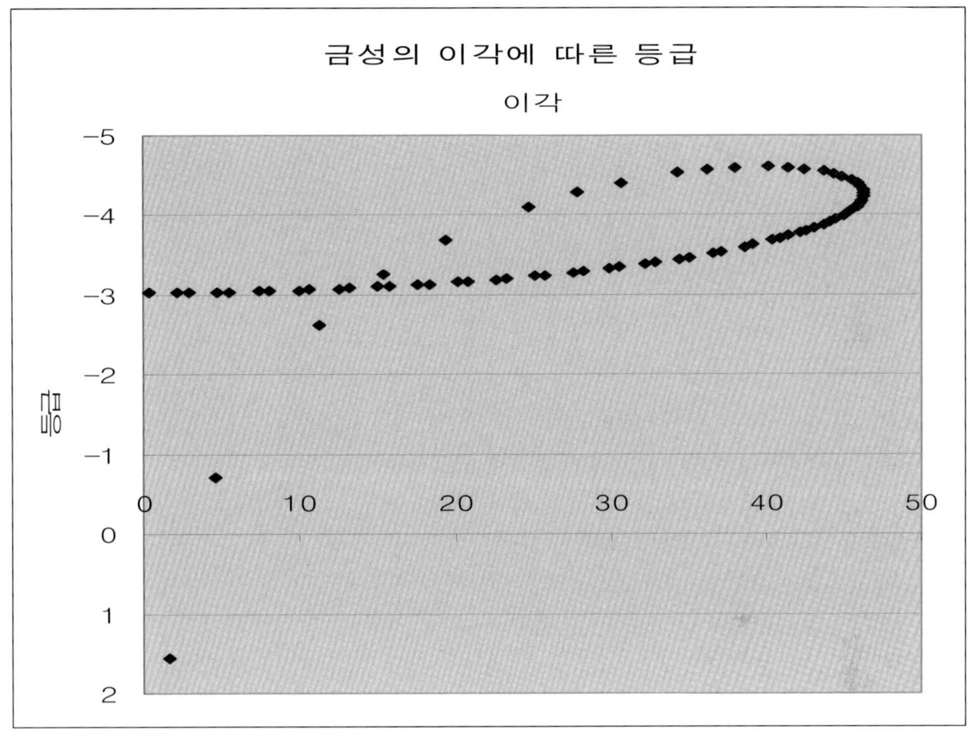

그림 2-3-23 금성의 이각에 E에 따른 등급의 변화

5. 출몰(Rising and Setting)

1.1 구면 기하

위도와 천체의 적위에 따라서 해당 천체가 뜨거나 질 때의 시간을 엑셀을 이용해서 알아보도록 하자. 관측자를 기준으로 하늘은 반구(半球)의 모습이므로 구면 기하를 이용한다. 구면 기하는 평면이 아닌 곡면이기 때문에 유클리드 기하와는 다른 형태를 보인다. 이를테면 유클리드 기하에서 삼각형 세 내각의 합은 180°이지만 그림 2-3-24에서처럼 구면 기하에서 삼각형의 세 내각의 합은 180°보다 크다(각 BAP는 경도 곡선과 적도가 만나는 곳이므로 90°이고 각 ABP 역시 마찬가지고 경도와 적도가 만나므로 90°이다. 따라서 두 각 만으로도 이미 180°가 되고 세 내각의 합은 180°가 넘게 된다.).

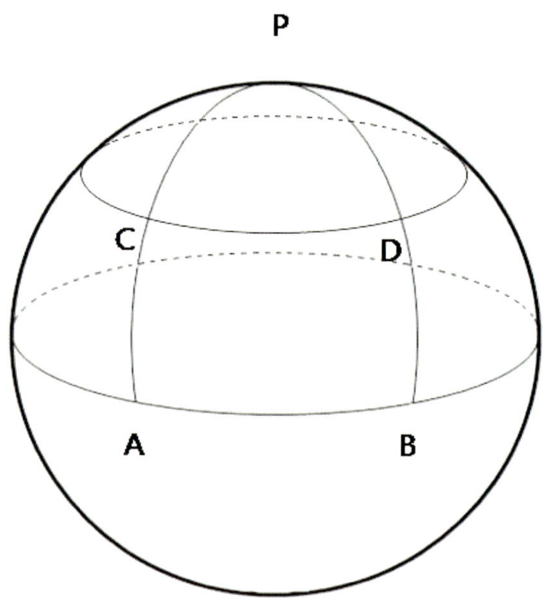

그림 2-3-24 구면 기하

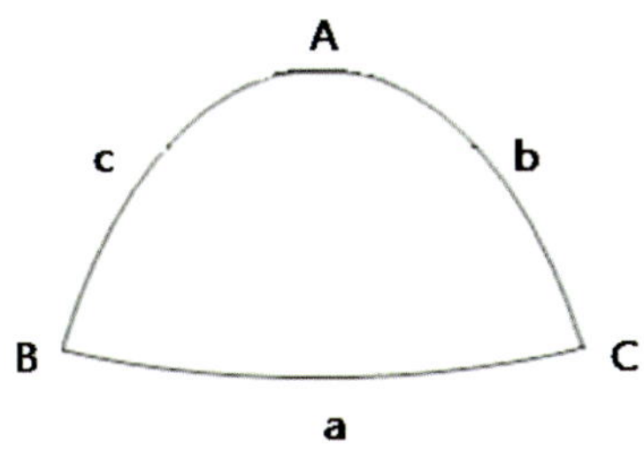

그림 2-3-25 sides와 angles

구면 삼각형이란 그림 2-3-24의 PAB 삼각형과 같이 세 개의 대원(great circle)로 이루어진 삼각형이다. 대원은 구의 중심을 지나는 단면이 만드는 원이고, 소원(small circle)은 구의 중심을 지나지 않는 단면이 만드는 원이다. 그림 2-3-24에서 각각 AB를 포함한 원이 대원이고, CD를 포함한 원이 소원이다. 구면 삼각형은 sides와 angles로서 각을 표현할 수 있다. sides는 중심에서 볼 때의 각도로 정의하는데 그림 2-3-25에서의 소문자 알파벳 a, b, c가 sides을 나타낸다. angle은 sides의 접선이 이루는 각으로써 그림 2-3-25에서의 대문자 알파벳 A, B, C가 angles을 나타낸다. 구면 삼각형을 만족하는 두 가지 기본 공식이 있다. 하나는 cos 법칙이고, 또 하나는 sin 법칙이다. 즉,

cos 법칙

$$\cos a = \cos b \cdot \cos c + \sin b \cdot \sin c \cdot \cos A \tag{1}$$

sin 법칙

$$\frac{\sin A}{\sin a} = \frac{\sin B}{\sin b} = \frac{\sin C}{\sin c} \tag{2}$$

이다.

1.2 구면 좌표계

이제 구면 좌표계에 대하여 간단하게 알아보도록 하자. 구면상의 한 지점을 각도로 표현하기 위해서는 2개의 기준점이 필요하다.

P : 극점

A : 적도면의 한 지점

따라서 모든 구면 좌표계에서도 두 개의 기준점을 정의해야 한다.

지평 좌표계

기준점 : P(천정, zenith), A(북점, north point / 남점, south point)

기준면 : 지평선

천정과 북점을 잇는 하늘에서의 대원 : 자오선(meridian)

두 개의 위치 표현각

고도(altitude) : 지평선에서 천체까지의 각도(−90° ~ 90°)

방위각(azimuth) : 남점 또는 북점으로부터 동쪽으로 잰 각도

적도 좌표계

지구 자전의 반대 방향으로 별이 뜨고 진다. 그러므로 상대적으로 지구의 좌표를 직접 이용하면 별의 위치 파악이 용이하다.

기준점 : P(천구의 북극 / 남극), A(춘분점, vernal equinox)

춘분점 : 태양이 남에서 북으로 transit하는 적도상의 지점

두 개의 위치 표현각

적위(declination, δ) : 천구의 적도에서 남북으로 잰 각도(−90° ~90°)

적경(right acension, a) : 춘분점에서 동쪽으로 잰 시간각(0h~24h)

시간각(hour angle) : 자오선에서 천체까지의 각도를 시간으로 표현한 것

황도 좌표계

태양의 위치 변화를 기준면으로 하는 좌표계

기준면 : 지구 궤도면(황도면)

기준점 : P(황북극 / 남극), A(춘분점)

두 개의 위치 표현각

황위(ecliptic latitude, β) : 황도면으로 부터의 각거리(−90° ~90°)

황경(ecliptic longitude, λ) : 춘분점으로부터 동으로 각거리

은하 좌표계

기준면 : 은하 평면

기준점 : P(은북극 / 남극), A(은하 중심 방향)

두 개의 위치 표현각
은위(galactic latitude, b) : 은하 평면으로부터 남북으로 잰 각
은경(galactic longitude, l) : 은하 중심으로부터 동으로 잰 각

이 좌표계들은 천체를 두 개의 기준점에서 각도를 이용해 나타내지만, 임의의 대상 천체가 항상 같은 좌표 값을 갖게 되는 것은 아니다. 지평 좌표계는 관측자를 기준으로 한 좌표계이기 때문에 관측자의 위치에 따라 천체의 좌표가 다른 한계가 있으며, 천체들이 일주 운동을 함에 따라 방위각과 고도의 값이 변한다. 나머지 세 개의 좌표계는 기준이 변하지 않는 것이므로 관측자의 위치에 영향을 받지는 않지만 일부 섭동들에 의하여 좌표계의 기준이 영향을 받는다. 좌표를 변화시키는 섭동들은 아래와 같다.

좌표를 변화시키는 섭동들
세차(precession) : 지구 자전축 26,000년 주기로 회전
장동(nutation) : 달의 궤도에 의한 세차
시차(parallex) : 연주 시차(annual parallex, 지구 공전 효과)

일주 시차(diurnal parallex, 지구 자전 효과)
굴절(refraction) : 지구 대기 효과
고유 운동(proper motion) : 천체 자체가 우주 공간 상에서 움직임

1.3 천체의 뜨고 짐(rising and setting)

임의의 위도(Φ)에서 δ의 적위 값을 갖는 어떤 천체가 그림 2-3-26과 같이 지고 있다. 이때 천체의 시간각을 구해보자. 시간각(hour angle)은 자오선에서부터 천체까지의 각도를 시간 단위로 표현한 것이다. 따라서 ZPA가 시간각이 된다. 따라서 우리는 자오선과 ZA를 포함한 대원, 그리고 PA를 포함한 대원이 만드는 구면 삼각형 AZP에서 코사인 법칙을 이용하여 시간각을 구할 수 있다. 북반구에서 북극성의 고도는 그 지방의 위도(Φ)이므로 $PN=\Phi$이고, $PZ=90^\circ-\Phi$가 된다. ZA는 천정에서 지평면까지이므로 90°이다. 천구의 적도에서부터 천구의 북극(P)을 향하여 천체가 위치하는 곳까지의 각은 적위(δ)를 의미하므로 $PA=90^\circ-\delta$이다. 그러면 그림 2-3-27와 같이 코사인 법칙에서 필요한 모든 값들을 찾아냈다. 코사인 법칙인 식 (1)을 이용하면

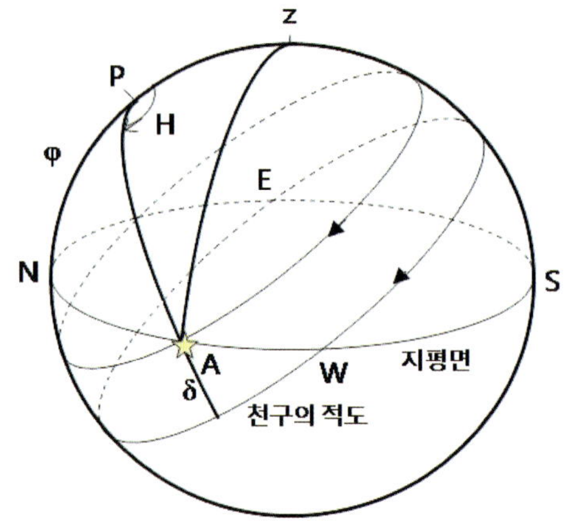

그림 2-3-26 일주 운동하는 천체

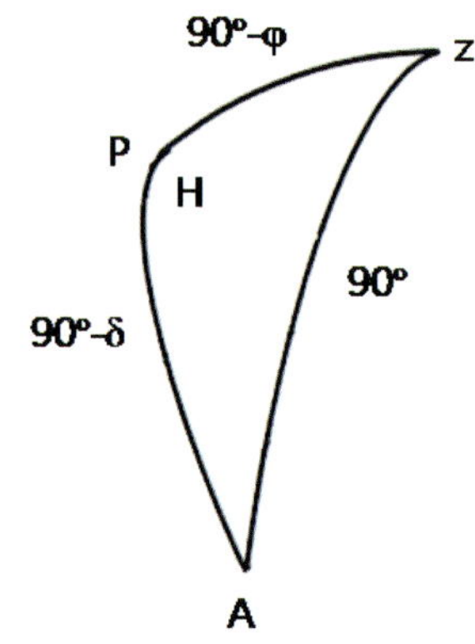

그림 2-3-27 구면 삼각형 AZP

$$\cos 90^\circ = \cos(90^\circ - \Phi) \cdot \cos(90^\circ - \delta) + \sin(90^\circ - \Phi)$$
$$\cdot \sin(90^\circ - \delta) \cdot \cos H cos PHI \cdot \cos\delta \cdot \cos H = -\sin\Phi \cdot \sin\delta$$

이다. 즉,

$$\therefore \cos H = -\tan\Phi \cdot \tan\delta \qquad (3)$$

이다. 따라서 그 지방의 위도(Φ)를 알고 있고 천체의 적위(δ)를 알고 있으면 천체가 질 때의 시간각은 식 (3)을 이용하여 구할 수 있다. 그렇다면 이를 사용하여 우리나라에서 태양이 지는 시간각을 구하여 보자. 우리나라의 위도는 대략 $\Phi = 37.5°$ 이고, 태양의 적위는 하지일 때의 23.5°에서 동지일 때의 -23.5°까지 하여 시기별 태양이 지는 시각을 구해볼 수 있다.

1. 먼저 우리나라의 대략의 위도를 입력한다($\Phi = 37.5°$).
2. 적위 값으로 -23.5° 에서 0.5° 간격으로 23.5° 까지 입력한다(그림 2-3-28 참조).
3. 식 (3)을 이용해 $\cos H$값 계산해준다(그림 2-3-29 참조).
4. $H = \cos^{-1} H$로 H_{degree}를 구한다(그림 2-3-30 참조).
5. H_{degree}를 H_{hour}로 바꾸어 준다(그림 2-3-31 참조).

6. 해 뜨는 시각을 구해준다. 시간각은 자오선으로부터의 각도이고 태양이 자오선을 통과하는 시각은 정오(12시)이므로 12시에서 그 시간각만큼 빼준다(그림 2-3-32 참조).
7. 해 지는 시각을 구해준다. 위와 마찬가지 방법으로 해 지는 시각은 12시에서 그 시간각만큼 더해준 값이다(그림 2-3-33 참조).
8. 낮의 길이도 구해본다. 낮의 길이는 해 지는 시각에서 해 뜨는 시각을 빼주면 된다.
9. 태양의 적위에 따른 해 뜨는 시각 그래프를 그려준다(그림 2-3-34 참조).
10. 태양의 적위에 따른 해 지는 시각 그래프를 위 그래프에 함께 그린다(그림 2-3-35 참조).
11. 태양의 적위에 따른 낮 시간의 길이 그래프를 그린다(그림 2-3-36 참조).

	A	B
1	φ	37.5
2	δ	
3	-23.5	
4	-23	
5	-22.5	
6	-22	
7	-21.5	
8	-21	
9	-20.5	
10	-20	
11	-19.5	
12	-19	
13	-18.5	
14	-18	
15	-17.5	
16	-17	
17	-16.5	
18	-16	
19	-15.5	
20	-15	

그림 2-3-28 태양의 적위

	A	B	C	D	E
1	φ	37.5			
2	δ	cosH			
3	-23.5	=-TAN($B$1*PI()/180)*TAN(A3*PI()/180)			
4	-23				
5	-22.5				

그림 2-3-29 $\cos H$

	A	B	C	D
1	φ	37.5		
2	δ	cosH	H_{degree}	
3	-23.5	0.333643	=ACOS(B3)*180/PI()	
4	-23			
5	-22.5			

그림 2-3-30 H_{degree}

	A	B	C	D
1	φ	37.5		
2	δ	cosH	H_{degree}	H_{hour}
3	-23.5	0.333643	70.50994	=C3/15
4	-23			
5	-22.5			

그림 2-3-31 H_{hour}

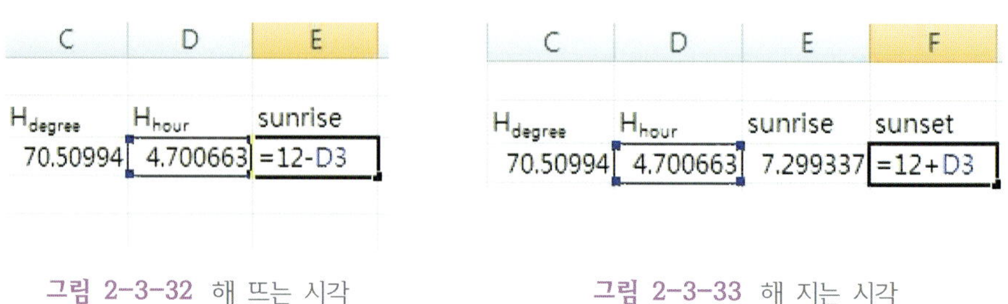

그림 2-3-32 해 뜨는 시각　　그림 2-3-33 해 지는 시각

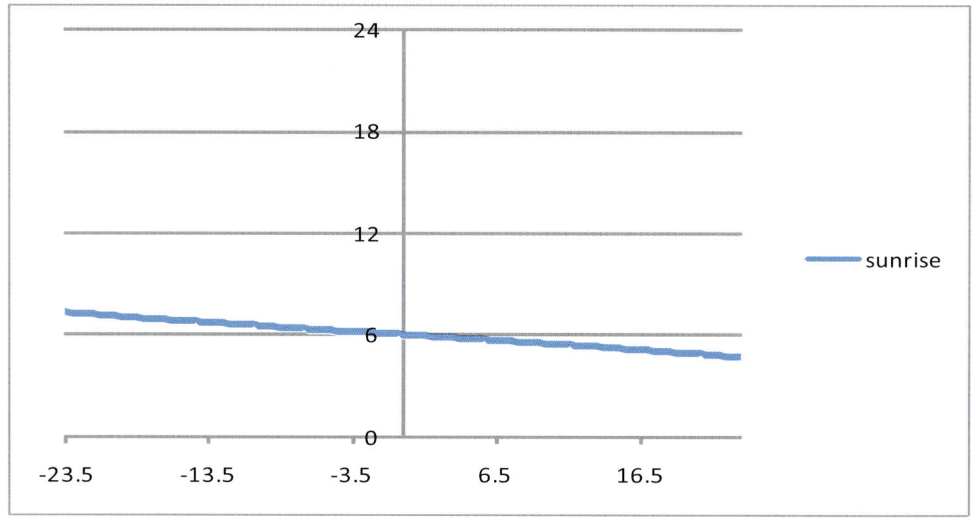

그림 2-3-34 태양의 적위에 따른 해 뜨는 시각

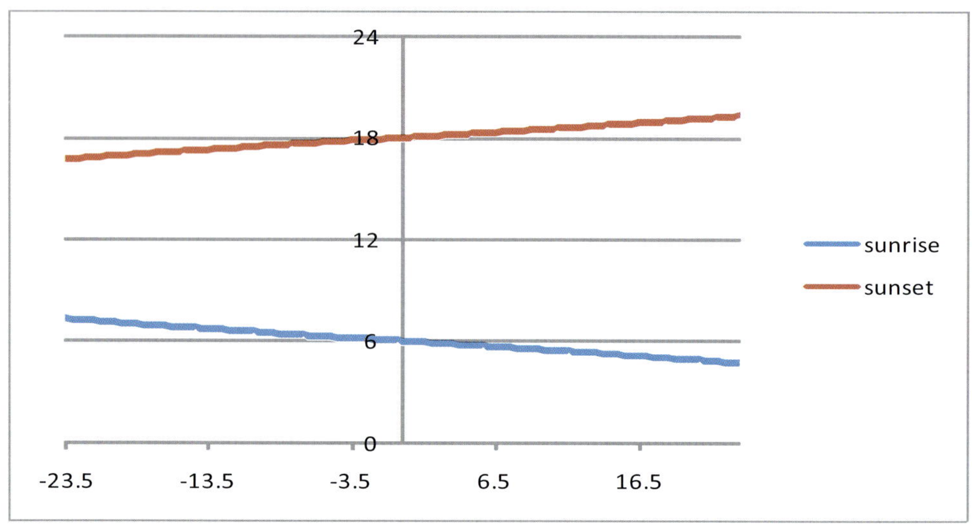

그림 2-3-35 태양의 적위에 따른 해 뜨는 시각과 해지는 시각

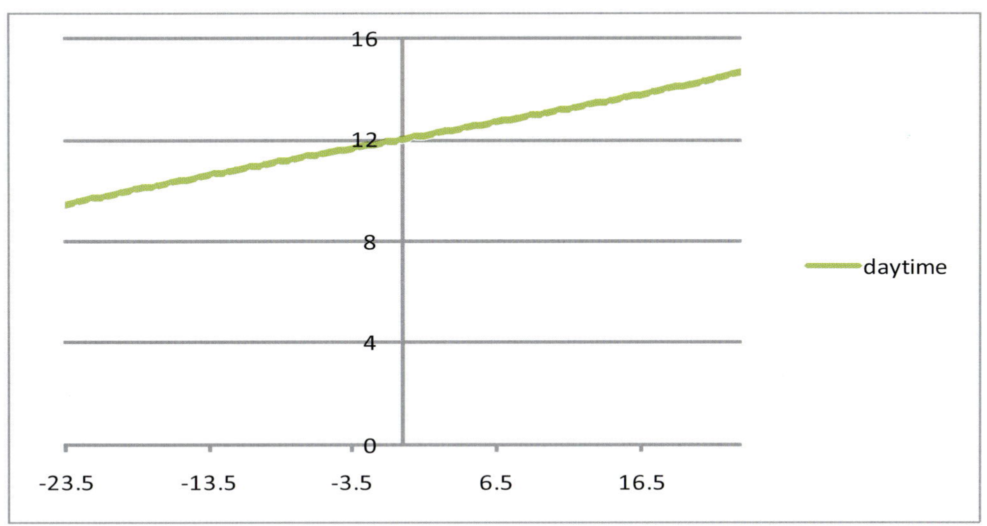

그림 2-3-36 태양의 적위에 따른 낮의 길이(단위: 시간)

태양의 적위가 −23.5°일 때는 24절기상 동지에 해당하고 적위가 0°일 때는 춘분 혹은 추분에 해당하며 태양의 적위가 23.5°일 때는 하지에 해당한다. 우리는 일상에서의 경험만으로도 동지날 태양의 남중고도가 가장 낮으며, 낮의 길이가 가장 짧다는 것을 알고 있다. 반대로 하지날에는 태양의 남중고도가 가장 높으며, 낮의 길이가 가장 길다는 사실도 알고 있다. 또한 춘분과 추분은 낮과 밤의 길이가 정확히 같다는 사실도 알고 있다.

그런데 구면 좌표계를 이용하면 태양의 적위와 관측자의 위도 값 등 약간의 정보만 알고 있으면 해당하는 시기의 시간각을 정확하게 계산하여 알 수 있고, 이로 인하여 해 뜨는 시각과 해 지는 시각, 그리고 낮의 길이도 알 수 있다는 것을 배웠다. 그리고 좌표계의 계산을 통해 얻은 결과가 우리가 실제로 알고 있는 사실과 정확히 일치한다는 사실도 확인할 수 있다.

1.4 시간각에 따른 천체의 기울어진 정도

이번에는 천체의 시간각에 따라서 얼마나 천체의 위상이 기울어지는지 계산해보자. 천체가 기울어진 정도는 그림 2-3-27의 구면 삼각형에서 각 A를 의미한다. 그림만으로 상상해봐도 자오선을 기준으로 천체가 남중했다가 지기 시작하면서 A값은 0° 에서 점점 커질 것이다. 계산의 편의를 위해 천체의 적위가 0° 라고 가정한다.

코사인 법칙인 식 (1)을 이용하면,

$$\cos(90^\circ - \Phi) = \cos(90^\circ - h) \cdot \cos(90^\circ - 0^\circ) + \sin(90^\circ - h) \cdot \sin(90^\circ - 0^\circ) \cdot \cos A$$

$$\sin\Phi = \cos h \cdot \cos A$$

$$\therefore \quad \cos A = \frac{\sin\Phi}{\cos h} \Rightarrow A = \cos^{-1}\left(\frac{\sin\Phi}{\cos h}\right) \tag{4}$$

천체의 시간각에 따른 기울어진 정도를 구하고자 하는 것이기 때문에 시간각을 구하는 계산식도 유도해야 한다. 역시 적위가 0° 이라고 가정하고, 코사인 법칙(식 (2))을 이용하면,

$$\cos(90^\circ - h) = \cos(90^\circ - 0^\circ) \cdot \cos(90^\circ - \Phi) + \sin(90^\circ - 0^\circ) \cdot \sin(90^\circ - \Phi) \cdot \cos H$$

$$\sin h = \cos\Phi \cdot \cos H$$

$$\cos H = \frac{\sin h}{\cos\Phi}$$

$$\therefore \quad H = \cos^{-1}\left(\frac{\sin h}{\cos\Phi}\right) \tag{5}$$

이제 식 (4), 식 (5)를 이용하여 천체의 시간각에 따른 위상의 기울어진 정도를 그래프로 그려보자.

1. 천체의 적위가 0° 일 때, 남중고도는 $90^\circ - \Phi$이므로 52.5° 가 되고, 따라서 고도를 0° 에서부터 2.5° 간격 정도로 52.5° 까지 입력한다.
2. 식 (4)를 이용하여 고도에 따른 천체 위상의 기울어진 정도 값을 계산하는 식을 입력한다(그림 2-3-37 참조).
3. 식 (5)를 이용하여 고도에 따른 천체의 시간각의 계산식을 입력한다(그림 2-3-38 참조).
4. x축을 시간각 H, y축을 기울어진 정도 A 값으로 하여 그래프를 그린다(그림 2-3-39 참조).

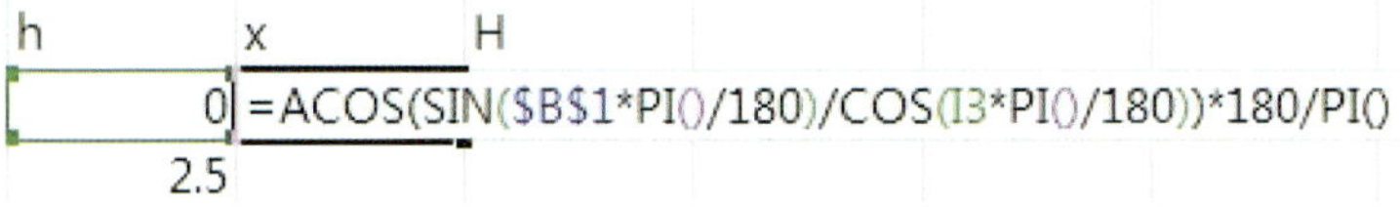

h
x
H
0
=ACOS(SIN($B$1*PI()/180)/COS(I3*PI()/180))*180/PI()
2.5

그림 2-3-37 천체의 고도에 따른 위상의 기울어진 정도

h
x
H
0
52.5
=ACOS(SIN(I3*PI()/180)/COS($B$1*PI()/180))*(180/15)/PI()
2.5

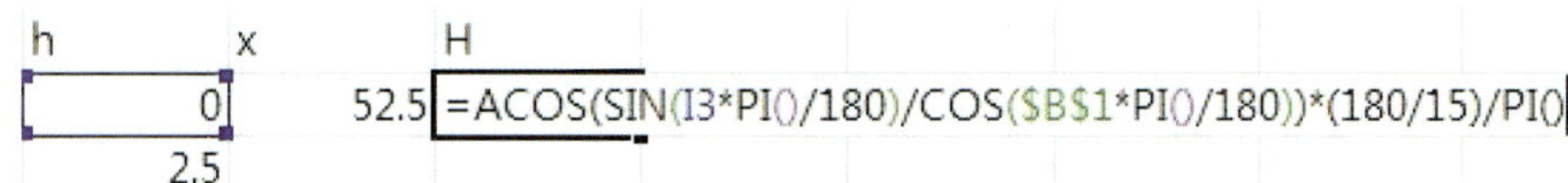

그림 2-3-38 천체의 고도에 따른 시간각

기울어진 정도
60
50
40
30
20
10
0
0
1
2
3
4
5
6
시간각

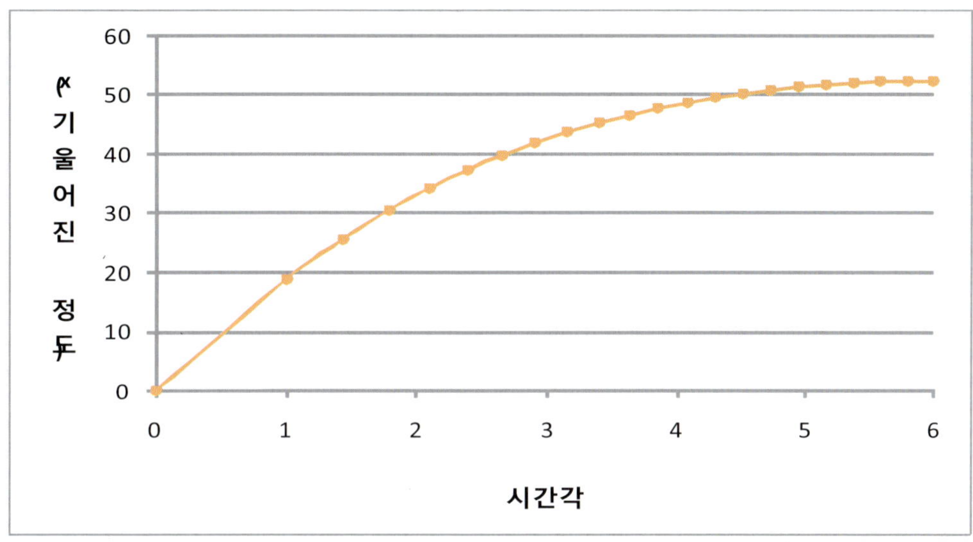

그림 2-3-39 천체의 시간각에 따른 위상의 기울어진 정도

천체의 시간각이 0° 즉, 천체가 자오선에 남중하고 있을 때는 천체의 위상이 기울어지지 않았으나, 점점 서쪽 지평선으로 내려갈수록 위상의 기울어진 정도가 증가하면서 지게된다. 특히나 남중고도에서 벗어난 지 얼마 되지 않을수록 천체의 위상이 기울어지는 정도가 더 급격하다는 사실도 알 수 있다.

이와 같은 현상은 실제로 달의 위상이 기울어지는 것으로 일상에서 관측될 수 있다. 하루 중에 오랜 시간을 달을 관측해보면 달이 뜨고 질 때 달의 무늬가, 혹은 위상이 처음 뜰 때의 모습 그대로를 유지하면서 일주 운동을 하지 않고 점점 기울어지는 것을 볼 수 있을 것이다.

6. 인공위성의 궤도

태양계 내의 행성을 탐사하는 방법에는 실제로 인공위성을 그 행성에 보내어 근접하여 관측하기도 하고, 인공위성을 그 행성에 착지시켜 지표에서 여러 가지 실험도하고 관측을 하게 한다. 그렇다면 행성 간을 이동하는 인공위성의 궤도는 구할 수 있는가? 태양계의 모든 행성은 태양의 중력에 의하여 타원 궤도 공전 운동을 한다. 다른 행성의 질량이 태양에 비하여 아주 작기에 행성들 간의 상호 중력의 영향을 무시한다면 태양계 내의 모든 천체는 태양의 중력장 안에 있다. 따라서 인공위성의 궤도도 태양을 한 초점으로 하는 타원 궤도가 된다. 지구-태양간 거리를 1로 하고, 인공위성이 탐사하려는 행성과 태양까지의 거리를 A로 한다. 그리고 행성의 궤도는 원궤도로 가정한다. 따라서 인공위성의 타원궤도의 장반경과 이심률은 $a(1-e)=1$, $a(1+e)=A$로부터

$$a_S = \frac{1+A}{2}$$

$$e_S = \frac{A-1}{A+1}$$

이다. 또한 지구의 공전주기가 1년이면 행성과 인공위성의 공전 주기는 각각

$$P_P = A^{3/2}$$

$$P_S = a^{3/2} = \left(\frac{1+A}{2}\right)^{3/2}$$

가 된다. 따라서 지구, 행성, 인공위성의 평균 근점이각(mean anomaly)은 각각

$$M_E = \frac{2\pi}{365.25} t(\text{일})$$

$$M_P = \frac{2\pi}{365.25 P_P} t(\text{일})$$

$$M_S = \frac{2\pi}{365.25 P_S} t(\text{일})$$

이 된다. 여기서 t(일)은 경과한 날 수이다. 평균 근점이각과 이심 근점이각(eccentric anomaly)사이에는 케플러 방정식 $M = E - e\ \sin E$의 관계가 있는데 지구와 행성의 경우에는 $e = 0$으로 가정하였기에 $M = E$ 즉, 두 근점이각이 같은 값이다. 그러나 인공위성의 경우에는 $e_S \neq 0$이기에

$$M_S = E_S - \left(\frac{A-1}{A+1}\right)\sin E_S$$

로부터 Newton-Raphson 방법에 의하여 E_S를 구한 다음

$$x_S = a_S(\cos E_S - e_S)$$

$$y_S = a_S\sqrt{1-e_S^2}\ \sin\ E_S$$

로 경과한 시간 t(일)의 인공위성 위치를 구할 수 있다. 물론 지구와 행성의 위치도 동일하다.

그림 2-3-40은 목성까지의 인공위성 탐사 궤도이다. 노란색 궤도가 인공위성이 지구에서 목성으로 가는 궤도이고, 갈색 궤도가 지구 귀환 궤도이다. 지구가 (1, 0)의 위치에서 인공위성을 발사할 때 목성의 경도(x축으로부터 반시계 방향으로)는 97도 정도이다(L4 셀 참조). 달의 경도는 임의로 45° 로 정하였다(L6 셀 참조).

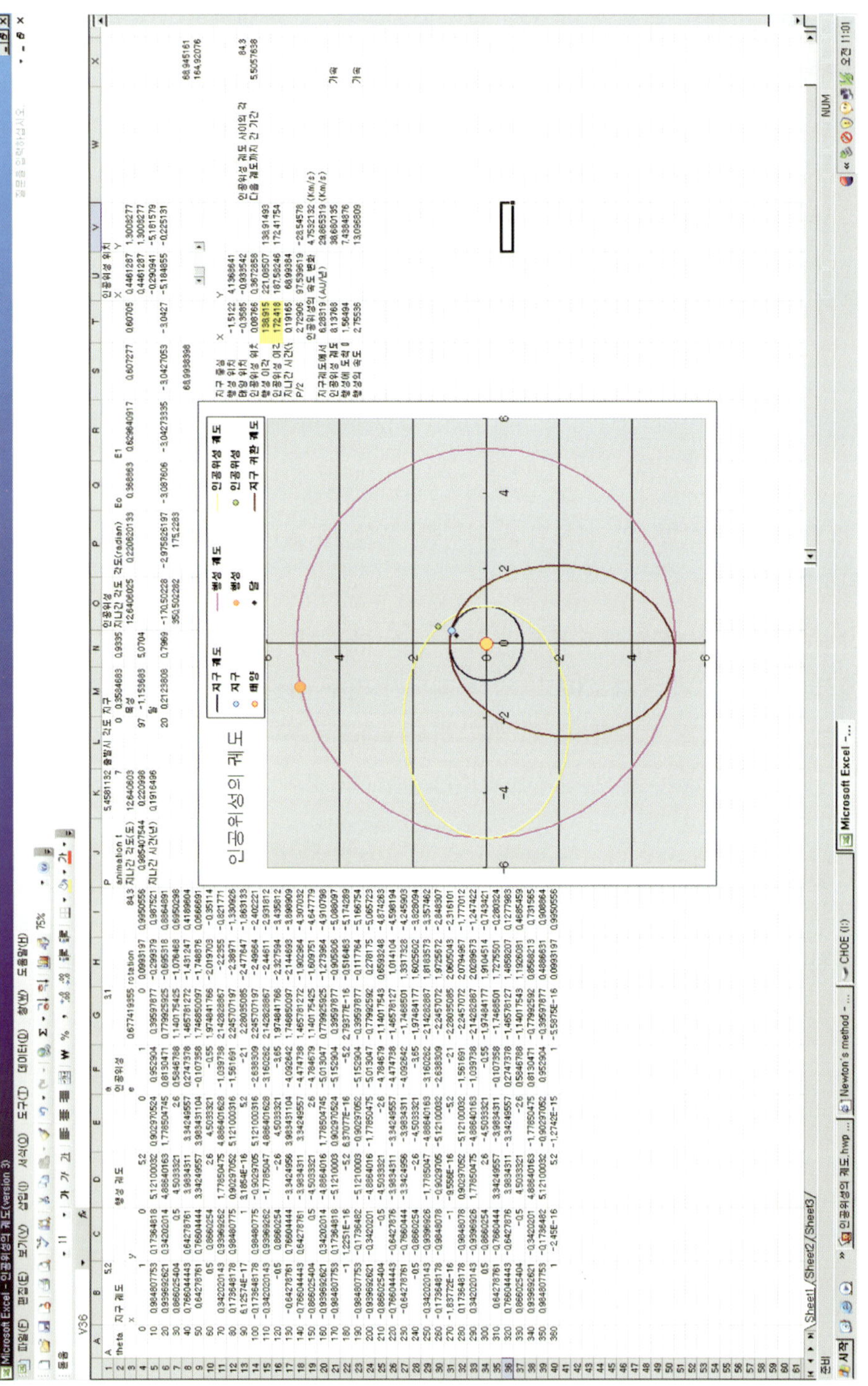

그림 2-3-40 인공위성의 궤도

인공위성의 움직임은 보기 → 도구모음 → 컨트롤 도구상자 의 스크롤 바를 이용하여 조정한다. 그런데 인공위성은 T18 셀의 인공위성의 공전주기의 $\frac{1}{2}$이 될 때까지는 그림 2-3-40의 노란 궤도를 따른다. 그후에는 목성과 같이 움직이고, X14셀에서 계산한 시간($= \frac{P_S}{2} + \left(\frac{X13}{360}\right)P_P$ 여기서 $X13$은 노란 궤도와 갈색 지구 귀환 궤도 사이의 각도(X13 셀 참조))이 되면 갈색 궤도를 따라 지구로 귀환하여 지구와 만나게 된다. 따라서 인공위성의 움직임은 IF 문을 아래와 같이 써서 제어한다.

```
=IF($T$17<$T$18,U3,IF($T$17<$X$14,M4,U5))
```

그런데 귀환하는 갈색 궤도(X, Y)를 그리기 위해서는 노란 궤도(x, y)를 X13 셀의 각도 θ만큼 반 시계 방향으로 회전해야 한다. 따라서 갈색 궤도는

$$X = x\cos\theta - y\sin\theta$$

$$Y = x\sin\theta + y\cos\theta$$

로 그릴 수 있다. 마찬 가지로 귀환하는 인공위성의 궤도도

$$180 + \frac{360}{P_S}(animation\text{시간} - X14\ \text{셀에 계산된 시간})$$

```
=180+360/$K$1*((K2*10)/365.25-X14)
```

로 평균 근점이각을 계산하고, 이를 이용하여 이심 근점이각을 구하고, 귀환하는 인공위성의 $(x_S,\ y_S)$를 구한 다음 각도 θ만큼 회전하여 $(X_S,\ Y_S)$를 구하여 스크롤 바로 조정하면 인공위성의 귀환 모습을 볼 수 있다.

행성과 인공위성의 이각(elongation)은 지구를 중심으로 하는 좌표로 행성, 인공위성, 태양의 위치를 바꾼다. 인공위성의 경우에는 지구 중심에 대한 위치가 $(X_S - X_E,\ Y_S - Y_E)$이다. 이때 이각은

$$\text{이각}_S = \tan^{-1}\left(\frac{X_S - X_E}{Y_S - Y_E}\right) - \tan^{-1}\left(\frac{X_\odot - X_E}{Y_\odot - Y_E}\right)$$

가 된다. 위의 값이 180도가 넘으면 360도에서 빼주어 서방이각을 나타낸다. 이는 IF 문을 써서 제어할 수 있다. 즉,

T18 셀: =IF(U16〈180, U16, V16)

U18 셀: =(ATAN2($T$14,$U$14)-ATAN2($T$13,$U$13))*180/PI()

V18 셀: =(ATAN2($T$14,$U$14)-ATAN2($T$13,$U$13))*180/PI()-360

으로 계산하면 된다.

7. 행성의 겉보기 운동을 설명하는 세 모형 재방문

1.1 질문

아래의 세 그림은 천동설 모형, 티코브라헤의 혼합 모형, 지동설 모형을 나타낸다. 이들 모형에서 다음 두 질문에 대하여 간단한 계산을 통해 답해 보려한다.

지동설, 티코브라헤, 천동설 모형이 행성의 겉보기 운동을 같은 모습으로 표현하는가?

천동설 모형에서 왜 수성이 금성보다 지구에 가까이 있는가?

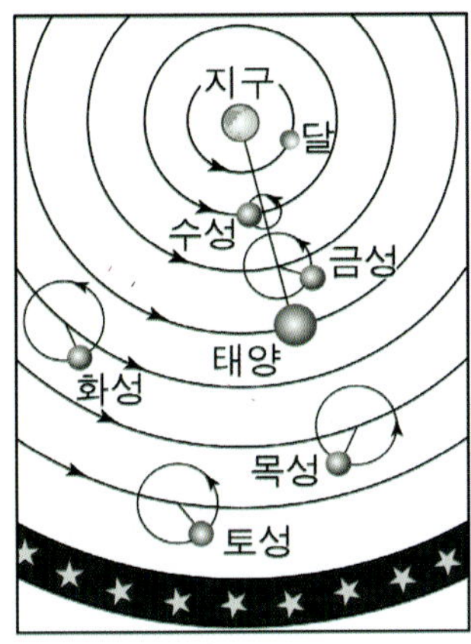

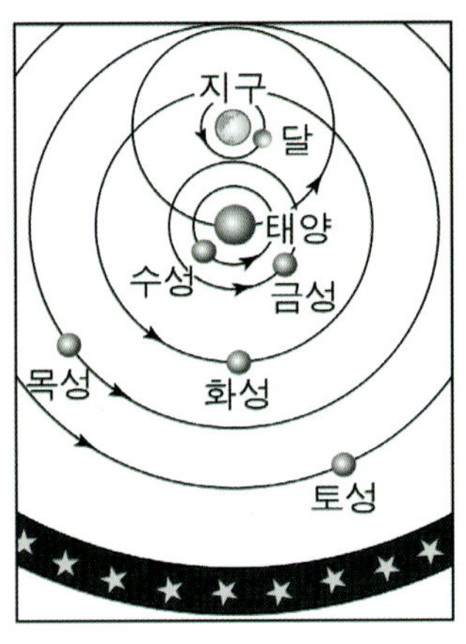

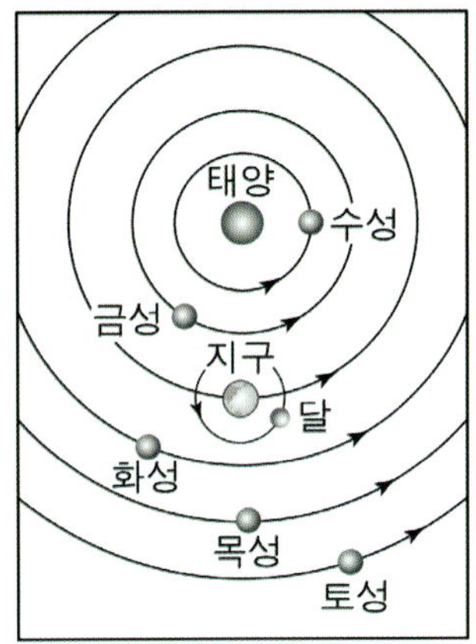

그림 2-3-41

1.2 지동설

1.2.1 외행성: 화성

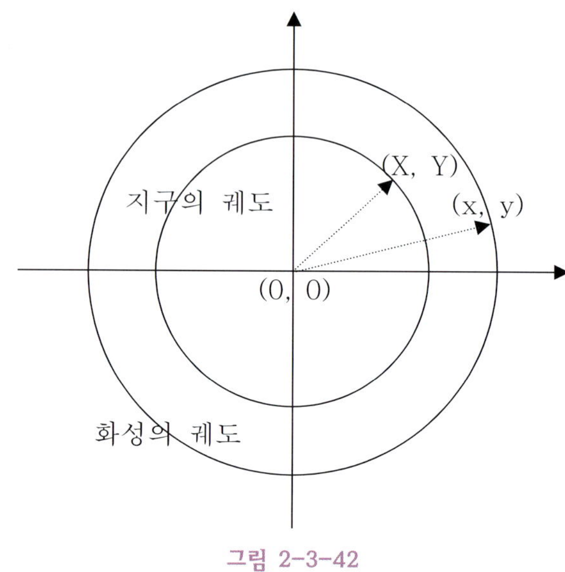

그림 2-3-42

모든 행성의 궤도를 원 궤도로 가정한다. 지구의 공전 주기 $P=365.25$일이기에 지구의 공전 각속도는 $\omega=\dfrac{2\pi}{360.25}$이 된다. 화성의 공전 주기는 $P=a^{3/2}$으로부터 $365.25\times15^{1.5}$이기에 각속도는 $\omega_p=\dfrac{2\pi}{365.25\times1.5^{1.5}}$가 된다. 지구의 공전 반경을 1이라 하면 지구 궤도는 (X, Y) =(cos ω t, sin ω t)가 된다. 마찬가지로 화성의 공전 반경은 지구 공전 반경의 1.5배 정도이기에 그 궤도는 (x, y)=(1.5cos ω_pt, 1.5sin ω_pt)가 된다. 따라서 지구에서 본 화성의 궤적은

$$(x-X,\ y-Y)=(1.5\cos\omega pt-\cos\omega t,\ 1.5\sin\omega pt-\sin\omega t)$$

가 된다. 이각의 크기는

$\cos^{-1}$(−cos ω t*(1.5cos ω_pt−cos ω t)−sin ω t*(1.5sin ω_pt−sin ω t))/지구−태양간 거리)

이고, 지구−태양간 거리는

$$\sqrt{((1.5\cos\omega pt-\cos\omega t)^2+(1.5\sin\omega pt-\sin\omega t)^2)}$$

이다. x축과의 각거리는

$$\cos^{-1}((1.5\cos\omega pt - \cos\omega t))/\text{지구} - \text{태양간 거리})$$

이다. 회합주기는 $\frac{1.5^{1.5}}{(1.5^{1.5}-1)} = 2.194575708$ 년이 된다. 아래 그림들이 화성의 겉보기 운동을 지동설 모형의 관점에서 그린 것이다.

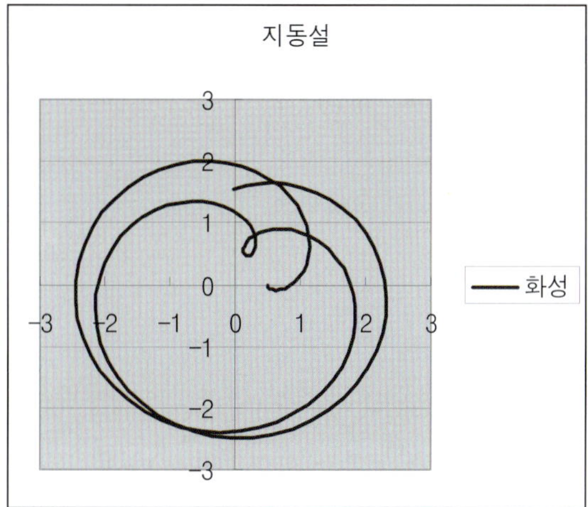

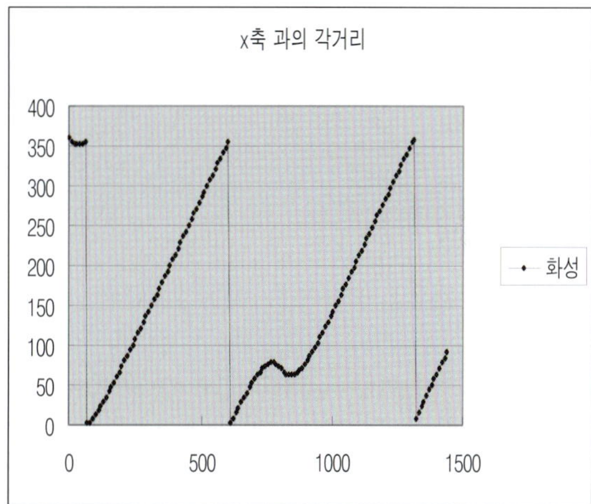

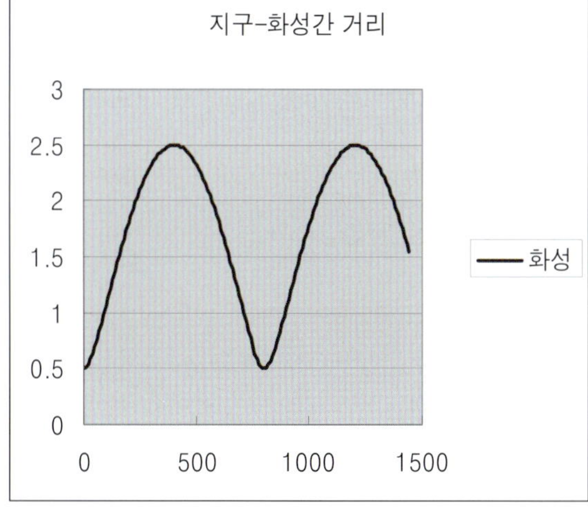

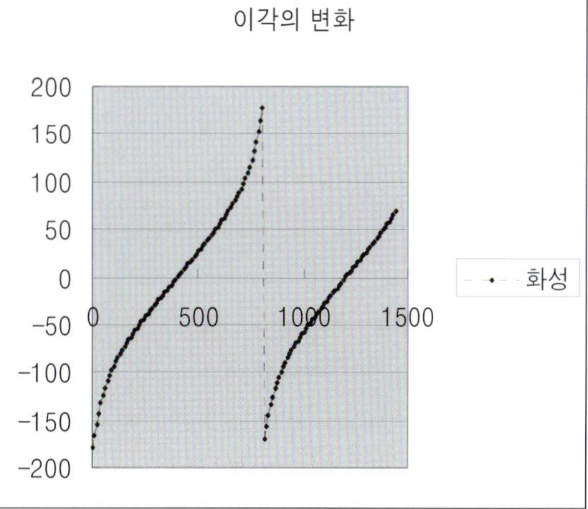

그림 2-3-43

1.2.2 내행성: 금성

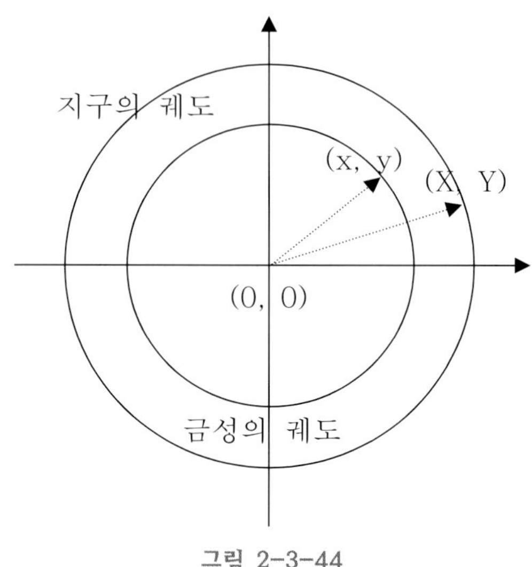

그림 2-3-44

이번에는 금성의 겉보기 운동을 그려보기로 한다. 지구의 공전 주기가 $P=365.25$ 이기에 지구의 공전 각속도는 $\omega=\dfrac{2\pi}{360.25}$ 이다. 따라서 금성의 공전 주기는 $P=a^{3/2}$ 으로부터 $365.25\times0.7^{1.5}$ 이고 각속도는 $\omega_p=\dfrac{2\pi}{365.25\times0.7^{1.5}}$ 가 된다.

지구의 공전 반경이 1이기에 공전 궤도 궤적은 (X, Y) =(cos ω t, sin ω t)이다. 금성의 공전 반경은 0.7이기에 공전 궤도 궤적은 (x, y)=(0.7cos ω_pt, 0.7sin ω_pt)가 된다. 지구에서 본 금성의 궤적은

(x−X, y−Y)=(0.7cos ω_pt−cos ω t, 0.7sin ω_pt−sin ω t)

가 된다. 이때 이각의 크기 변화는

$\cos^{-1}$(−cos ω t*(0.7cos ω_pt−cos ω t)−sin ω t*(0.7sin ω_pt−sin ω t))/지구−태양간 거리)

가 된다. 여기서 지구−태양간 거리 변화는

sqrt((0.7cos ω_pt−cos ω t)^2+(0.7sin ω_pt−sin ω t)^2)

이 되고, x축과의 각거리는

$\cos^{-1}((0.7\cos\omega_p t-\cos\omega t))$/지구-태양간 거리)

가 된다. 회합주기는 $\dfrac{0.7^{1.5}}{(1-0.7^{1.5})}=1.413488613$ 년이 된다. 아래 그림들은 금성의 겉보기 운동을 지동설 모형의 관점에서 그린 것이다.

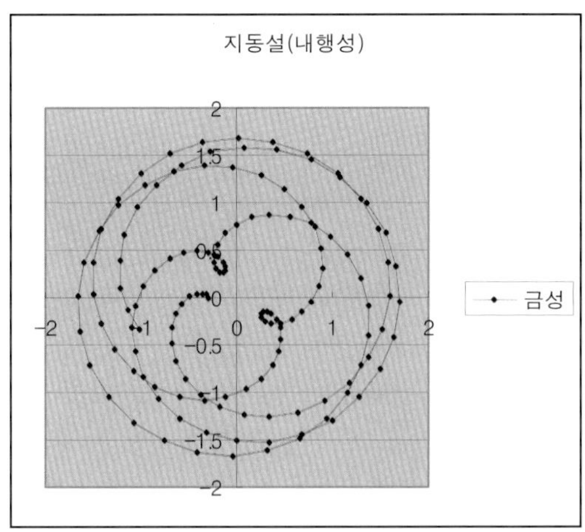

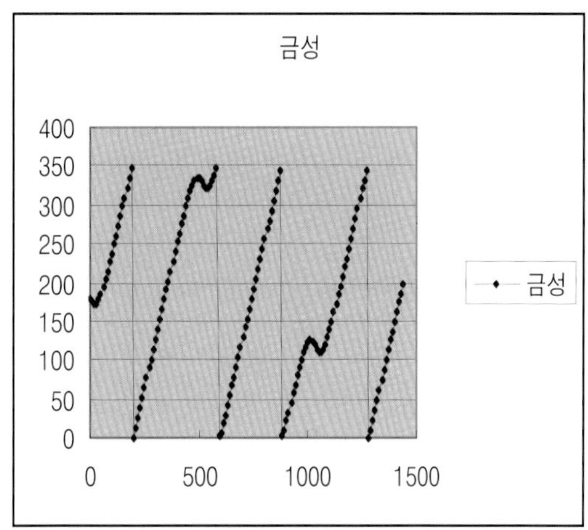

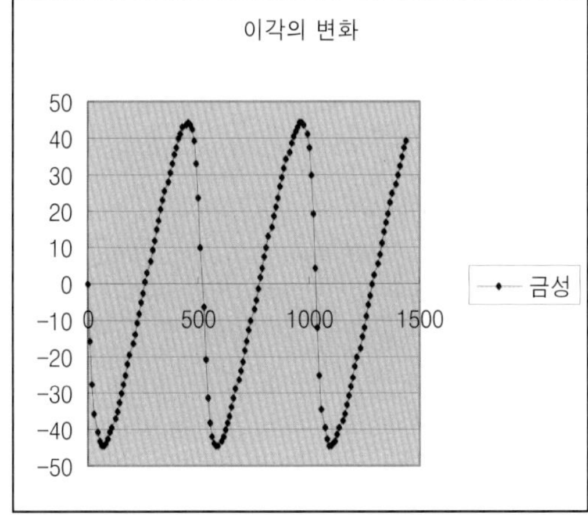

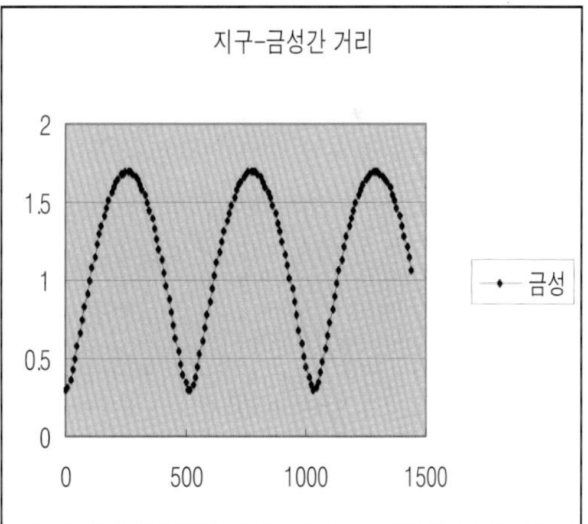

그림 2-3-45

1.3 티코브라헤 혼합 모형

1.3.1 외행성: 화성

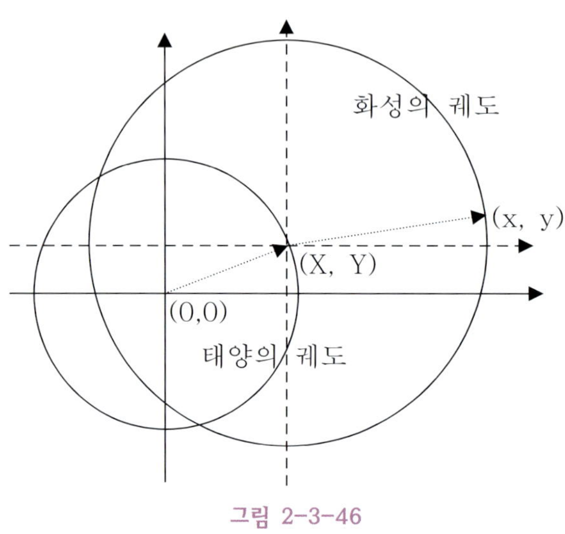

그림 2-3-46

티코브라헤의 혼합 모형에서도 모든 궤도를 원궤도로 가정한다. 이 모형에서 태양의 공전 주기가 $P=365.25$일이기에 태양의 공전 각속도는 $\omega=\dfrac{2\pi}{360.25}$가 된다. 이때에 화성의 공전 주기는 $P=a^{3/2}$로부터 $365.25\times1.5^{1.5}$이기에 각속도는 $\omega_p=\dfrac{2\pi}{365.25\times1.5^{1.5}}$가 된다. 이 모형에서 태양의 공전 반경은 1.0이기에 태양의 공전 궤적은 (X, Y) =(cos ω t, sin ω t)이다. 화성의 공전 반경은 1.5이기에 (x−X, y−Y)=(1.5cos ω_pt, 1.5sin ω_pt)이다. 따라서 지구에서 본 화성의 궤적은

(x, y)=(1.5cos ω_pt+cos ω t, 1.5sin ω_pt+sin ω t)

가 된다. 이때 이각의 크기는

$\cos^{-1}$((1.5cos ω_pt+cos ω t)*cos ω t+(1.5sin ω_pt+sin ω t)*sin ω t)/지구-태양간 거리)

가 된다. 여기서 지구-태양간 거리는

sqrt((1.5cos ω_pt+cos ω t)^2+(1.5sin ω_pt+sin ω t)^2)

이고, x 축과의 각거리는

$\cos^{-1}((1.5\cos\omega_p t+\cos\omega t))$/지구-태양간 거리)

가 된다. 회합주기 $=\frac{1.5^{1.5}}{(1.5^{1.5}-1)}=2.194575708$년이다. 아래 그림들이 화성의 겉보기 운동을 티코브라헤의 혼합 모형의 관점에서 그린 것이다. 지동설 모형과 동일하다.

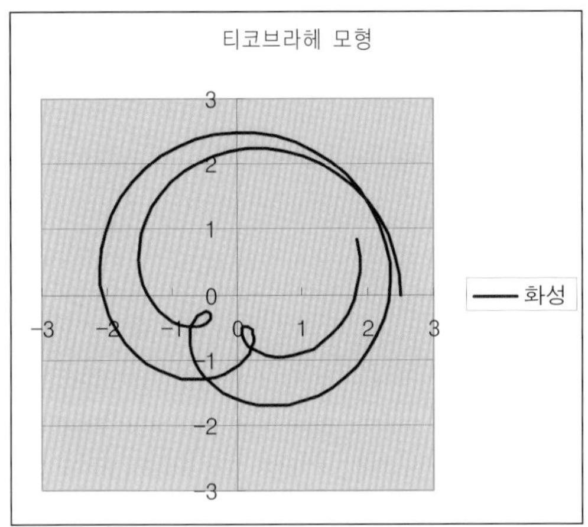

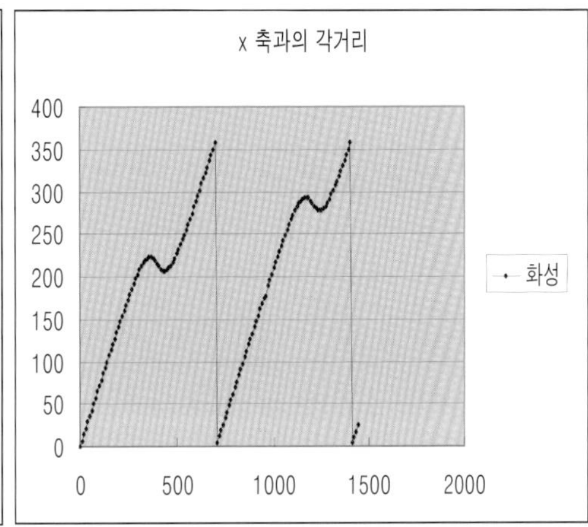

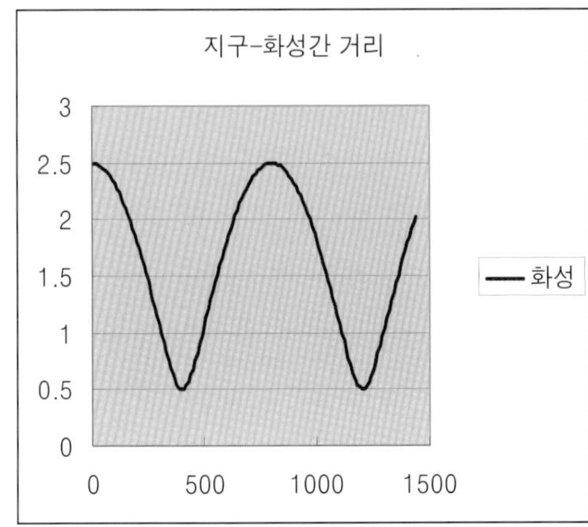

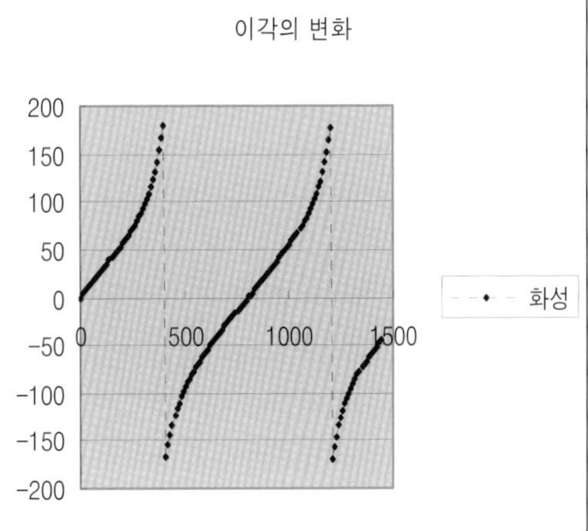

그림 2-3-47

1.3.2 내행성: 금성

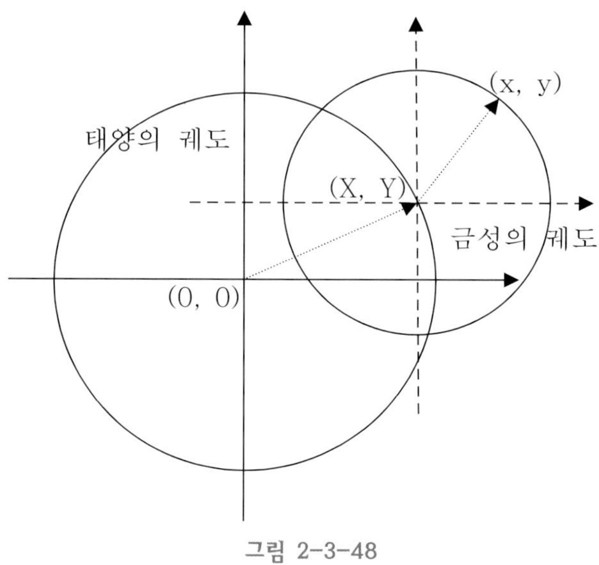

그림 2-3-48

금성의 경우도 태양의 공전 주기가 $P = 365.25$일이기에 태양의 공전 각속도 $\omega = \dfrac{2\pi}{360.25}$가 된다. 금성의 공전 주기는 $P = a^{3/2}$으로부터 $365.25 \times 0.7^{1.5}$이기에 $\omega_p = \dfrac{2\pi}{365.25 \times 0.7^{1.5}}$가 된다. 태양의 공전 반경은 1.0이기에 태양의 공전 궤도는 (X, Y) =(cos ω t, sin ω t)이고, 화성의 공전 반경은 0.7이기에 화성의 궤적은 (x−X, y−Y)=(0.7cos ω_pt, 0.7sin ω_pt)가 된다. 따라서 지구에서 본 화성의 궤적은

(x, y)=(0.7cos ω_pt+cos ω t, 0.7sin ω_pt+sin ω t)

가 된다. 이 때 이각의 크기 변화는

$\cos^{-1}$((0.7cos ω_pt+cos ω t)*cos ω t+(0.7sin ω_pt+sin ω t)*sin ω t)/지구-태양간 거리)

이다. 여기서 지구-태양간 거리는 sqrt((0.7cos ω_pt+cos ω t)^2+(0.7sin ω_pt+sin ω t)^2)이다. x 축과의 각거리는 $\cos^{-1}$((0.7cos ω_pt+cos ω t))/지구-태양간 거리)이다. 회합주기= $\dfrac{0.7^{1.5}}{(1-0.7^{1.5})} = 1.413488613$년이다. 다음 그림들은 금성과 수성의 겉보기 운동을 티코브라헤의 혼합 모형의 관점에서 그린 것이다. 지동설 모형과 동일하다.

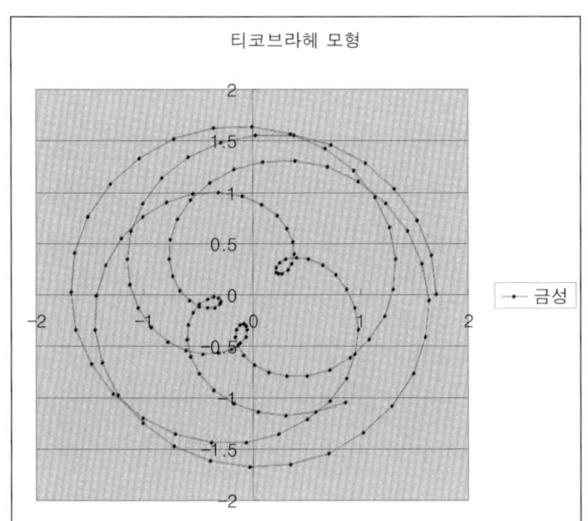
티코브라헤 모형
금성

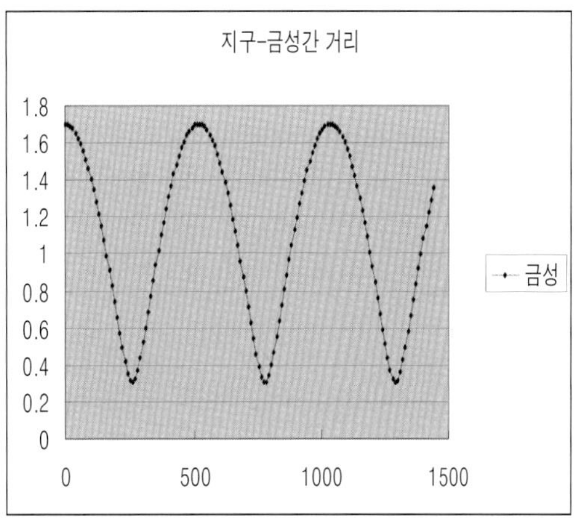
지구-금성간 거리
금성

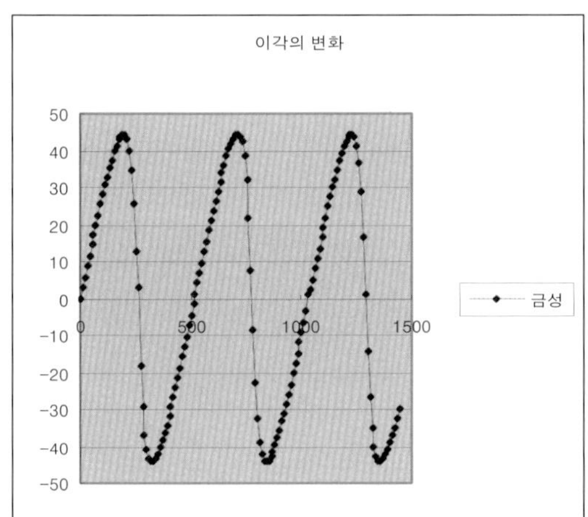
이각의 변화
금성

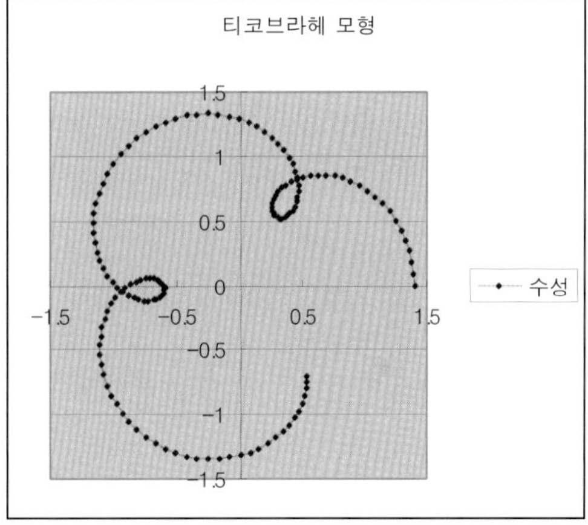
티코브라헤 모형
수성

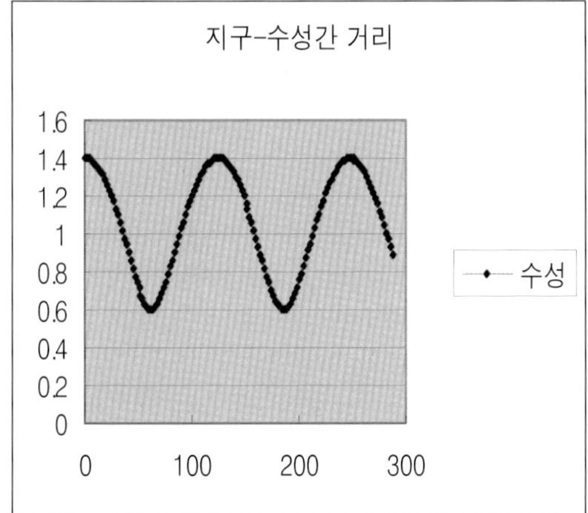
지구-수성간 거리
수성

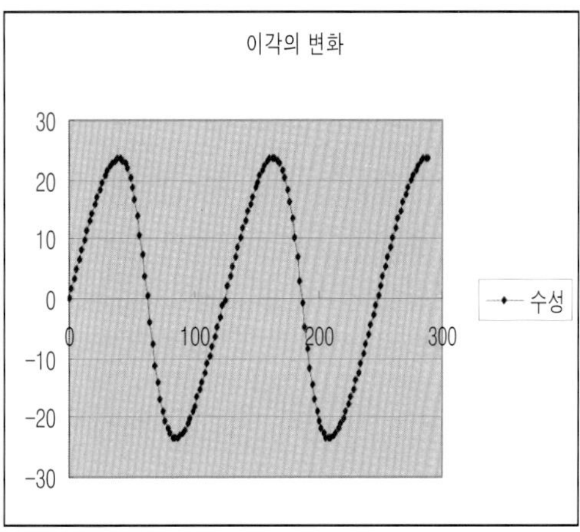
이각의 변화
수성

그림 2-3-49

1.4 천동설

1.4.1 외행성: 화성

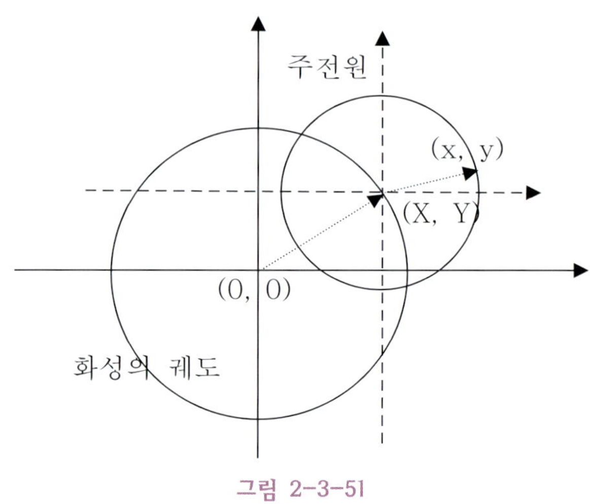

그림 2-3-51

천동설의 관점에서 화성의 겉보기 운동을 그려보기로 하자. 지동설에서 지구의 공전 주기 $P = 365.25$일이기에 지구의 공전 각속도는 $\omega_s = \dfrac{2\pi}{365.25}$이다. 화성의 공전 주기는 $P = a^{3/2}$으로부터 $365.25 \times 1.5^{1.5}$이기에 $\omega_p = \dfrac{2\pi}{365.25 \times 1.5^{1.5}}$이다. 그런데 화성의 주전원 각속도를 지구의 공전 각속도와 같은 각속도 $\omega_s = \dfrac{2\pi}{365.25}$로 놓으면, 화성의 공전 반경이 1.5이기에 (X, Y)=(1.5cos ω_pt, 1.5sin ω_pt)이고, 주전원의 궤적은 (x−X, y−Y)=(cos ω_st, sin ω_st)가 된다. 따라서 지구에서 본 화성의 궤적은

(x, y)=(cos ω_st+1.5cos ω_pt, sin ω_st+1.5sin ω_pt)

가 된다. 지구−화성간 거리는 sqrt((cos ω_st+1.5cos ω_pt)^2+(sin ω_st+1.5sin ω_pt)2) 이고, 태양의 궤적은 (cos ω t, sin ω t)이기에 이각의 크기는

$\cos^{-1}$(cos ω t*(cos ω_st+1.5cos ω_pt)+sin ω t*(sin ω_st+1.5sin ω_pt))/지구−화성간 거리)

이다. x축과의 각거리는 $\cos^{-1}$((cos ω_st+1.5cos ω_pt)/지구−화성간 거리)이다. 회합 주기는 $\dfrac{1.5^{1.5}}{(1.5^{1.5}-1)} = 2.194575708$년이다. 다음 그림들이 화성의 겉보기 운동을 천동설 모형의 관점에서 그린 것이다. 지동설 모형과 혼합 모형과 동일하다.

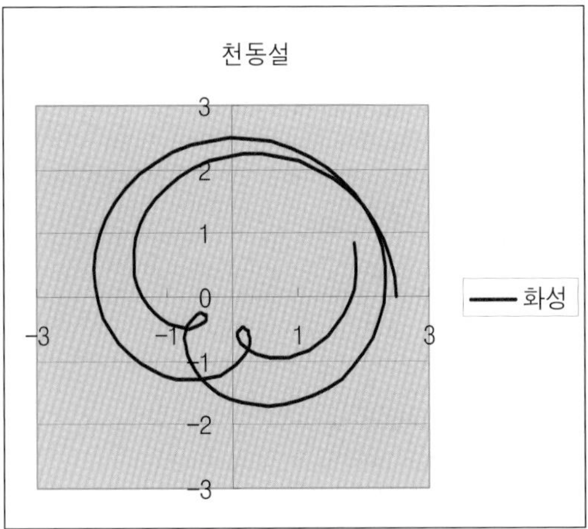
천동설
화성
3
2
1
0
-3
-1
1
3
-1
-2
-3

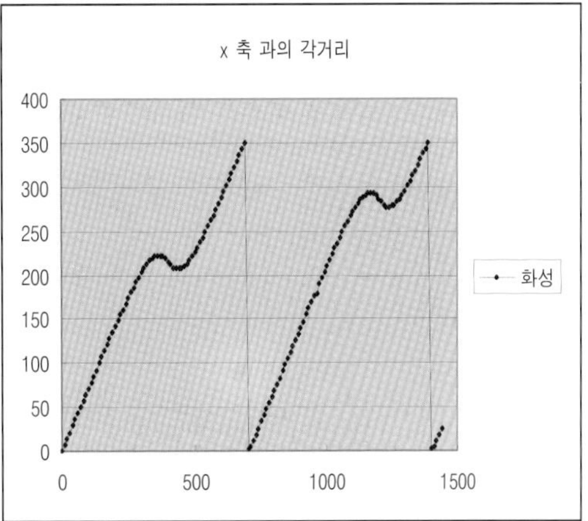
x 축 과의 각거리
화성
400
350
300
250
200
150
100
50
0
0
500
1000
1500

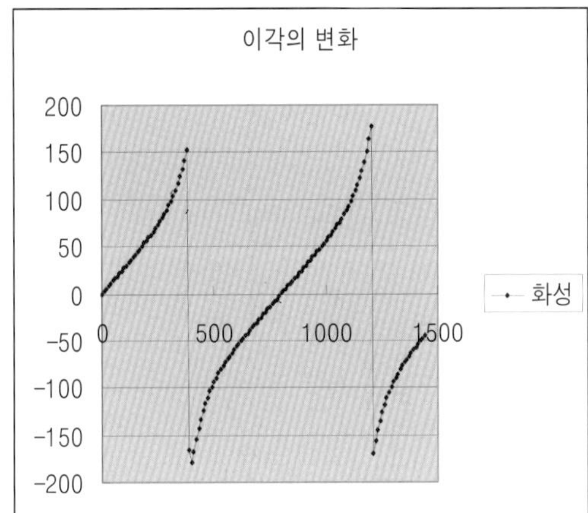
이각의 변화
화성
200
150
100
50
0
-50
-100
-150
-200
0
500
1000
1500

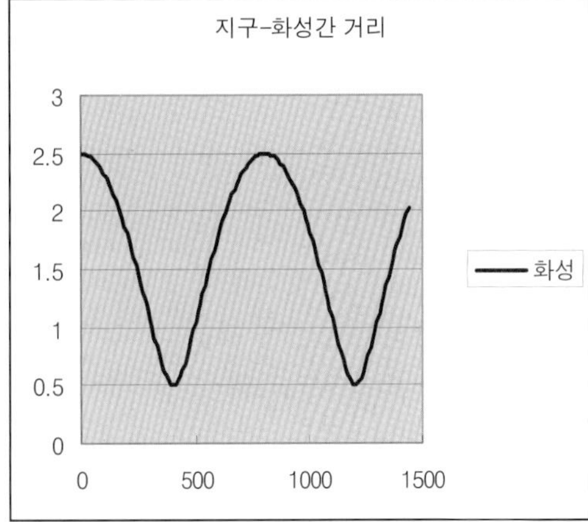
지구-화성간 거리
화성
3
2.5
2
1.5
1
0.5
0
0
500
1000
1500

그림 2-3-51

1.4.2 내행성: 금성, 수성

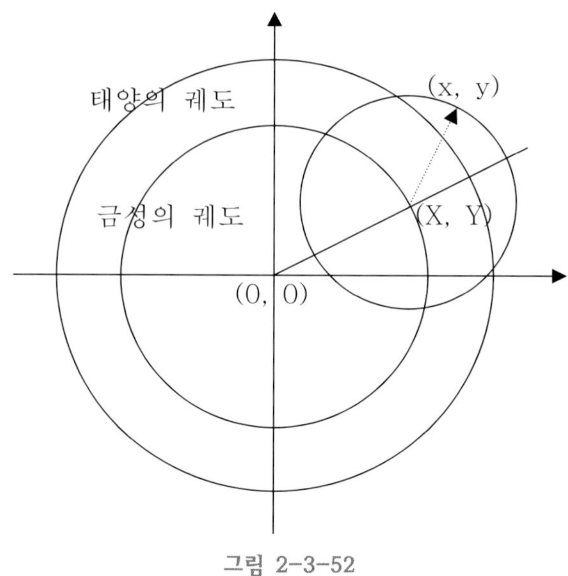

그림 2-3-52

금성의 경우에도 마찬가지이다. 지구의 공전 주기는 $P=365.25$일이기에 태양의 공전 각속도는 $\omega=\dfrac{2\pi}{360.25}$이다. 마찬가지로 금성의 공전 주기도 $P=365.25$일이다. 따라서 금성의 공전 각속도는 $\omega=\dfrac{2\pi}{360.25}$이다. 회합주기 $\dfrac{0.7^{1.5}}{(1-0.7^{1.5})}$ =1.413488613으로부터 주전원의 주기는 $365.25\times0.7^{1.5}$이다. 따라서 금성의 주전원 각속도는 $\omega_p=\dfrac{2\pi}{365.25\times0.7^{1.5}}$이다. 금성의 공전 반경을 b라 하면 (X, Y)=(b*cos ω t, b*sin ω t)가 되고, 금성의 최대이각은 θ=45° 이기에 주전원의 궤적은 (x−X, y−Y)=(b*sin(θ)cos ω_pt, b*sin(θ)sin ω_pt)이 되고 지구에서 본 금성의 궤적은

(x, y)=(b*cos ω t+b*sin(θ)cos ω_pt, b*sin ω t+b*sin(θ)sin ω_pt)

가 된다. 지구−금성간 거리는 sqrt((b*cos ω t+b*sin(θ)cos ω_pt)^2+(b*sin ω t+b*sin(θ)sin ω_pt)^2)이기에 이각의 크기는

$\cos^{-1}$(b*cos ω t*(b*cos ω t+b*sin(θ)cos ω_pt)+b*sin ω t*(b*sin ω_st+b*sin(θ)sin ω_pt))/(지구−금성간 거리*b))

가 된다. 금성의 경우는 b=0.7, θ=45°, 수성의 경우는 b=0.4, θ=25°를 이용하였다.

수성의 회합주기 = $\frac{0.4^{1.5}}{(1-0.4^{1.5})} = 0.33865621$년이다. 아래 그림들이 금성과 수성의 겉보기 운동을 천동설 모형의 관점에서 그린 것이다. 지동설 모형과 혼합 모형의 모양이 같다. 단지 거리가 다를 뿐이다.

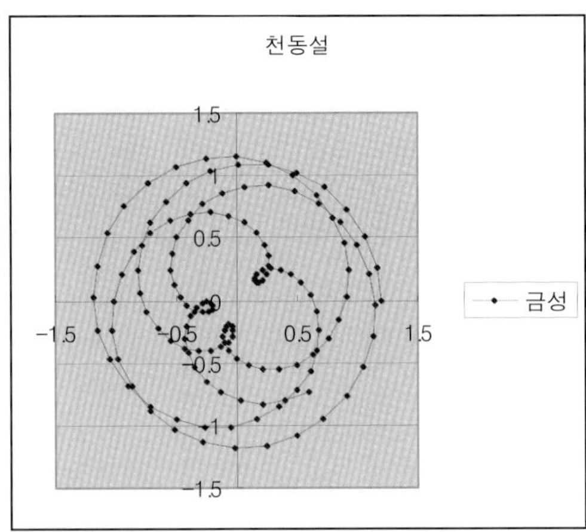

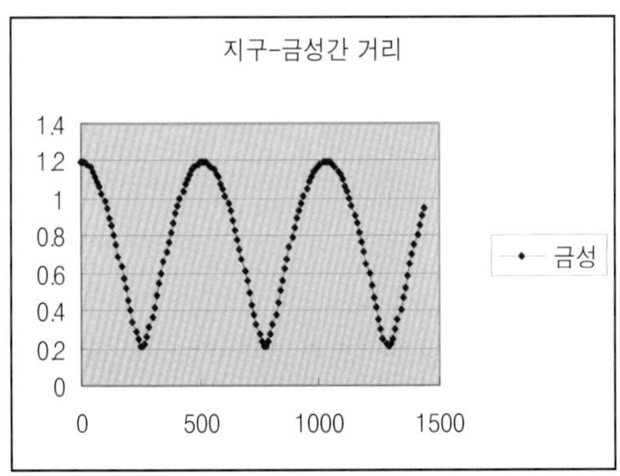

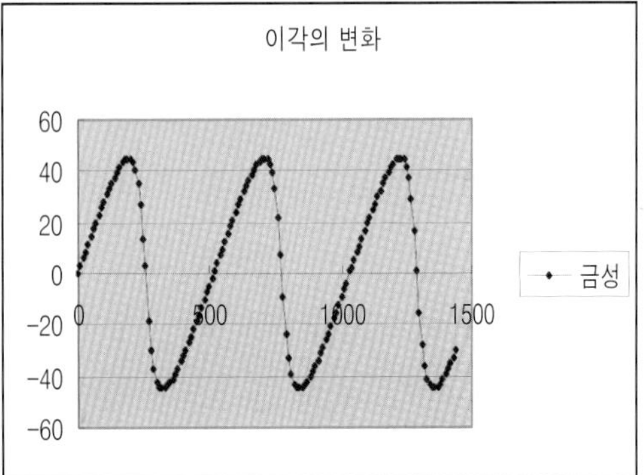

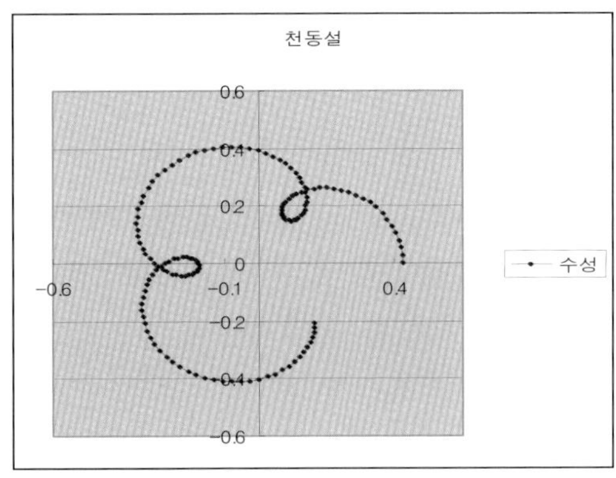

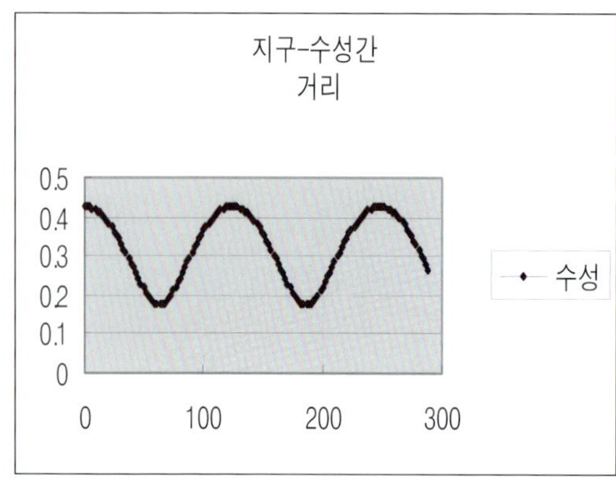

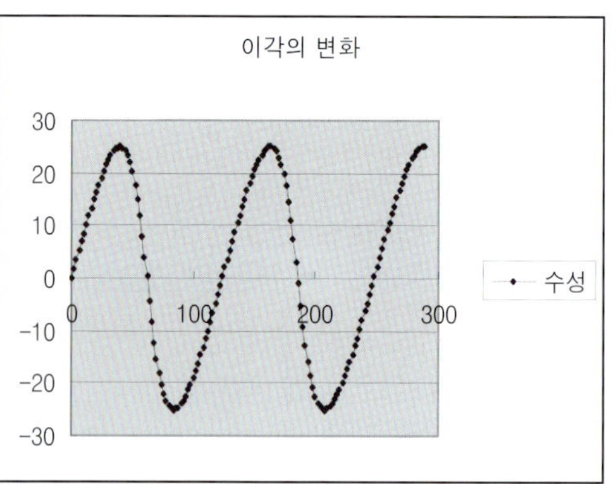

그림 2-3-53

1.5 질문에 대한 답

티코브라헤 모형과 지동설 모형은 내행성이나 외행성이나 관계없이 행성의 겉보기 운동을 똑같이 묘사한다. 왜냐하면 모든 행성들의 겉보기 궤적 벡터 표현은 동일하게 나타나기 때문이다.

천동설 모형은 외행성의 경우 티코브라헤 모형과 지동설 모형에서 보여주는 겉보기 운동과 동일하다. 화성의 경우, 지구를 중심으로 하는 화성의 궤도의 반경은 1.5, 주기는 $1.5^{1.5}$년으로 놓았다. 그리고 주전원의 반경은 1이고 주기는 1년이다. 따라서 외행성의 경우 그 궤도의 반경은 그 외행성의 지동설 모형에서의 반경과 주기와 일치한다. 그러나 주전원의 반경과 주기는 각각 1과 1년이다.

천동설 모형에서 내행성의 경우 내행성까지의 거리와는 관계없이 관측되는 최대이각이 중요하다. 왜냐하면 그 당시에 행성까지의 거리는 알 수 없었을 것이다. 이 모형에서 특히 중요한 점은 내행성의 주전원들의 중심이 항상 지구와 태양을 잇는 선상에 놓여야 한다. 그렇지 않으면 관측되는 최대이각을 설명할 수 없다. 따라서 지구를 중심으로 하는 내행성의 거리가 결정되면 관측되는 최대이각에 의하여 주전원의 반경이 결정된다. 또한 내행성 주전원의 중심은 항상 태양의 공전 주기인 1년이지만, 주전원의 주기는 내행성의 회합주기로부터 구해진 그 행성의 지동설에서의 공전주기와 일치한다. 그렇데 하여 묘사된 내행성의 겉보기 운동 패턴은 거리를 무시한다면 티코브라헤 모형이나 지동설 모형과 동일하게 일치한다.

천동설 모형에서 수성의 궤도를 금성의 궤도보다 지구에 가까이 놓은 것은 수성의 최대이각이 금성보다 작기 때문에 상대적으로 수성의 주전원의 반경은 지구에서 가까울수록 작아진다. 이러한 경우 수성의 주전원의 반경이 a, 금성의 주전원의 반경이 b 라 하면, 모든 수성과 금성의 주전원이 태양의 궤도보다 안에 있고, 서로 교차하지 않으려면, $a(1+\sin 25°) < b(1-\sin 45°)$와 $b(1+\sin 45°)<1$을 만족하여야 한다. 즉, $4.857a<b<0.586$이 된다. 따라서 b값에 따라 다르기는 하지만 $a<0.12$가 되어야 한다. 그러나 만약 수성이 뒤에 있고, 주전원들이 겹치지 않으려면, $b(1+\sin 45°) < a(1-\sin 25°)$와 $a(1+\sin 25°)<1$이어야 한다. 따라서 $2.9566b<a<0.703$이다. 이는 b가 a값에 따라 다르기는 하지만 $b<0.237$이어야 한다. 그렇지만 수성의 주전원의 크기가 커진다. 두 가지 모두 내행성의 최대이각을 묘사하는데 지장이 없다. 일반적으로 반경이 큰 원을 공전하면 주기가 길어지므로 천동설 모형에서 수성을 지구에 가까이 놓은 것은 아마도 주전원의 주기를 고려한 것 같다. 수성의 경우 금성보다 주전원의 주기가 짧기 때문에 반경이 작은 주전원을 택해야 했을 것이다. 따라서 수성을 지구에 가까이 배치했을 것으로 생각된다.

Chapter 4

구면 천문 좌표 변환
– 별자리판

엑셀을 이용하여 별자리판을 만들면 별뿐만 아니라 행성까지도 시간에 따른 그 위치를 넣을 수 있기에 특히 밤하늘의 행성 관측에 아주 적합하다. 엑셀의 그래프는 x, y 좌표이며, 별자리판은 가운데가 적위 90도이고, x축에서 시계 방향으로 적경이 증가한다. 따라서 적도좌표가 $(\alpha,\ \delta)$인 천체는 엑셀의 그래프에서

$$x = (90 - \delta)\cos(-\alpha)$$

$$y = (90 - \delta)\sin(-\alpha)$$

로 나타낼 수 있다. 즉, 적도는 $x^2 + y^2 = 90^2$의 원으로 나타난다. 따라서 북반구에서는 남극을 $x^2 + y^2 = 180^2$의 원으로 표시한다. 이를 이용하면 적도좌표를 아는 모든 천체는 엑셀의 그래프에 표시된다. 그런데 이렇게 그린 위치를 추분날의 위치라 한다면 하루에 별자리는 지구공전 각속도만큼 이동한다. 따라서 t일 경과 후에는 별들의 위치는

$$X = x\cos(\omega t) - y\sin(\omega t)$$

$$Y = x\sin(\omega t) + y\cos(\omega t)$$

가 된다. 여기서 $\omega = \dfrac{2\pi}{365.25}$이다. 이는 스크롤바로 제어하여 별자리를 시간에 따라 이동시킬 수 있다.

이제 지평선을 여기에 그려보자. 추분날 밤 12시일 때 남중하는 별의 적경은 0h이다. 따라서 0도이다. 천구에서 지평선은 고도가 0도이므로 지평선의 적위는 관측자의 위도 ϕ와 지평선의 적경 α에 따라 달라진다. 즉,

$$\tan\delta = -\frac{cos\ \alpha}{\tan\ \phi}$$

이다. 적경 α가 0~360도로 변화하면 그 때의 δ를 구한다. 그리고 엑셀 별자리판에 그려넣는다. 이제 지평선은 하루에 2π rad을 별자리판에서는 시계 방향으로 움직인다. 따라서 회전하는 식에서 ω를 $-\frac{\pi}{12}$로 대입하여 시간에 다른 지평선의 움직임을 그려넣는다.

황도는 황위가 0도이고, 황도면과 적도면 사이의 각도가 23.5° 기울어져 있기에

$$\sin\delta = \sin 23.5^{\circ} \sin\lambda$$

$$\cos\ \alpha = \frac{cos\lambda}{\cos\ \delta}$$

를 이용한다. 만약 α를 180도까지 계산한 후에는 360° $-\alpha$로 계산하여 계산된 값이 180° 이상이 되게 한다. 이것도 별자리와 마찬가지로 반시계 방향으로 $\omega = \frac{2\pi}{365.25}$의 값을 가지고 회전하게 한다.

은하좌표는

$$\sin\delta = \sin\delta_{NGP}\sin b + \cos\delta_{NGP}\cos b\cos(l_{NCP} - l)$$

$$\cos\delta\sin(\alpha - \alpha_{NGP}) = \cos b\sin(l_{NCP} - l)$$

을 이용한다. 여기서 $(\alpha_{NGP}, \delta_{NGP}) = (12^h 51^m 26.28^s$, $27^{\circ} 7' 41.7$인 은하북극의 적도 좌표이고, $(l_{NCP}, b_{NCP}) = (123^{\circ} 56' 55.2, 27\ DEG\ 7' 41.7) Z$인 천구 북극의 은하좌표이다. 이를 이용하여 은하면을 그려 넣고, 별자리와 마찬가지로 회전하게 한다.

행성들의 경우는 각 행성들의 궤도 용소를 이용하여 시간에 따른 적경, 적위를 구한 다음 이를 엑셀의 별자리판에 넣으면 시간에 따라 별자리 사이를 움직이는 행성의 위치를 알 수 있다(그림 2-4-1).

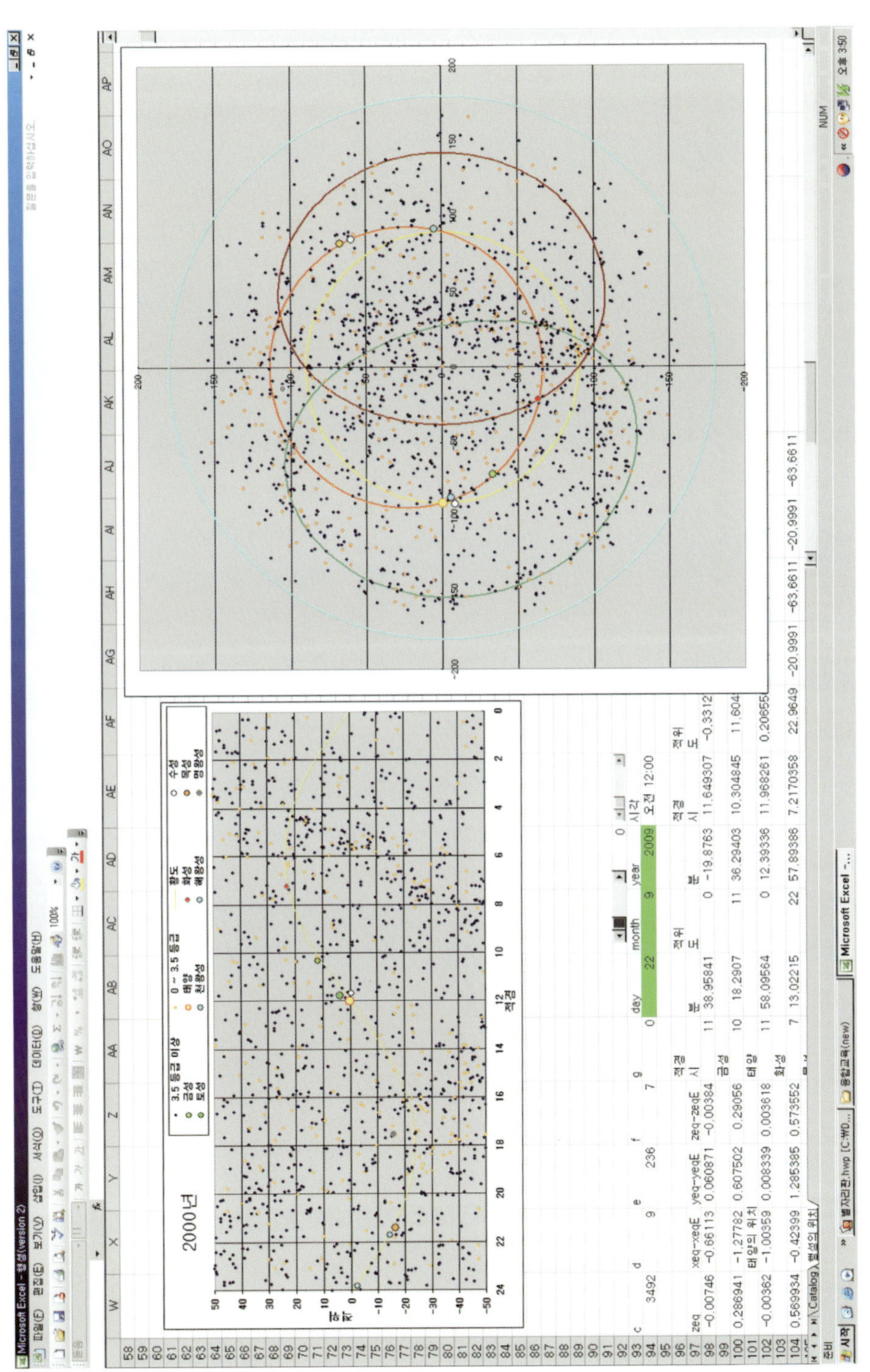

그림 2-4-1 행성의 위치가 포함된 별자리판

Chapter 5

확산

– 부착 원반의 확산

고밀도 분자운에서 새로 태어난 별 주변이나 쌍성 구조를 하고 있는 백색왜성, 중성자별, 블랙홀 부근에서는 부착 원반이 생성된다. 이러한 부착 원반에서는 운동학적 점성(kinetic viscosity)에 의하여 반경 방향으로 물질의 밀도가 확산되어 어떤 일정한 반경에서의 밀도 집중을 막는다. 「우주의 메시지(최승언 저, 240쪽)」에서는 이러한 상태의 면밀도의 변화를 각속도를 Ω라 할 때

$$\frac{\partial \Sigma}{\partial t} = \frac{1}{R}\frac{\partial}{\partial R}\left[\frac{1}{\frac{\partial}{\partial R}(R^2\Omega)}\frac{\partial}{\partial R}\left(-\nu\Sigma R^3\frac{\partial\Omega}{\partial R}\right)\right]$$

가 된다. 이제 $\Omega = \sqrt{\frac{GM}{R^3}}$이라 하면, 위 식은

$$\frac{\partial \Sigma}{\partial t} = \frac{3}{R}\frac{\partial}{\partial R}\left[R^{1/2}\frac{\partial(\nu\Sigma R^{1/2})}{\partial R}\right]$$

이 된다. 이를 정리하면,

$$\frac{\partial \Sigma}{\partial (3\nu t)} = \frac{3}{2R}\frac{\partial \Sigma}{\partial R} + \frac{\partial^2 \Sigma}{\partial R^2}$$

가 된다. 이제 시간 척도를 $r = \frac{R}{R_o}$, $\tau = \frac{3\nu t}{R_o^2}$, $\sigma = \frac{\Sigma}{\Sigma_o}$라 하면, 위 식은

$$\frac{\partial \sigma}{\partial \tau} = \frac{3}{2r}\frac{\partial \sigma}{\partial r} + \frac{\partial^2 \sigma}{\partial r^2}$$

가 된다. 이제 이를 엑셀로 계산한 것이 그림 2-5-1이다. 여기서 $\Delta\tau = 0.002$, $\Delta r = 0.1$로 두었다. 따라서 위 식은 수치적으로

$$\sigma_{n+1,k} = \sigma_{n,k} + \left[\frac{3}{2} \frac{(\sigma_{n,k} - \sigma_{n,k-1})}{(r_k - \Delta r/2)\, \Delta r} + \frac{(\sigma_{n,k+1} + \sigma_{n,k-1} - 2\sigma_{n,k})}{(\Delta r)^2} \right] \Delta\tau$$

로 표현된다. 여기서 n, k는 각각 τ와 r 즉, 시간과 공간을 나타내는 항이다. 초기 조건으로 면밀도가 $\sigma = 10$인 고리를 가정하였다. 따라서 B열에는 $\tau = 0$일 때의 초기 조건인 r_k값을 넣기에 B10셀에는 1을 그리고 나머지에는 0을 넣었다. 그리고 C8 셀에는

```
=B8+(3*(B8-B7)/(2*dr*($A8-dr/2))+(B9+B7-2*B8)/dr^2)*dt
```

로 처넣은 다음 계산되는 모든 셀로 복사한다. 6행에는 시간이, 7행과 32행은 연속 경계조건 즉, C7에는 '=C8', C32에는 '=C31'을 기입한다. 그림 2-5-1 안의 그림은 시간에 따른 부착 원반의 시간에 따른 면밀도의 변화이며, 해석학적인 해와 동일하다.

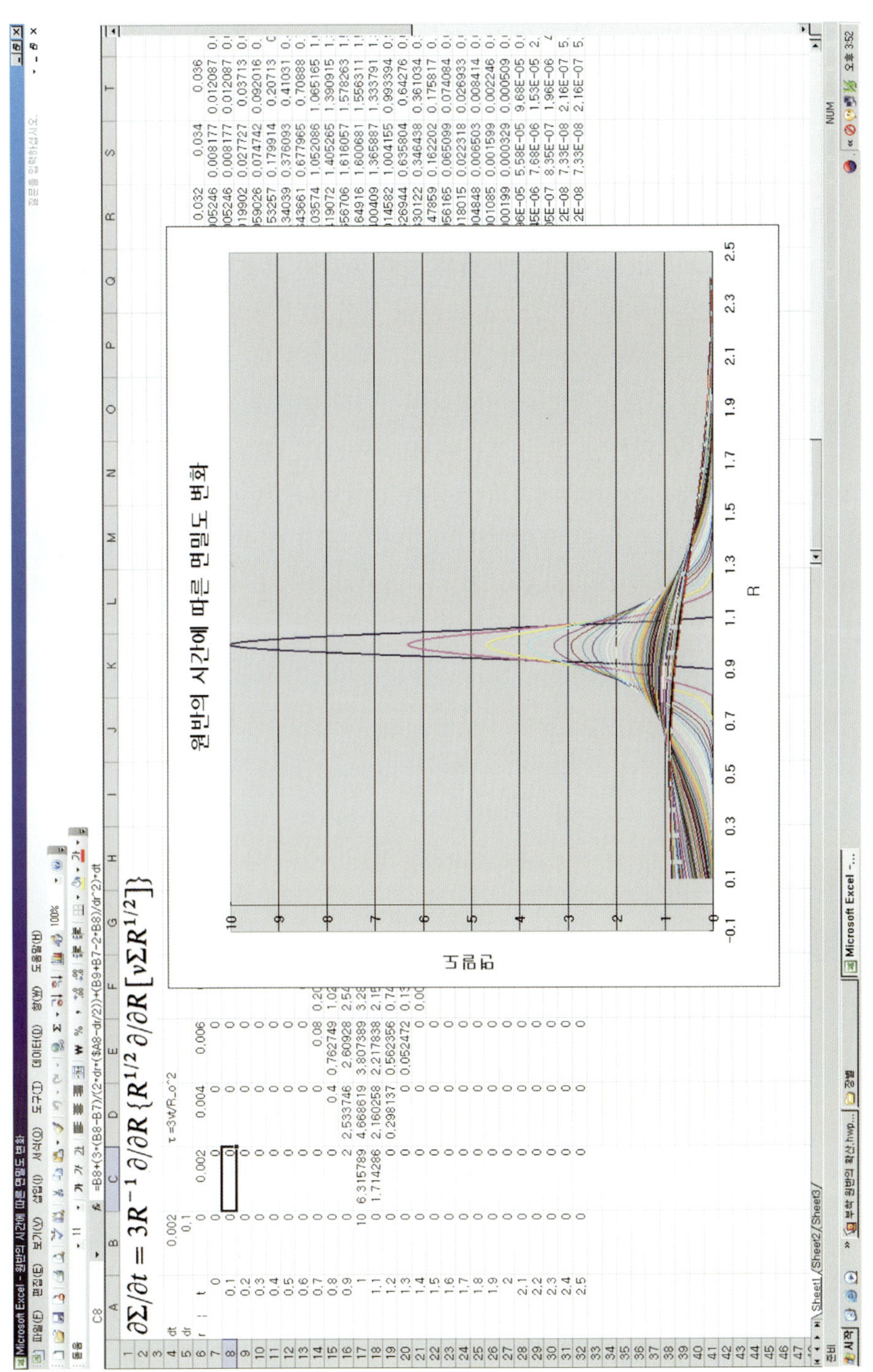

그림 2-5-1 부착 원반의 생성

이러한 편미분방정식은 화학에서 어떤 원소의 확산과 관련된 것과 유사하다. 어떤 원소의 수밀도 $[J]$의 시간적 변화는 material-balance 방정식에 의하여

$$\frac{\partial [J]}{\partial t} = D\frac{\partial^2 [J]}{\partial r^2} - v\frac{\partial [J]}{\partial r} - k[J]$$

로 나타낼 수 있다. 이 식의 오른쪽 첫 번째 항이 확산 항이며, 두 번째 항이 흐름에 의한 수평류(advection) 항이고, 세 번째 항은 k값의 부호에 따라 시간에 따르는 수밀도 증가나 감소를 나타낸다. D, v, k는 r, t의 함수이기는 하나 여기서는 $D=1$, $v=4$, $k=0.3$의 일정한 상수로 취급하였다. 시간은 0.05 간격으로 1.55까지 계산하였다. x 공간의 did 옆으로 확산이 일어나면서 전체적으로 k값에 의하여 수밀도는 감소하고, 수평류 v에 의하면 모든 흐름이 오른쪽으로 진행한다. 이는 오일러 좌표계(정지좌표계의 관측자가 관측)에서의 흐름을 나타낸다. 이에 반하여 관측자가 v의 흐름을 따라 흐름을 관측하는 좌표계가 라그랑지 좌표계이다. 이 방정식에서는 단지 $v=0$으로 놓으면 된다(그림 2-5-3 참조). 따라서 확산과 k값에 의한 수밀도 감소만 보인다.

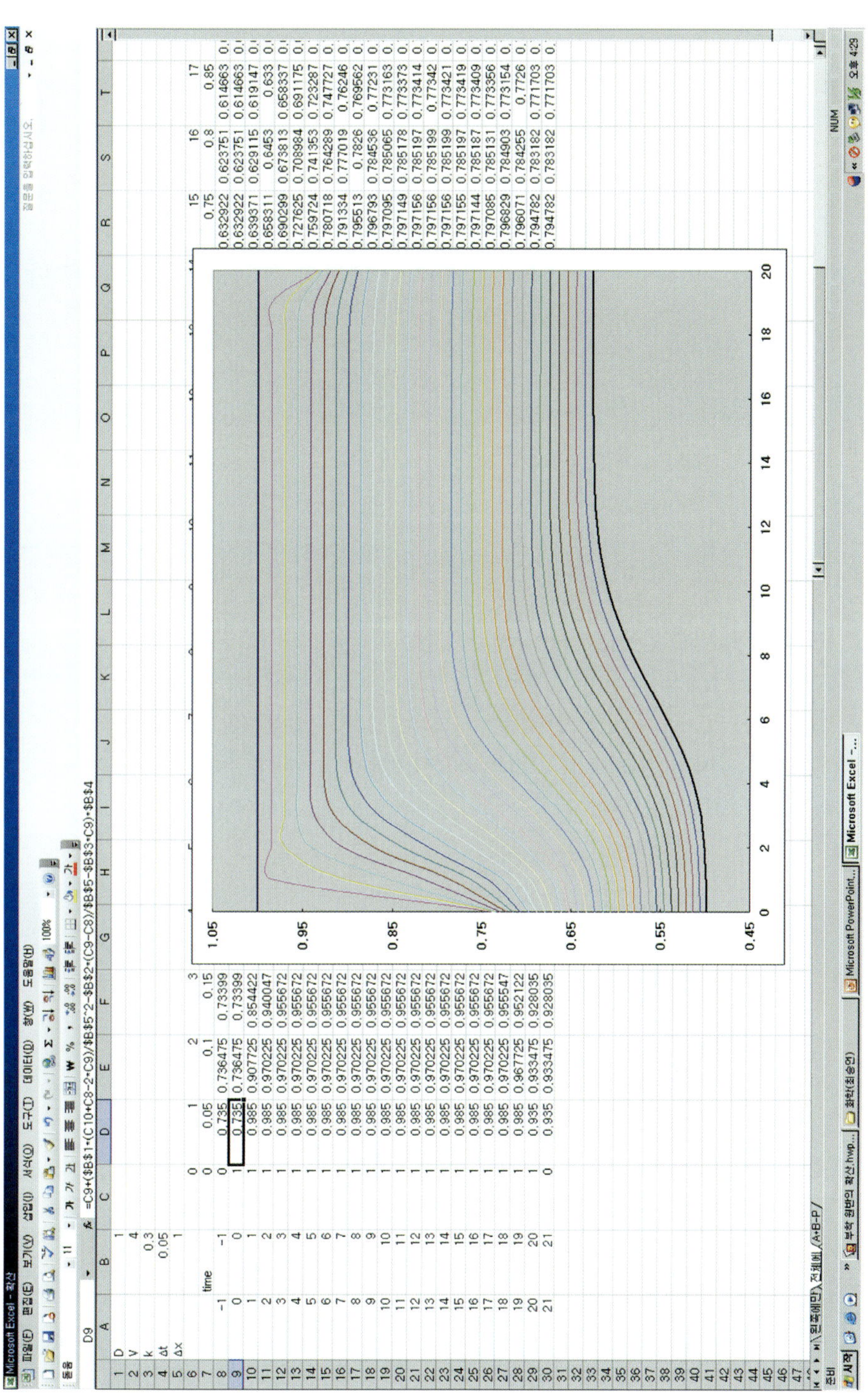

그림 2-5-2 오일러 좌표계에서의 수밀도 감소($D=1$, $v=4$, $k=0.3$)

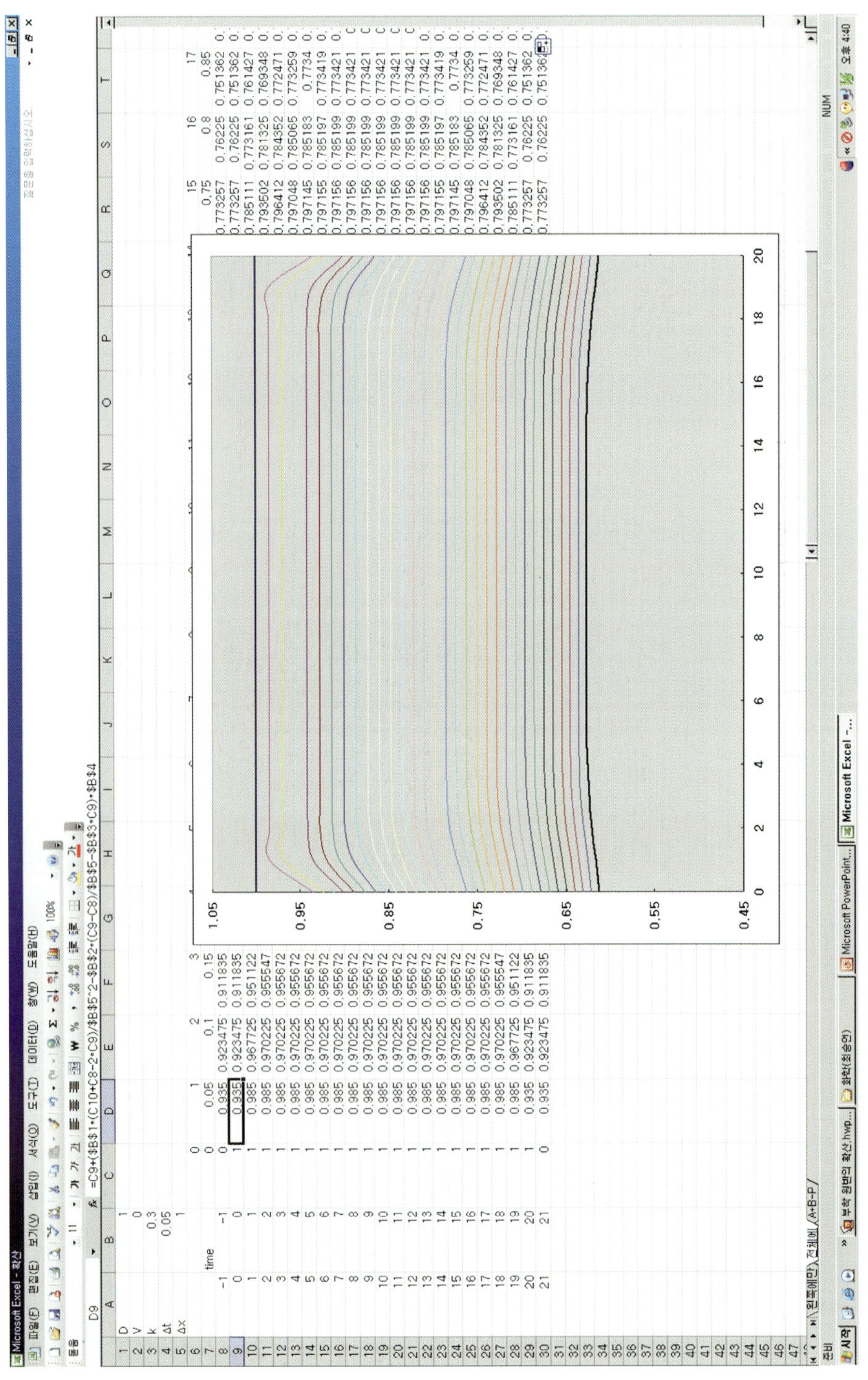

그림 2-5-3 라그랑지 좌표계에서의 수밀도 감소($D = 1$, $v = 0$, $k = 0.3$)

Chapter 6

적분
– 부착 원반의 흑체 복사

부착 원반의 온도 분포는

$$\frac{T}{T_{\max}} = \left(\frac{r}{r_{in}}\right)^{-3/4}\left(1-\left(\frac{r_{in}}{r}\right)^{1/2}\right)^{1/4}$$

이 된다. 이 모습은 그림 2-6-1과 같다. 여기서 $r_{in}=1$로 하였다. 이렇게 반경 방향에 따라 온도 분포를 가진 부착 원반의 흑체 복사는

$$S_\lambda \propto \int B_\lambda(T(r))\,2\pi r dr$$

이 된다. 여기서 $B_\lambda(T(r))$은 플랑크 곡선으로

$$B_\lambda(T(r)) = \frac{2hc^2}{\lambda^5}\frac{1}{e^{\frac{hc}{\lambda k T(r)}}-1}$$

이 된다.

그림 2-6-2는 $\lambda = 30 \sim 10{,}000\ nm$에서 보여주는 부착 원반의 흑체 복사이다. $T_{\max} = 53{,}000\ K$로 놓고, 온도가 $T = 20{,}000\ K$인 흑체의 플랑크 곡선과 비교하였다. UV 초과는 높은 온도를 가진 내 쪽의 부착 원반에 기인한 것이고, IR 초과는 온도가 낮은 바깥 쪽 부착 원반에 기인한 것이다.

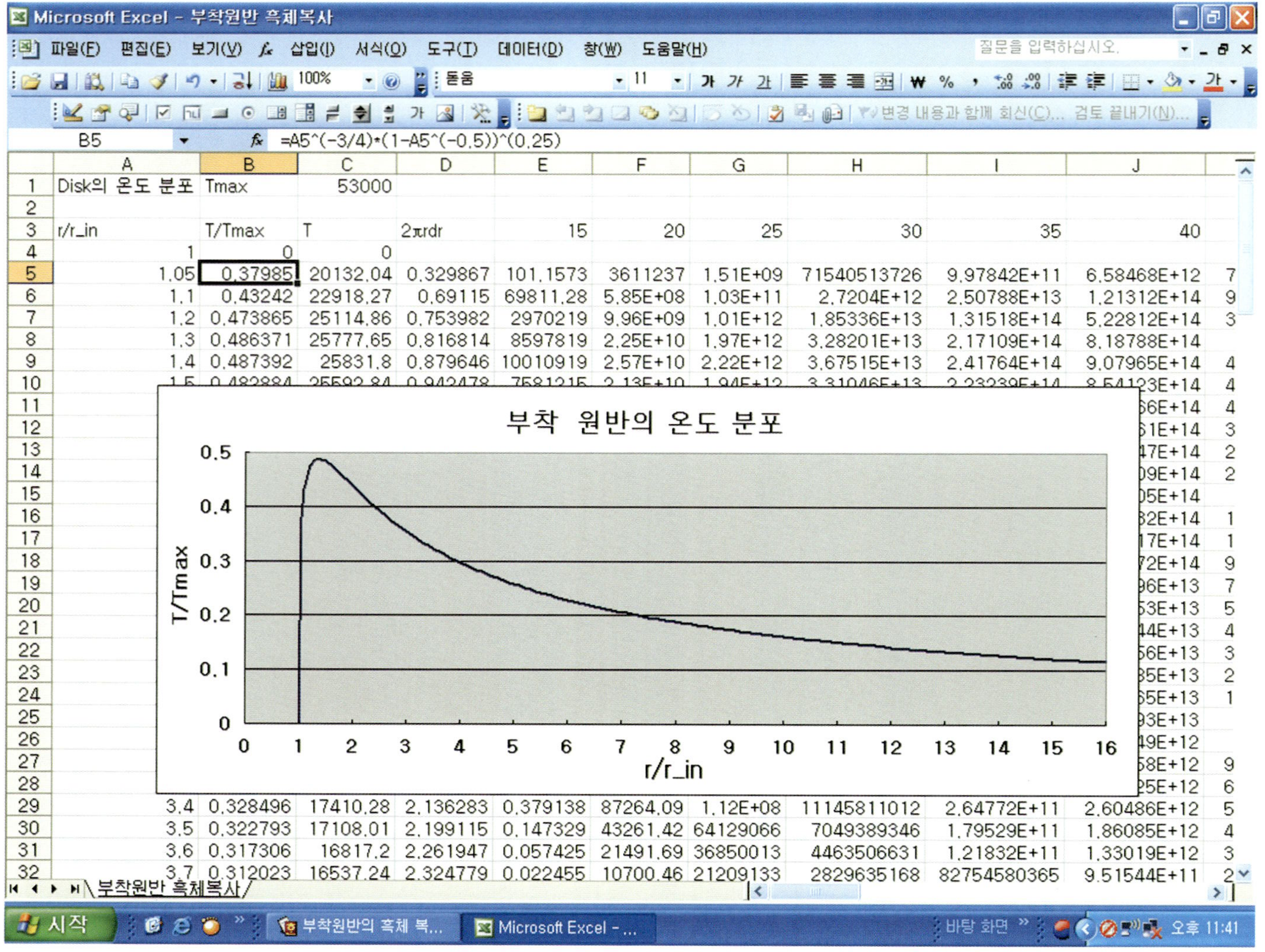

그림 2-6-1 부착 원반의 온도 분포

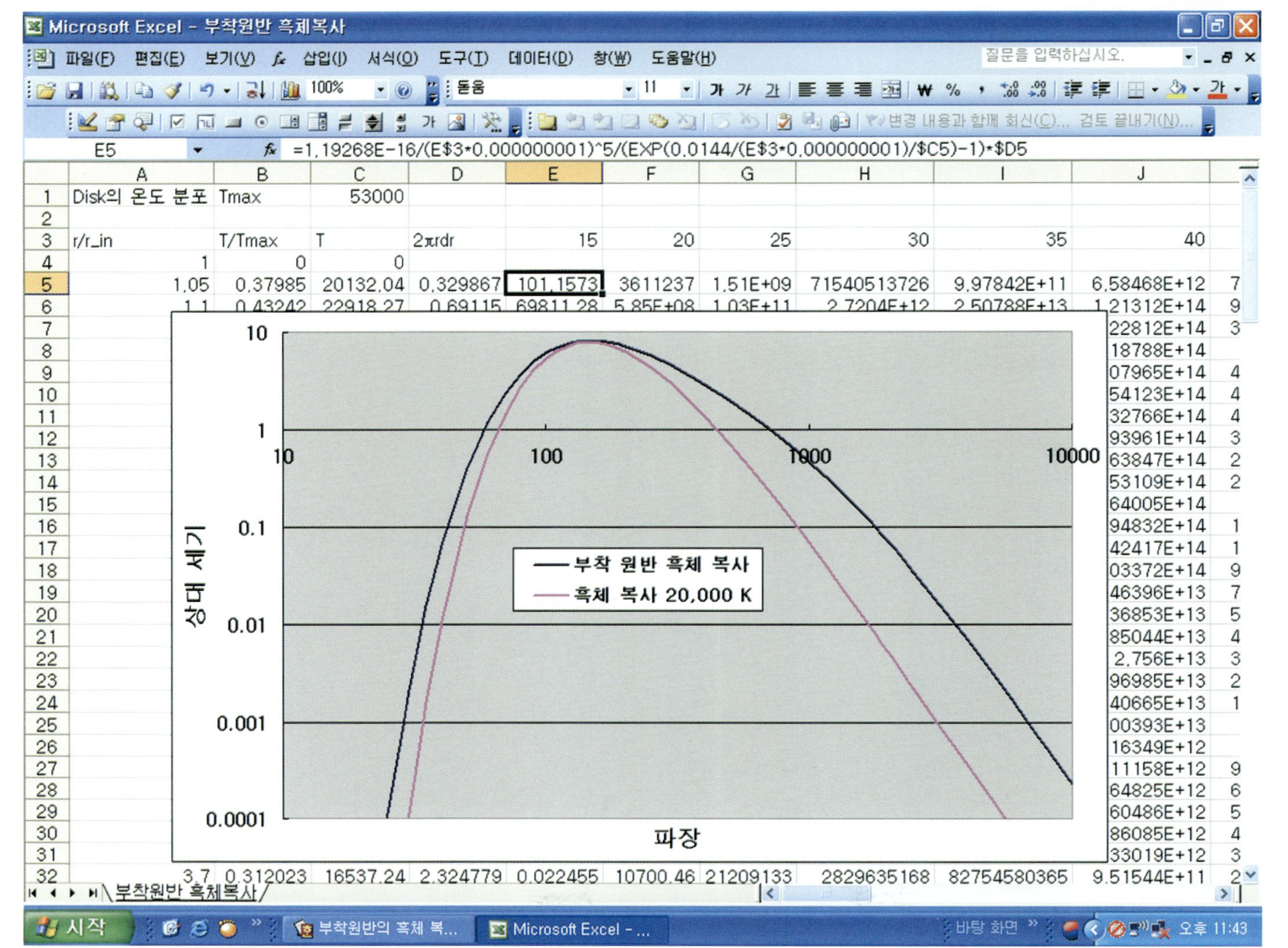

그림 2-6-2 부착 원반의 흑체 복사

Chapter 7

중력 렌즈

아인슈타인의 일반 상대론은 중력 렌즈의 효과를 잘 설명한다. 그림 2-7-1은 이를 설명하기 위한 도표이다. L은 중력 렌즈인 천체이고, 천체 S는 천체 L에 의하여 중력 렌즈 효과에 의하여 그 상(image)가 S_1과 S_2에 나타난다. 그림 2-7-1은 모두 점 광원을 다루었지만 만약 중력 렌즈인 L 천체는 점 천체이고 천체 S가 원의 어떤 모양을 가지고 있다면 어떻게 보일까? 이를 엑셀을 이용하여 그려보도록 하자.

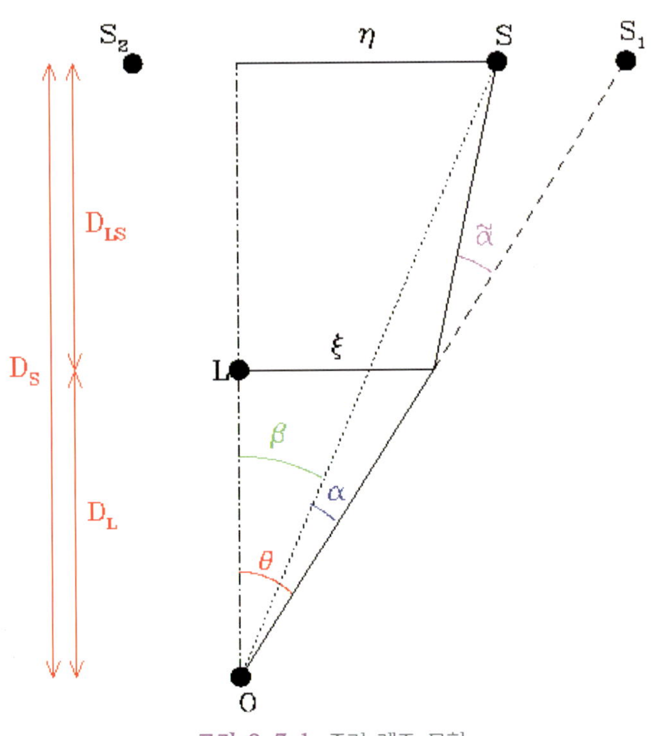

그림 2-7-1 중력 렌즈 모형

그림 2-7-1에서 β의 각은

$$\beta = \theta - \frac{\theta_E^2}{\theta} \tag{1}$$

이다. 여기서 θ_E는 아인슈타인 반경이다. 이 2차 방정식을 풀면,

$$\theta_{1,2} = \frac{1}{2}\left(\beta \pm \sqrt{\beta^2 + 4\theta_E^2} \right) \tag{2}$$

이다. 그림 2-7-2는 이 식을 이용한 엑셀 계산이다.

일반적으로 천체 S가 관측자로부터 멀리 위치하고, 중력 렌즈인 L은 상대적으로 가까이 있다. 그러나 우리의 계산은 중력 렌즈 L을 움직이는 대신 천체 S를 움직이며 계산하였다. 왜냐하면 천체 S의 이미지를 중력 렌즈 L 중심으로 그리기 위해서이다.

그림 2-7-2의 엑셀 워크시트에서 A, B, C 열은 천체 S의 가장자리의 좌표를 각거리로 표시한 것이다. 여기서는 $\theta_E = 1$로 계산하였다. 이를 $(x,\ y)$라 하자. D, E 열은 천체 S의 가장자리와 렌즈 L과의 각거리이다. 이 값은 $\sqrt{x^2 + y^2}$ 이다. 이 값은 (1) 혹은 (2)식의 β값과 같다. F, G열은 이 값을 이용하여 구한 θ_1이고, L, M열은 θ_2이다. 이제 이미지를 $(X,\ Y)$라 하면,

$X = \dfrac{\theta_1\ x}{\sqrt{x^2 + y^2}}$, $Y = \dfrac{\theta_1\ y}{\sqrt{x^2 + y^2}}$로 계산하여 그릴 수 있다. 그림 2-7-2의 그림은 천체 S와 렌즈 L사이가 $1.50\theta_E$만큼 떨어져 있을 때의 이미지이고, 그림 2-7-3은 y 방향으로 $-0.29\theta_E$ 만큼 떨어져 있을 때의 천체 S의 이미지이다. 그림 2-7-4는 렌즈 L과 천체 S가 같은 방향에 위치해 있을 때이며 이때에는 천체 S의 이미지인 아인슈타인 고리가 아인슈타인 반경이 $\theta_E = 1$인 곳에 나타난다. 그림 2-7-5는 렌즈 L과 천체 S가 x 방향으로 $0.20\theta_E$, y 방향으로는 $-0.3\theta_E$ 만큼 떨어져 있을 때의 천체 S의 이미지이다. 그림 2-7-6은 천체 S의 각 크기가 $0.3\times0{,}7\theta_E^2$이고 x 방향으로 $0.15\theta_E$, y 방향으로 $-0.3\theta_E$ 위치해 있을 때의 이미지를 나타낸 것이다.

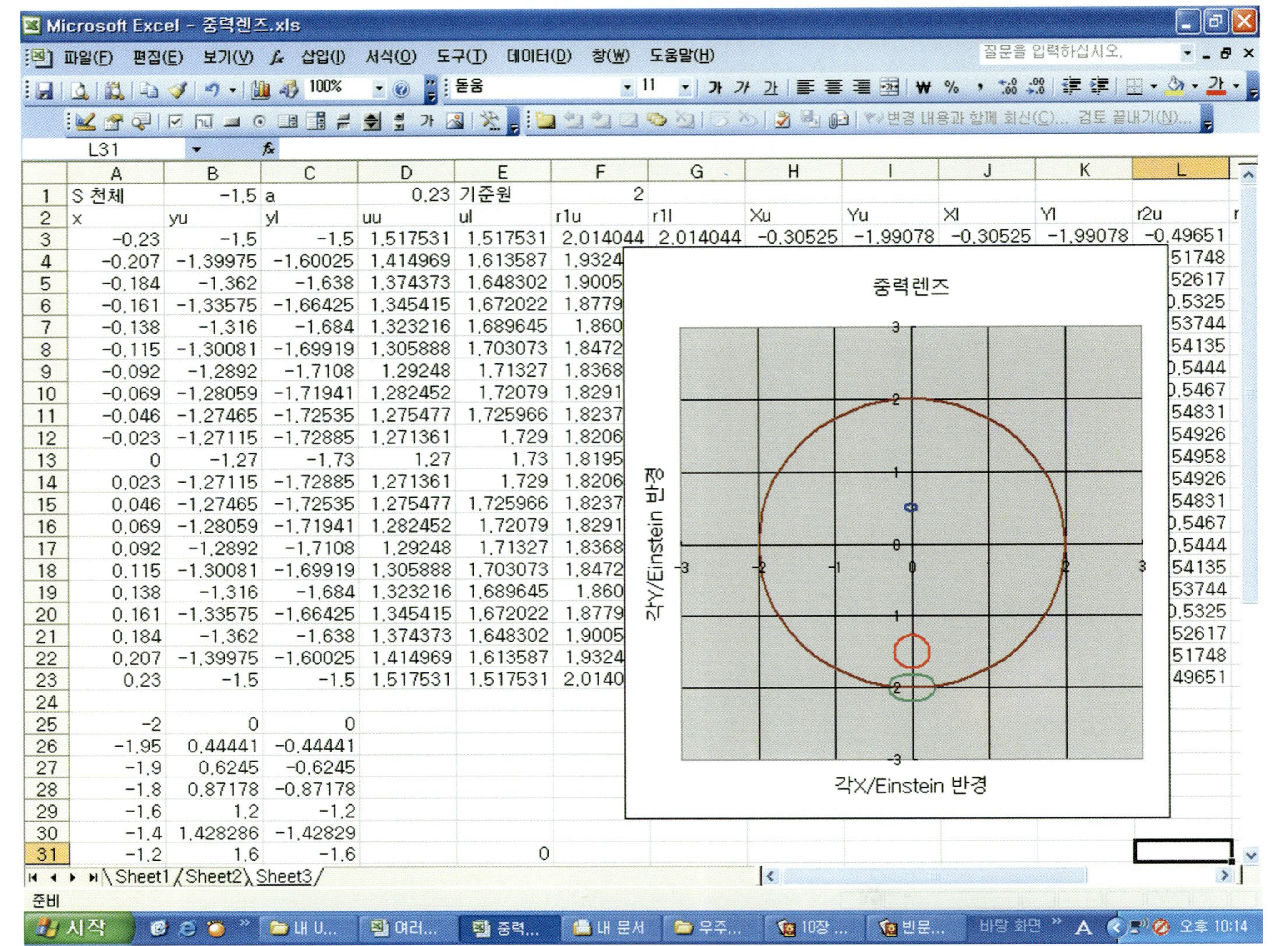

	A	B	C	D	E	F	G	H	I	J	K	L
1	S 천체	-1.5	a	0.23	기준원	2						
2	x	yu	yl	uu	ul	r1u	r1l	Xu	Yu	Xl	Yl	r2u
3	-0.23	-1.5	-1.5	1.517531	1.517531	2.014044	2.014044	-0.30525	-1.99078	-0.30525	-1.99078	-0.49651
4	-0.207	-1.39975	-1.60025	1.414969	1.613587	1.9324						51748
5	-0.184	-1.362	-1.638	1.374373	1.648302	1.9005						52617
6	-0.161	-1.33575	-1.66425	1.345415	1.672022	1.8779						).5325
7	-0.138	-1.316	-1.684	1.323216	1.689645	1.860						53744
8	-0.115	-1.30081	-1.69919	1.305888	1.703073	1.8472						54135
9	-0.092	-1.2892	-1.7108	1.29248	1.71327	1.8368						).5444
10	-0.069	-1.28059	-1.71941	1.282452	1.72079	1.8291						).5467
11	-0.046	-1.27465	-1.72535	1.275477	1.725966	1.8237						54831
12	-0.023	-1.27115	-1.72885	1.271361	1.729	1.8206						54926
13	0	-1.27	-1.73	1.27	1.73	1.8195						54958
14	0.023	-1.27115	-1.72885	1.271361	1.729	1.8206						54926
15	0.046	-1.27465	-1.72535	1.275477	1.725966	1.8237						54831
16	0.069	-1.28059	-1.71941	1.282452	1.72079	1.8291						).5467
17	0.092	-1.2892	-1.7108	1.29248	1.71327	1.8368						).5444
18	0.115	-1.30081	-1.69919	1.305888	1.703073	1.8472						54135
19	0.138	-1.316	-1.684	1.323216	1.689645	1.860						53744
20	0.161	-1.33575	-1.66425	1.345415	1.672022	1.8779						).5325
21	0.184	-1.362	-1.638	1.374373	1.648302	1.9005						52617
22	0.207	-1.39975	-1.60025	1.414969	1.613587	1.9324						51748
23	0.23	-1.5	-1.5	1.517531	1.517531	2.0140						49651
24												
25	-2	0	0									
26	-1.95	0.44441	-0.44441									
27	-1.9	0.6245	-0.6245									
28	-1.8	0.87178	-0.87178									
29	-1.6	1.2	-1.2									
30	-1.4	1.428286	-1.42829									
31	-1.2	1.6	-1.6		0							

그림 2-7-2 중력 렌즈 계산

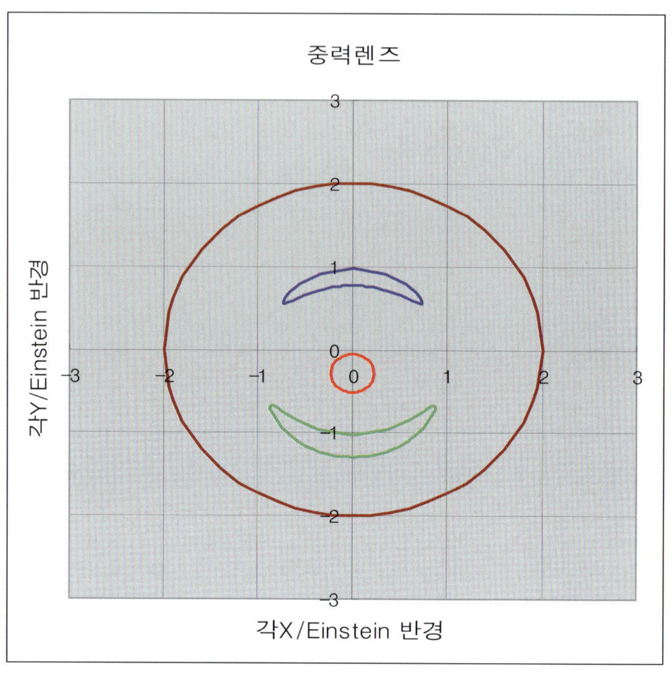

그림 2-7-3 렌즈 L과 천체 S가 y 방향으로 $-0.29\theta_E$ 만큼 떨어져 있을 때의 천체 S의 이미지

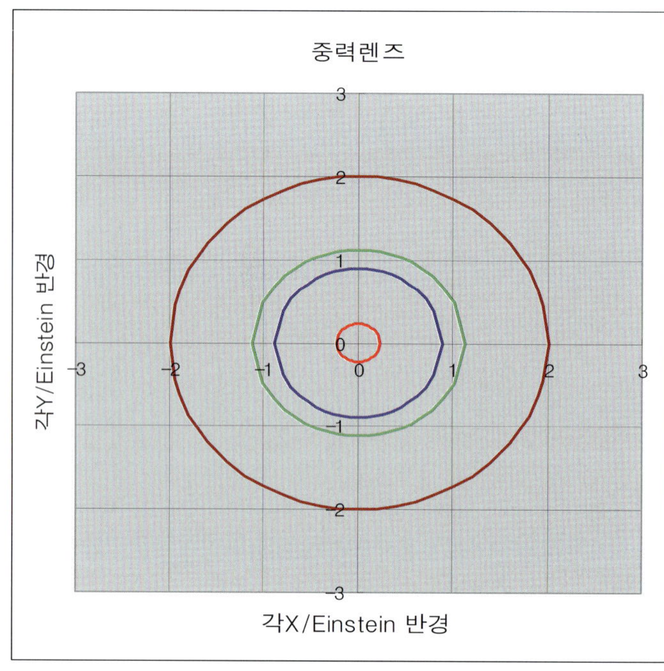

그림 2-7-4 렌즈 L과 천체 S가 같은 방향에 위치해 있을 때에는 아인슈타인 고리가 아인슈타인 반경이 $\theta_E=1$인 곳에 나타난다.

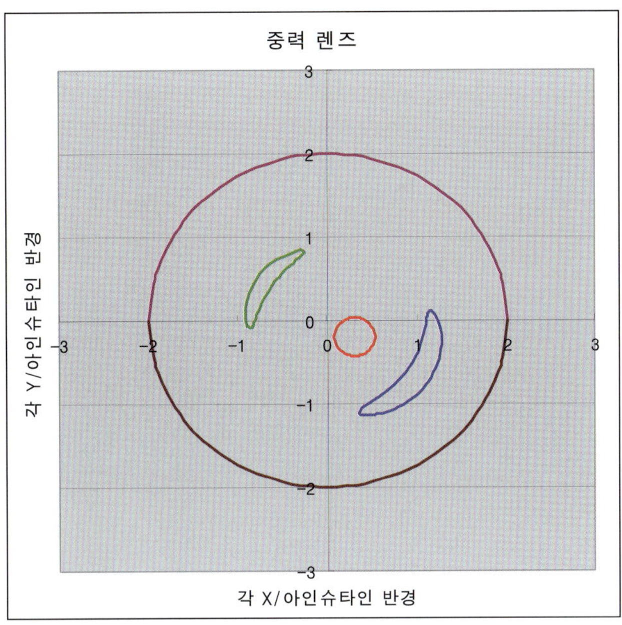

그림 2-7-5 렌즈 L과 천체 S가 x 방향으로 $0.2\theta_E$ y 방향으로는 $-0.3\theta_E$ 만큼 떨어져 있을 때의 천체 S의 이미지

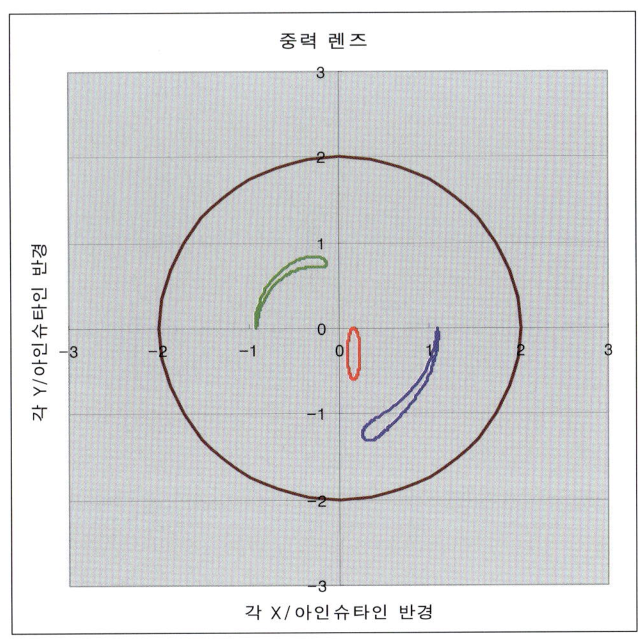

그림 2-7-6 천체 S의 각 크기가 $0.3\times0.07\theta_E^2$ 이고, x 방향으로 $0.15\theta_E^2$, y 방향으로 $-0.3\theta_E$ 위치해 있을 때의 이미지

Chapter 8

시간-진동수 분석

– 이산 푸리에 변환(Discrete Fourier Transform)

태양의 활동은 흑점수를 관측하여 보면 거의 11년을 주기로 변하고 있음을 알고 있다. 그림 2-8-1은 지난 250년에 걸친 태양 흑점 수의 변화를 나타낸 것이다. 그렇다면 이러한 자료에는 11년의 주기만이 있을까? 이러한 질문에 해답을 줄 수 있는 수학적인 방법이 이산 푸리에 변환 방법이다.

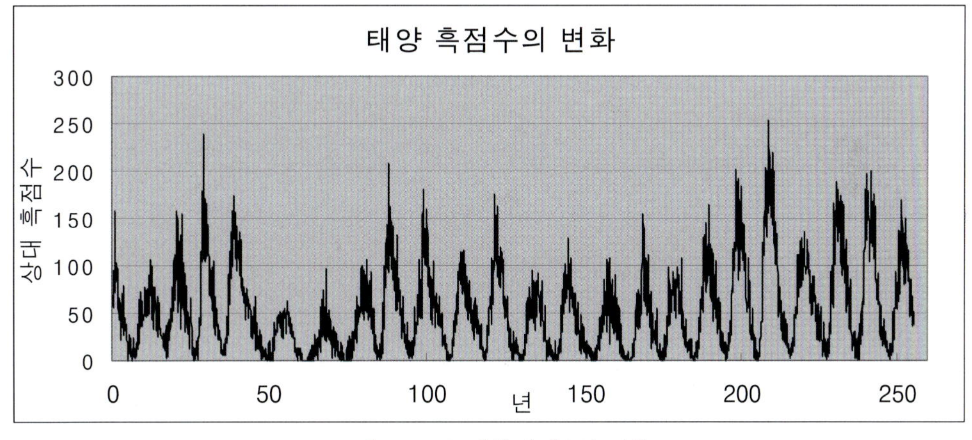

그림 2-8-1 태양 흑점수의 변화

이 방법은 그림 2-8-2와 같이 각 시각 t_i에 관측한 f_i의 자료가 어떤 주기성을 보이나에 대한 답을 제공한다. 이 방법을 하나씩 살펴보도록 하겠다. 총 자료의 개수가 N개라 하고, N개 자료를 얻는데 걸리는 시간이 T라 하면,

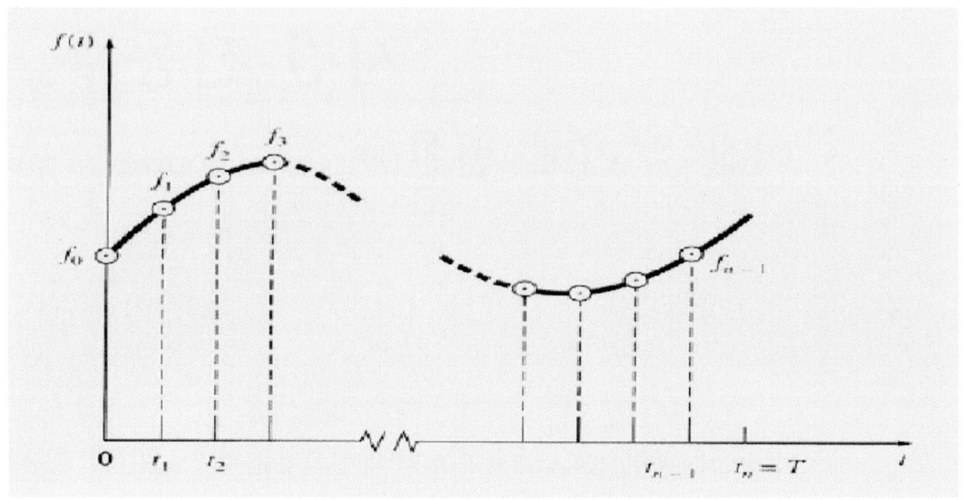

그림 2-8-2 시각 t_i에 따른 관측 f_i

$$\Delta t = \frac{T}{N}$$

$$t_k = k\Delta t,\ k = 0, 1, 2, \ldots,\ N-1$$

$$\Delta\omega = \frac{2\pi}{T}$$

$$\omega_j = j\Delta\omega, j = 0, 1, 2, \ldots, N-1$$

이라 정의하자. 이산 푸리에 변환은

$$F_j = F(\omega_j) = \frac{1}{N}\sum_{k=0}^{N-1} f_k e^{-ijk\Delta\omega\Delta t} = \frac{1}{N}\sum_{k=0}^{N-1} f_k e^{-i2\pi jk/N} = \frac{1}{N}\sum_{k=0}^{N-1} f_k e^{-i2\pi j t_k/T}$$
$$= \frac{1}{N}\sum_{k=0}^{N-1} f_k e^{-i\omega_j t_k}$$

가 된다.

이제 위의 태양 흑점수의 변화를 이용하여 $F(\omega)$의 그래프를 그려보도록 하자. B1 셀을 보면 이 자료는 255.5년동안 관측된 자료이다. 그리고 총 자료의 개수는 3067 개이다. 그리고 $\Delta t = \frac{T}{N} = T_s = 0.083306$ 년(B3 셀)이다. 이제 t_k값은 B 열에, f_k 값은 C열에 정리하였다. 이 워크시트에서는 j를 n으로 표현하였다.

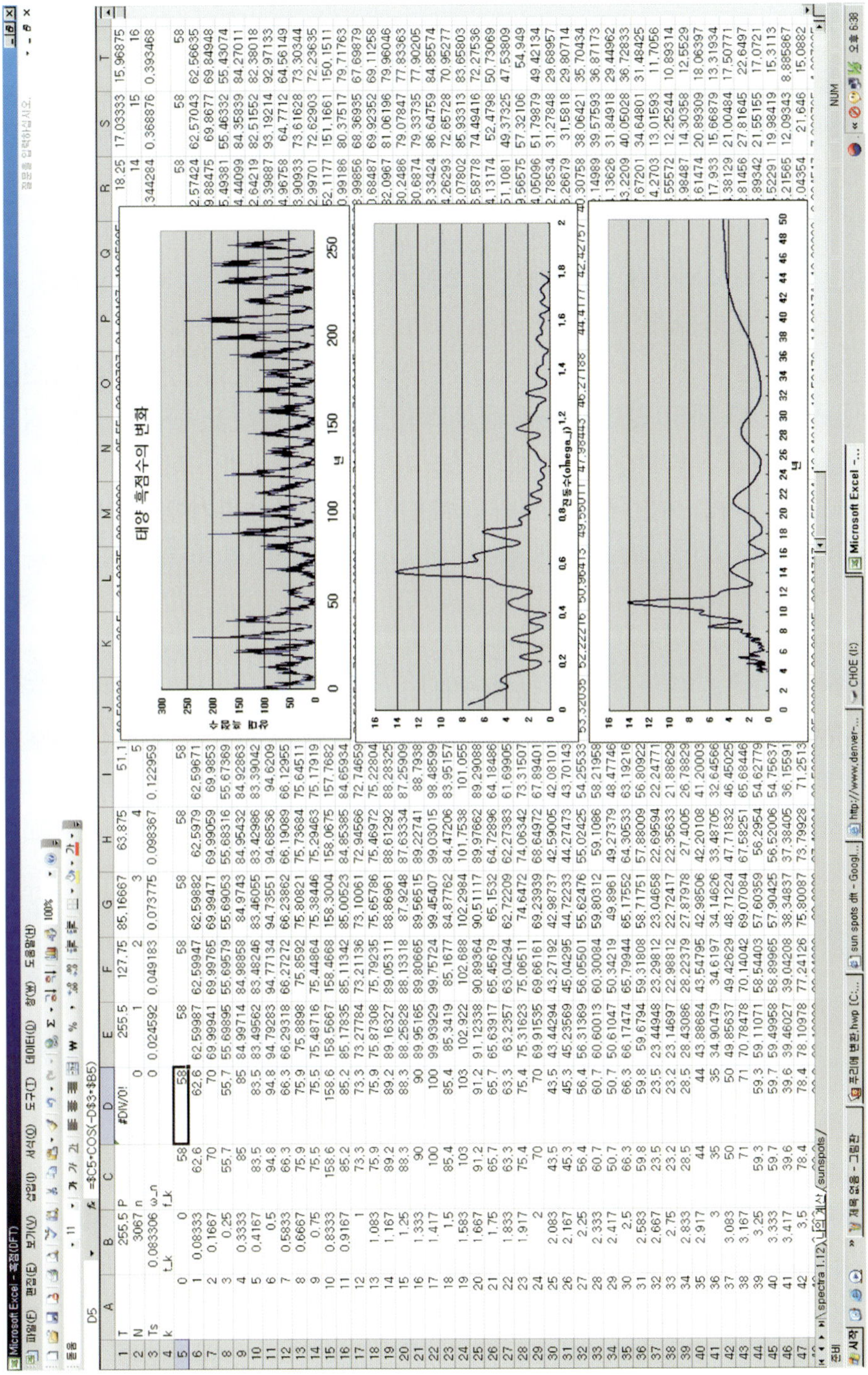

그림 2-8-3 흑점 주기 계산

이제 $e^{-i\omega_j t_k} = \cos(-\omega_j t_k) + i\sin(-\omega_j t_k)$이다. 따라서 D5 셀부터는 cos 값에 해당하는 계산을 하고 CA 5 셀부터는 sin 값에 해당하는 계산을 j=n=0, 1, 2, ... 73까지 하였다. 이제 각 열마다 더한 값은 ω_j에 해당하는 $\sum_{k=0}^{N-1} f_k \cos(-\omega_j t_k)$과 $\sum_{k=0}^{N-1} f_k \sin(-\omega_j t_k)$를 얻게 된다. 전자는 복소수의 실수 값이고, 후자는 허수 값이다. Power는 복소수의 절대값이기에 이 두 값을 제곱하여 더한 다음 제곱근을 구하면 된다. 이렇게 하여 그린 것이 그림 2-8-3의 2번째 그림이고, $P_j = \frac{2\pi}{\omega_j}$를 이용하여 진동수 대신 주기 P로 그린 그림이 세 번째 그림이다. 이 그래프를 보면 태양 흑점의 주기가 거의 11년이고, 또 다른 여러 주기가 있음을 알 수 있다.

다음 자료는 51 Peg. 별이 목성 정도의 행성을 가지고 있고, 이 행성의 공전에 의하여 이 별이 행성과의 질량 중심을 중심으로 공전하는 모습을 관측한 속도 곡선이다. 이 자료를 이용하여 시간(JD)에 따라 속도 분포를 그려보면, 그림 2-8-4의 첫 번째 그림과 같다. 이를 이산 푸리에 변환을 이용하면 4.21일의 주기에서 최대를 보여준다. 그림 2-8-5는 4.23일의 주기를 이용하여 그린 51 Peg. 별의 속도 곡선이다.

JD 2,450,000	속도(m/s)	JD 2,450,000	속도(m/s)	JD 2,450,000	속도(m/s)
2.67365	-40.87	20.8543	5.596	31.7492	-4.599
2.80873	-46.96	21.6151	56.41	32.6045	-38.53
2.95979	-47.39	21.662	59.26	32.6479	-48.68
3.62695	-19.85	21.7063	66.78	32.6943	-38.84
3.73265	-13.47	23.5986	-35.13	33.6073	2.696
3.90077	-5.782	23.6448	-37.3	33.6527	11.46
4.60753	49.41	23.6904	-31.35	33.6982	14.02
4.78429	58.66	23.7258	-42.57	33.7331	17.55
4.90699	63.2	24.6391	-33.47	35.597	19.74
5.60503	45.6	24.7261	-27.46	40.7493	-41.45
5.92544	17.88	24.8174	-22.7	41.6045	-21.47
11.6443	-45.5	25.6226	45.34	41.6932	-20.37
11.8378	-38.98	25.7145	47.61	41.7388	-21.67
12.6355	27.27	25.7615	56.15	43.6442	49.31

12.8664	32.45	26.6176	65.32	44.6498	−35.66
13.6242	63.38	26.6508	69.63	45.6065	−38.28
13.8295	54.78	26.702	62.54	46.6779	34.98
14.6428	−1.34	26.7366	50.86	46.723	37.54
14.7229	−5.477	27.6474	−22.66	58.5843	−24
14.8161	−10.73	27.6893	−22.55	68.6826	73.89
14.9043	−26.29	27.7399	−31.82	72.6462	58.57
15.6261	−50.68	27.7721	−31.72	73.6713	13.45
15.7467	−45.78	28.6061	−44.12	86.7296	−21.9
15.8654	−57.54	28.6556	−33.59	87.5888	−47.91
16.6149	10.56	28.7019	−37.1	88.6111	−1.292
16.7592	12.91	28.745	−39.13	89.6847	60.15
16.8474	16.4	28.7799	−35.32	90.6612	10.59
17.7341	63.64	29.6093	25.09	91.6137	−49.72
17.8442	60.48	29.7001	35.69	182.026	22.41
18.6161	26.29	29.7468	41.17	215.981	41.06
18.7648	5.988	30.6004	61.33	232.969	42.39
18.854	−7.798	30.6454	58.98	235.954	−40.99
19.6218	−43.62	30.693	63.07	262.991	61.66
19.7325	−59.45	30.7402	56.86	288.933	47.51
19.8473	−58.6	30.8334	50.98	298.923	−40.99
20.6137	−20.22	31.6619	−2.545	304.889	45.03
20.7401	−8.064	31.7052	0.7633	326.896	53.51

표 2-8-1

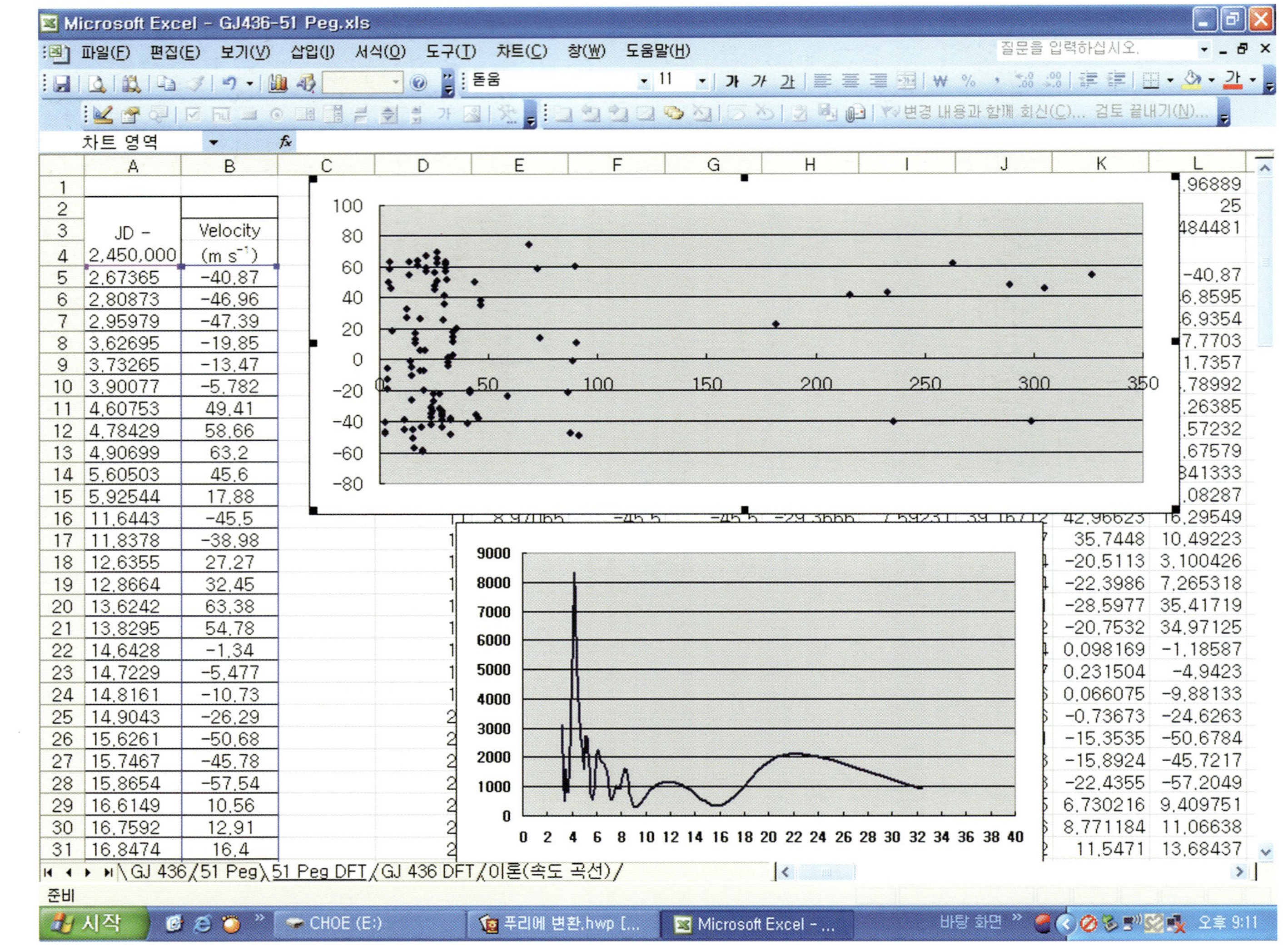

그림 2-8-4 Peg, 별의 관측자료 및 속도 관측 자료를 이용한 이산 푸리에 변환

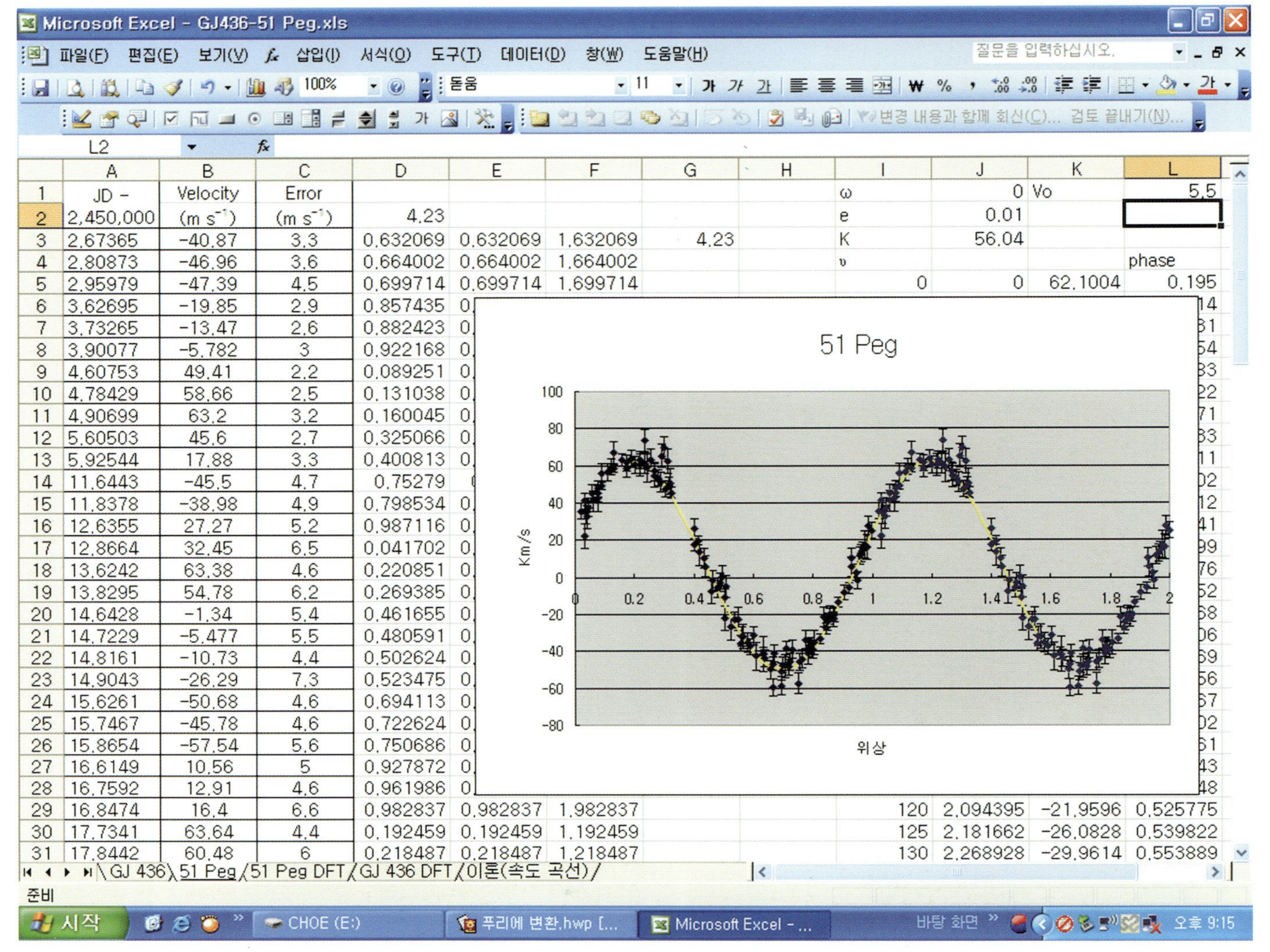

그림 2-8-5 Peg. 별의 속도 곡선, 4.23일의 주기를 가지고 있다.

Chapter 9

쌍성

1. 분광쌍성의 속도 곡선

쌍성(binary star)은 두 개의 항성이 질량 중심을 중심으로 공전하는 항성계이다. 더 밝은 별을 주성(primary)이라고 하고, 어두운 별은 동반성(companion star) 혹은 부성(secondary)이라고 한다.

쌍성은 그것들이 관측되는 방식에 따라 네 가지 종류로 분류된다. 관측에 의한 안시쌍성(visual binary), 스펙트럼선의 주기적인 변화에 의한 분광쌍성(spectroscopic binary), 식현상 때문에 밝기 변화가 일어나는 식쌍성(eclipsing binary), 보이지 않는 동반성으로 인해 별 위치가 변화하는 측성쌍성(astrometric binary)이 있다. 어떠한 쌍성은 이 중 여러 가지 분류에 속하기도 한다. 예를 들면, 일부 분광쌍성은 식쌍성이기도 하다.

때때로 쌍성의 유일한 증거로써 방출되는 빛의 도플러효과로 찾아낸 경우가 있다. 이러한 경우 쌍성은 한 쌍의 항성들로 이루어져 있으며, 궤도 운동을 하면서 그림 2-9-1에서 확인할 수 있듯이 관측자를 향하여 움직일 때는 스펙트럼선이 청색으로 이동하고, 관측자로부터 멀어질 때는 스펙트럼선이 적색으로 이동한다. 분광쌍성 시스템의 경우 별 사이의 간격은 대게 매우 작고 궤도 운동 속도는 매우 빠르다. 만약 궤도면이 시선 방향과 수직이지 않는 한 궤도 속도는 시선 방향의 성분을 가지게 될 것이고, 관측된 시선 속도는 주기적으로 변할 것이다. 시간에 따른 시선 속도의 그래프를 그리면 그림 2-9-1과 같은 속도의 증감이 주기적인 형태의 곡선이 그려질 것이다. 시선 속도는 분광기를 이용하여 별의 스펙트럼선의 도플러이동을 관측함으로써 측정될 수 있기 때문에 이와 같은 방법으로 탐지된 쌍성을 **분광쌍성**(spectroscopic binary)이라고 한다. 대부분의 분광쌍성은 매우 좋은 분해능의 망원경으로 조차도 분해하지 못한다.

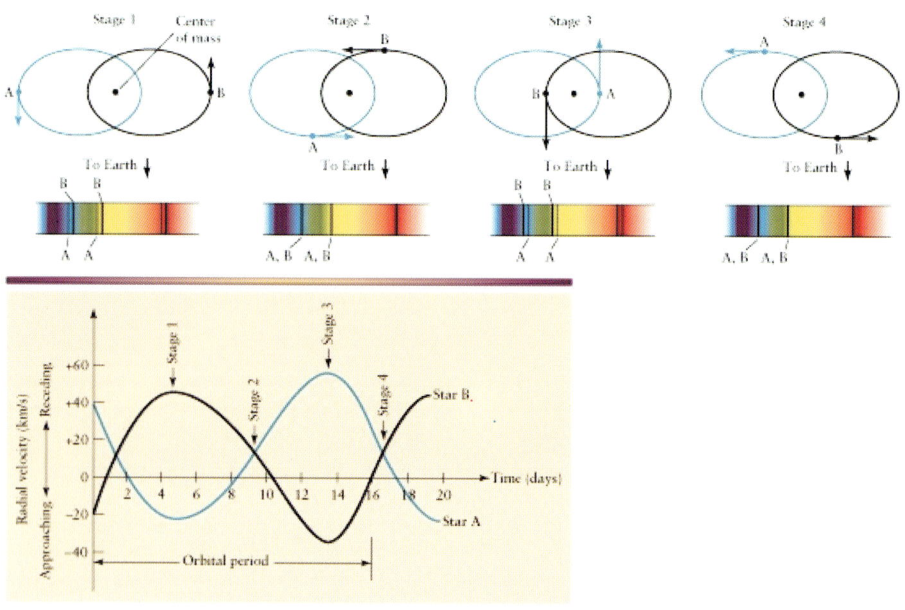

그림 2-9-1 분광쌍성(그림 참조: http://odin.physastro.mnsu.edu)

안시쌍성이면서 분광쌍성인 경우는 드물다(그렇기 때문에 발견되었을 경우 매우 소중하고 가치 있는 정보가 된다.). 안시쌍성은 대게 큰 간격을 보이고 따라서 주기가 10년에서 100여년에 이른다. 결과적으로 안시쌍성은 궤도 속도가 너무 작아서 분광쌍성으로 관측되기가 어렵다. 반대로 분광쌍성은 그들이 매우 가깝게 있기 때문에 궤도 속도가 빠르고 대게는 너무 가깝게 붙어있어서 안시쌍성으로 관측되기 어렵다. 분광쌍성이자 안시쌍성으로 관측되기 위해서는 지구에 매우 가까이 있어야 한다.

어떤 분광쌍성의 경우는 양쪽 항성의 스펙트럼선이 모두 관측된다. 이러한 분광쌍성계의 경우 이중선 분광쌍성(double-lined spectroscopic binary)이라고 불리고 SB2로 표시한다. 또 다른 분광쌍성계의 경우 하나의 별의 스펙트럼선만 관측된다. 이러한 경우 단선 분광쌍성(single-lined spectroscopic binary)이라고 불리고 SB1으로 표시한다.

분광쌍성의 궤도는 하나의 혹은 두 항성의 시선 속도를 오랜 시간 동안 관측해야 결정된다. 관측된 정보는 시간에 대해 그래프로 표시하고 곡선으로부터 주기가 결정된다. 만약 원궤도일 경우 속도 곡선은 사인 곡선일 것이다. 만약 궤도가 타원형이라면 속도 곡선의 형태는 타원의 이심률(eccentricity)과 시선 방향에 대한 장축의 방향에 의존할 것이다.

분광쌍성의 관측 속도 성분들은 각각 다음과 같다.

$$r = \frac{a(1-e^2)}{1+ecos(\theta)}$$

$$r^2\dot{\theta} = \frac{2\pi ab}{P} = \frac{2\pi a^2\sqrt{1-e^2}}{P}$$

$$v_r = \frac{dr}{dt} = \frac{a(1-e^2)}{(1+e\cos(\theta))^2}e\sin(\theta)\dot{\theta} = \frac{e\sin(\theta)}{a(1-e^2)}r^2\dot{\theta} = \frac{2\pi a}{P\sqrt{1-e^2}}e\sin(\theta)$$

$$v_\theta = r\dot{\theta} = \frac{(1+e\cos(\theta))}{a(1-e^2)}r^2\dot{\theta} = \frac{2\pi a}{P\sqrt{1-e^2}}(1+e\cos(\theta))$$

이때, 시선 방향의 속도 분포는

$$v_\theta\cos(\theta+\omega) - v_r\sin(\theta+\omega) = \frac{2\pi a}{P\sqrt{1-e^2}}(\cos(\theta+\omega)+e\cos(\omega))$$

그런데 궤도 경사각 i를 고려한다면 위 값에 $\sin i$까지 곱해 주어야 한다. 여기서는 계산의 편이를 위해서 궤도 경사각은 고려하지 않도록 하겠다. 따라서 관측 속도는

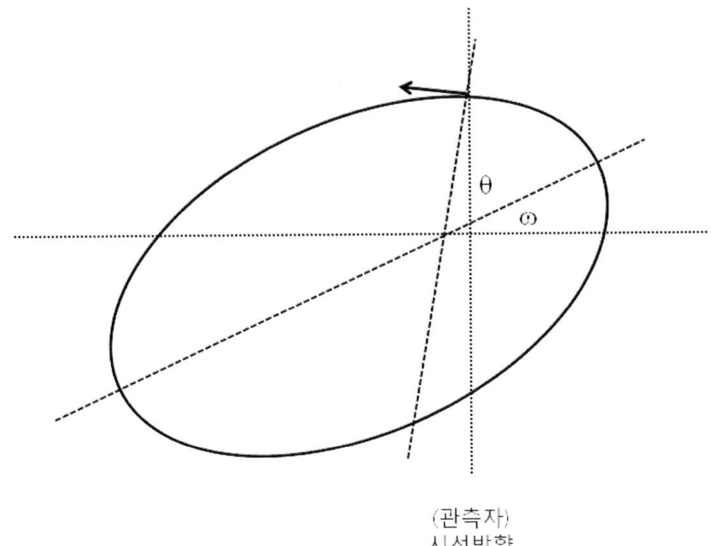

그림 2-9-2

$$V = V_0 + V_1(\cos(\theta+\omega) + e\cos(\omega)) + V_2 \quad (1)$$

이다. 여기서 V_0는 쌍성계 자체의 시선 방향으로의 움직임이고, V_1은 $\frac{2\pi a}{P\sqrt{1-e^2}}$, V_2는 그 쌍성계의 다른 시선 속도 성분(예를 들면, 별의 자전, 팽창, 수축) 등을 의미한다.

쌍성계 속도의 위상은

$$r^2\dot{\theta} = \frac{2\pi ab}{P} = \frac{2\pi a^2\sqrt{1-e^2}}{P}$$

이므로

$$phase = \int_0^{\frac{p}{P}} \frac{dt}{P} = \frac{(1-e^2)^{\frac{3}{2}}}{2\pi}\int_0^{\theta} \frac{dtheta}{(1+e\cos(\theta))^2} \quad (2)$$

가 된다.

그렇다면 지금부터 엑셀을 활용하여 분광쌍성의 속도 곡선 그래프를 모델링하여 그려보고, 실제 관측 데이터를 사용하여 그린 그래프와 비교해 보도록하자. 이를 통해 엑셀을 활용한 분광쌍성 속도 곡선 모델링의 타당성도 평가해볼 수 있을 것이다.

① 초기 조건으로 $V_1 = 30$, $V_0 = 0$, $V_2 = 0$, $e = 0, \omega = 0$을 입력한다.

	A	B	C
1	v1	30	
2	v0+v2	0	
3	e	0	
4	ω	0	
5			

그림 2-9-3 초기조건

② 각도 θ를 10°간격으로 적당히 550°정도까지 입력한다.

③ 엑셀은 각도를 계산할 때 라디안으로 인식을 하기 때문에 (°)의 형태로 입력한 θ값 옆에 라디안으로 환산하여 계산해준다. $\theta(°)\times\pi/180°$을 해주면 된다.

④ 식 (1)을 활용하여 속도 값을 계산하여 준다(그림 2-9-4 참조).

모든 θ값에 적용하여 계산하여 준다.

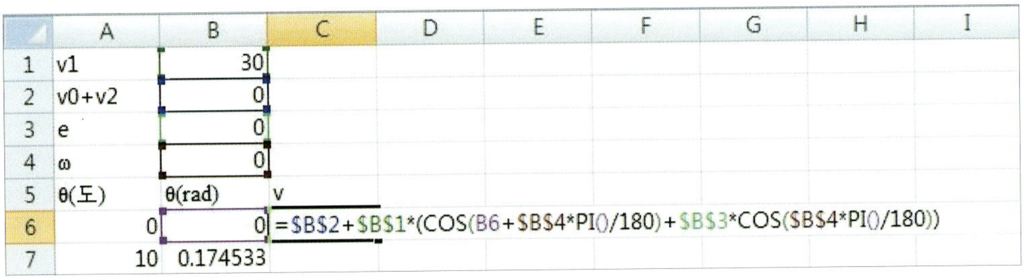

	A	B	C	D	E	F	G	H	I
1	v1	30							
2	v0+v2	0							
3	e	0							
4	ω	0							
5	θ(도)	θ(rad)	v						
6	0	0	=$B$2+$B$1*(COS(B6+$B$4*PI()/180)+$B$3*COS($B$4*PI()/180))						
7	10	0.174533							

그림 2-9-4 V 값 계산하기

⑤ 식 (2)를 사용하여 phase를 계산해준다. 그런데 엑셀에서 적분을 계산하는데 한계가 있기 때문에 식 (2)를 약간 변형하여 사용해주어야 한다.

$phase_2 - phase_1 = \frac{(1-e^2)^{\frac{3}{2}}}{2\pi} \frac{\theta_2 - \theta_1}{(1+e\cos(\theta_2))^2}$ 의 형태로 변형해줄 수 있고, 따라서

$phase_2 = phase_1 + \frac{(1-e^2)^{\frac{3}{2}}}{2\pi} \frac{\theta_2 - \theta_1}{(1+e\cos(\theta_2))^2}$ 으로써 phase를 계산해줄 수 있다. 아래 그림 2-9-5를 참조하여 식을 적어 넣어 준다.

모든 값에 적용하여 준다.

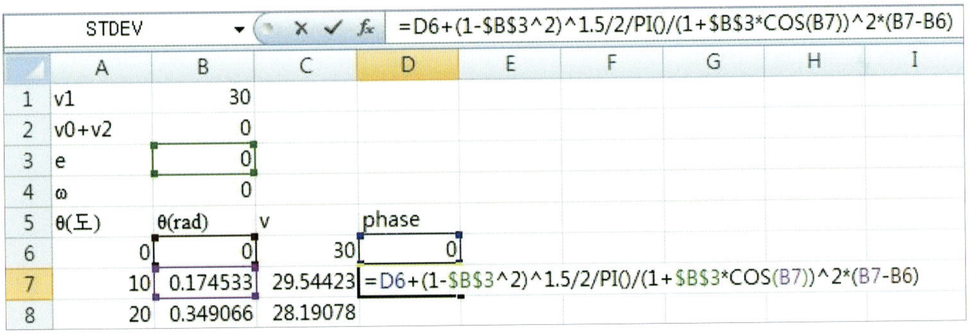

STDEV | =D6+(1-$B$3^2)^1.5/2/PI()/(1+$B$3*COS(B7))^2*(B7-B6)

	A	B	C	D	E	F	G	H	I
1	v1	30							
2	v0+v2	0							
3	e	0							
4	ω	0							
5	θ(도)	θ(rad)	v	phase					
6	0	0	30	0					
7	10	0.174533	29.54423	=D6+(1-$B$3^2)^1.5/2/PI()/(1+$B$3*COS(B7))^2*(B7-B6)					
8	20	0.349066	28.19078						

그림 2-9-5 phase 계산하기

⑥ 곡선이 있는 분산형 차트를 선택하여 x축에 phase 값을, y축에 V 값을 선택하여 그래프로 그려준다. 궤도의 이심률을 0으로 가정했기 때문에(원 궤도) 그림 2-9-6과 같은 코사인 형태의 그래프가 그려짐을 확인할 수 있을 것이다.

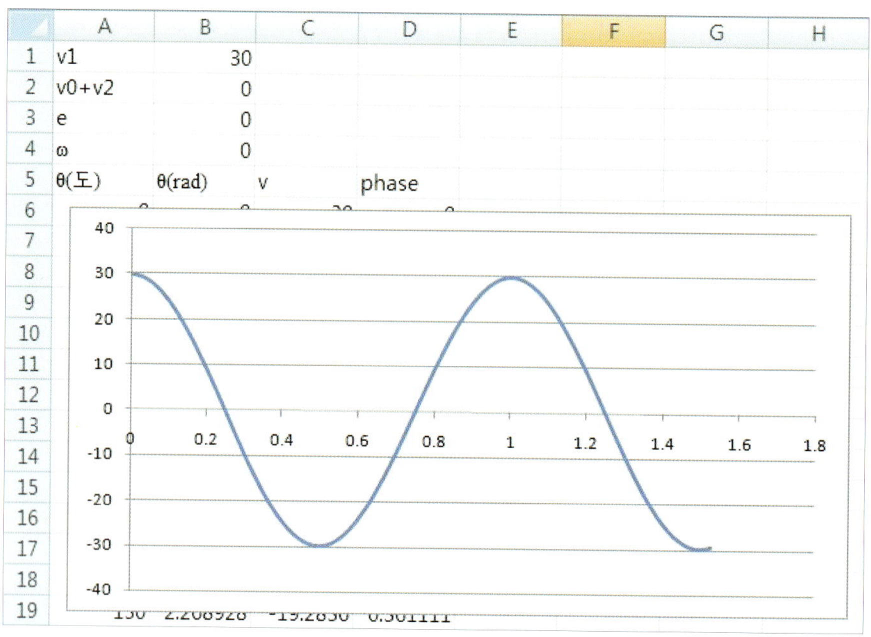

그림 2-9-6 $V_1 = 30,\ V_0 + V_2 = 0, e = 0, \omega = 0$일 때의 분광쌍성의 속도 곡선

⑦ 각 변수들을 변화시켜주며 분광쌍성의 속도 곡선이 어떻게 변화하는지 살펴보도록 하자.

그림 2-9-7과 같이 이심률, 시선방향에 대한 장축의 방향 변화값(ω), 쌍성계 자체의 시선 방향으로의 움직임 및 다른 시선 속도 성분($V_0 + V_2$)값 등을 변화시켜 주면 각각에 따라 다른 형태의 그래프가 그려짐을 확인할 수 있다.

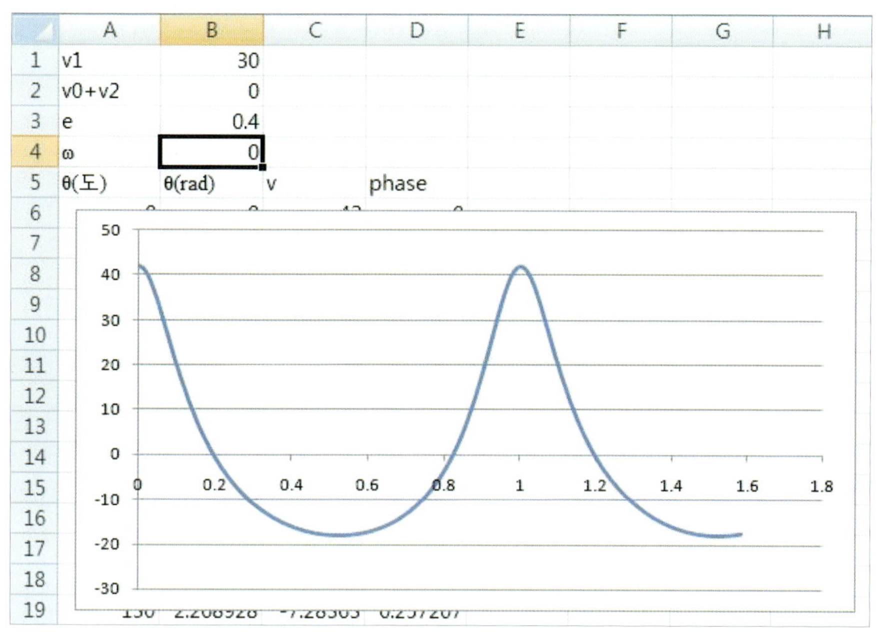

그림 2-9-7 $V_1 = 30,\ V_0 + V_2 = 0, e = 0.4, \omega = 0$일 때의 분광쌍성의 속도 곡선

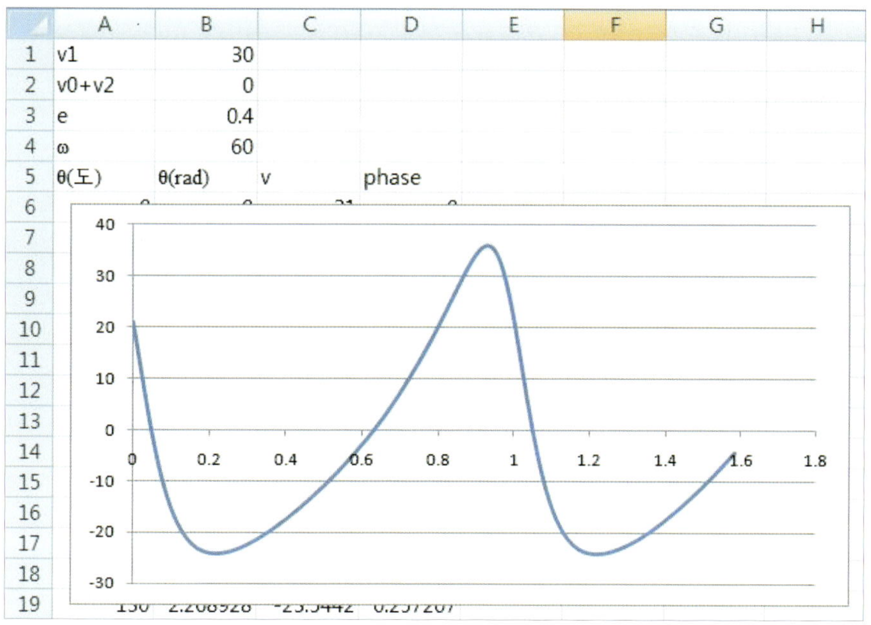

그림 2-9-8 $V_1 = 30,\ V_0 + V_2 = 0, e = 0.4, \omega = 60$일 때의 분광쌍성의 속도 곡선

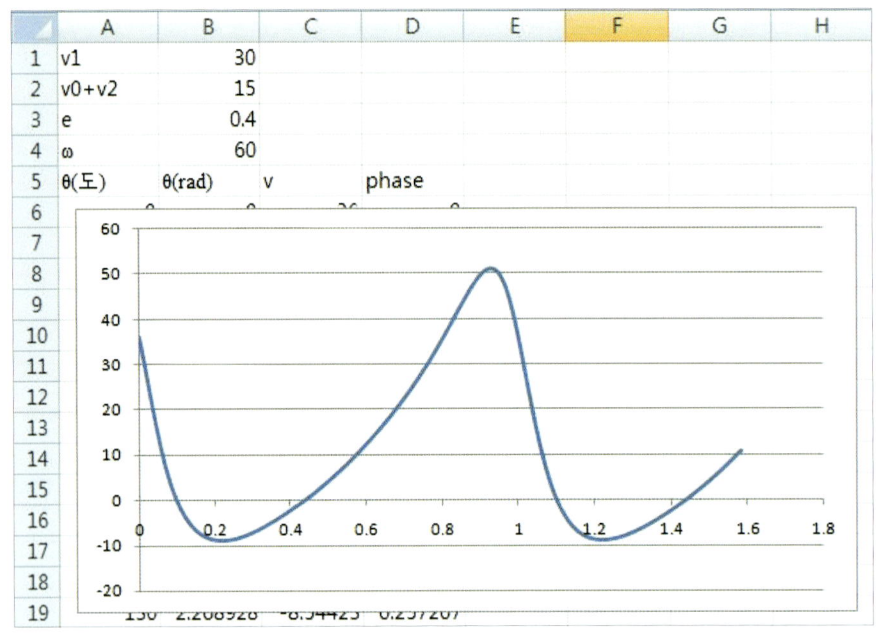

그림 2-9-9 $V_1 = 30,\ V_0 + V_2 = 15,\ e = 0.4,\ \omega = 60$일 때의 분광쌍성의 속도 곡선

Part 2 Chapter 8 이산 푸리에 변환의 그림 2-8-5에서 51 Peg. 별의 4.23일의 주기의 관측 속도 곡선과 이 시뮬레이션에 의한 속도 곡선을 비교하여 행성 궤도의 정보를 얻을 수 있었다.

2. 식쌍성의 광도 곡선

식쌍성은 두 별의 궤도면이 관측자의 시야 방향으로 매우 가깝게 누워있어 상호간의 식현상이 일어나는 쌍성이다. 식쌍성 중에 분광쌍성이면서 시차를 알면 별을 분석하기에 유용하다. 알골(페르세우스자리 베타별)은 식쌍성 중에 가장 잘 알려져 있다.

지난 세기부터 8미터급 망원경을 사용하여 식쌍성의 기본적 요소를 측정하는 것이 가능해졌다. 이는 식쌍성을 표준 촛불(standard candle)로 사용할 수 있게 되었다. 최근에는 식쌍성을 이용해 대마젤란성운과(LMC) 소마젤란성운(SMC), 안드로메다은하, 삼각형자리은하까지의 거리를 직접 추정하기도 했다. 식쌍성은 5% 정도 향상된 정확도로써 은하들까지의 거리를 측정하는 직접적인 방법으로써 제공된다.

식쌍성은 개개의 별의 광도가 변해서가 아닌 그림 2-9-10과 같이 두 별의 식현상으로 인한 변광성이다. 식쌍성의 광도 곡선은 #1, #3, #5의 단계에서처럼 거의 일정한 광도를 유지하다가 식현상이 일어날 때에는 주기적인 광도 감소가 있는 것으로 특징지어질 수 있다. 만약 별의 크기가 다르다면 한 번은 개기식이 다른 한 번은 금환식이 번갈아가면서 일어날 것이다. 이런 경우 밝기의 변화를 나타내는 광도곡선은 보통 2개의 극소를 가진다. 식쌍성에서 두 별이 공통 질량 중심 주위를 공전할 때, 상대적으로 표면온도가 낮은(어두운) 별인 동반성이 표면 온도가 높은(밝은) 별인 주성을 가리면, 두 별을 합한 광도는 가장 어두워져 광도곡선에서는 제1극소(주극소)가 된다. 그림 2-9-10에서 작은 별이 어두운 별이고 큰 별이 밝은 별이라면 #2의 단계에 해당한다. 그리고 다시 어두운 동반성이 밝은 주성 뒤로 돌아가, 주성이 동반성을 가리면 제1극소 정도는 아니지만 역시 전체의 광도가 어두워진다. 이때를 제2극소(부극소)라고 한다. 그림 2-9-10 #4 단계에 해당한다. 광도 곡선은 보통 제1극소와 제2극소가 되풀이하여 나타나나 동반성이 주성에 비해서 현저히 어두울 때는 제2극소는 거의 관측되지 않고 제1극소만 나타나는 경우도 있다.

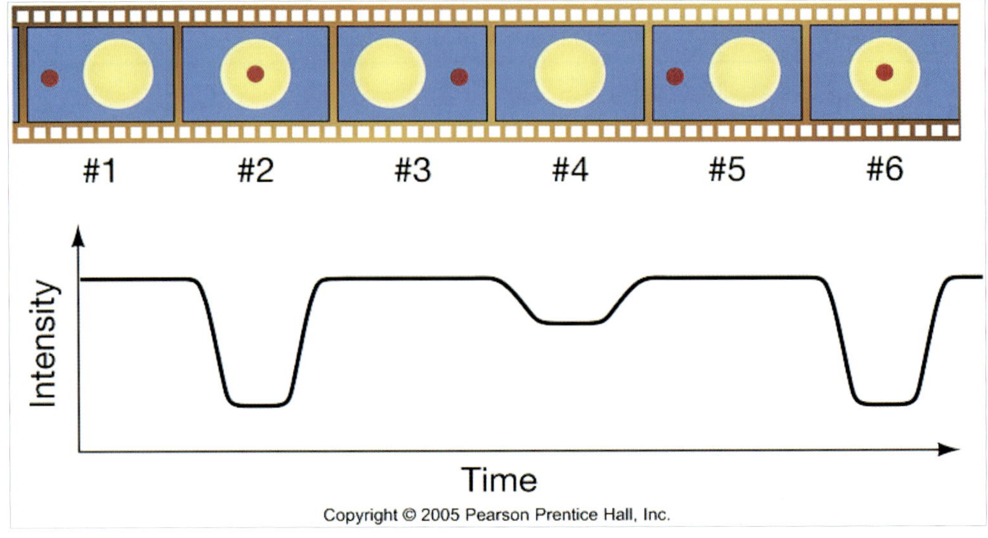

그림 2-9-10 식쌍성의 광도 곡선의 예(그림 출처: physweb.bgu.ac.il)

그렇다면 식쌍성의 두 별의 정보를 알고 있을 때 광도 곡선을 모델링해 보자. 식쌍성의 광도 곡선 모델링은 다소 난이도가 높기 때문에 다음 과정을 천천히 따라서 완성해보도록 하자.

① 먼저 변경 가능한 매개 변수들을 임의로 지정해준다. 식쌍성의 궤도 경사, 각각 별의 질량, 광도, 반지름 및 두 별 사이의 거리, 공전 궤도 주기 등은 그 값에 따라서 광도 곡선이 다르게 나타나는 변수들이다. 그림 2-9-11과 같이 일단 궤도 경사는 89.9, 각각의 질량은 $M_1 = 1$, $M_2 = 1$, 광도는 $L_1 = 5$, $L_2 = 1$, 반지름은 $R_1 = 0.5$, $R_2 = 0.1$, 두 별 사이의 거리는 1, 궤도 공전 주기는 3.8966으로 입력한다.

i ▾ f_x 89.9

	A	B	C	D
1	**Changeable Parameters**			
2	**I**	Orbital Inclination	89.9	
3	**M1**	Mass 1 *	2	
4	**M2**	Mass 2 *	1	
5	**L1**	Luminosity 1	5	
6	**L2**	Luminosity 2	1	
7	**R1**	Stellar Radii	0.5	
8	**R2**	Satellite Radii	0.1	
9	**D**	Distance of Sepera	1	
10	**P**	Period of Orbit	3.8966	

그림 2-9-11 변경 가능한 매개 변수들

② 변경 가능한 매개 변수 값들을 변수로 지정해준다. 예를 들면, 궤도 경사 값을 계산에 활용할 경우 해당하는 셀 이름인 'C2'을 입력해줘도 되지만 변수를 지정해주면 더 용이하게 활용할 수 있다. 변수를 지정하기 위해서는 해당하는 셀을 지정한 후에 그림 2-9-11처럼 엑셀 창의 좌측 상단부의 '이름 상자'에 원하는 변수명을 입력해주면 된다. 이 작업에서 매개 변수들은 각각 다음과 같은 변수명을 사용할 것이다. 궤도 경사 $I=i$, 질량 $M1=ms$, $M2=mp$, 광도 $L1=ls$, $L2=lp$, 반지름 $R1=rs$, $R2=rp$, 두 별 사이의 거리 $D=d$, 공전 궤도 주기 $P=p$로 각각 입력해준다.

③ 변경 가능한 변수들 값에 영향을 받는 또 다른 매개 변수들을 그림 2-9-12와 같이 입력한다. 또 다른 변수들에는 두 별의 질량비를 의미하는 q, 플럭스, 상수 K, 최대 세기가 있다. 상수 K는 편이상 1로 지정하고, $q=m2/m1$, $F=L/4\pi R^2$, $I_{max}=K/4(L1+L2)$로 계산한다. 그림 2-9-12(1)부터 그림 2-9-12(4)까지를 참고하여 각 매개 변수 값을 입력하자.

④ 매개 변수들을 지정해 주었으니 이제 가장 먼저 위상을 입력한다. 위상은 0부터 0.01 간격으로 1.50까지 입력한다.

⑤ 다음으로 θ 값을 계산한다. θ는 위상에 2π를 곱해주면 된다(그림 2-9-13 참조).

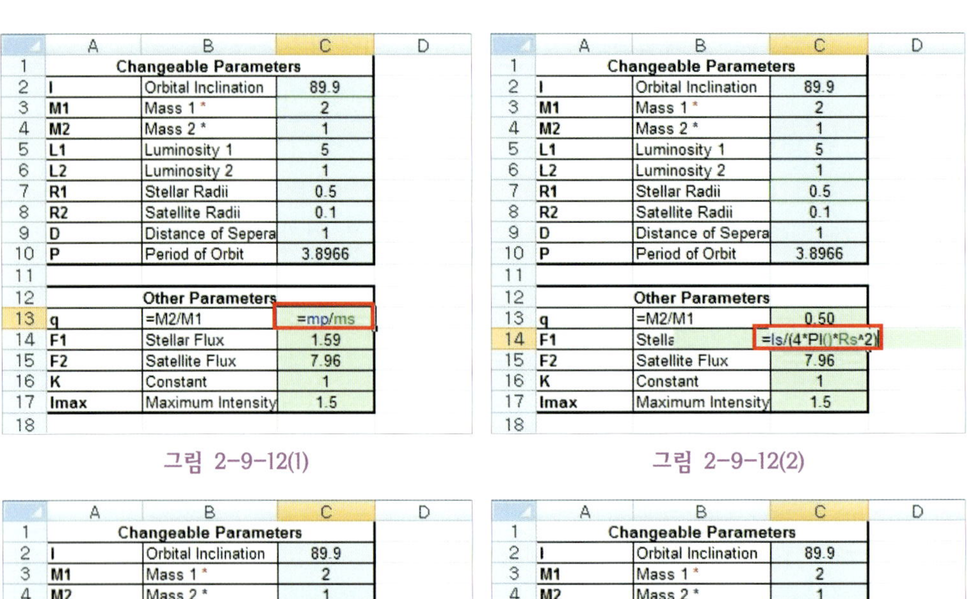

	A	B	C	D
1		Changeable Parameters		
2	I	Orbital Inclination	89.9	
3	M1	Mass 1 *	2	
4	M2	Mass 2 *	1	
5	L1	Luminosity 1	5	
6	L2	Luminosity 2	1	
7	R1	Stellar Radii	0.5	
8	R2	Satellite Radii	0.1	
9	D	Distance of Sepera	1	
10	P	Period of Orbit	3.8966	
11				
12		Other Parameters		
13	q	=M2/M1	=mp/ms	
14	F1	Stellar Flux	1.59	
15	F2	Satellite Flux	7.96	
16	K	Constant	1	
17	Imax	Maximum Intensity	1.5	
18				

그림 2-9-12(1)

	A	B	C	D
1		Changeable Parameters		
2	I	Orbital Inclination	89.9	
3	M1	Mass 1 *	2	
4	M2	Mass 2 *	1	
5	L1	Luminosity 1	5	
6	L2	Luminosity 2	1	
7	R1	Stellar Radii	0.5	
8	R2	Satellite Radii	0.1	
9	D	Distance of Sepera	1	
10	P	Period of Orbit	3.8966	
11				
12		Other Parameters		
13	q	=M2/M1	0.50	
14	F1	Stella	=Is/(4*PI()*Rs^2)	
15	F2	Satellite Flux	7.96	
16	K	Constant	1	
17	Imax	Maximum Intensity	1.5	
18				

그림 2-9-12(2)

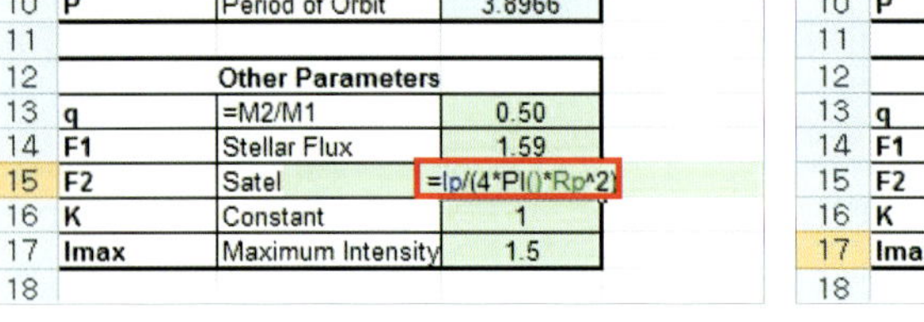

	A	B	C	D
1		Changeable Parameters		
2	I	Orbital Inclination	89.9	
3	M1	Mass 1 *	2	
4	M2	Mass 2 *	1	
5	L1	Luminosity 1	5	
6	L2	Luminosity 2	1	
7	R1	Stellar Radii	0.5	
8	R2	Satellite Radii	0.1	
9	D	Distance of Sepera	1	
10	P	Period of Orbit	3.8966	
11				
12		Other Parameters		
13	q	=M2/M1	0.50	
14	F1	Stellar Flux	1.59	
15	F2	Satel	=Ip/(4*PI()*Rp^2)	
16	K	Constant	1	
17	Imax	Maximum Intensity	1.5	
18				

그림 2-9-12(3)

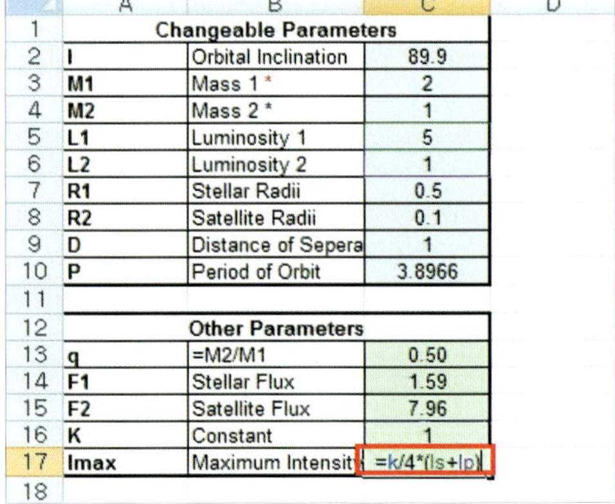

	A	B	C	D
1		Changeable Parameters		
2	I	Orbital Inclination	89.9	
3	M1	Mass 1 *	2	
4	M2	Mass 2 *	1	
5	L1	Luminosity 1	5	
6	L2	Luminosity 2	1	
7	R1	Stellar Radii	0.5	
8	R2	Satellite Radii	0.1	
9	D	Distance of Sepera	1	
10	P	Period of Orbit	3.8966	
11				
12		Other Parameters		
13	q	=M2/M1	0.50	
14	F1	Stellar Flux	1.59	
15	F2	Satellite Flux	7.96	
16	K	Constant	1	
17	Imax	Maximum Intensit	=k/4*(Is+Ip)	
18				

그림 2-9-12(4)

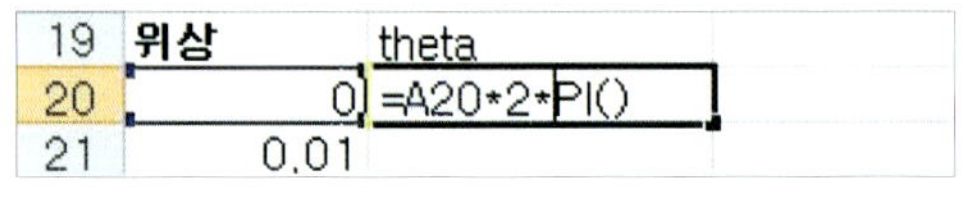

19	위상	theta
20	0	=A20*2*PI()
21	0.01	

그림 2-9-13 θ 계산하기

⑥ x, y, z 값을 구해준다. x, y, z 값은 각각 다음과 같은 계산 과정을 통하여 구해준다(그림 2-9-14(1)~(3) 참조).

$$x = d\sin\theta$$

$$y = d\cos i\cos\theta$$

$$z = d\sin i\cos\theta$$

여기서 d와 i는 각각 두 별 사이의 거리와 궤도 경사이며, 궤도 경사는 라디안으로 변환해야하므로 $\pi/180°$을 곱해주어야 한다. 계산이 수행되었으면 모든 값에 적용해준다.

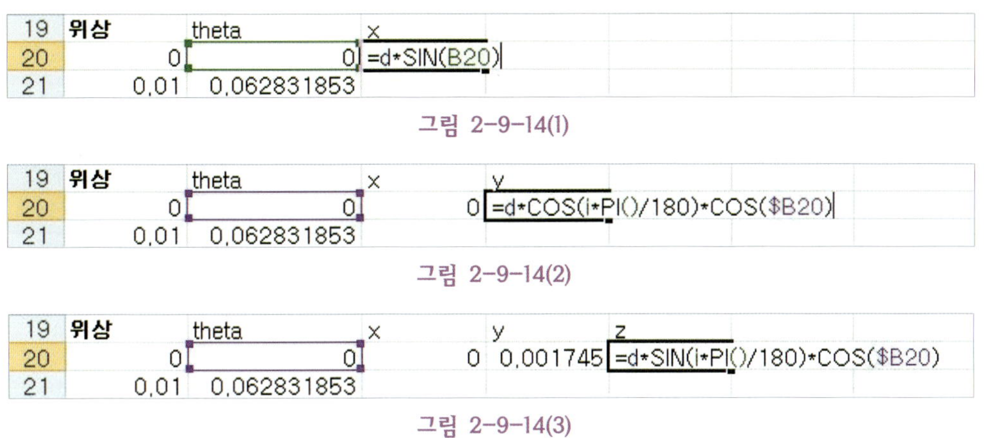

19	위상	theta	x
20	0	0	=d*SIN(B20)
21	0,01	0,062831853	

그림 2-9-14(1)

19	위상	theta	x	y
20	0	0	0	=d*COS(i*PI()/180)*COS($B20)
21	0,01	0,062831853		

그림 2-9-14(2)

19	위상	theta	x	y	z
20	0	0	0	0,001745	=d*SIN(i*PI()/180)*COS($B20)
21	0,01	0,062831853			

그림 2-9-14(3)

⑦ $x1$, $y1$, $z1$ 값을 구해준다. $x1$, $y1$, $z1$ 값은 각각 다음과 같은 계산 과정을 통하여 구해준다(그림 2-9-15(1)~(3) 참조).

$$x1 = -\frac{x}{\left(1+\frac{1}{q}\right)}, \quad y1 = -\frac{y}{\left(1+\frac{1}{q}\right)}, \quad z1 = -\frac{z}{\left(1+\frac{1}{q}\right)}$$

모든 값에 적용해준다.

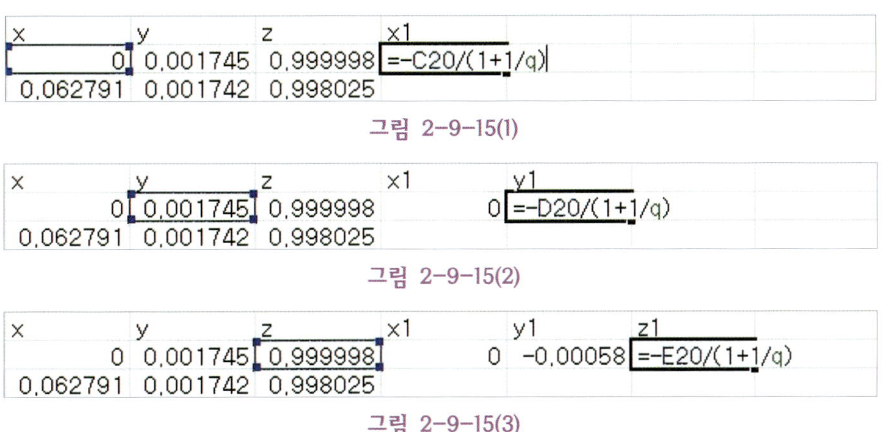

x	y	z	x1
0	0,001745	0,999998	=-C20/(1+1/q)
0,062791	0,001742	0,998025	

그림 2-9-15(1)

x	y	z	x1	y1
0	0,001745	0,999998	0	=-D20/(1+1/q)
0,062791	0,001742	0,998025		

그림 2-9-15(2)

x	y	z	x1	y1	z1
0	0,001745	0,999998	0	-0,00058	=-E20/(1+1/q)
0,062791	0,001742	0,998025			

그림 2-9-15(3)

⑧ $x2$, $y2$, $z2$ 값을 구해준다. $x2$, $y2$, $z2$ 값은 각각 다음과 같은 계산 과정을 통하여 구해준다(그림 2-9-16(1)~(3) 참조).

$$x2 = \frac{x}{(1+q)}, \quad y2 = \frac{y}{(1+q)}, \quad z2 = \frac{z}{(1+q)}$$

x	y	z	x1	y1	z1	x2
0	0.001745	0.999998	0	-0.00058	-0.33333	=C20/(1+q)
0.062791	0.001742	0.998025	-0.02093	-0.00058	-0.33268	

그림 2-9-16(1)

x	y	z	x1	y1	z1	x2	y2
0	0.001745	0.999998	0	-0.00058	-0.33333	0	=D20/(1+q)
0.062791	0.001742	0.998025	-0.02093	-0.00058	-0.33268		

그림 2-9-16(2)

x	y	z	x1	y1	z1	x2	y2	z2
0	0.001745	0.999998	0	-0.00058	-0.33333	0	0.001164	=E20/(1+q)
0.062791	0.001742	0.998025	-0.02093	-0.00058	-0.33268			

그림 2-9-16(3)

⑨ ρ 값을 정해준다. 다음과 같은 계산 방법으로 구해준다(그림 2-9-17 참조).

$$\rho = \sqrt{(x2 - x1)^2 + (y2 - y1)^2}$$

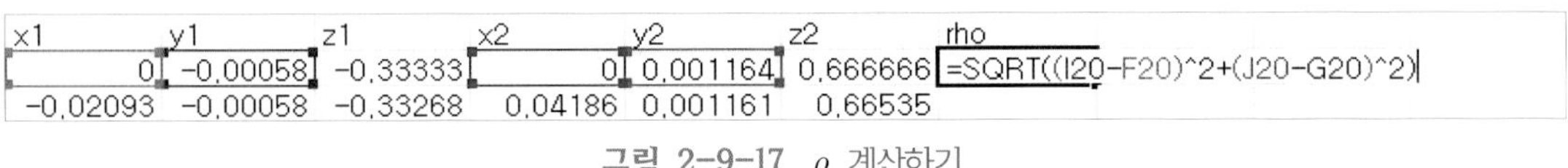

x1	y1	z1	x2	y2	z2	rho
0	-0.00058	-0.33333	0	0.001164	0.666666	=SQRT((I20-F20)^2+(J20-G20)^2)
-0.02093	-0.00058	-0.33268	0.04186	0.001161	0.66535	

그림 2-9-17 ρ 계산하기

⑩ θ_1, θ_2 값을 구해준다. θ_1, θ_2 값은 각각 다음과 같은 계산 과정을 통하여 구해준다(그림 2-9-18(1)~(2) 참조).

$$\theta_1 = 2 \cdot \cos^{-1}\left(\frac{Rs^2 + \rho^2 - Rp^2}{2 \cdot Rs \cdot \rho}\right)$$

$$\theta_2 = 2 \cdot \cos^{-1}\left(\frac{Rp^2 + \rho^2 - Rs^2}{2 \cdot Rp \cdot \rho}\right)$$

모든 값에 적용해준다.

rho	theta1
0,001745	=2*ACOS((Rs^2+$L20^2-Rp^2)/(2*Rs*$L20))
0,062815	

그림 2-9-18(1)

rho	theta1	theta2
0,001745	#NUM!	=2*ACOS((Rp^2+$L20^2-Rs^2)/(2*Rp*$L20))
0,062815		

그림 2-9-18(2)

⑪ $\Delta A1$, $\Delta A2$ 값을 구해준다. $\Delta A1$, $\Delta A2$ 값은 각각 다음과 같은 계산 과정을 통하여 구해준다(그림 2-9-19(1)~(2) 참조).

$$\Delta A1 = 0.5 \cdot Rs^2 \cdot (\theta_1 - \sin(\theta_1))$$

$$\Delta A2 = 0.5 \cdot Rp^2 \cdot (\theta_2 - \sin(\theta_2))$$

모든 값에 적용해준다.

θ_1, θ_2와 $\Delta A1$, $\Delta A2$을 계산해주면 그림 2-9-19(3)과 같이 일부 계산상의 오류가 생기는 부분이 있을 것이다. 이는 잘못된 것이 아니라 위의 계산 단계를 잘 따라서 실행할 경우 생기는 것이다.

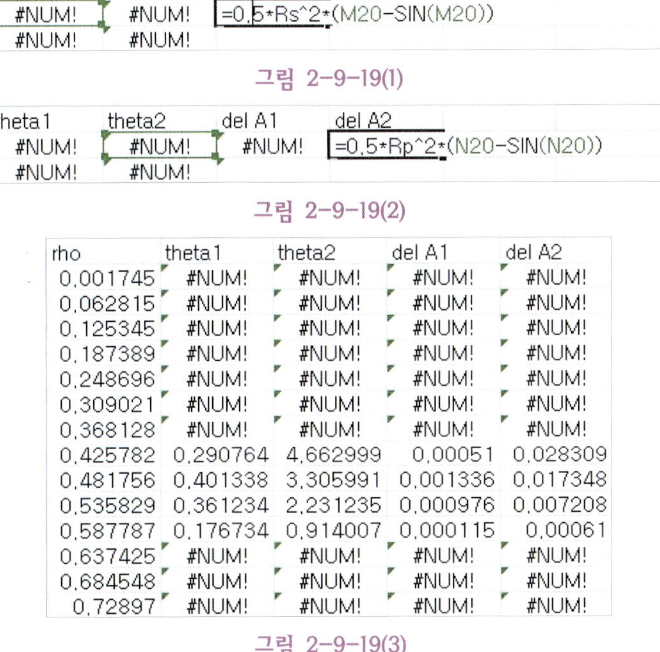

theta1	theta2	del A1
#NUM!	#NUM!	=0,5*Rs^2*(M20-SIN(M20))
#NUM!	#NUM!	

그림 2-9-19(1)

theta1	theta2	del A1	del A2
#NUM!	#NUM!	#NUM!	=0,5*Rp^2*(N20-SIN(N20))
#NUM!	#NUM!		

그림 2-9-19(2)

rho	theta1	theta2	del A1	del A2
0,001745	#NUM!	#NUM!	#NUM!	#NUM!
0,062815	#NUM!	#NUM!	#NUM!	#NUM!
0,125345	#NUM!	#NUM!	#NUM!	#NUM!
0,187389	#NUM!	#NUM!	#NUM!	#NUM!
0,248696	#NUM!	#NUM!	#NUM!	#NUM!
0,309021	#NUM!	#NUM!	#NUM!	#NUM!
0,368128	#NUM!	#NUM!	#NUM!	#NUM!
0,425782	0,290764	4,662999	0,00051	0,028309
0,481756	0,401338	3,305991	0,001336	0,017348
0,535829	0,361234	2,231235	0,000976	0,007208
0,587787	0,176734	0,914007	0,000115	0,00061
0,637425	#NUM!	#NUM!	#NUM!	#NUM!
0,684548	#NUM!	#NUM!	#NUM!	#NUM!
0,72897	#NUM!	#NUM!	#NUM!	#NUM!

그림 2-9-19(3)

⑫ $A1$ 값들을 아래와 같은 방법으로 구해준다(그림 2-9-20(1)~(4) 참조).

$$\begin{aligned} A1 &= \pi \cdot Rs^2 \\ &= \pi \cdot Rs^2 - \Delta A1 - \Delta A2 \\ &= \pi \cdot Rs^2 - \pi \cdot Rp^2 + \Delta A2 - \Delta A1 \\ &= \pi \cdot Rs^2 - \pi \cdot Rp^2 \end{aligned}$$

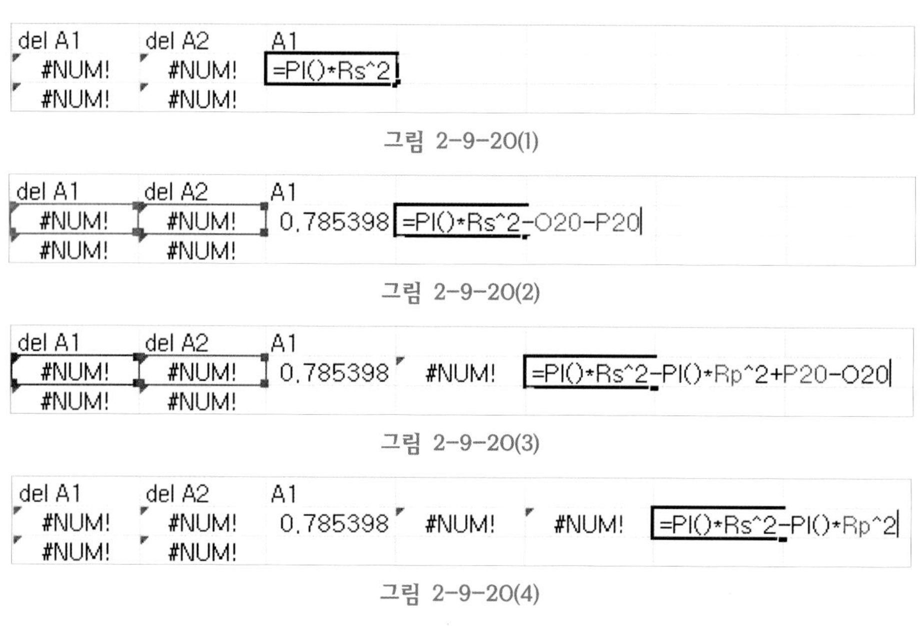

그림 2-9-20(1)

그림 2-9-20(2)

그림 2-9-20(3)

그림 2-9-20(4)

⑬ $A2$ 값들을 아래와 같은 방법으로 구해준다(그림 2-9-21(1)~(4) 참조).

$$\begin{aligned} A2 &= \pi \cdot Rp^2 \\ &= \pi \cdot Rp^2 - \Delta A2 - \Delta A1 \\ &= \Delta A2 - \Delta A1 \\ &= 0 \end{aligned}$$

$A1$과 $A2$ 역시 모든 값에 계산을 적용해주면 그림 2-9-21(5)와 같이 일부 계산상의 오류가 생기는 부분이 있다. 오류가 있지 않은 부분만 우리가 사용할 부분이므로 모든 값에 오류가 있지 않기만 한다면 잘못 계산한 것이 아니므로 걱정하지 않아도 된다.

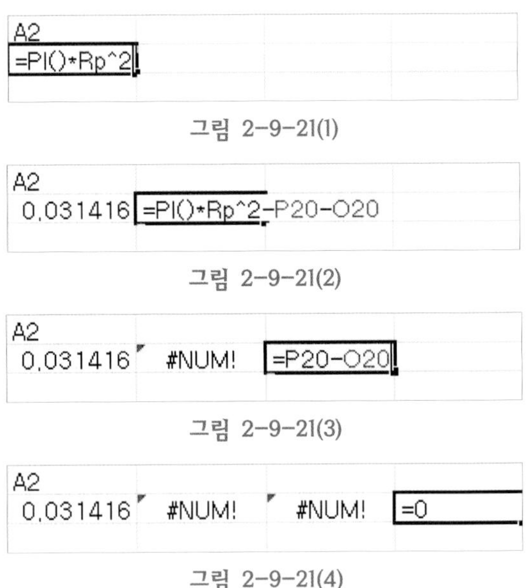

그림 2-9-21(1)

그림 2-9-21(2)

그림 2-9-21(3)

그림 2-9-21(4)

A1				A2			
0,785398	#NUM!	#NUM!	0,753982	0,031416	#NUM!	#NUM!	0
0,785398	#NUM!	#NUM!	0,753982	0,031416	#NUM!	#NUM!	0
0,785398	#NUM!	#NUM!	0,753982	0,031416	#NUM!	#NUM!	0
0,785398	#NUM!	#NUM!	0,753982	0,031416	#NUM!	#NUM!	0
0,785398	#NUM!	#NUM!	0,753982	0,031416	#NUM!	#NUM!	0
0,785398	#NUM!	#NUM!	0,753982	0,031416	#NUM!	#NUM!	0
0,785398	#NUM!	#NUM!	0,753982	0,031416	#NUM!	#NUM!	0
0,785398	0,756579	0,781781	0,753982	0,031416	0,002597	0,027799	0
0,785398	0,766714	0,769995	0,753982	0,031416	0,012732	0,016012	0
0,785398	0,777215	0,760214	0,753982	0,031416	0,023233	0,006232	0
0,785398	0,784673	0,754478	0,753982	0,031416	0,030691	0,000495	0
0,785398	#NUM!	#NUM!	0,753982	0,031416	#NUM!	#NUM!	0
0,785398	#NUM!	#NUM!	0,753982	0,031416	#NUM!	#NUM!	0
0,785398	#NUM!	#NUM!	0,753982	0,031416	#NUM!	#NUM!	0

그림 2-9-21(5)

⑭ IF함수를 사용하여 $A1$의 값을 정한다. 그림 2-9-22와 같이 조건에 따라서 선택하는 $A1$의 값이 다르기 때문에 식이 매우 복잡해진다. 조건문의 요지는 다음과 같다.

$$z1 > z2 \rightarrow A1_1,$$

$$\rho > (Rs + Rp) \rightarrow A1_1,$$

$$\rho < (Rs + Rp) \text{and}\, \rho > (rs^2 - Rp^2) \rightarrow A1_2,$$

$$\rho < \sqrt{Rs^2 - Rp^2}\ \text{and}\, \rho > (Rs - Rp) \rightarrow A1_2,$$

$$\rho < (Rs - Rp) \rightarrow A1_4$$

여기서 함께 사용한 AND 함수는 어떤 논리 값들을 동시에 만족시키는 것을 의미한다. 예를 들면 AND(logical1, logical2)은 logical1과 logical2를 동시에 만족하는 것을 말한다. 그림 2-9-22의 식을 다시 써보면 아래와 같다.

```
=IF($H20>$K20,Q20,IF($L20>(Rs+Rp),Q20,IF(AND($L20<(Rs+Rp),$L20>SQRT(Rs^2-Rp^2)),R20,IF(AND($L20<SQRT(Rs^2-Rp^2),$L20>(Rs-Rp)),R20,IF($L20<(Rs-Rp),T20)))))
```

```
A1
=IF($H20>$K20,Q20, IF($L20>(Rs+Rp),Q20, IF(AND($L20<(Rs+Rp),$L20>SQRT(Rs^2-Rp^2)),R20, IF(AND($L20<SQRT(Rs^2-Rp^2), $L20>(Rs-Rp)),R20, IF($L20<(Rs-Rp),T20)))))
```

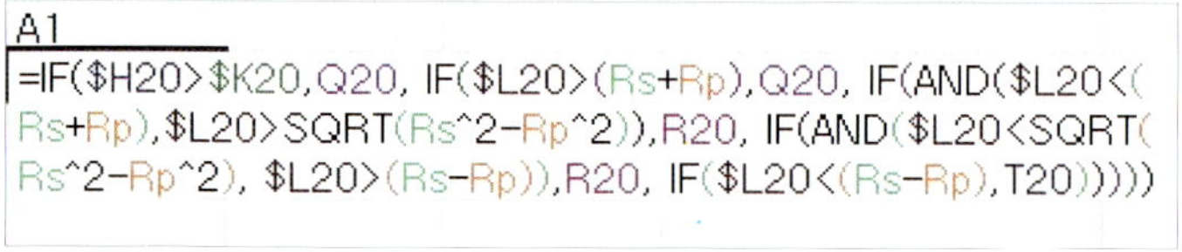

그림 2-9-22

⑮ IF 함수를 사용하여 $A2$의 값을 정한다. IF 함수의 조건문 요지는 다음과 같다.

$$z1 < z2 \rightarrow A2_1,$$

$$\rho > (Rs + Rp) \rightarrow A2_1,$$

$$\rho < (Rs + Rp)\,\text{and}\,\rho > (rs^2 - Rp^2) \rightarrow A2_2,$$

$$\rho < \sqrt{Rs^2 - Rp^2}\,\text{and}\,\rho > (Rs - Rp) \rightarrow A2_2,$$

$$\rho < (Rs - Rp) \rightarrow A2_4$$

위의 조건들을 쓴 것이 그림 2-9-23이고, 이것을 보기 좋게 다시 나열하면 아래와 같다.

```
=IF($H20>$K20,U20,IF($L20>(Rs+Rp),U20,IF(AND($L20<(Rs+Rp),$L20>SQRT(Rs^2-Rp^2)),V20,IF(AND($L20<SQRT(Rs^2-Rp^2),$L20>(Rs-Rp)),V20,IF($L20<(Rs-Rp),X20)))))
```

```
A2
=IF($H20<$K20,U20, IF($L20>(Rs+Rp),U20, IF(AND($L20<(Rs+Rp),$L20>SQRT(Rs^2-Rp^2)),V20, IF(AND($L20<SQRT(Rs^2-Rp^2), $L20>(Rs-Rp)),V20, IF($L20<(Rs-Rp),X20)))))
```

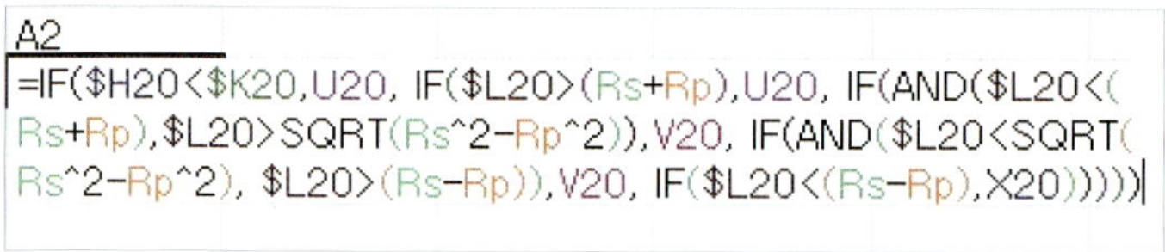

그림 2-9-23

⑯ IF 함수를 통해 선택해준 $A1$, $A2$ 값을 활용하여 intensity인 I 값을 구해준다(그림 2-9-24 참조).

I 값을 계산해주는 식은 다음과 같다.

$$I = \frac{k}{4\pi} \cdot \frac{\left(\frac{ls \cdot A1}{Rs^2} + \frac{lp \cdot A2}{Rp^2}\right)}{imax}$$

모든 값에 적용해준다.

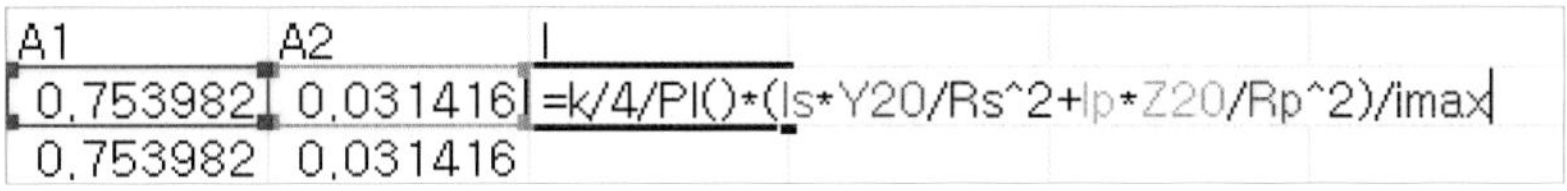

A1	A2	I
0.753982	0.031416	=k/4/PI()*(ls*Y20/Rs^2+lp*Z20/Rp^2)/imax
0.753982	0.031416	

그림 2-9-24

⑰ 차트의 '곡선이 있는 분산형 그래프'를 선택하여 x축은 위상 값을 y축은 ⑯ 단계에서 계산하여 구해준 I 값을 이용해 그래프를 그려준다. 그러면 그림 2-9-25와 같은 식쌍성의 광도 곡선 그래프를 확인할 수 있을 것이다.

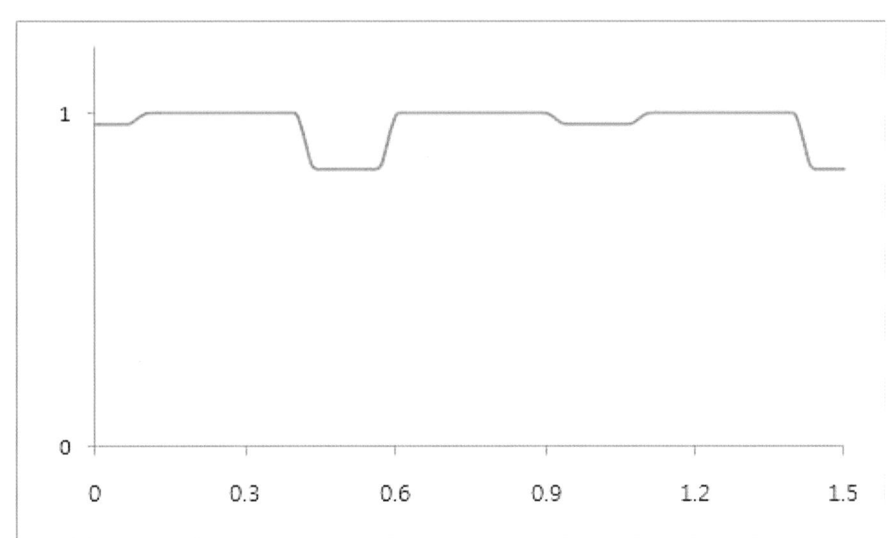

그림 2-9-25 식쌍성의 광도 곡선

($i = 89.9^\circ$, $M1 = 2$, $M2 = 1$, $L1 = 5$, $L2 = 1$, $R1 = 0.5$, $R2 = 0.1$, $d = 1$, $P = 3.8966$)

⑱ 변경 가능한 매개 변수들을 변화시켜 주면서 다른 광도 곡선 그래프를 확인할 수 있다. 식쌍성 각각의 별들이 갖는 물리량에 따라서 광도 곡선은 어떠한 모습을 보이는지 예측하고 이해하는데 도움이 될 것이다.

그림 2-9-26(1)

($i=70°$, $M1=2$, $M2=1$, $L1=5$, $L2=1$
$R1=0.5$, $R2=0.1$, $d=1$, $P=3.8966$)

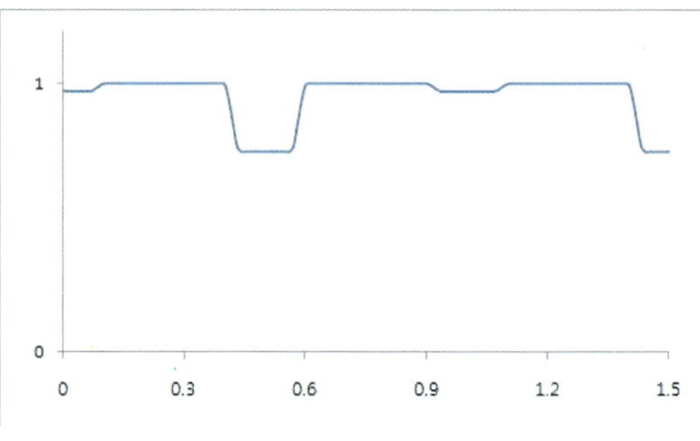

그림 2-9-26(2)

($i=90°$, $M1=2$, $M2=1$, $L1=3$, $L2=1$
$R1=0.5$, $R2=0.1$, $d=1$, $P=3.8966$)

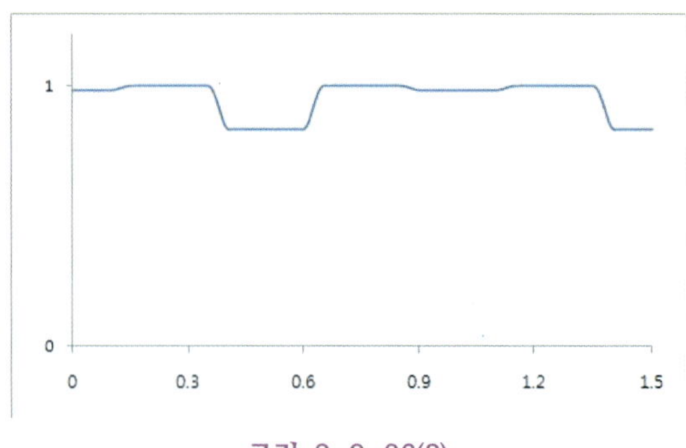

그림 2-9-26(3)

($i=90°$, $M1=2$, $M2=1$, $L1=5$, $L2=1$
$R1=0.7$, $R2=0.1$, $d=1$, $P=3.8966$)

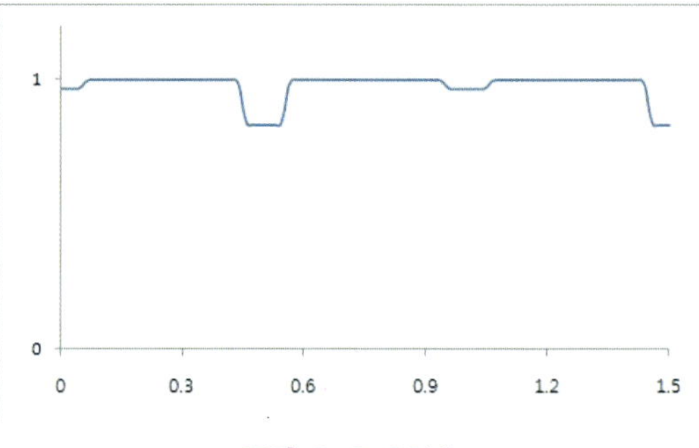

그림 2-9-26(4)

($i=90°$, $M1=2$, $M2=1$, $L1=5$, $L2=1$
$R1=0.5$, $R2=0.1$, $d=1.5$, $P=3.8966$)

Chapter 10

은하

1. 나선팔

나선 은하의 나선팔은 밀도파이론에 의하여 설명된다. 이 이론에 의하면 m개의 팔을 가지는 항성의 궤도는

$$r = \frac{R_o}{1 + \frac{0.15}{m} cos\left(m[5 - 5 * R_o + \Phi]\right)}$$

이다. 항성들의 궤도를 그려보면 그림 2-10-1과 같은 나선팔을 그려볼 수 있다. 그림 2-10-1은 $m = 2$인 경우인데, $R_o = 0.3 \sim 0.9$까지 0.03 간격으로 각 셀에서 계산한다. 예를 들면 C3 셀에서는

```
=C$2/(1+0.15/m*COS(m*(5-5*C$2+$A3*PI()/180)))
```

이 계산된다. r이 계산된 다음 이를 각각 $x = r\cos\Phi$, $y = r\sin\Phi$으로 계산하여 x, y 그래프를 그린다.

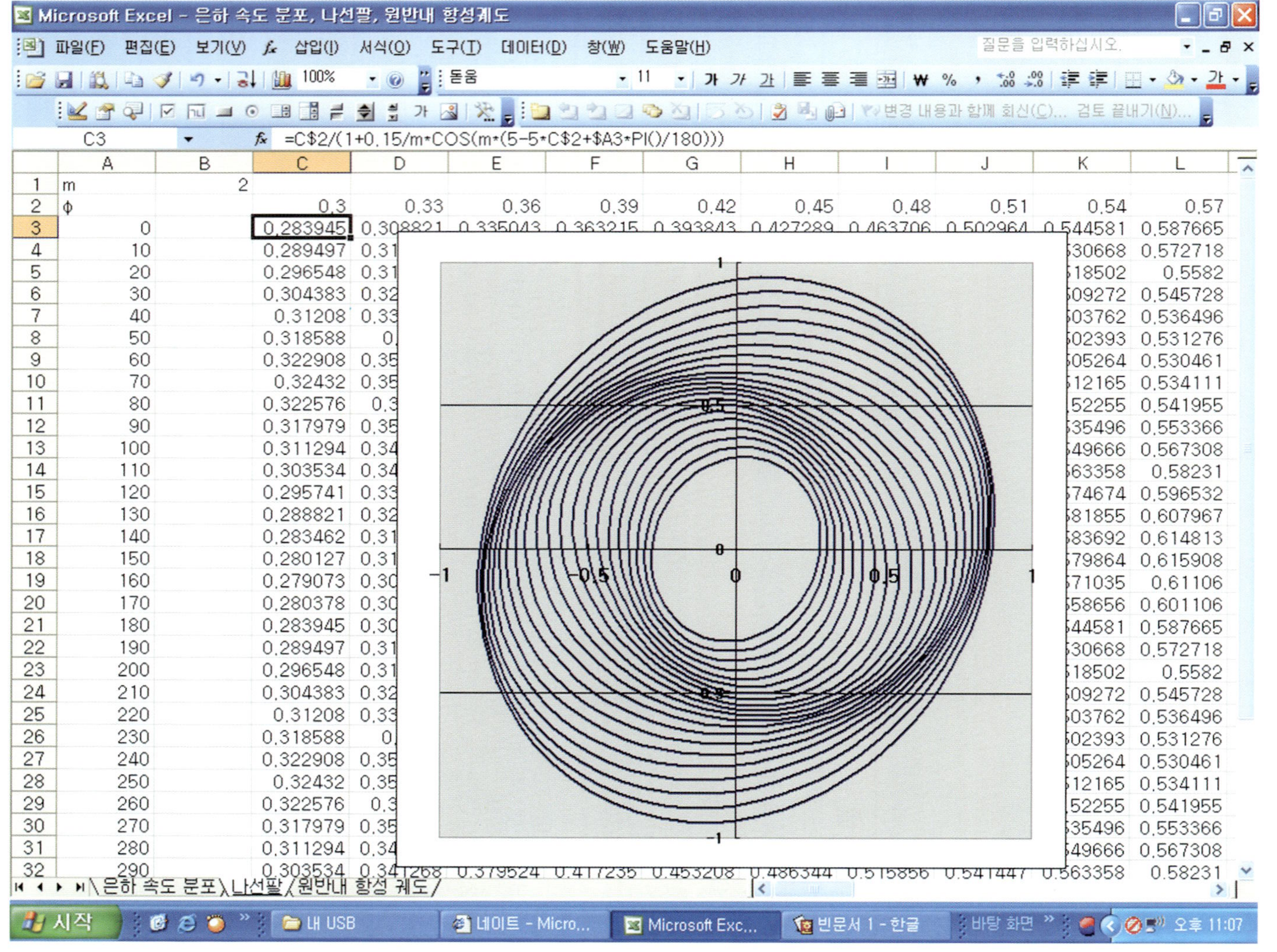

그림 2-10-1 나선팔 시뮬레이션. $m = 2$인 경우

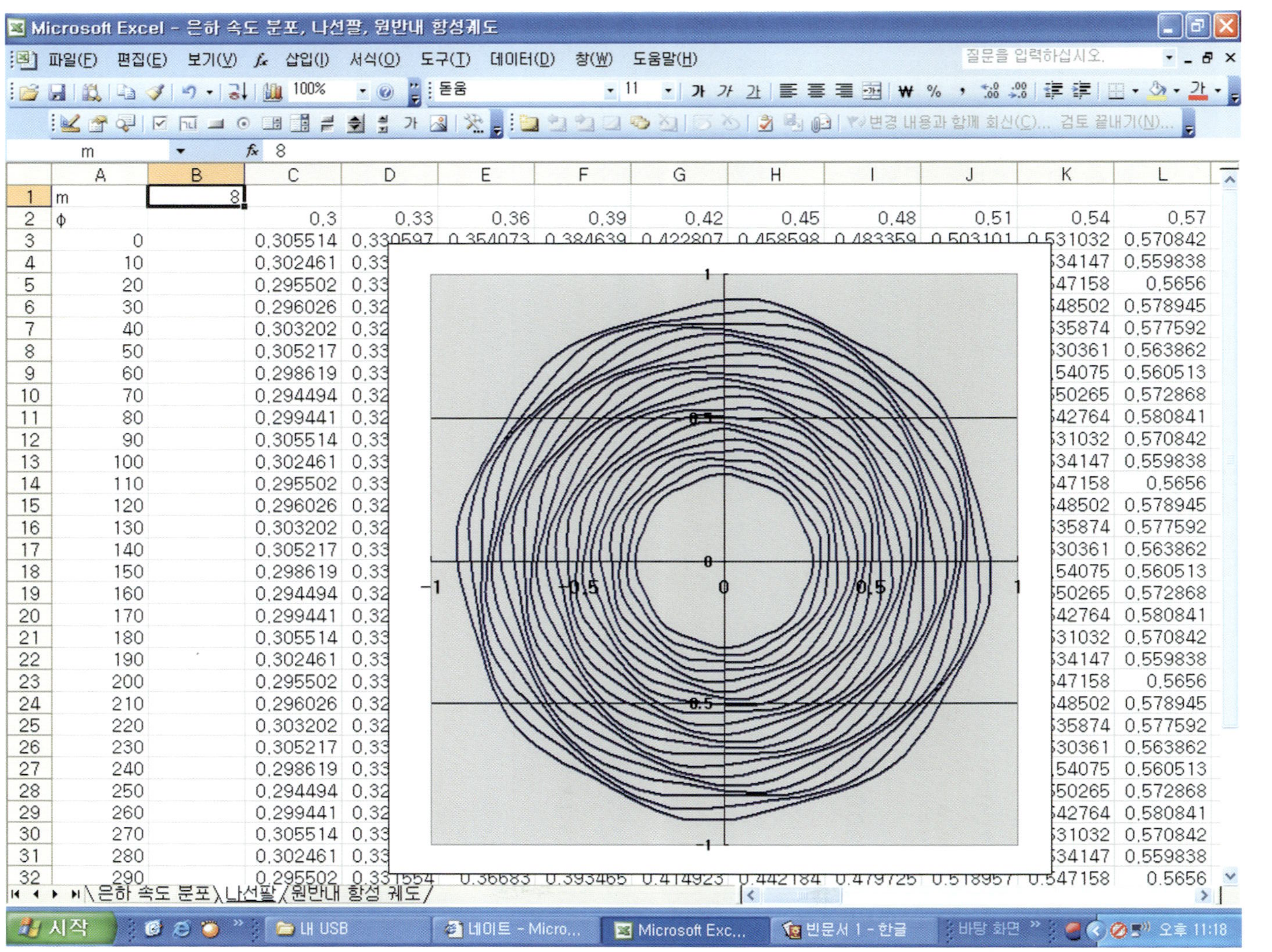

그림 2-10-2 $m = 8$인 경우. 나선팔이 8개로 보인다.

2. CO 관측에 의한 우리 은하의 여러 구조

우리 은하의 회전 속도는 그림 2-10-3과 같이 3Kpc까지는 거의 $V_{rot} \propto R^{0.8}$인 관계가 있고, 그 후에는 회전 속도가 거의 250Km/s로 거의 일정하다고 가정하자. 실제 수소 원자나 CO 관측에 의한 회전 속도 분포도 그림 2-10-3과 비슷하다.

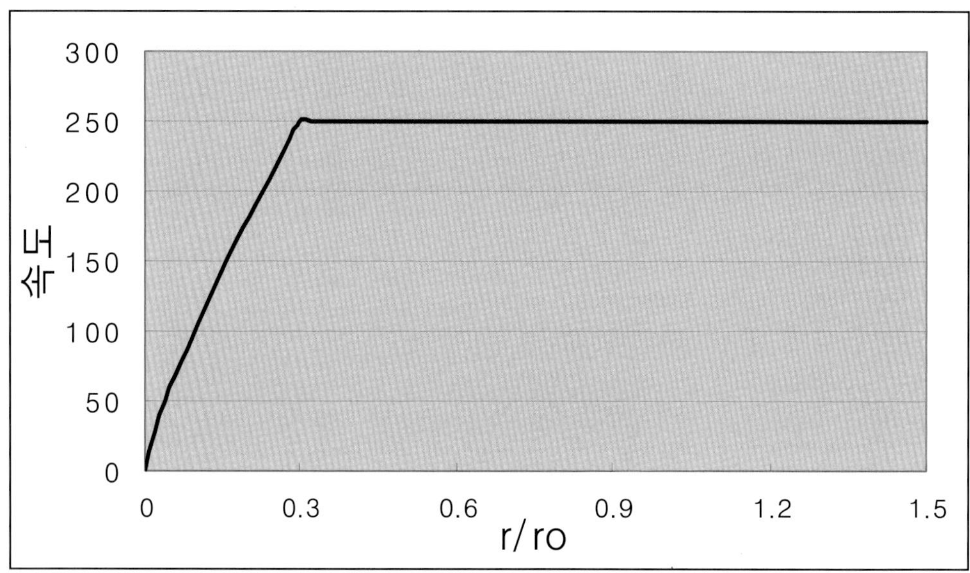

그림 2-10-3 우리 은하의 가상 회전 속도 곡선

우리 은하의 모습이 그림 2-10-4와 같다고 한다. 이와 비슷하게 그림 2-10-5와 같이 그려 보았다. 가운데 3개의 원은 중심으로부터 각각 핵 원반, 3Kpc 팔, 분자 고리를 나타낸다. 중심을 가로지르는 선분은 은하 막대이다. 그리고 나선팔은 중심으로부터 거리가 $R = R_o \ e^{\phi \tan i}$인 관계가 있으며 두 나선팔은 각각

$$(x, y) = (R\cos(\phi - \phi_o), R\sin(\phi - \phi_o))$$

$$(x, y) = (R\ cos(\phi - \phi_o + \frac{\pi}{2}), R\sin(\phi - \phi_o + \frac{\pi}{2}))$$

로 나타낼 수 있다. 태양의 위치가 (0, −1)에 있기에 $(x,\ y)$ 위치는 태양에 대하여는 $(x,\ y+1)$ 위치가 되고 따라서 은경 l은

$$l = atan2(x, y+1) - \frac{\pi}{2}$$

가 된다. 그런데 이 위치는 중심에서 $R = \sqrt{x^2 + y^2}$ 이다. 관측되는 시선 속도는 $V_{obs} = R_o(\omega - \omega_o)\sin l$로부터 $V_{obs} = R_o\omega_o\left(\frac{\omega}{\omega_o} - 1\right)\sin\ l$ 이기에

$$V_{obs} = V_{rot}\left(\frac{R_o}{R} - 1\right)\sin\ l$$

이 된다. 왜냐하면 3Kpc까지는 $V_{rot} = R\omega = R_o\omega_o$ 이기 때문이다. 그러나 3Kpc 전까지는 $V_{rot} \propto R^{0.8}$ 이기에

$$V_{obs} = \left(V_{rot}\frac{R_o}{R} - R_o\omega_o\right)\sin\ l$$

이 된다. 만약 팽창 속도 $V_{\exp}$가 존재한다면, 관측되는 속도는 시선 방향과 팽창 속도 사이의 각을 θ라 할 때

$$\theta = atan2(x, y) - atan2(x, y+1)$$
$$V_{\exp - obs} = V_{\exp}\cos\theta$$

가 된다. 핵원반, 3 Kpc 팔, 분자 고리에는 이를 고려할 필요가 있다.

관측되는 최대 속도는 은경이 l인 경우 tangential point에서 나타나기에 은하 중심에서 그 점까지는 $R = R_o\sin l$이고

$$V_{obs-\max} = V_{rot}(1 - \sin\ l)$$

이 된다. 또한 태양이 위치한 원 밖의 위치는 $V_{obs} < 0$로 관측되고, sin 곡선으로 나타난다. 그림 2-10-7에서는 실선으로 나타내었다.

이 방법을 이용하여 그림 2-10-5의 가상 우리 은하 모습과 그림 2-10-3의 속도 곡선을 이용하여 그린 은경-속도(l-v) 도표가 그림 2-10-7이다. 점선은 나선팔을 나타내고, 타원으로 보이는 것은 핵원반, 3Kpc 팔, 분자 고리를 나타내는데, $V_{\exp}$는 각각 250, 80, 20 Km/s로 놓았다. 1, 3 사분면에 두 선분으로 각각 나타나는 부분이 은하의 막대를 나타내며, 1, 3 사분면에 s자 같이 길쭉하게 나타나는 부분은 우리 은하

의 속도가 3Kpc전까지 $V_{rot} \propto R^{0.8}$의 형태이기에 보이는 특징이다. 이 모든 것들이 실제 CO 관측 l-v 도표에서 보여주는 특징과 거의 같다. 이러한 방법으로 우리 은하의 운동학적 구조(Kinemaic structure)를 알게 된다.

그림 2-10-4 화가가 그린 우리 은하의 모습

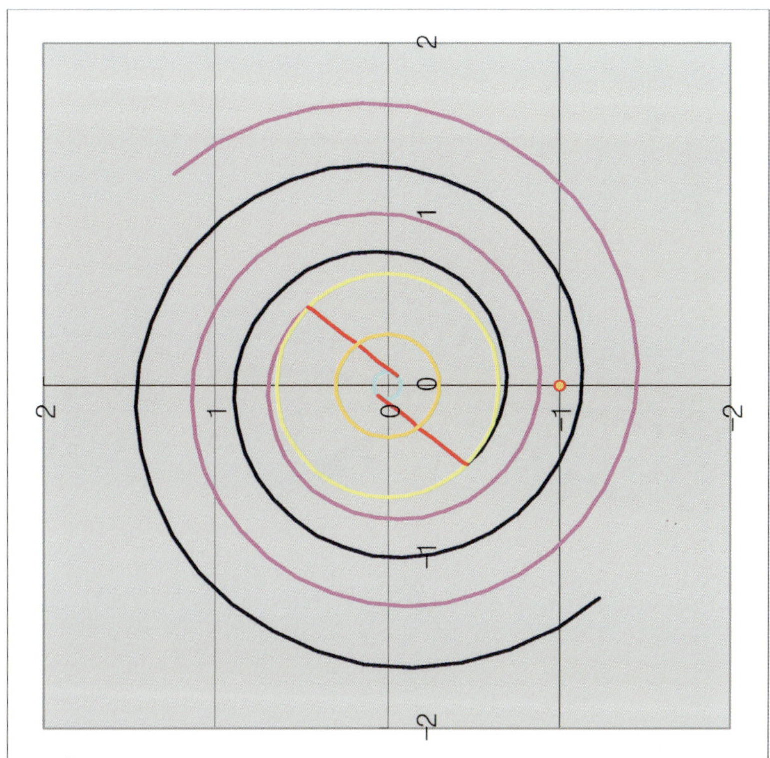

그림 2-10-5 가상의 우리 은하 모습

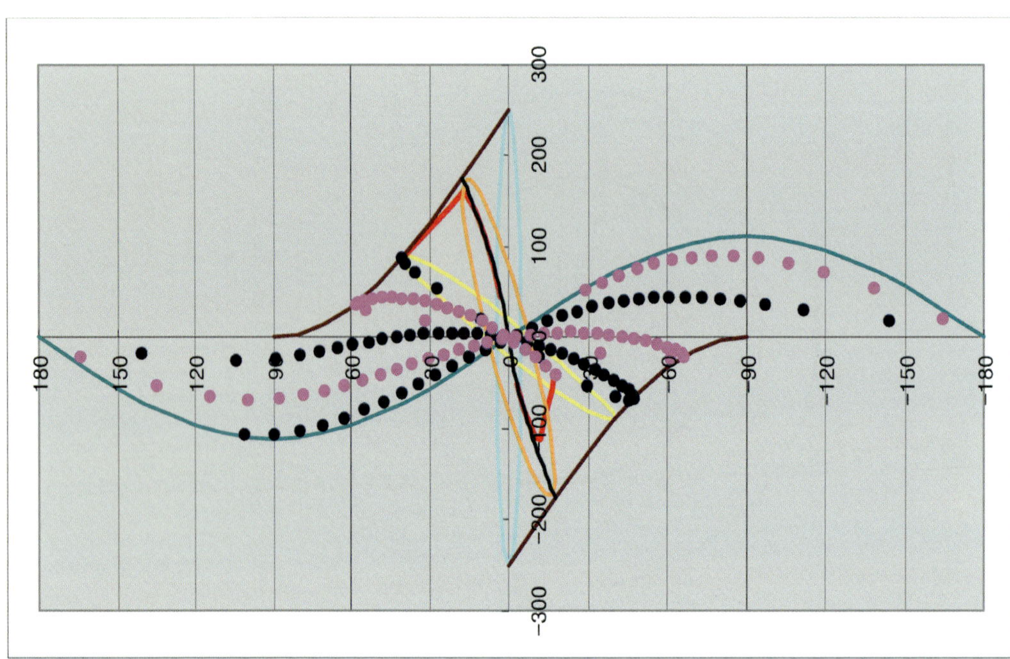

그림 2-10-7 그림 2-10-5의 가상 우리 은하에 대한 l-v 도표

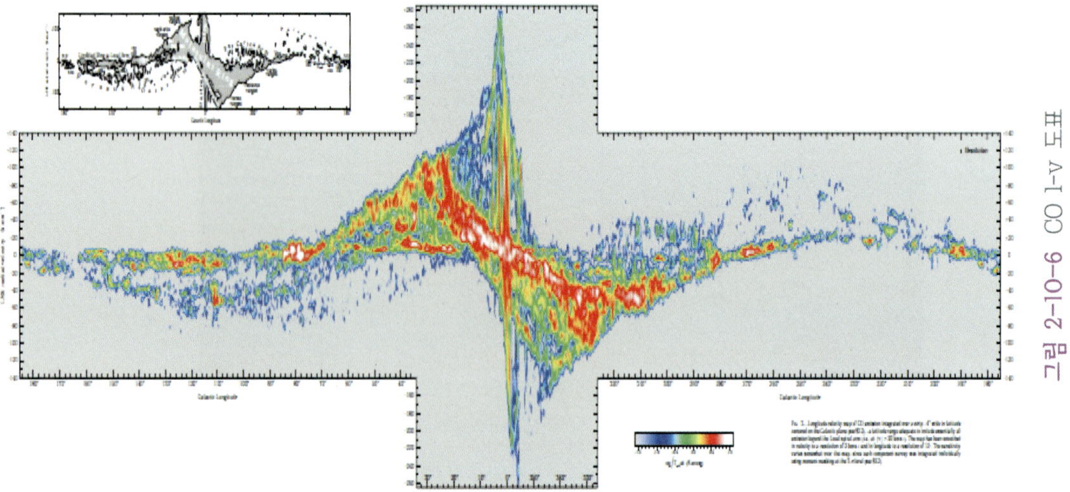

그림 2-10-6 CO l-v 도표

Chapter 11

비선형 운동

1. Fixed Point Attractor

자연계에서 일어나는 어떤 현상이

$$x_{n+1} = bx_n(1-x_n) \quad n = 0, 1, 2, 3, \ldots.$$

방식으로 발생된다고 한다면 상수 b값에 따라 수렴되는 x_∞ 값은 달라진다. 즉, $0 < b \leq 1$ 일 때에는 $x_\infty = 0$으로 수렴한다(그림 2-11-1 참조). 그러나 $1 < b \leq 3$이면 $x_\infty = 1 - \frac{1}{b}$로 수렴한다(그림 2-11-2 참조). 또한 $b > 3$일 때에는 어떤 값이 되면 분지(bifurcation)하여 수렴 값이 2의 배수로 변한다. $b = 3.2$인 경우는 x_∞값이 그림 2-11-3과 같이 두 개의 값으로, $b = 3.5$인 경우는 x_∞값이 그림 2-11-4와 같이 네 개의 값으로 수렴한다. $b = 3.8$인 경우, x_∞의 수렴 값은 불규칙하게 변한다. 이와 같이 자연계에서 일어나는 현상도 환경의 미세한 변화에 따라 예측되는 결과가 불규칙하게 변하는 혼돈(chaos) 현상을 일으킨다. 이러한 현상을 '규칙적인 혼돈'이라 부른다.

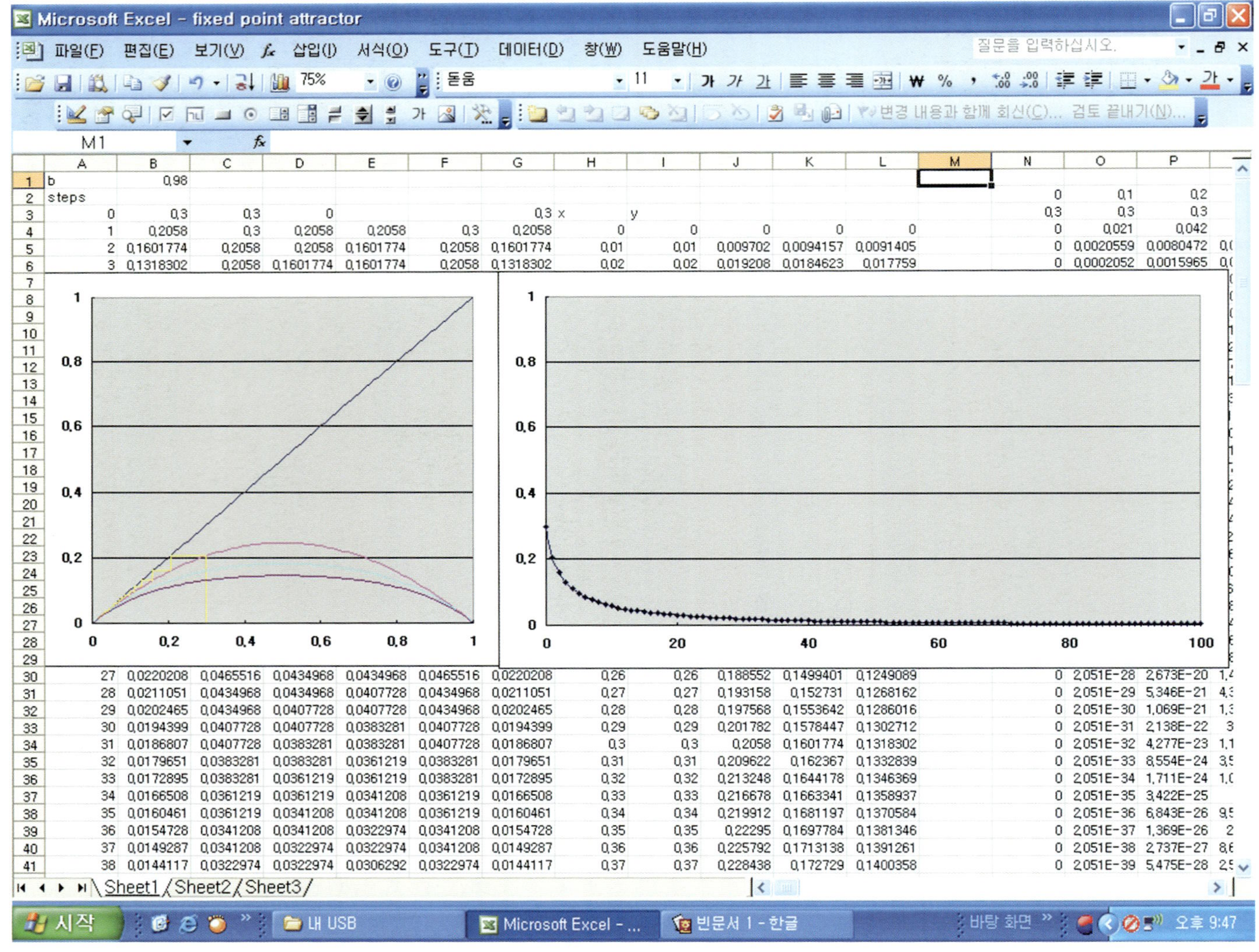

그림 2-11-1 $b=0.98$일 때 $x_{\infty}=0$로 수렴한다.

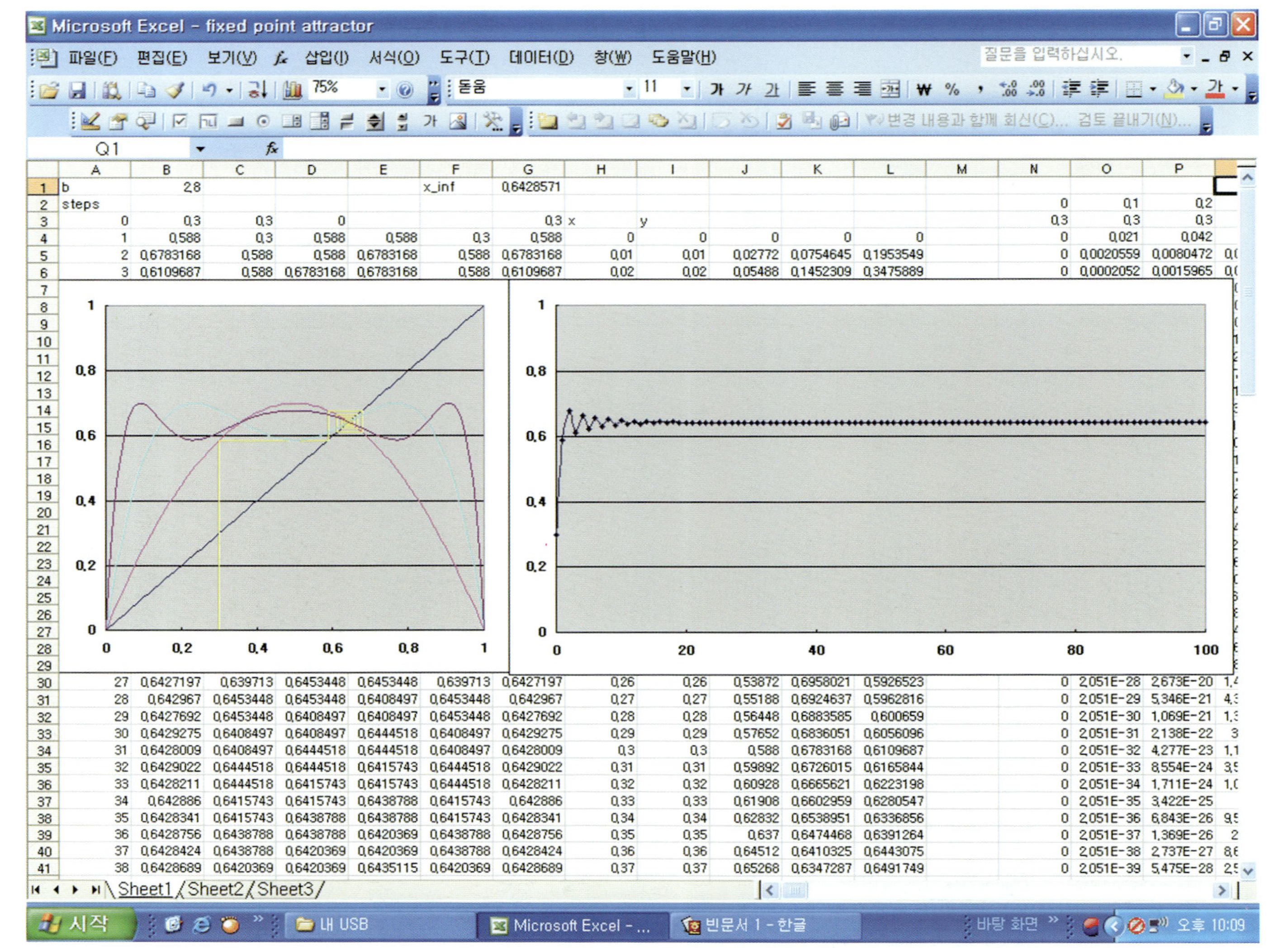

그림 2-11-2 $b=2.8$일 때 $x_{\infty}=1-\frac{1}{2.8}=0.6428571$로 수렴한다.

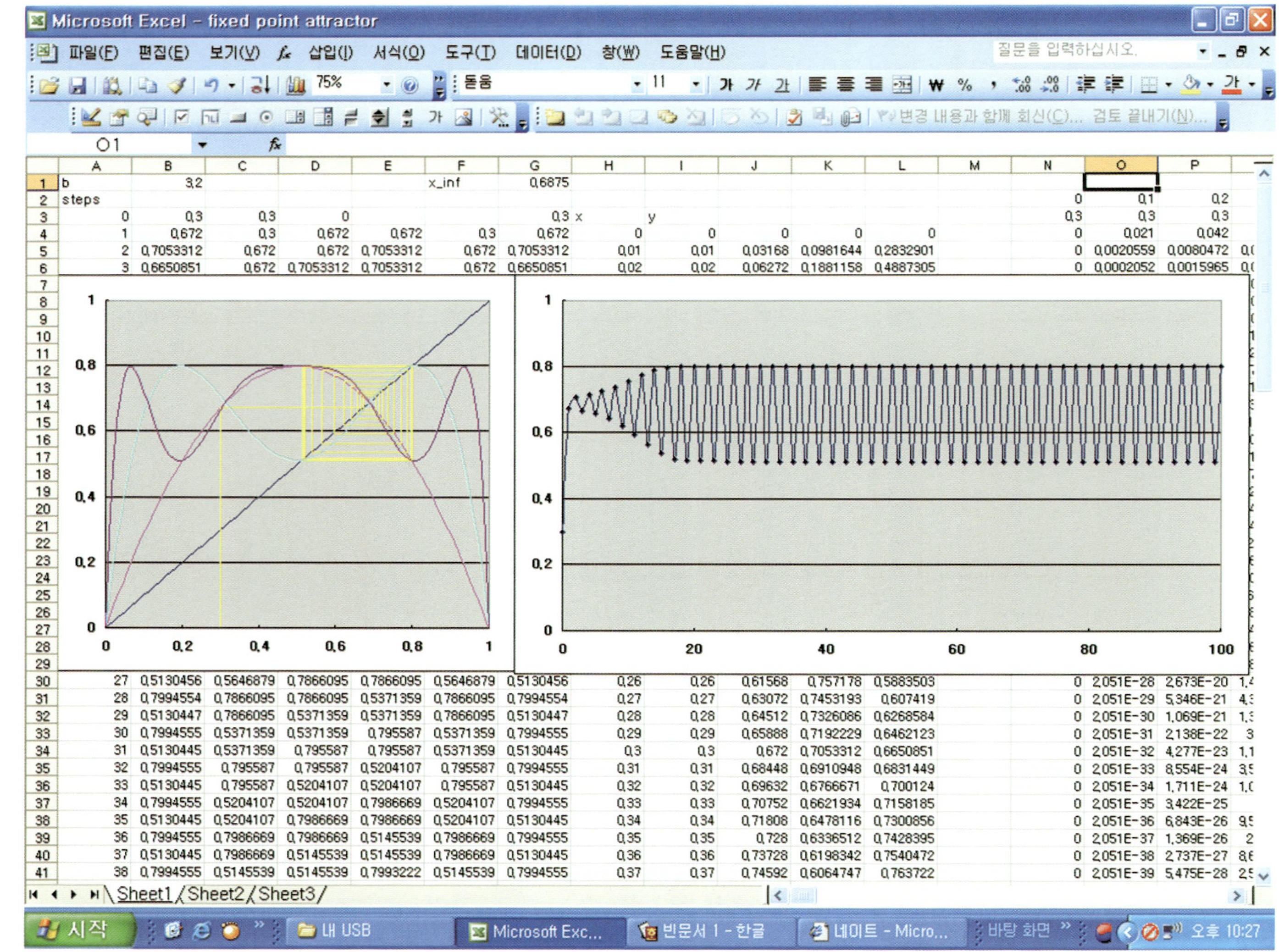

그림 2-11-3 $b = 3.2$일 때 x_∞ 값은 0.5130445, 0.7994555 두 값으로 항상 수렴한다.

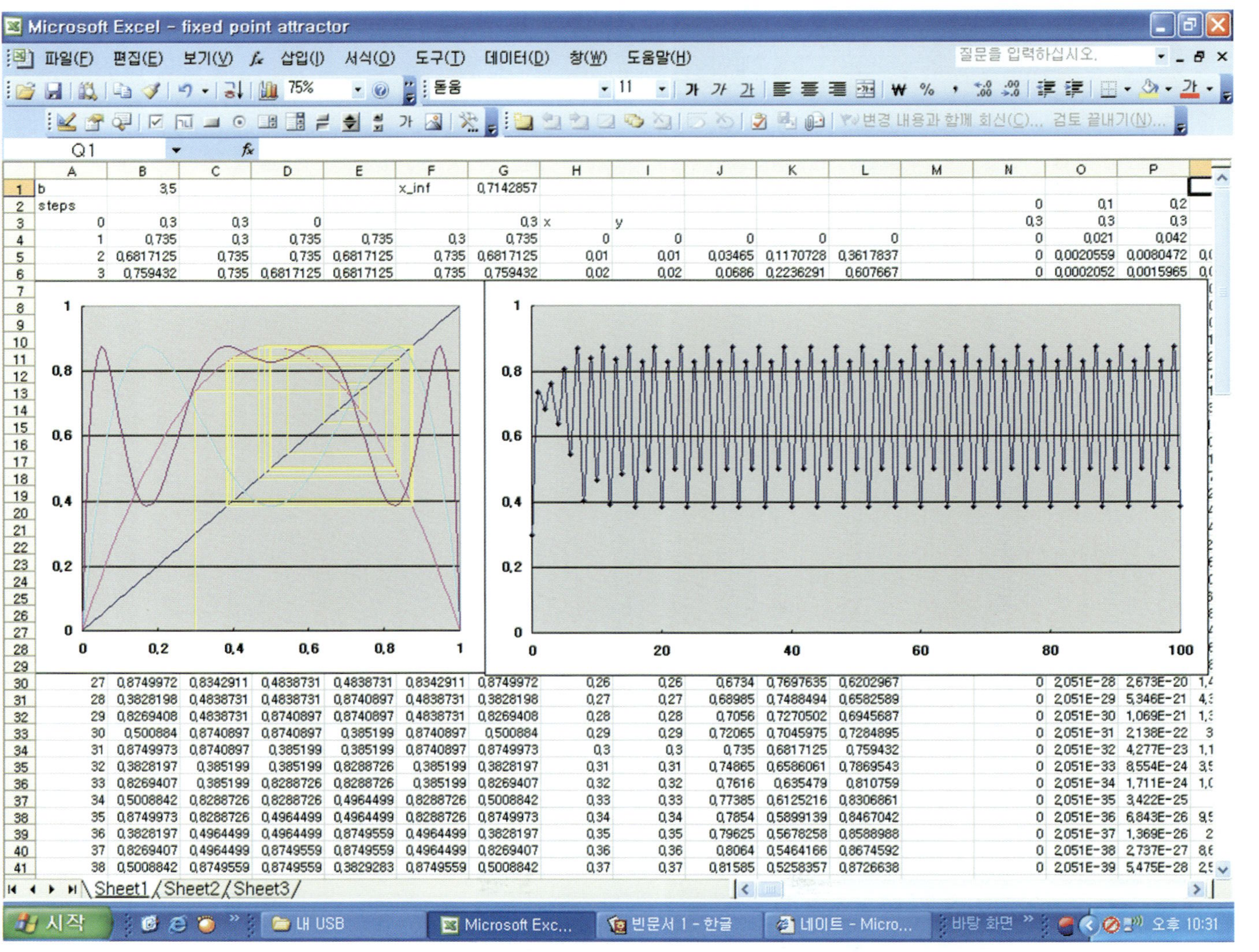

그림 2-11-4 $b = 3.5$의 경우, x_{∞}값은 0.8269407, 0.5008842, 0.8749973, 0.3828197 네 개의 값으로 항상 수렴한다.

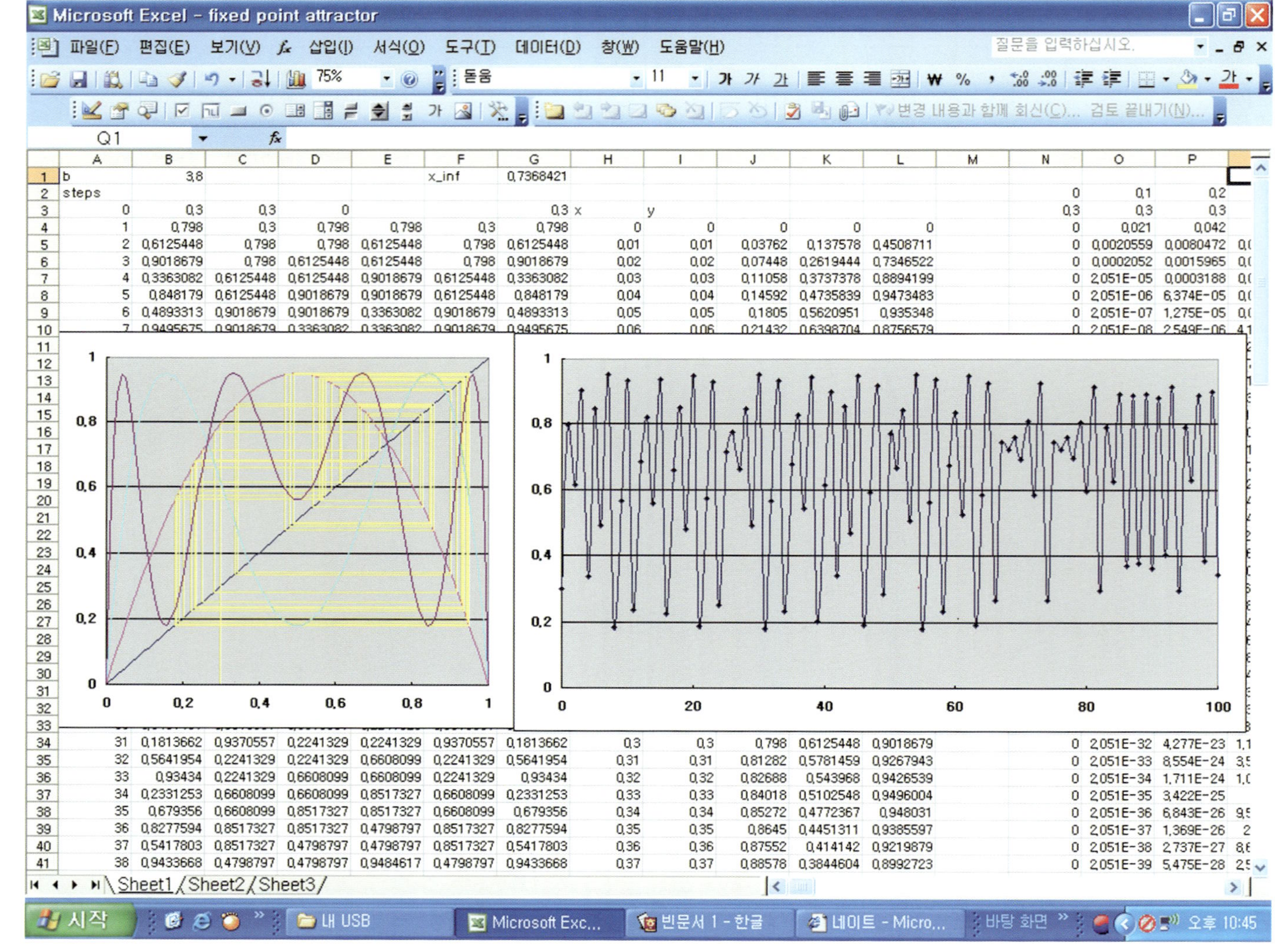

그림 2-11-5 $b = 3.8$인 경우, x_∞값은 불규칙하게 변한다.

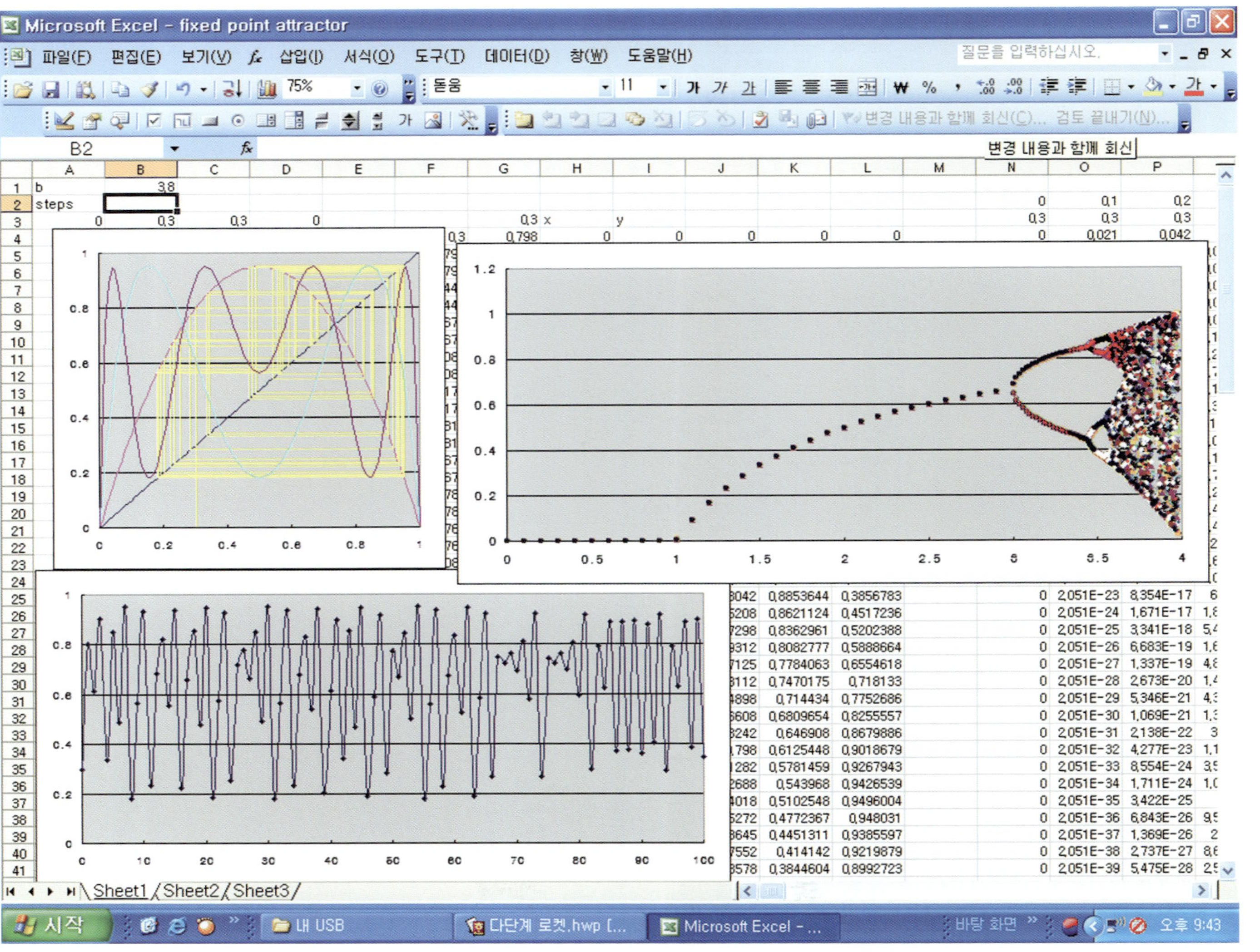

그림 2-11-6 $b = 3.8$인 경우와 b값에 따른 분지(bifurcation)

2. 자체 극한적 진동자

van der Pol 진동자는 자체 극한적 현상을 보이는 비선형 진동자이다. 비선형 감쇠를 받는 아래와 같은 운동방정식에서

$$\dot{x} = y$$

$$\dot{y} = -\omega_o^2 x + \gamma A\left(1 - \frac{x^2}{A^2} - \frac{y^2}{A^2\beta^2}\right)y$$

어떤 $(x,\ y)$에 대하여 그 위치가 $\frac{x^2}{A^2} + \frac{y^2}{A^2\beta^2} = 1$을 만족하면 감쇠를 받지 않고, 좌변의 값이 1보다 크면 감쇠를 받고, 1보다 작으면 오히려 강화가 된다. 따라서 위와 같은 운동방정식은 초기 위치가 어느 곳에 있든지 $(x,\ y)$의 위상 공간에서 진폭이 일정한 값으로 수렴한다. 그림 2-11-7은 $A = 1.2$, $\beta = 1.5$, $\gamma = 0.1$, $\omega_o = 1$인 경우에 초기 위치가 (−2, 0), (0.5, 0)일 때의 위상 공간에서의 운동이다. 모두 일정한 진폭으로 수렴한다.

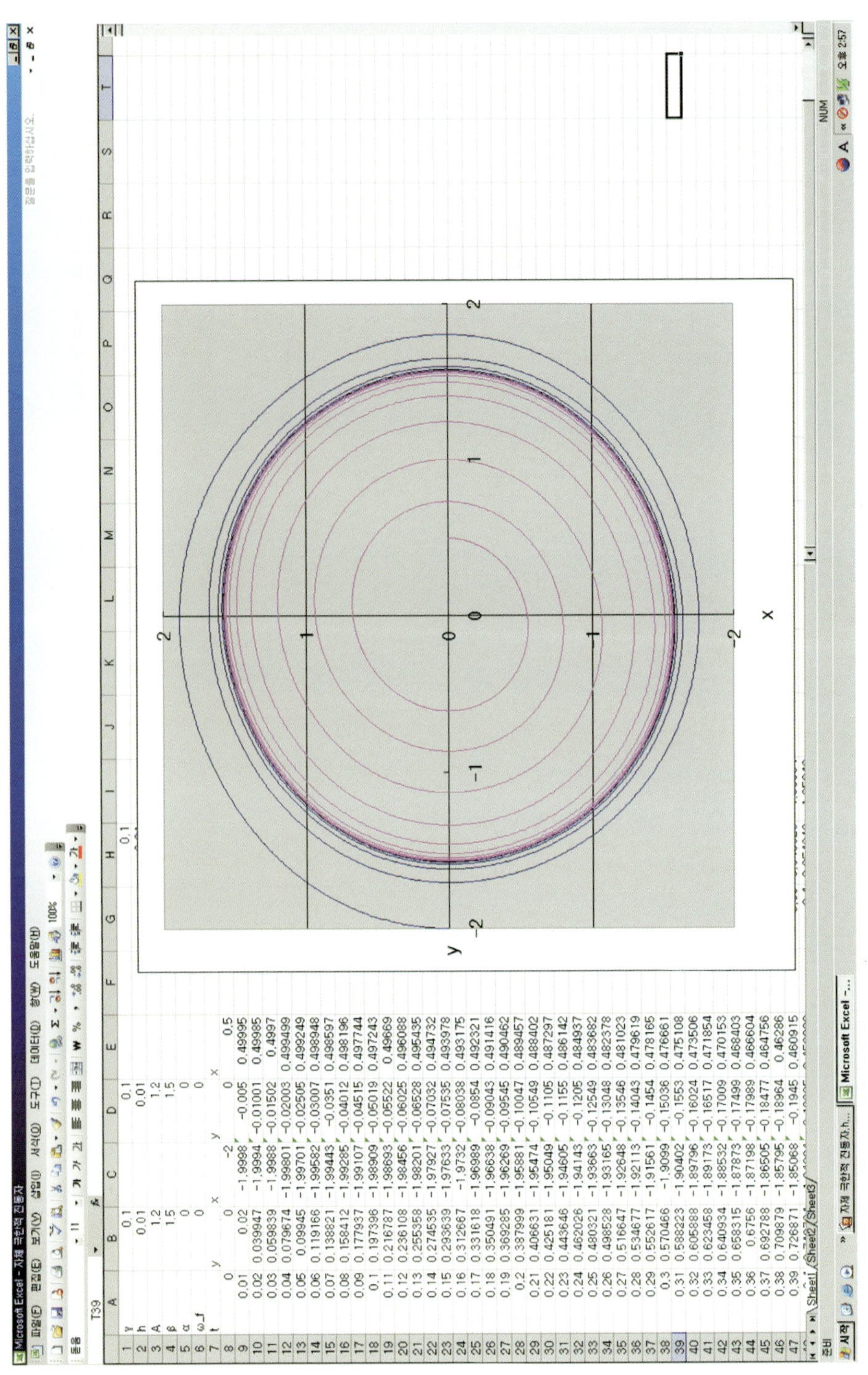

그림 2-11-7 자체 극한적 진동자

그러나 외부력이 주기적으로 작용하면 운동방정식은

$$\dot{x} = y$$
$$\dot{y} = -\omega_o^2 x + \gamma A\left(1 - \frac{x^2}{A^2} - \frac{y^2}{A^2\beta^2}\right)y + \alpha\cos\omega_f t$$

의 형태가 된다. 다른 조건은 그림 2-11-7과 같으며, 초기 위치가 (0.5, 0)이고 $\alpha = 0.6$ $\omega_f = 2.77$인 경우 진동의 진폭이 혼돈 상태를 보여 준다. 그러나 초기 위치가 바뀌면 위상 공간에서의 모습은 비슷하나 진동의 진폭이 반복성이 없는 혼동을 보여준다.

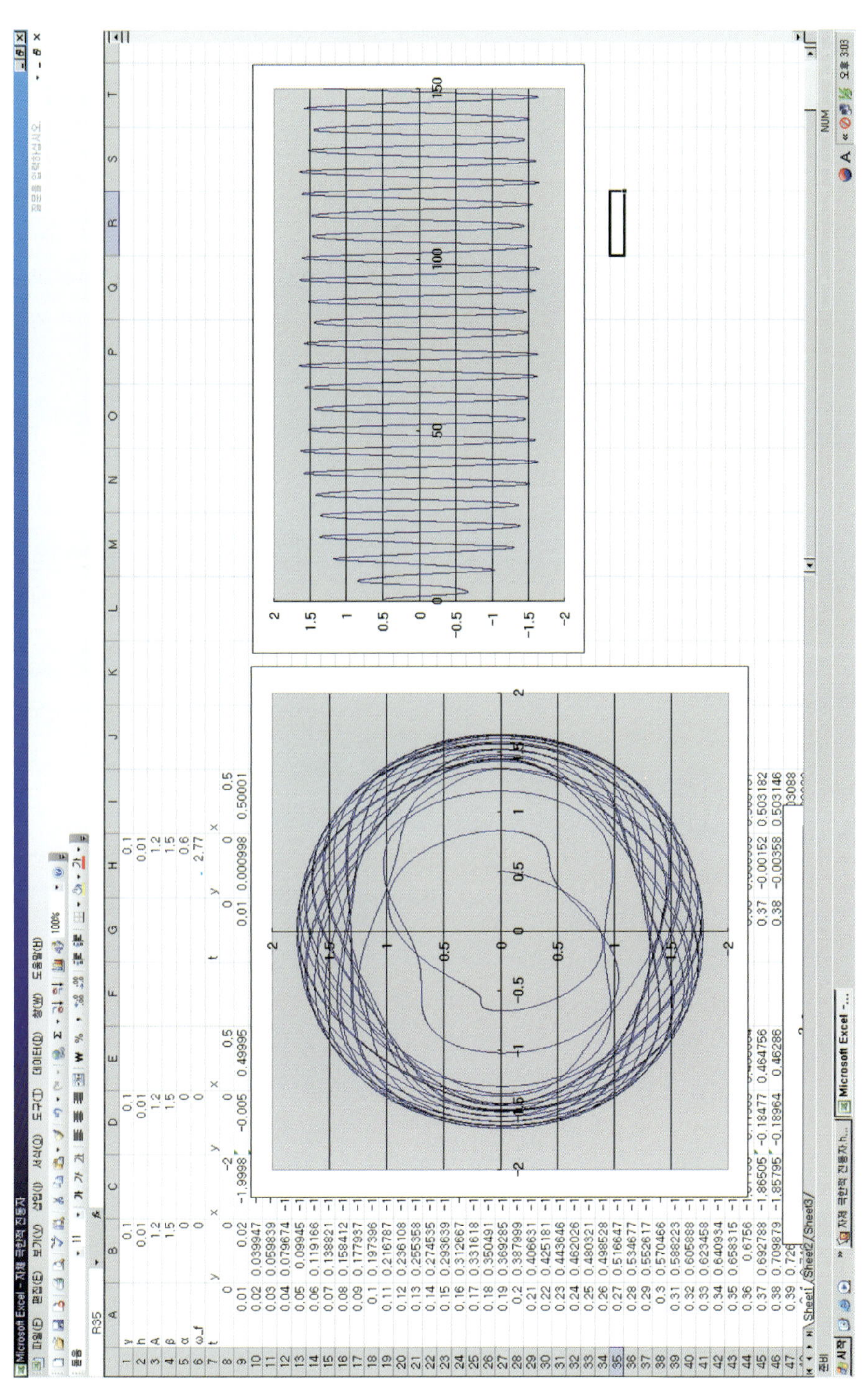

그림 2-11-8 초기 위치가 (0.5, 0)이고, $\alpha = 0.6$, $\omega_f = 2.77$인 경우

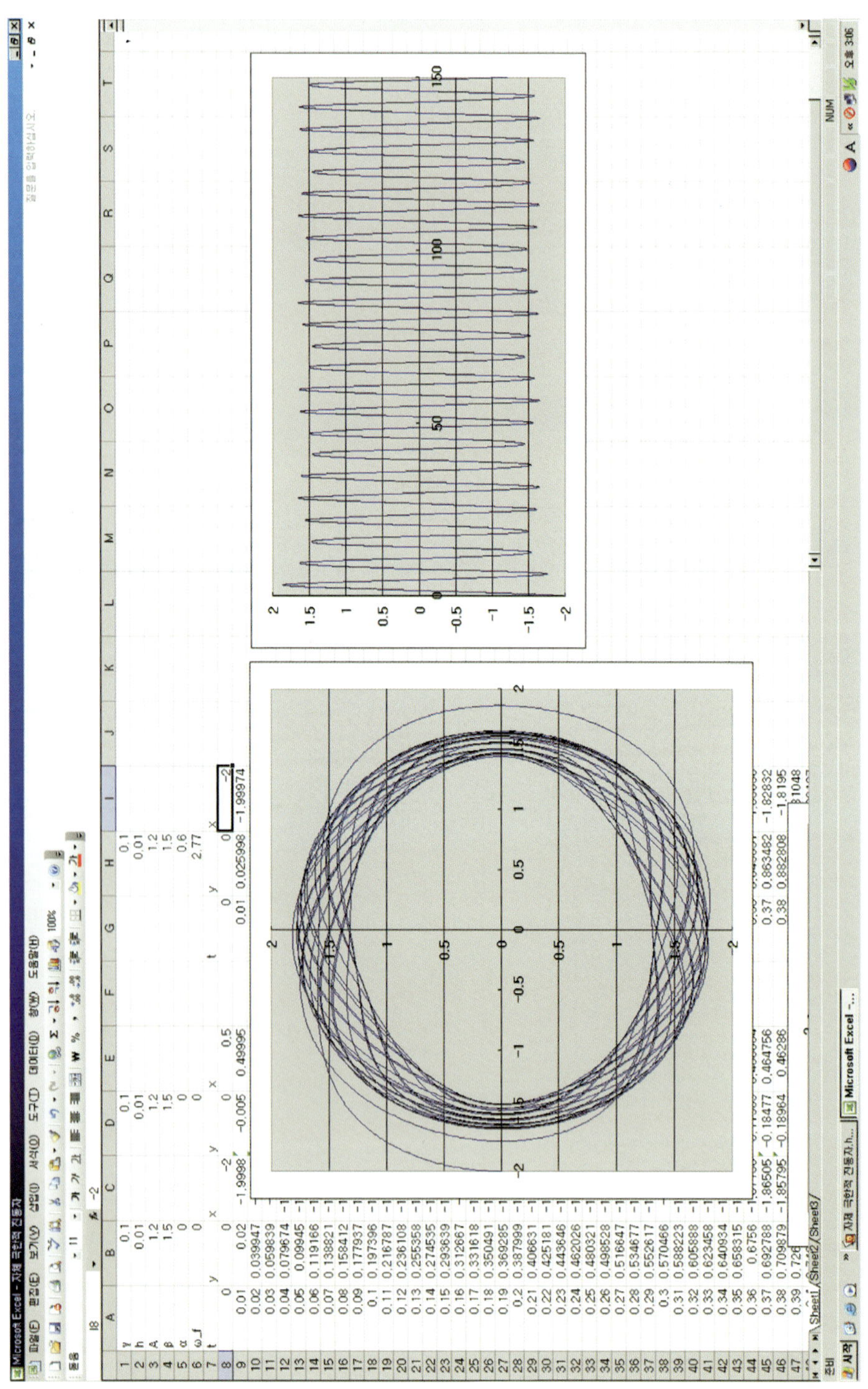

그림 2-11-9 초기 위치가 $(-2,\ 0)$이고, $\alpha = 0.6$, $\omega_f = 2.77$인 경우

3. 비선형 혼돈 운동

단진자 운동에 외부력이 작용하며, 감쇠 운동을 한다고 하자. 단진자 운동의 흔들리는 진폭 각을 x라 하면 운동방정식은

$$\ddot{x}+\gamma\dot{x}+\omega_o^2\sin x=\alpha\cos\omega_f t$$

이다. $\dot{x}=y$라 하고, Euler 방법을 이용하여 이 방정식을 풀 수 있다.

초기 조건으로 $(x_o,\ y_o)$를 (0, 0), (0, 0.00001)로 놓았다. $\gamma=0.5$, $\omega_o=1$, $\omega_f=\dfrac{2}{3}$라 놓고, α의 값을 변화시켜 보았다. $\alpha=0.9$의 경우를 보면 그림 2-11-10과 같이 미세한 초기 속도의 차이를 주어도 결국 x와 y의 변화가 일정하게 수렴한다.

그러나 $\alpha=1.04$의 경우에는 외부력의 힘이 커짐에 따라 속도가 증가하여 감쇠 현상이 심해지지만 주기 배중(period doubling) 효과가 일어난다. 즉, 외부력의 싸이클이 두 번 지날 때마다 똑 같은 운동이 반복된다(그림 2-11-11 참조).

그런데 $\alpha=1.19$의 경우에는 운동 자체가 혼돈 상태일 뿐 아니라 미세한 초기 속도 변화가 시간이 감에 따라 전혀 다른 운동 상태를 보여준다. 비선형 혼돈 상태이다. $\alpha=1.35$의 경우, 외부력의 세기가 커짐에 $-x$ 방향으로 이동하는 모습을 보여준다. 이제 $\alpha=1.5$의 경우, 미세한 초기 속도의 변화에 운동의 모습이 매우 혼돈스럽다. 일반적으로 비선형 방정식의 특별 해들이 존재한다면 이러한 해들의 선형 결합이 이 방정식의 일반해가 되지 못하기에 운동이 비선형이 된다(그림 2-11-12 참조).

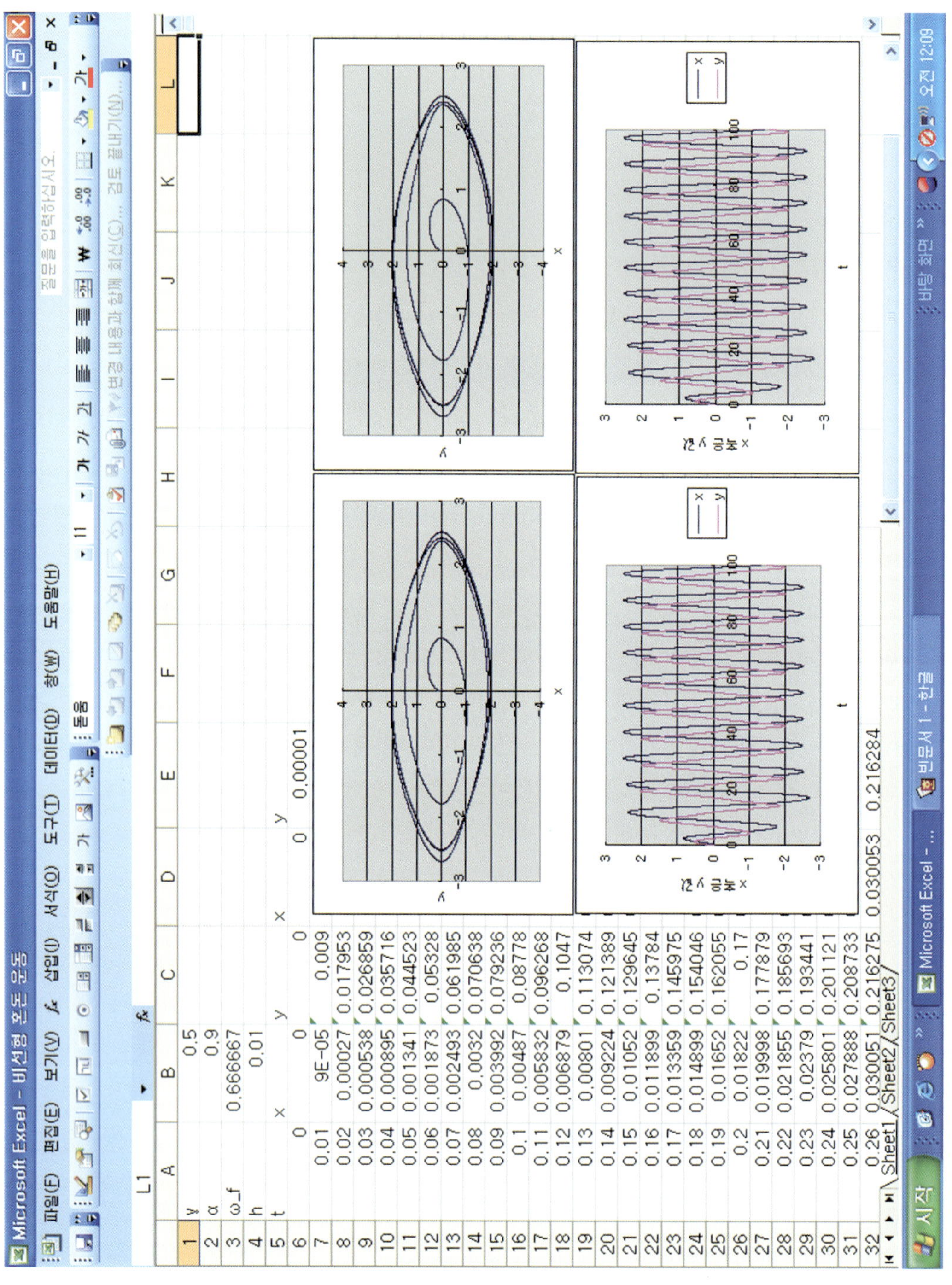

	A	B	C	D	E
1	γ	0.5			
2	α	0.9			
3	ω_f	0.666667			
4	h	0.01			
5	t	x	y	x	y
6	0	0	0	0	0.00001
7	0.01	9E-05	0.009		
8	0.02	0.00027	0.017953		
9	0.03	0.000538	0.026859		
10	0.04	0.000895	0.035716		
11	0.05	0.001341	0.044523		
12	0.06	0.001873	0.05328		
13	0.07	0.002493	0.061985		
14	0.08	0.0032	0.070638		
15	0.09	0.003992	0.079236		
16	0.1	0.00487	0.08778		
17	0.11	0.005832	0.096268		
18	0.12	0.006879	0.1047		
19	0.13	0.00801	0.113074		
20	0.14	0.009224	0.121389		
21	0.15	0.01052	0.129645		
22	0.16	0.011899	0.13784		
23	0.17	0.013359	0.145975		
24	0.18	0.014899	0.154046		
25	0.19	0.01652	0.162055		
26	0.2	0.01822	0.17		
27	0.21	0.019998	0.177879		
28	0.22	0.021855	0.185693		
29	0.23	0.02379	0.193441		
30	0.24	0.025801	0.201121		
31	0.25	0.027888	0.208733		
32	0.26	0.030051	0.216275	0.030053	0.216284

그림 2-11-10 $\alpha = 0.9$의 경우

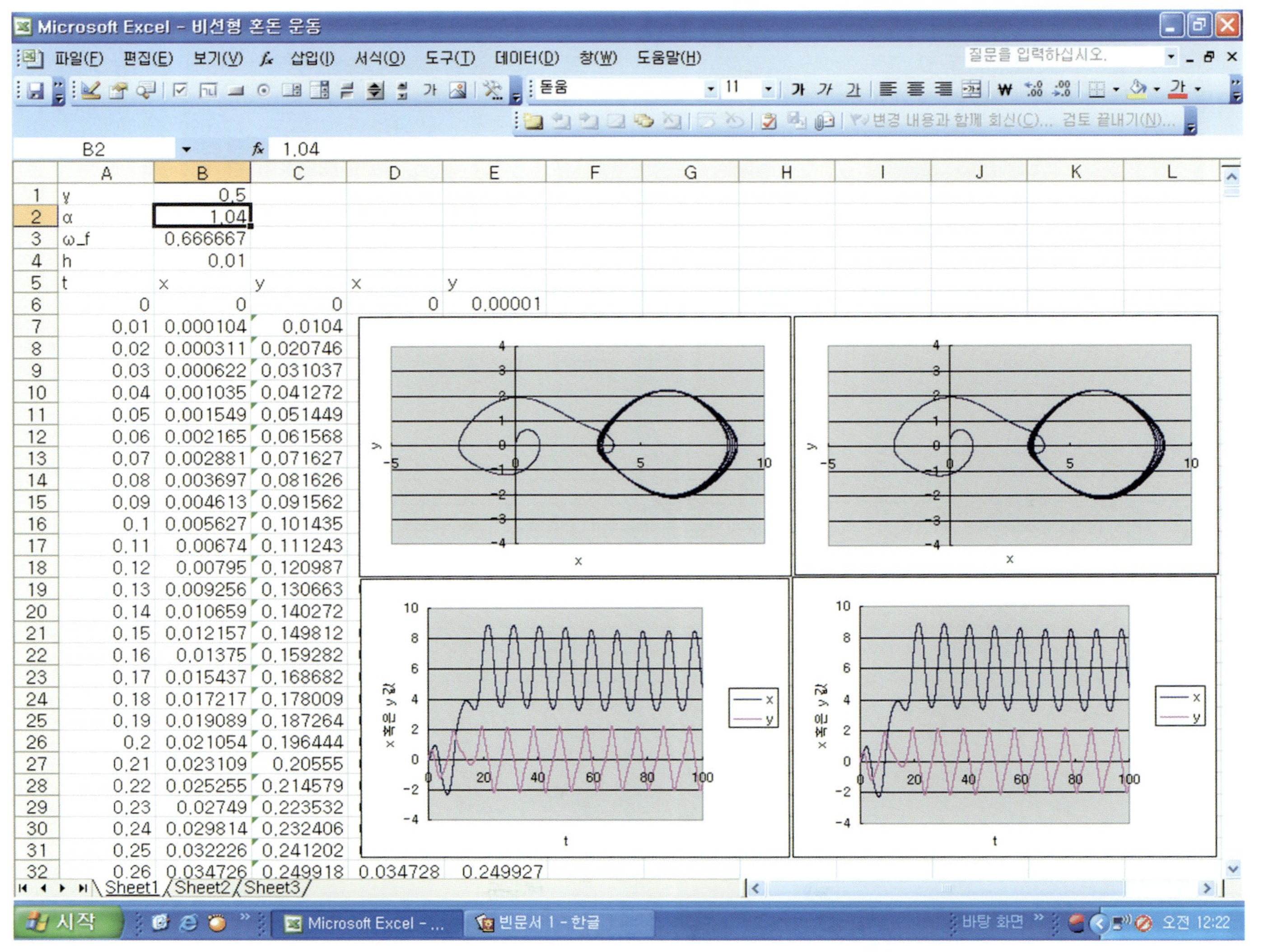

그림 2-11-11 $\alpha = 1.04$의 경우

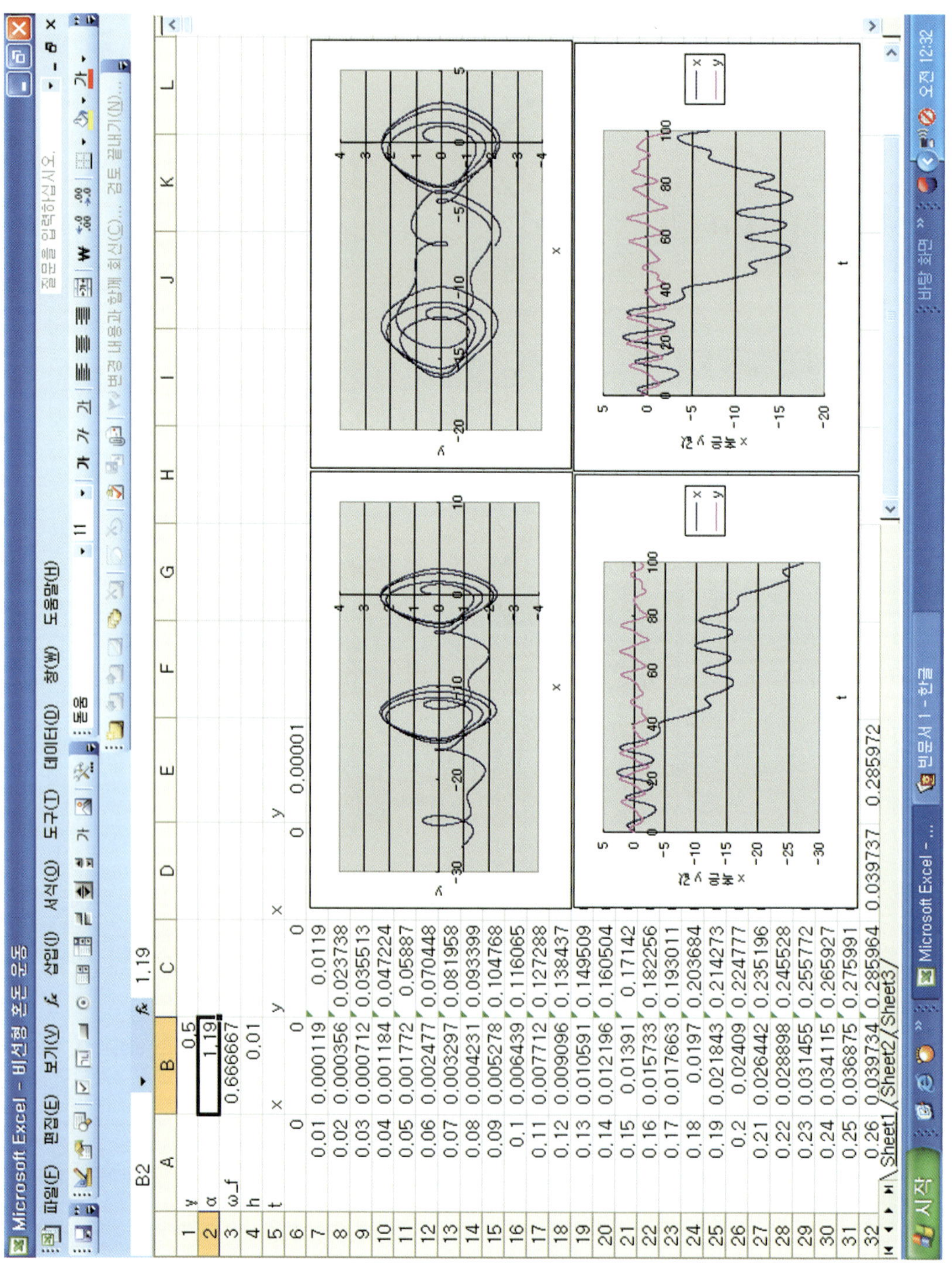

그림 2-11-12 $\alpha = 1.19$의 경우

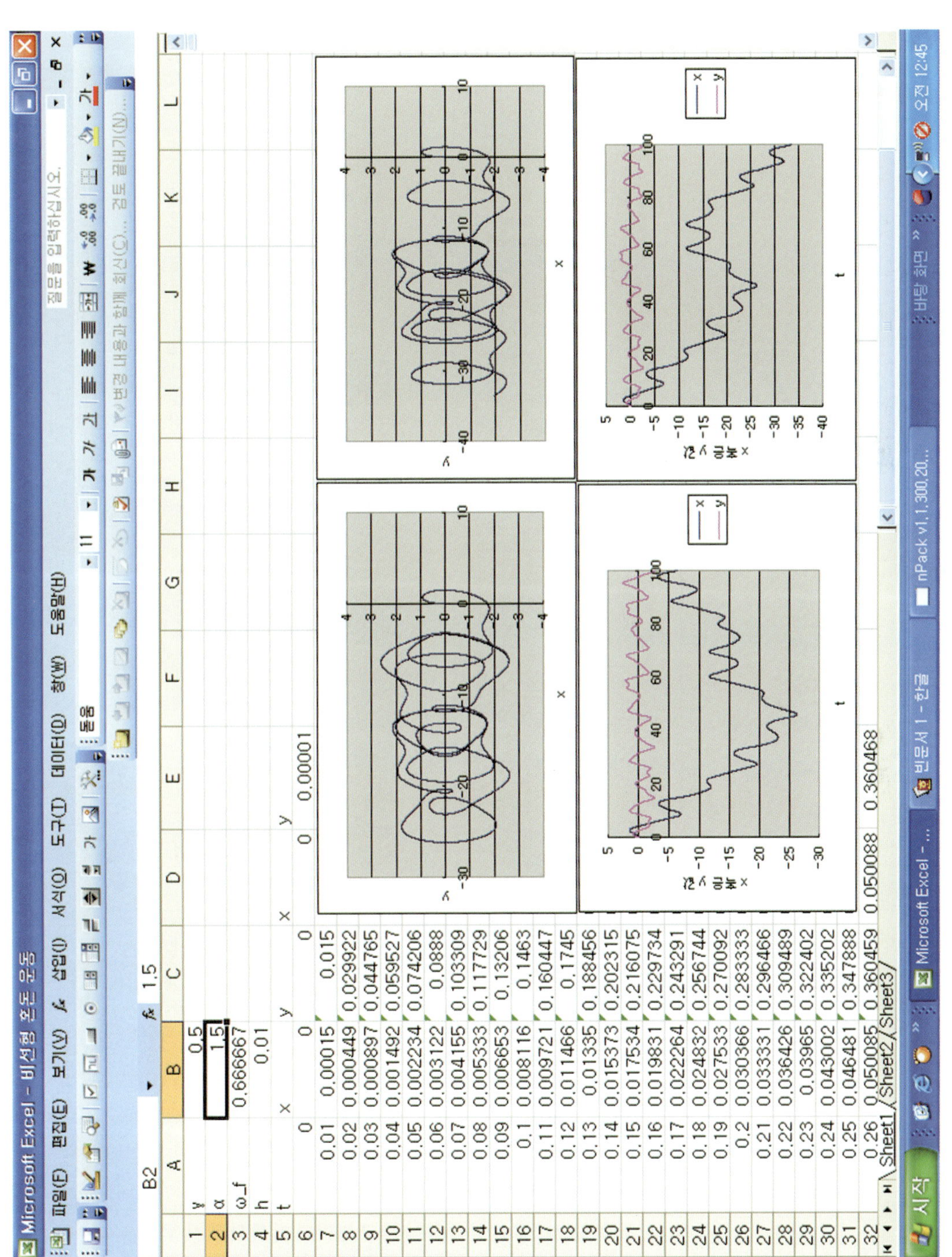

그림 2-11-13 $\alpha = 1.5$의 경우

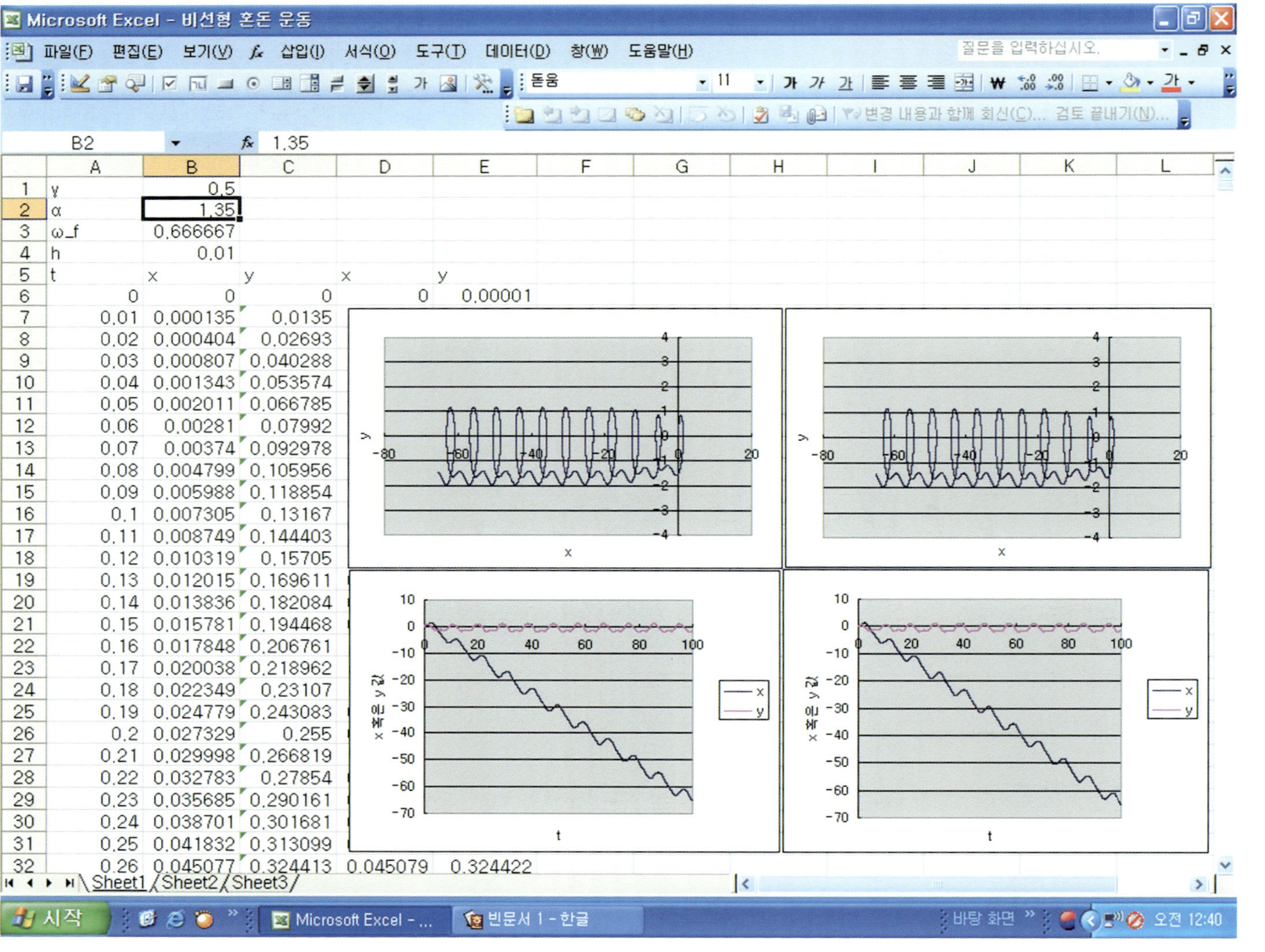

	A	B	C	D	E
1	y	0.5			
2	α	1.35			
3	ω_f	0.666667			
4	h	0.01			
5	t	x	y	x	y
6	0	0	0	0	0.00001
7	0.01	0.000135	0.0135		
8	0.02	0.000404	0.02693		
9	0.03	0.000807	0.040288		
10	0.04	0.001343	0.053574		
11	0.05	0.002011	0.066785		
12	0.06	0.00281	0.07992		
13	0.07	0.00374	0.092978		
14	0.08	0.004799	0.105956		
15	0.09	0.005988	0.118854		
16	0.1	0.007305	0.13167		
17	0.11	0.008749	0.144403		
18	0.12	0.010319	0.15705		
19	0.13	0.012015	0.169611		
20	0.14	0.013836	0.182084		
21	0.15	0.015781	0.194468		
22	0.16	0.017848	0.206761		
23	0.17	0.020038	0.218962		
24	0.18	0.022349	0.23107		
25	0.19	0.024779	0.243083		
26	0.2	0.027329	0.255		
27	0.21	0.029998	0.266819		
28	0.22	0.032783	0.27854		
29	0.23	0.035685	0.290161		
30	0.24	0.038701	0.301681		
31	0.25	0.041832	0.313099		
32	0.26	0.045077	0.324413	0.045079	0.324422

그림 2-11-14 $\alpha = 1.35$의 경우

Chapter 12

무작위수 이용
– 난보(亂步, Random Walk)

항성의 핵에서 생성된 광자는 복사에 의하여 표면으로 전달되는데, 이러한 전달은 마치 술취한 사람이 무의적으로 난보(random walk)에 의하여 길을 걸어 진행하는 것과 같다. 술취한 사람의 보폭을 l이라하고 N보를 난보하여 간 거리 d는 $d \simeq l\sqrt{N}$이 된다.

이러한 모습을 엑셀로 그려보자. $l=1$로 놓고 보폭의 진행 방향을 무작위로 설정하여 보폭들을 연결하면 마치 술 취한 사람의 걸음걸이인 난보를 그려 볼 수 있다. 진행 방향을 무작위하게 $\theta = 2\pi \times$무작위수, $\phi = 2\pi \times$무작위수로 설정한다. 그리고 초기 위치는 (0, 0, 0)으로 하고,

$$x_{n+1} = x_n + l\cos\theta\cos\phi$$
$$y_{n+1} = y_n + l\cos\theta\sin\phi$$
$$z_{n+1} = z_n + l\sin\theta$$

로 하여 $n = 0 \sim N$으로 계산하면 된다. 그림 2-12-1의 왼쪽에 있는 그림이 $N=1000$에 해당하는 난보를 (x, y), (x, z), (y, z) 순으로 보여준다. 오른쪽 그림은 원점으로부터의 거리 변화이다. $d = \sqrt{1000} = 31.62$까지 도달하는 모습이 보인다. 그림 2-12-2는 또 다른 난보일 때이다.

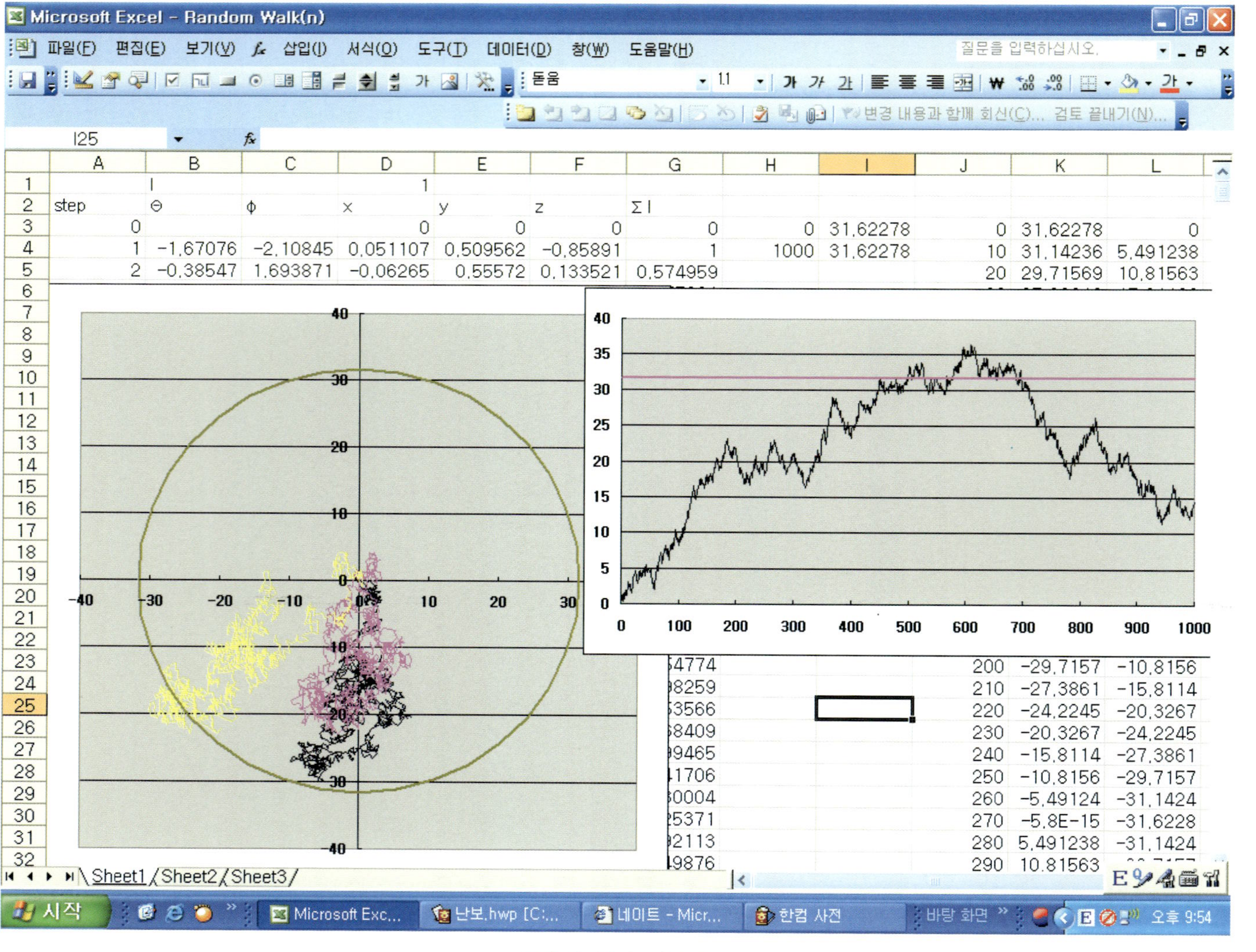

그림 2-12-1 난보 1

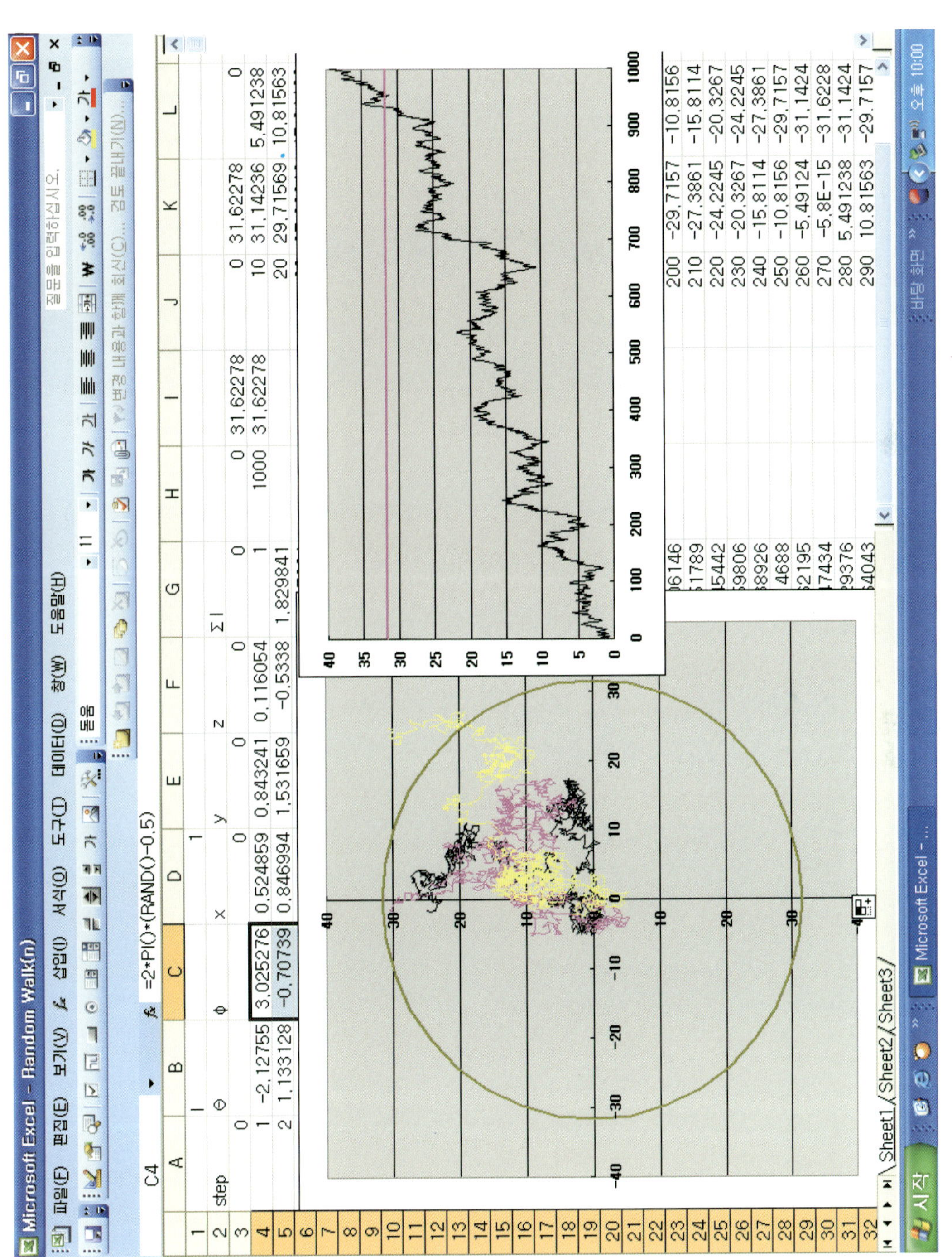

그림 2-12-2 난보 2

Chapter 13

행렬, 회전
– 프랙탈(Fractal)

프랙탈(fractal)은 라틴어 “fractus”에서 유래된 것으로 철저히 “조각난” 도형을 뜻한다. 이 말은 Mandelbrot가 처음 만들었다. 많은 경우 컴퓨터의 재귀적이거나 반복적인 작업에 의하여 반복되는 패턴으로 이루어진다. 이 도형의 특성은 자기 닮음성이 무한히 반복되며, 무한히 확대되어도 도형의 세부적인 것이 없어지지 않는다. 매우 불규칙해 보이지만 규칙적인 구조를 가지고 있다. 여러 종류의 프랙탈이 있는데 여기서는 초기의 함수로 주어진 점들이 주어진 함수에 의하여 재귀적으로 변환되는 점들로 이루어지는 IFS(iterated function system)인 Koch 곡선을 소개한다.

Koch 곡선은 주어진 점 (x, y)를 아래의 변환을 이용하면 얻을 수 있다. 그림 2-13-1은 (0, 0), (1, 0)을 이은 점들을 아래의 변환을 통해 6단계를 거쳐 얻은 것이다.

$$\begin{pmatrix} \frac{1}{3} & 0 \\ 0 & \frac{1}{3} \end{pmatrix}\begin{pmatrix} x \\ y \end{pmatrix}$$

$$\begin{pmatrix} \cos\frac{\pi}{3} & -\sin\frac{\pi}{3} \\ \sin\frac{\pi}{3} & \cos\frac{\pi}{3} \end{pmatrix}\begin{pmatrix} \frac{1}{3} & 0 \\ 0 & \frac{1}{3} \end{pmatrix}\begin{pmatrix} x \\ y \end{pmatrix}+\begin{pmatrix} \frac{1}{3} \\ 0 \end{pmatrix}$$

$$\begin{pmatrix} \cos-\frac{\pi}{3} & -\sin-\frac{\pi}{3} \\ \sin-\frac{\pi}{3} & \cos-\frac{\pi}{3} \end{pmatrix}\begin{pmatrix} \frac{1}{3} & 0 \\ 0 & \frac{1}{3} \end{pmatrix}\begin{pmatrix} x \\ y \end{pmatrix}+\begin{pmatrix} \frac{1}{2} \\ \frac{\sqrt{3}}{6} \end{pmatrix}$$

$$\begin{pmatrix} \frac{1}{3} & 0 \\ 0 & \frac{1}{3} \end{pmatrix}\begin{pmatrix} x \\ y \end{pmatrix}+\begin{pmatrix} \frac{2}{3} \\ 0 \end{pmatrix}$$

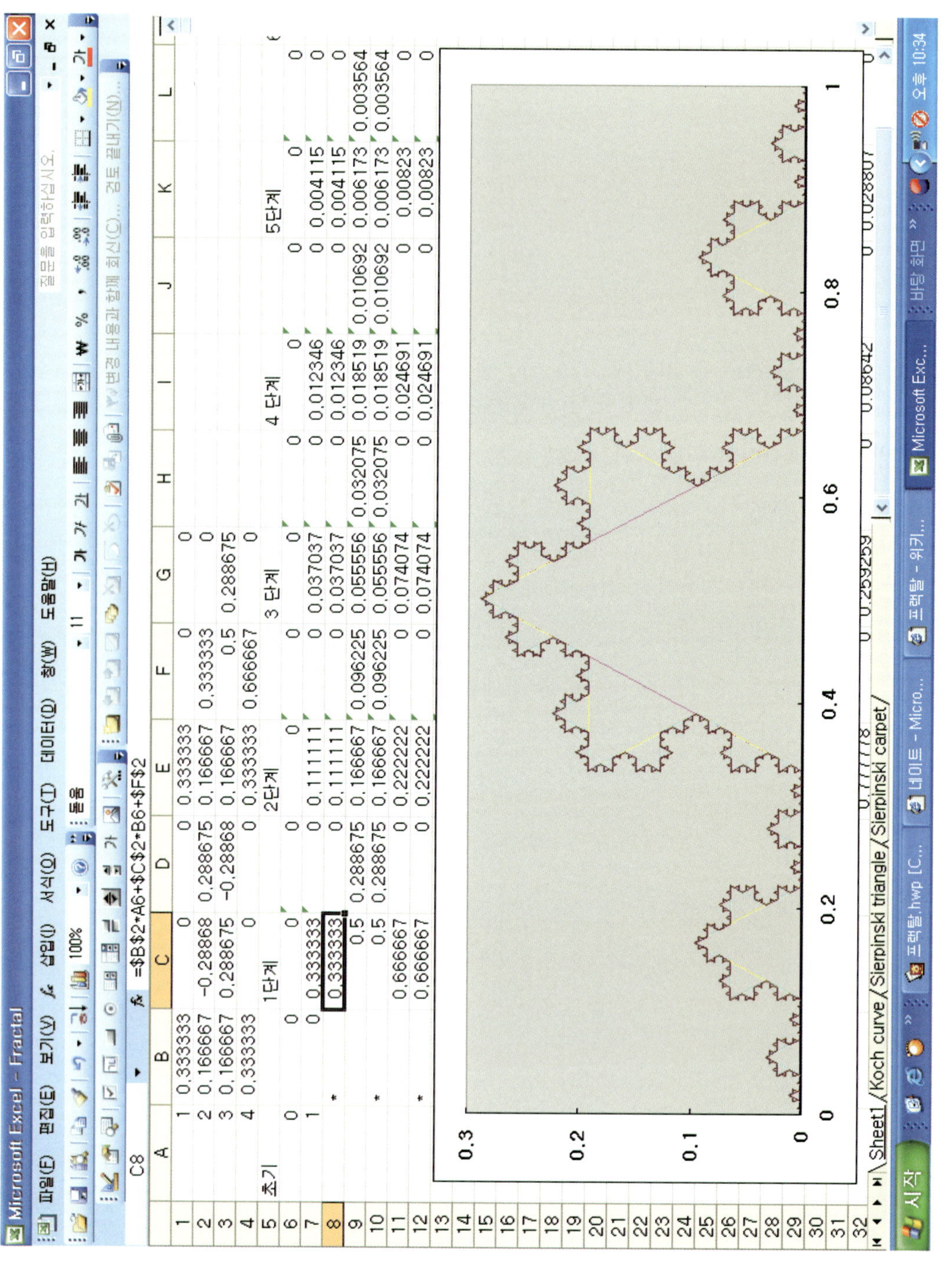

그림 2-13-1 Koch 곡선

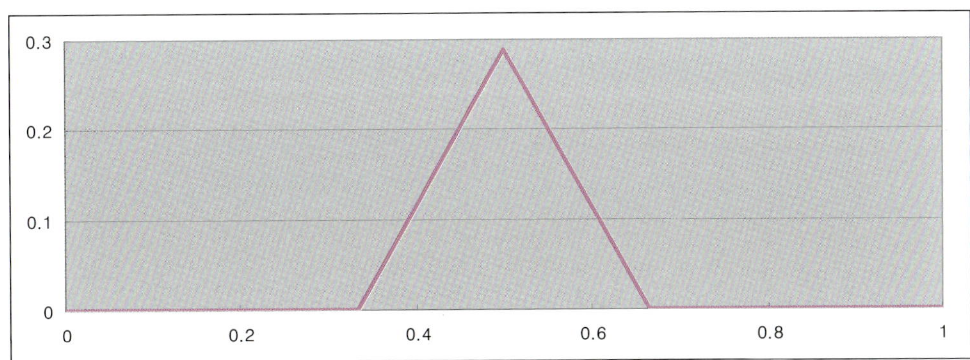

그림 2-13-2 Koch 곡선의 1 단계

이를 잘 살펴보면 첫 번째 변환은 모든 (x, y)를 $\frac{1}{3}$씩 줄이는 것이다. 두 번째 변환은 $\frac{1}{3}$씩 줄이고, $\frac{\pi}{3}$만큼 회전한 다음 x 방향으로 $\frac{1}{3}$만큼 이동한 것이다. 세 번째 변환은 $\frac{1}{3}$씩 줄이고, $-\frac{\pi}{3}$만큼 회전한 다음 x 방향으로 $\frac{1}{2}$만큼, y 방향으로 $\frac{\sqrt{3}}{6}$만큼 이동한 것이다. 마지막 변환은 $\frac{1}{3}$씩 줄이고 $\frac{2}{3}$만큼 x 방향으로 이동한 것을 뜻한다. 초기 (x, y)를 x축 상의 0과 1 사이의 모든 점으로 하여 이 변환을 그려보면 그림 2-13-2와 같다.

그림 2-13-3, 그림 2-13-4는 Sierpinski 삼각형과 카펫 변환이다. Sierpinski 삼각형 변환은 (0. 0), (0, 1), $(\frac{1}{2}, \frac{\sqrt{3}}{2})$, (0, 0)을 잇는 삼각형을 아래의 변환을 통하여 만들 수 있다.

$$\begin{pmatrix} \frac{1}{2} & 0 \\ 0 & \frac{1}{2} \end{pmatrix}\begin{pmatrix} x \\ y \end{pmatrix}$$

$$\begin{pmatrix} \frac{1}{2} & 0 \\ 0 & \frac{1}{2} \end{pmatrix}\begin{pmatrix} x \\ y \end{pmatrix}+\begin{pmatrix} \frac{1}{2} \\ 0 \end{pmatrix}$$

$$\begin{pmatrix} \frac{1}{2} & 0 \\ 0 & \frac{1}{2} \end{pmatrix}\begin{pmatrix} x \\ y \end{pmatrix}+\begin{pmatrix} \frac{\sqrt{3}}{7} \\ \frac{\sqrt{3}}{4} \end{pmatrix}$$

Sierpinski 카펫 변환은 (0, 0), (1, 01), (1, 1), (0, 1), (0, 0)을 잇는 사각형을 아래의 변환을 통하여 만들 수 있다.

$$\begin{pmatrix} \frac{1}{3} & 0 \\ 0 & \frac{1}{3} \end{pmatrix}\begin{pmatrix} x \\ y \end{pmatrix}$$

$$\begin{pmatrix} \frac{1}{3} & 0 \\ 0 & \frac{1}{3} \end{pmatrix}\begin{pmatrix} x \\ y \end{pmatrix}+\begin{pmatrix} \frac{1}{3} \\ 0 \end{pmatrix}$$

$$\begin{pmatrix} \frac{1}{3} & 0 \\ 0 & \frac{1}{3} \end{pmatrix}\begin{pmatrix} x \\ y \end{pmatrix}+\begin{pmatrix} \frac{2}{3} \\ 0 \end{pmatrix}$$

$$\begin{pmatrix} \frac{1}{3} & 0 \\ 0 & \frac{1}{3} \end{pmatrix}\begin{pmatrix} x \\ y \end{pmatrix}+\begin{pmatrix} 0 \\ \frac{1}{3} \end{pmatrix}$$

$$\begin{pmatrix} \frac{1}{3} & 0 \\ 0 & \frac{1}{3} \end{pmatrix}\begin{pmatrix} x \\ y \end{pmatrix}+\begin{pmatrix} \frac{2}{3} \\ \frac{1}{3} \end{pmatrix}$$

$$\begin{pmatrix} \frac{1}{3} & 0 \\ 0 & \frac{1}{3} \end{pmatrix}\begin{pmatrix} x \\ y \end{pmatrix}+\begin{pmatrix} 0 \\ \frac{2}{3} \end{pmatrix}$$

$$\begin{pmatrix} \frac{1}{3} & 0 \\ 0 & \frac{1}{3} \end{pmatrix}\begin{pmatrix} x \\ y \end{pmatrix}+\begin{pmatrix} \frac{1}{3} \\ \frac{2}{3} \end{pmatrix}$$

$$\begin{pmatrix} \frac{1}{3} & 0 \\ 0 & \frac{1}{3} \end{pmatrix}\begin{pmatrix} x \\ y \end{pmatrix}+\begin{pmatrix} \frac{2}{3} \\ \frac{2}{3} \end{pmatrix}$$

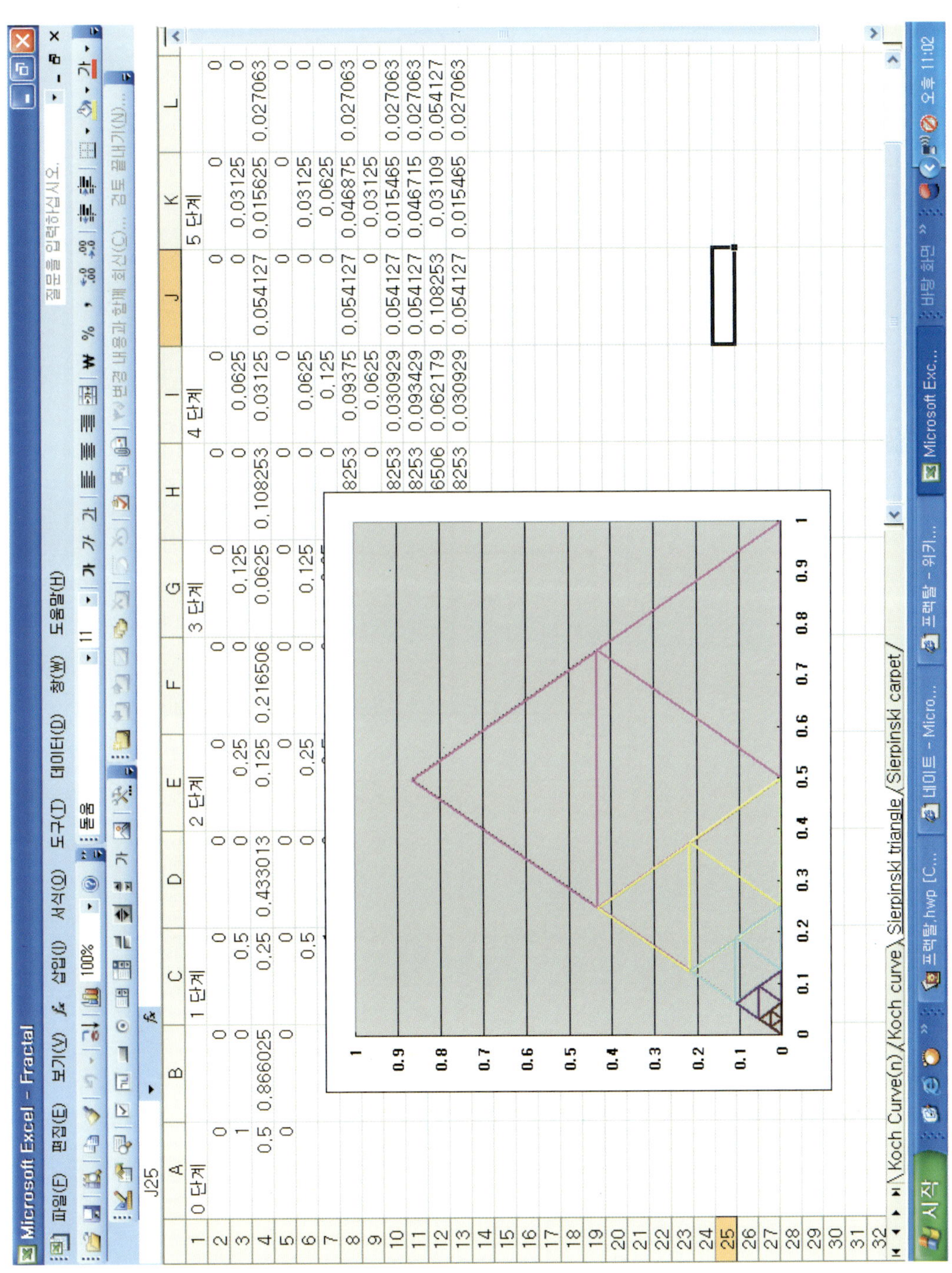

그림 2-13-3 Sierpinski 삼각형 변환

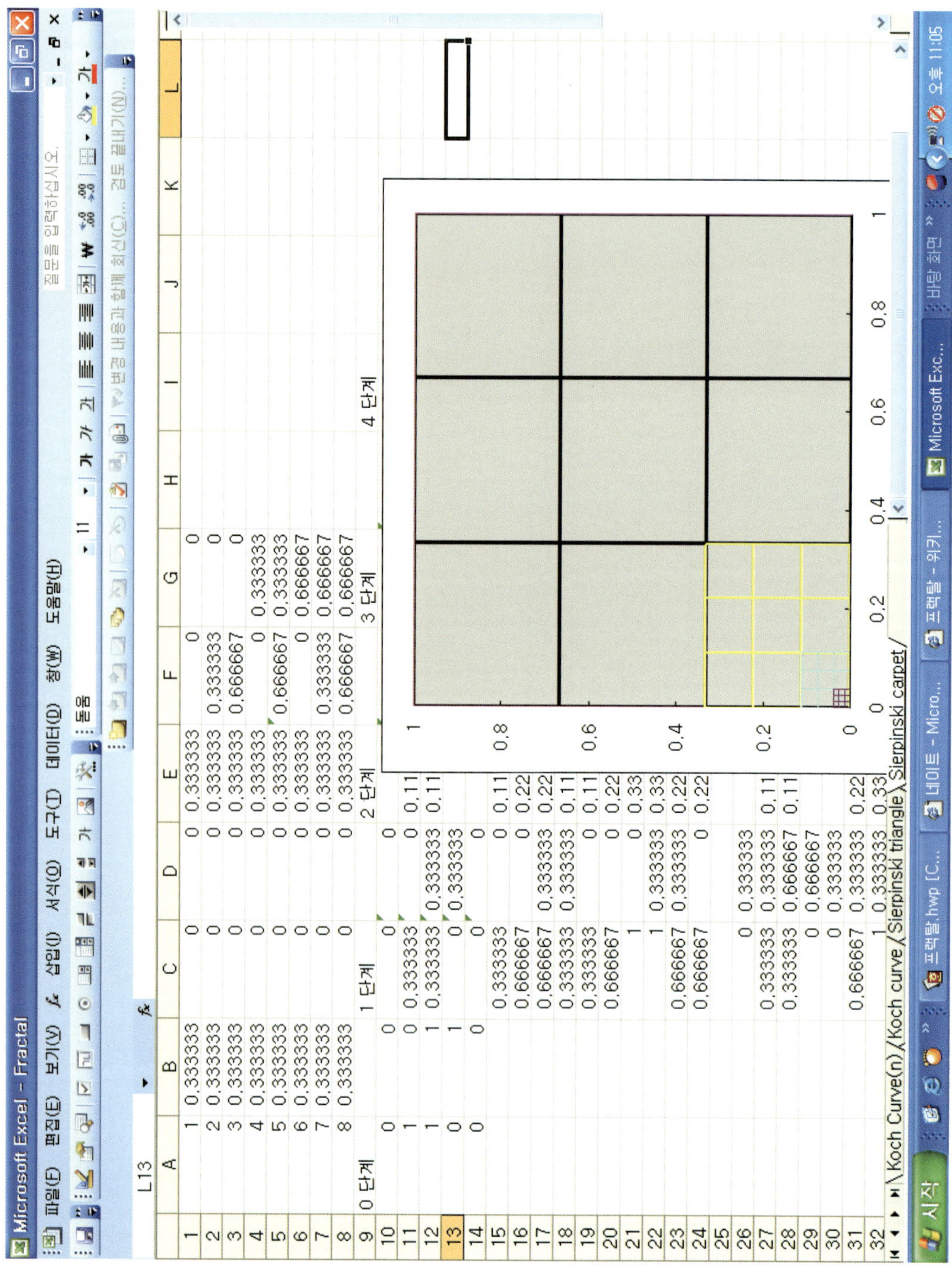

그림 2-13-4 Sierpinski 카펫 변환

PART 3

부 록

CD에는...

본 도서를 이용하여 과학수치해석을 공부하는 학생들의 편의를 위하여 Part 1과 Part 2에서 다루는 모든 엑셀 계산을 CD에 담았다. CD를 열면 아래 그림과 같이 파일 이름들이 나타날 것이다. 파일 순서는 본 도서의 순서와 같다. 대부분의 파일들은 Excel 2003에서 작성한 것이다. 용량이 큰 파일은 Excel 2007에서는 매우 천천히 실행된다. 때로는 보안 수준을 낮추어야 작동할 수 있다. 또한 어떤 파일은 스크롤바를 움직이면 마치 동영상을 보는 듯할 것이다. 매우 큰 계산은 Excel 2007보다는 Excel 2003에서 계산이 빠르다.

부록 1, 2, 3으로 명명한 파일들은 본 도서에서는 다루지 않았지만 유용하게 쓸 수 있다. 부록 1 파일에서 계산한 방법은 「우주의 메시지(최승언 저)」에 설명되어 있기에 참고하기 바란다. 부록 2 파일은 스크롤바를 움직이면 간조와 만조를 느낄 수 있다. 부록 3의 파일은 해류의 운동을 나타내는 방정식으로 임의의 값을 넣기는 했으나 전향력과 마찰력 모두가 고려되었다.

CD에 담겨 있는 파일들과 본 도서의 내용들을 이용하면, 수학, 컴퓨터, 과학 모두를 융합하여 각각을 서로 이해하게 하는 시너지 효과를 기대한다. 이 파일들이 과학하기에 즐거움이 될 것이다.

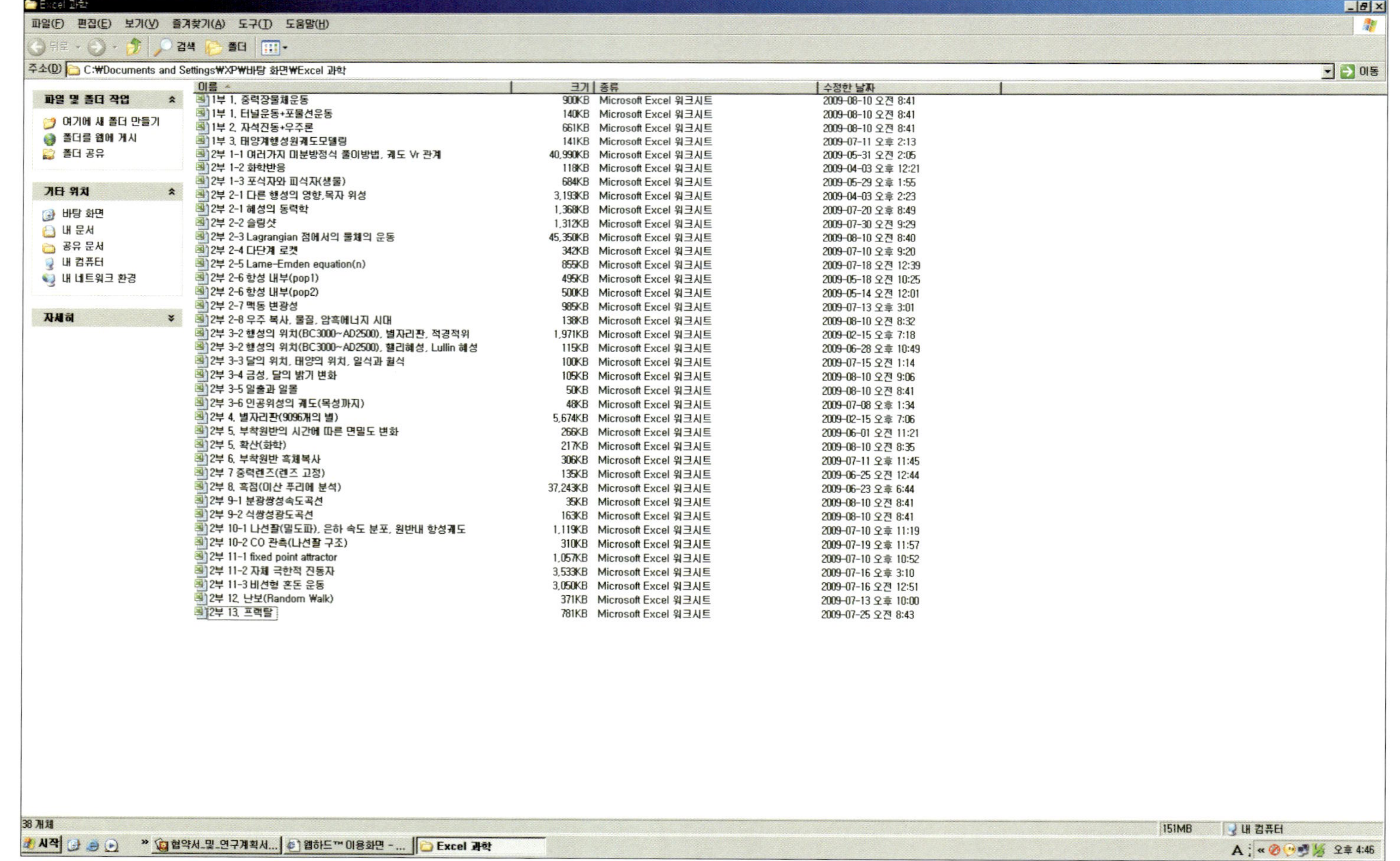

그림 부록-1 본 도서의 내용을 계산한 파일들

최 승 언

서울대학교 자연대학 천문학과 이학사
서울대학교 대학원 천문학과 이학석사
미네소타대학교 대학원 천문학과 Ph. D.
서울대학교 사범대학 학생 연구담당 부학장 역임
현) 서울대학교 사범대학 지구과학교육과 교수
서울대학교 사범대학 영재교육위원회 위원장
서울대학교 관악영재교육원 원장
저서 및 역서) 「천문학의 이해」, 「수치천체물리학 I」, 「천문학」
「은하계」, 「은하와 우주」, 「천문학 및 천체물리서론」,
「천문학 바로알기」, 「우주의 메시지」 외 다수
연구 분야) 천체물리학, 천문교육, 과학영재교육, 사이버과학교육

우 홍 균

연세대학교 천문우주학과 이학사
서울대학교 대학원 과학교육과 지구과학교육 전공

수학과 컴퓨터를 이용한 과학 이해하기

2009년 10월 20일 1판 1쇄 인쇄
2009년 10월 30일 1판 1쇄 발행

저 자 최승언 · 우홍균
발행인 연 규 산
발행처 청범출판사
등 록 1991년 8월 13일 No. 5-282
주 소 서울시 노원구 공릉1동 598-7
전 화 02-971-5385
팩 스 02-977-8967
ISBN 978-89-88247-57-0 93410

서울대학교 사범대학 교육연구재단 지원 저술연구도서 [52]